JN096460

はじめに

本書は、パソコンの実習を通して、情報を適切に活用するための技能を養い、それを実践できるスキルを習得することを目的とした学習教材です。

情報社会を生き抜くためのルールやマナー、セキュリティの知識を身に付けるとともに、Windowsの基本操作やインターネットを使った情報収集、文書作成・表計算・プレゼンテーション・データベースの代表的なソフトの操作方法、テキストエディタを使ったWebページの作成方法などを、学生生活に身近な題材やビジネスで利用できる題材を使って、実践的に学習します。

また、各章末には習熟度を確認するための練習問題を、巻末には実践力の養成に役立つスキルアップ問題を用意しています。これらの問題を自分の力で解くことによって、さらなる実力アップを図ることができます。

本書が、情報化社会に対応する能力の育成の一助となれば幸いです。

2020年2月24日
FOM出版

Contents

■情報モラル＆情報セキュリティ編■
ネット社会で情報を安全に使いこなそう

■ウィンドウズ編■
Windowsを使ってみよう　Windows 10

■文書作成編■
ワープロソフトを活用しよう　Word 2019

■表計算編■
表計算ソフトを活用しよう　Excel 2019

■プレゼンテーション編■
プレゼンテーションソフトを活用しよう　PowerPoint 2019

■データベース編■
データベースソフトを活用しよう　Access 2019

■Webページ作成編■
Webページを作成しよう　HTML5/CSS3

■総合スキルアップ問題■

■索引■

■Check■

スキル診断シート

タイピング管理シート

本書をご利用いただく前に

本書で学習を進める前に、ご一読ください。

▲1　本書の構成について

本書は次のような構成になっています。

情報モラル&情報セキュリティ編　ネット社会で情報を安全に使いこなそう

学生生活やプライベートで直面する具体的な事例を通して、情報社会における
ルールやマナーなどの情報モラルを身に付けるとともに、具体的な対策を含めた
情報セキュリティについて学習します。

ウィンドウズ編　Windowsを使ってみよう　Windows 10

パソコンの基本OSであるWindowsの概要、起動と終了、ウィンドウ操作、ファイル
やフォルダーの管理など、Windowsの基本操作について学習します。また、イン
ターネットでホームページを検索したり、手書きメモを付けたりする方法なども学
習します。

文書作成編　ワープロソフトを活用しよう　Word 2019

Wordの特長、画面構成などの基礎知識から、ページ設定、図や表の挿入、
SmartArtグラフィックの作成、印刷、ページ罫線、ワードアート、タブとリーダーな
ど、Wordの基本的な機能を学習します。また、スタイルの設定や脚注、校正機能な
ど、レポート作成に活用できる機能についても学習します。
その他、数式ツールやビジネス文書の種類や形式、書き方のポイントについても解
説します。

表計算編　表計算ソフトを活用しよう　Excel 2019

Excelの特長、画面構成などの基礎知識から、表の作成、数式の入力、印刷、グラフ
の作成、データベースの操作など、Excelの基本的な機能を学習します。また、効率
的な関数の使用方法や様々な書式設定、複合グラフやピボットテーブルの作成、
マクロなど、Excelを便利に活用できる機能についても学習します。
その他、Excelで作成した表をWordに貼り付ける方法、Excelの代表的な関数につ
いても解説します。

プレゼンテーション編　プレゼンテーションソフトを活用しよう　PowerPoint 2019

PowerPointの特長、画面構成などの基礎知識から、テーマの適用、オブジェクトの
挿入、効果の設定など、PowerPointの基本的な機能を学習します。また、箇条書
きテキストからSmartArtグラフィックへの変換、Excelで作成した表をPowerPoint
に貼り付ける方法やスライドデザインの設定、スライドショーの機能など、プレゼン
テーションを効率的に作成する方法についても学習します。
その他、プレゼンテーションを設計して実施するまでの流れやポイントについても
解説します。

データベース編　データベースソフトを活用しよう　Access 2019

Accessの概要、画面構成、データベースの構成要素とその役割、データベースの構築手順などの基礎知識に加え、テーブル、クエリ、フォーム、レポートといったオブジェクトを効率的に作成・編集する方法を学習します。

その他、データの重複がないようにテーブルを適切に分割する正規化の手順についても解説します。

Webページ作成編　Webページを作成しよう　HTML5/CSS3

テキストエディタのメモ帳を使って、HTMLを記述する方法、CSSでWebページのデザインを設定する方法など、簡単で美しいホームページを作成する方法を学習します。

総合スキルアップ問題

実際の生活や社会において、情報をどのように活用すべきかを問う問題を全部で14問用意しています。自ら考察し、情報を整理・分析し、最終的に成果物を作り出すという流れで情報活用の総合力を養います。

スキル診断シート

巻末に切り取って利用できるスキル診断シートを用意しています。カテゴリごとに学習前後の理解度の伸長を把握するために利用できます。

タイピング管理シート

巻末に切り取って利用できるタイピング管理シートを用意しています。キーボードによる日々の入力文字数を記録し、打鍵スキルの伸びを把握するために利用できます。

▲2　本書の記述について

操作の説明のために使用している記号には、次のような意味があります。

記述	意味	例
⬜	キーボード上のキーを示します。	Ctrl　↓
⬜+⬜	複数のキーを押す操作を示します。	Ctrl + Home （Ctrl を押しながら Home を押す）
《　》	ダイアログボックス名やタブ名、項目名など画面の表示を示します。	《ページ設定》ダイアログボックスが表示されます。《ファイル》タブ→《開く》をクリックします。
「　」	重要な語句や機能名、画面の表示、入力する文字などを示します。	「ブック」といいます。「平均」と入力します。

 知っておくべき重要な内容

 学習した内容の確認問題

 知っていると便利な内容

 問題を解くためのヒント

※　補足的な内容や注意すべき内容

 学習の前に開くファイル

▲3　製品名の記載について

本書では、次の名称を使用しています。

正式名称	本書で使用している名称
Windows 10	Windows 10 または Windows
Microsoft Word 2019	Word 2019 または Word
Microsoft Excel 2019	Excel 2019 または Excel
Microsoft PowerPoint 2019	PowerPoint 2019 または PowerPoint
Microsoft Access 2019	Access 2019 または Access

▲4　学習環境について

本書で学習するには、次のソフトウェアが必要です。

- ●Windows 10
- ●Word 2019
- ●Excel 2019
- ●PowerPoint 2019
- ●Access 2019

本書を開発した環境は、次のとおりです。
- ・OS　　　　　　 ： Windows 10（ビルド18362.476）
- ・アプリケーション： Microsoft Office Professional Plus
　　　　　　　　　　　Microsoft Word 2019（16.0.11929.20330）
　　　　　　　　　　　Microsoft Excel 2019（16.0.11929.20330）
　　　　　　　　　　　Microsoft PowerPoint 2019（16.0.11929.20330）
　　　　　　　　　　　Microsoft Access 2019（16.0.11929.20330）
- ・ディスプレイ　 ： **画面解像度1024×768ピクセル**

※インターネットに接続できる環境で学習することを前提に記述しています。
※環境によっては、画面の表示が異なる場合や記載の機能が操作できない場合があります。

◆画面解像度の設定

画面解像度を本書と同様に設定する方法は、次のとおりです。

①デスクトップの空き領域を右クリックします。

②《ディスプレイ設定》をクリックします。

③《ディスプレイの解像度》の ∨ をクリックし、一覧から《1024×768》を選択します。
※確認メッセージが表示される場合は、《変更の維持》をクリックします。

◆ボタンの形状

ディスプレイの画面解像度やウィンドウのサイズなど、お使いの環境によって、ボタンの形状やサイズが異なる場合があります。ボタンの操作は、ポップヒントに表示されるボタン名を確認してください。
※本書に掲載しているボタンは、ディスプレイの画面解像度を「1024×768ピクセル」、ウィンドウを最大化した環境を基準にしています。

●画面解像度が高い場合／ウィンドウのサイズが大きい場合

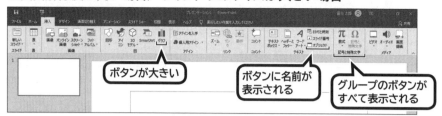

ボタンが大きい

ボタンに名前が
表示される

グループのボタンが
すべて表示される

●画面解像度が低い場合／ウィンドウのサイズが小さい場合

ボタンが小さい

ボタンだけが
表示される

グループ名をクリックすると
ボタンが表示される

◆スタイルや色の名前

本書発行後のWindowsやOfficeのアップデートによって、ポップヒントに表示されるスタイルや色などの項目の名前が変更される場合があります。本書に記載されている項目名が一覧にない場合は、掲載画面の色が付いている位置を参考に選択してください。

ポップヒント

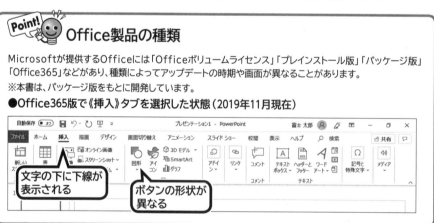

Point! **Office製品の種類**

Microsoftが提供するOfficeには「Officeボリュームライセンス」「プレインストール版」「パッケージ版」「Office365」などがあり、種類によってアップデートの時期や画面が異なることがあります。

※本書は、パッケージ版をもとに開発しています。

●Office365版で《挿入》タブを選択した状態（2019年11月現在）

文字の下に下線が
表示される

ボタンの形状が
異なる

▲5　学習ファイルのダウンロードについて

本書で使用するファイルは、FOM出版のホームページで提供しています。ダウンロードしてご利用ください。

ホームページ・アドレス

https://www.fom.fujitsu.com/goods/

ホームページ検索用キーワード

FOM出版

◆ダウンロード

学習ファイルをダウンロードする方法は、次のとおりです。

① ブラウザーを起動し、FOM出版のホームページを表示します。
※アドレスを直接入力するか、キーワードでホームページを検索します。

②《ダウンロード》をクリックします。

③《学校向け教材》の《学校向け教材》をクリックします。

④《Office 2019バージョン》の《情報リテラシー 総合編》の「fpt1919.zip」をクリックします。

⑤ ダウンロードが完了したら、ブラウザーを終了します。
※ダウンロードしたファイルは、パソコン内のフォルダー「ダウンロード」に保存されます。解凍してご利用ください。解凍方法はFOM出版のホームページでご確認ください。

◆学習ファイルの一覧

学習ファイルを解凍すると、フォルダー「情報リテラシー総合編Windows10・Office 2019対応」が作成されます。フォルダー「情報リテラシー総合編Windows10・Office 2019対応」には、次のようなファイルが収録されています。フォルダーを開いて確認してください。

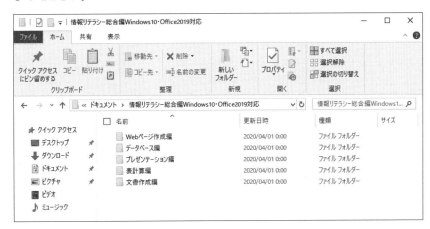

◆学習ファイルの場所

本書では、ファイルを開く操作や、ファイルを保存する場所で、特定のフォルダーを指定していません。選択した保存先に適宜切り替え、学習してください。

◆学習ファイル利用時の注意事項

学習ファイルを開くと、ダウンロードしたファイルが安全かどうかを確認するメッセージが表示されます。学習ファイルは安全なので、《編集を有効にする》をクリックして、ファイルを編集可能な状態にしてください。

▲6 本書の最新情報について

本書に関する最新のQ&A情報や訂正情報、重要なお知らせなどについては、FOM出版のホームページでご確認ください。

ホームページ・アドレス	ホームページ検索用キーワード
https://www.fom.fujitsu.com/goods/	FOM出版

あ	あ	い	う	え	お
	A	I	U	E	O
	ぁ	ぃ	ぅ	ぇ	ぉ
	LA	LI	LU	LE	LO
	XA	XI	XU	XE	XO

か	か	き	く	け	こ
	KA	KI	KU	KE	KO
	きゃ	きぃ	きゅ	きぇ	きょ
	KYA	KYI	KYU	KYE	KYO

さ	さ	し	す	せ	そ
	SA	SI	SU	SE	SO
		SHI			
	しゃ	しぃ	しゅ	しぇ	しょ
	SYA	SYI	SYU	SYE	SYO
	SHA		SHU	SHE	SHO

た	た	ち	つ	て	と
	TA	TI	TU	TE	TO
		CHI	TSU		
			っ		
			LTU		
			XTU		
	ちゃ	ちぃ	ちゅ	ちぇ	ちょ
	TYA	TYI	TYU	TYE	TYO
	CYA	CYI	CYU	CYE	CYO
	CHA		CHU	CHE	CHO
	てゃ	てぃ	てゅ	てぇ	てょ
	THA	THI	THU	THE	THO

な	な	に	ぬ	ね	の
	NA	NI	NU	NE	NO
	にゃ	にぃ	にゅ	にぇ	にょ
	NYA	NYI	NYU	NYE	NYO

は	は	ひ	ふ	へ	ほ
	HA	HI	HU	HE	HO
			FU		
	ひゃ	ひぃ	ひゅ	ひぇ	ひょ
	HYA	HYI	HYU	HYE	HYO
	ふぁ	ふぃ		ふぇ	ふぉ
	FA	FI		FE	FO
	ふゃ	ふぃ	ふゅ	ふぇ	ふょ
	FYA	FYI	FYU	FYE	FYO

ま	ま	み	む	め	も
	MA	MI	MU	ME	MO
	みゃ	みぃ	みゅ	みぇ	みょ
	MYA	MYI	MYU	MYE	MYO

や	や	い	ゆ	いぇ	よ
	YA	YI	YU	YE	YO
	ゃ		ゅ		ょ
	LYA		LYU		LYO
	XYA		XYU		XYO

ら	ら	り	る	れ	ろ
	RA	RI	RU	RE	RO
	りゃ	りぃ	りゅ	りぇ	りょ
	RYA	RYI	RYU	RYE	RYO

わ	わ	うぃ	う	うぇ	を
	WA	WI	WU	WE	WO

ん	ん				
	NN				

が	が	ぎ	ぐ	げ	ご
	GA	GI	GU	GE	GO
	ぎゃ	ぎぃ	ぎゅ	ぎぇ	ぎょ
	GYA	GYI	GYU	GYE	GYO

ざ	ざ	じ	ず	ぜ	ぞ
	ZA	ZI	ZU	ZE	ZO
		JI			
	じゃ	じぃ	じゅ	じぇ	じょ
	JYA	JYI	JYU	JYE	JYO
	ZYA	ZYI	ZYU	ZYE	ZYO
	JA		JU	JE	JO

だ	だ	ぢ	づ	で	ど
	DA	DI	DU	DE	DO
	ぢゃ	ぢぃ	ぢゅ	ぢぇ	ぢょ
	DYA	DYI	DYU	DYE	DYO
	でゃ	でぃ	でゅ	でぇ	でょ
	DHA	DHI	DHU	DHE	DHO
	どぁ	どぃ	どぅ	どぇ	どぉ
	DWA	DWI	DWU	DWE	DWO

ば	ば	び	ぶ	べ	ぼ
	BA	BI	BU	BE	BO
	びゃ	びぃ	びゅ	びぇ	びょ
	BYA	BYI	BYU	BYE	BYO

ぱ	ぱ	ぴ	ぷ	ぺ	ぽ
	PA	PI	PU	PE	PO
	ぴゃ	ぴぃ	ぴゅ	ぴぇ	ぴょ
	PYA	PYI	PYU	PYE	PYO

ヴ	ヴぁ	ヴぃ	ヴ	ヴぇ	ヴぉ
	VA	VI	VU	VE	VO

っ	後ろに「N」以外の子音を2つ続ける 例:だった→DATTA
	単独で入力する場合 LTU　XTU

■情報モラル＆情報セキュリティ編■

ネット社会で情報を安全に使いこなそう

Moral & Security

1 情報モラルとは何か？

情報化社会では、様々な情報を入手したり、自分の意見を世界中に発信したり、自宅にいながら多くの人とコミュニケーションが取れたりと、多くのメリットを享受できます。一方でデジタル作品のコピーのことが問題になったり、不適切な発言からブログが炎上したり、ネット上でのトラブルが事件に発展するなど、影の部分も見られます。

これらは、すべてパソコンやインターネットなどの技術のせいなのでしょうか。

そんなことはありません。それらの技術を使いこなす私たちひとりひとりのモラルと良識が問われているのです。

モラルとは「**道徳、倫理**」の意味であり、良識とは「**ものごとを正しく判断する能力**」のことです。このようなモラルや良識が備わってこそ、インターネットを効果的に活用でき、その恩恵を被ることができるのです。

それでは、あなた自身は日常的にモラルや良識を心がけてパソコンやインターネットを活用できているでしょうか。確認してみましょう。

■チェックしてみよう

No.	確認事項	チェック
1	ブログなどのソーシャルメディアに友人の写真を公開するときには、本人の許可をもらっている	☐
2	ブログなどのソーシャルメディアに、インターネットで見つけた画像やイラストを無断で投稿していない	☐
3	レポートや論文などを、インターネットからのコピペで安易にすませていない	☐
4	レポートや論文作成において、引用は最低限にして、出典を明記している	☐
5	購入したCDやDVDを、友人に頼まれたからといって、コピーを作成して渡していない	☐
6	TV番組を動画サイトに投稿していない	☐
7	インターネットやオンラインゲームなどを楽しむ場合、適切な時間の範囲内にすることを心がけている	☐
8	先生や先輩にメールを送るときには、カジュアルではない書き方を実践できている	☐
9	お互いに面識のない複数の人に一斉にメール送信するときには、BCCを使っている	☐
10	ブログなどのソーシャルメディアで匿名のコメントをするときに、ほかの匿名のコメントの雰囲気に影響されて刺激的なコメントを残したりしていない	☐
11	インターネットで情報を入手し、ほかの人に伝える前に「その情報が正しいのか」を確認するようにしている	☐
12	自分の趣味や関心のあることをまとめて、ブログなどのソーシャルメディアで情報発信している	☐
13	災害時にソーシャルメディアがどう使えるのか、使い方をチェックしたことがある	☐
14	ブログなどのソーシャルメディアに記事を書く前に「その内容は他人を不愉快にさせる内容ではないか」を考えるようにしている	☐
15	バイト先や学校で悪ふざけをしたり、また、そのような内容の記事や画像をブログなどのソーシャルメディアに投稿したりしないように気を付けている	☐
16	友人とのメッセージのやり取りについて、すぐに返信がなくても焦らず、相手のペースを考慮してコミュニケーションを楽しむようにしている	☐
17	モバイルカメラで講義の様子を録画したり板書を写したりするときには、講師に許可を得ている	☐

情報化社会におけるモラルや良識は、現実社会と同じ！

確認結果はいかがでしたか。

「当たり前だ」と思ったものがあったかもしれませんし、初めて聞く言葉もあったかもしれません。そもそも「モラル」や「良識」とは何でしょうか。最初に、「道徳、倫理」「ものごとを正しく判断する能力」という意味であることを書きました。ここでは、もう少し突っ込んで考えてみましょう。

これらの言葉は、インターネットが出現する遥か昔からある言葉です。インターネットが普及し、様々な情報がデジタルデータでやり取りされる情報化社会に対して、現実社会があります。モラルや良識とは、もともとは現実社会で「あなた自身が、他人や社会と関わるうえで必要な知恵やスキル、能力」といえるでしょう。そのように考えた場合、現実社会においても、デジタル化された情報化社会においても、他人や社会との関わり合い方に本来、大きな違いはありません。いずれも「相手のこと、社会のことを自分のことのように考え、実践していくこと」がモラルや良識の基本的な考え方のはずです。

それではなぜ、改めて「情報モラル」が問われているのでしょうか。

それは基本的なモラルや良識の考え方が変わらないとしても、インターネットの特性に応じて、これまで当たり前だったことを、もう一度意識する必要があるからです。例えば、現実社会では紙の書籍を一冊まるまるコピーしようとすると大変な労力がかかります。ですが、デジタル化された情報は、どんな大きなテキストファイルも一瞬でコピーできてしまいます。著作権の侵害という行為が、現実社会とは比べ物にならないぐらい簡単にできてしまうのです。

つまり、デジタル化の進んだ情報化社会の特性に応じて、これまでのモラルや良識を、再度見直す必要があるのです。

■情報化社会の良識　10箇条

1 著作権、肖像権、パブリシティ権を守る　　　　　→ M-13, M-17, M-19

2 引用のルールを理解し、レポート作成などで正しく引用できる　→ M-19, M-21

3 CD/DVDの貸し借りや複製、動画サイトや電子書籍の利用
について正しく理解し、実践できる　→ M-23, M-25

4 ネット中毒の弊害を理解し、友人とのメッセージのやり取りでは
お互いのペースを尊重するなど、節度を持ってインターネットを　→ M-37
活用できる

5 メールやメーリングリストのマナーを理解し、正しく使いこなせる　→ M-41, M-43

6 情報の信頼性・信ぴょう性とは何であるかを理解し、情報を
見極めることができる　→ M-45, M-59

7 SNSの有効性とマナーを理解し、適切に情報を発信できる　→ M-47, M-55, M-57, M-59

8 災害時のSNSの活用について理解し、備えている　→ M-49

9 バイトテロやソーシャルメディアの炎上が起きる原因を理解し、
自らそのような行動をとったり助長したりしない　→ M-53

10 モバイル機器のアプリやクラウドサービスの特徴を理解し、
活用できる　→ M-63, M-65, M-67

2 情報セキュリティ対策はなぜ必要か？

情報化の進展により、パソコンやインターネットは、今やビジネスでもプライベートでも必要不可欠なものになり、そこで取り扱われる情報の重要度も増しています。ビジネスでは社外秘の資料や各種名簿、プライベートでは住所録やオンラインバンキング・クレジットカードの利用など、重要な情報が日常的に扱われています。

このような状況の中で、情報セキュリティ対策は、ネットワークやパソコンなどを不正な行為から守り、そこで取り扱われる重要な情報を守るために、必要不可欠なことです。情報化社会において、新しい脅威が現在でも増え続けており、情報セキュリティ対策の重要性は日々増大しています。

それでは、あなた自身、きちんと情報セキュリティ対策をとれているでしょうか。確認してみましょう。

■チェックしてみよう

No.	確認事項	チェック
1	初めて利用するネットショップやWebのサービスでは、利用規約やプライバシーポリシーを確認している	☐
2	画像をインターネットに投稿するときは、そこから自分や友人の個人情報が判別されないか確認している	☐
3	セキュリティソフトをインストールしている	☐
4	定期的にOSのアップデートをしている	☐
5	定期的にウイルス定義ファイルを更新している	☐
6	ウイルスに感染した場合の対処方法を理解し、実践できる	☐
7	パスワードを付箋に書いてパソコンに貼るなど、人目につくところに記載していない	☐
8	パスワードをわかりにくいものにして、定期的に変更している	☐
9	ネットからの攻撃は、特定の企業や人物をターゲットとして仕掛けられることがあることを理解している	☐
10	ネットショッピングやネットオークションで、どんなトラブルが起こり得るか知っている	☐
11	迷惑メール対策を行っている	☐
12	フィッシング詐欺とは何かを知り、その判別方法を知っている	☐
13	信頼できる相手とのコミュニケーションにおいても必要以上に気を許さず、公開してほしくない情報は提供しないなど、適切な対応をしている	☐
14	スマートフォンや携帯電話をもし紛失したら、どういう対応を取ったらよいか知っている	☐
15	公衆無線LANの危険性を理解し、適切に利用している	☐

様々な用途に活用できるインターネットですが、インターネットに接続した時点で危険が降りかかってくるということを理解しておく必要があります。

インターネットで様々な情報を閲覧できるということは、インターネットに接続しているほかのパソコンから自分のパソコンが見えている可能性があります。つまり、インターネットに接続しているということは、全世界のパソコンと接続していることを意味します。

そんな中で、あなたは友人の住所録やプライベートな写真を管理しているのです。また、クレジットカードを使ってネットショッピングもするでしょう。さらには、スマホ（スマートフォン）やケータイ（携帯電話）を定期券代わりに使っているかもしれません。ありとあらゆる大切な情報が入っていることは考えるまでもなくわかりますよね。

そこに悪いことをしようと考えているユーザーがいたとすると・・・

インターネットにおけるトラブルで有名なものは、ウイルス（コンピューターウイルス）などの不正なプログラムです。残念なことに世界中のユーザーの中には、インターネットを利用して不正なプログラムをばらまこうとするような悪いユーザーも存在します。また、他人の情報を盗み出して悪用しようとしているユーザーもいます。

インターネットは便利で楽しい世界ですが、常にトラブルと隣り合わせであることを自覚しましょう。

■情報セキュリティ対策　10箇条

1　個人情報とは何かを理解し、インターネット上のサービスで、自分の個人情報がどのように使われるかを確認している　➡ M-9, M-11

2　自分だけでなく、友人などほかの人の個人情報も注意して取り扱うことができる　➡ M-13

3　ウイルスや、その感染経路について正しい知識を持っている　➡ M-27

4　ウイルス感染を防ぐために必要な対策をとることができる　➡ M-29

5　万が一ウイルスに感染してしまった場合の対処方法について理解し、必要なときに実践できる　➡ M-31

6　パスワード管理の重要性を理解し、正しい管理を実践できる　➡ M-33

7　ネットショッピングやネットオークションのトラブルのパターンを理解し、利用する際に必要な注意を払うことができる　➡ M-35

8　メールによるトラブルのパターンを理解し、正しい対処ができる　➡ M-39

9　モバイル機器や無線LANの便利さと脅威を理解し、正しい利用方法を実践できる　➡ M-67, M-71

10　スマホやケータイなどのモバイル機器の紛失について影響の大きさや対策を理解し、必要なときに対応できる　➡ M-69

3 個人情報は狙われている?

インターネット上では無料でメルマガが読めたり、懸賞に応募できたりするように、便利でお得な情報が溢れています。また、SNSが普及し、様々な情報を友人から得たり、あなた自身が情報を発信したりすることもできるようになっています。

しかし、ちょっと待ってください。あなたが何気なく入力した情報は、「いつ・どこで・誰に」見られたり、使われたりするかわかりません。情報を悪用される危険性はないでしょうか。また、そもそもよく耳にする「個人情報」とは何をさすのでしょうか。

事例1

山田さんは、自宅の隣りにある公園の花が見事に咲いていたため、それを友人に伝えようと、ブログに最寄りの駅の名前と公園の写真をアップしました。その後、見知らぬ人物からつけまわされるなど、危ない目にあってしまいました。

事例2

富士さんは、ある日、ゼミの打ち合わせの音声をボイスレコーダーで録音しました。帰宅後、聞きなおしてみると、大変有意義な内容だったので、録音の内容をブログにアップすることにしました。

個人の名前が出てくる部分は慎重に削除し、音声をブログにアップしました。そのブログの音声の内容は、ほかのゼミの友人にも好評で、富士さんは大満足。

しかし、次にゼミ室に行ったときに、前回の打ち合わせに参加していた先輩から「富士さんがブログにアップした録音は、本人を知る人が聞いたら誰の声かわかっちゃうよね。あれはまずいよ」と注意されました。富士さんとしては、固有名詞はすべて削除したので、どこが悪いのか、よくわかりません。

用語 ・・

SNS
コミュニティー型の会員制Webサイトであり、友人や知人と情報交換をしたり交流したりできるサイト。「Social Networking Service」の略。

個人情報取扱事業者
個人情報取扱事業者とは、個人情報を管理している事業者のこと。営利・非営利は問わない。

ためしてみよう【1】

富士さんや山田さんのように、不適切な個人情報の取り扱いをしてしまうと、思いもよらない結果になることがあります。個人情報について書かれた次の文章を読んで、正しいものには○、正しくないものには×を付けましょう。

①友人の声だと特定できるケータイの会話の録音。

②ゼミ生の名簿で、名前とメールアドレスだけ書かれたもの。

③顔がハッキリと判別できる友人との集合写真。

個人情報を利用しようとしている人が多くいます

「個人情報保護の重要性」は、情報化の進展とともに大きく取り上げられるようになりました。SNSのプロフィールは、知人を含め多くの人の目に触れますし、インターネットでプレゼントに応募すれば、企業が広告メールの発信などのマーケティングに利用することもあります。その中には悪用する人もいるかもしれません。

ですが、必要以上に委縮することはありません。情報化社会の恩恵を受けつつ、被害を最小限にするためには、「個人情報とは何か」「どうすれば個人情報を守れるのか」ということを正しく理解すればよいのです。

● 個人情報とは何か

個人情報とは、個人に関する情報であり、その中に含まれる氏名、生年月日、その他の記述により特定の個人を識別できるものです。また、ひとつの情報だけでは個人を特定できなくても、容易に手に入るほかの情報と組み合わせることで特定の個人を識別できるものも個人情報とされます。

具体的には、以下のような情報が個人情報にあたります。

・氏名、生年月日、住所　　　　・クレジットカード番号
・電話番号、ファックス番号　　・顔写真（画像含む）
・銀行口座番号　　　　　　　　・音声データ

● 個人情報保護法とは

「個人情報保護法」とは、平成17年から施行された法律であり、正式には「個人情報の保護に関する法律」といいます。個人情報の有用性に配慮しつつ、個人の権利利益を保護することを目的としています。

● 個人情報の取り扱いについて

個人情報保護法は、国や地方公共団体、個人情報取扱事業者における、個人情報の適切な利用について規定しています。

法律の知識も踏まえ、安全に楽しく情報化社会を生きていく知恵を身に付けることが大切です。

More　プライバシーマーク

一般財団法人日本情報経済社会推進協会が運用している民間の制度であり、個人情報に対する取り組みを適切に行っている企業や組織を認証する制度です。

More　個人情報の取り扱い

個人情報保護法では、企業などに提供した個人情報を次のように取り扱うことを求めています。

・個人情報を、嘘や不正な手段を使って取得してはならない
・個人情報を取得した場合、速やかにその利用目的を本人に通知するか、あるいは公表しなければならない（ただし、あらかじめその利用目的を公表している場合は除く）
・あらかじめ本人の同意を得ずに、収集した個人情報を第三者に提供してはならない

More　個人情報の過剰反応と適正使用

個人情報取扱事業者は非営利団体も対象ですので、個人情報の記載されたリストや名簿を持つ町内会やPTAも対象になります。

個人情報保護法の施行以来、
「学校の生徒の連絡網（住所名簿）などを作成・配布してはいけないのか」
「学校の運動会で写真やビデオを撮影してはいけないのか」
など、過剰に反応する例がみられます。

そもそも個人情報保護法とは、「個人の利益を保護する」ことが目的ですから、この法律のために必要なことができなくなっては本末転倒です。

むやみに法律を恐れるのではなく、「相手の利益になることかどうか」ということを考え、適切に個人情報を利用しましょう。

4　自分の個人情報を守るには？

自分の個人情報を守るために、「具体的にどのようにすれば危険を防げるのか」について考えてみましょう。
ネットショッピングが趣味の山田さんは「自分の個人情報が不正流用された」と考えているようですが、必ずしもそうではないようです。詳しく見てみましょう。

事例

山田さんはサプリメントやファッション関連の製品をネットショップで購入することが趣味です。最近、ちょっと不審に思うことがあり、山田さんはネットに詳しい先輩の斉藤さんに相談することにしました。

山田さん 「最近、身に覚えのないセールスのメールが届くようになったんですが、やはり個人情報が流用されているのでしょうか？」

斉藤さん 「その可能性はあるけれども、ネットショップ側も正規の手続きに則って個人情報を活用している可能性もあるよ」

山田さん 「えっ、ネットショップがほかの企業に個人情報を提供してもよいのですか？」

斉藤さん 「うん、いくつか条件はあるのだけど、すべて禁止という訳ではないんだ。山田さんはネットショップの利用規約などを見たことあるかい？」

山田さん 「いいえ。どこのショップも同じようなことが書いてあると思っていたので、見たことはありませんが…」

さて、山田さんの行動のどこに問題があったのでしょうか。

用語

禁止事項
サービスを利用するにあたり、利用者側が行ってはならない事項。

免責事項
サービスを利用するにあたり、ある事項について、万が一利用者が不利益を被ったとしても、サービス提供側が責任を問われないことを、あらかじめ表明した事項。

Let's Try　ためしてみよう【2】

ネットショップで買い物する前に山田さんが注意しなければならなかったことはどんなことだったのでしょうか。次の文章を読んで正しいものには○、正しくないものには×を付けましょう。

①知名度の低いネットショップは個人情報管理がしっかりしていないので、知名度が高かったり、広告に力を入れていたりしている企業を中心に利用すべきだった。　□

②あらかじめ、利用するネットショップの利用規約などをきちんと確認すべきだった。　□

③割引率が高いネットショップは顧客に親切であるということなので、そのようなネットショップを探して利用すべきだった。　□

🎓 利用規約やプライバシーポリシーを確認しよう

インターネット上には、魅力的なショッピングサイトやお得な無料サービスなどが無数に存在します。これらの便益を享受したい気持ちはわかりますが、その前に、Webサイトの「利用規約」や「プライバシーポリシー」を確認して、安全に楽しむことが重要です。

●利用規約とは

サービスの提供者側が、利用者に対してサービスを開始する前に提示する「サービス利用にあたっての規則」のことです。利用者からあらかじめ同意を取っておく形式が用いられています。

利用規約には、サービス内容、プライバシーポリシー、禁止事項、免責事項などが主として記載されています。

●プライバシーポリシーとは

プライバシーポリシーとは「個人情報保護方針」ともいい、日本語からも類推できるように、そのWebサイトにおいて「収集した個人情報をどう扱うのか」など、その企業や組織の考え方を表したものです。個人情報保護法の施行に合わせ、多くの企業や組織が、自社サイトに掲載するようになっています。企業によっては、独立させずに利用規約の一部となっている場合もあります。

一般的に、「目的外の利用はしない」と書かれたケースが多いですが、企業・組織によっては「収集した個人情報を第三者に提供する場合がある」と明記されている場合もあります。そう書かれていれば、個人情報保護法に則った正式な手続きとして第三者に個人情報を提供できるので、極力個人情報を入力しないようにしましょう。また、それでもそのサービスを利用したい場合は、提供範囲や利用目的をよく確認して納得したうえで入力するようにしましょう。このように、プライバシーポリシーや利用規約は、どんなWebサイトであれ、初めて利用する際にはきちんと確認することが必要です。

More　不正使用や漏えいの相談窓口

各地方公共団体に相談窓口が設けられていて消費者庁または国民生活センターのホームページから検索できます。各地の消費生活相談窓口の紹介を受けることができる「消費者ホットライン」も記載されています。

More　個人情報に関する事故内容と件数

2018年度は、プライバシーマークを付与された912の事業者より、2,323件の事故報告がプライバシーマーク制度の運営元などに寄せられました。主な内訳は以下のとおりです。
①メール誤送信（586件：25.2%）
②紛失（478件：20.6%）
③宛名間違い等による誤送付（346件：14.9%）
④その他漏えい（330件：14.2%）
※一般財団法人日本情報経済社会推進協会プライバシーマーク推進センター（2018年度）「個人情報の取扱いにおける事故報告集計結果」

More　プライバシーポリシーのチェックポイント

プライバシーポリシーや利用規約で特にチェックしておきたい内容は次のとおりです。
・利用目的
・利用の範囲
・苦情等の問い合わせ先
個人情報を利用して欲しくないとき（ダイレクトメールを中止して欲しいときなど）は、問い合わせ先に依頼することが一般的ですが、詳しくは各社のプライバシーポリシーを確認してください。

5　他人の個人情報や他人の気持ちを尊重しているか？

インターネットの世界では、あなたの個人情報が流用されたり、不正利用されたりすることを注意すればよいだけではありません。他人の個人情報も、自分の個人情報と同じように重要です。また、個人情報に気を付けていれば、他人の写真をインターネット上で公開しても問題ないのでしょうか。一緒に考えてみましょう。

事例1

富士さんはゼミ仲間の山田さんの自宅に遊びに行った際、あまりにも立派なお宅だったので、スマホで撮影してブログに投稿しました。ブログ本文には、「ゼミ仲間のYさんの自宅です」と匿名（イニシャル）にすることも忘れませんでした。
しかし、翌週、山田さんから「自宅の前に同じ大学の学生らしい怪しい男がウロウロしている」と相談を受けました。富士さんとしてはプライバシーを守って投稿したつもりだったので、なぜ山田さんの自宅がバレてしまったのか見当がつきません。

事例2

富士さんは、ゼミの懇親会の様子をスマホで撮影してSNSに投稿しました。個室だったので写っているのはゼミのメンバーだけですし、ゼミのメンバーは写真をSNSにアップすることを知っているので安心です。
しかし、翌朝、ゼミの山田さんから、「ある写真を削除して欲しい」と頼まれました。削除を依頼された写真をよく見てみると、たまたま変な表情になってしまった山田さんが端の方に写りこんでいたのです。

用語 ・・

GPS機能
アメリカの軍事衛星から民間に開放された情報を使い、現在位置を特定するサービス。複数の衛星からの距離を瞬時に計測することにより、受信機のある地点の緯度・経度を割り出せる。「Global Positioning System」の略。

位置情報（ジオタグ）
スマホなどで撮影した画像などに追加される情報で、撮影した緯度・経度などの情報が付加される。

USBメモリ
パソコンで一般的な周辺機器の接続インターフェイス（コネクター）。USBに接続できる半導体メモリを用いた記憶メディアの総称。小型化されており、持ち運びに便利。「Universal Serial Bus」の略。

動画サイト
ソーシャルメディアのひとつであり、自分で撮影した動画などをインターネット上に投稿し、ほかのユーザーと共有して楽しむWebサイト。テレビ番組の投稿など、著作権を侵害した投稿も多く、問題となっている。

YouTube
インターネット上の動画投稿/共有サービスのひとつ。

ソーシャルメディア
インターネット上において、ユーザー同士の情報交換を提供するサービスの総称。SNSもソーシャルメディアの一種。

Let's Try ためしてみよう【3】

富士さんは、個人情報の取り扱いや他人の気持ちへの配慮において、不適切な行為をしてしまったようです。写真の投稿について書かれた次の文章を読んで、正しいものには〇、正しくないものには×を付けましょう。

①家の写真からは、誰の家か特定されることはない。

②写真によっては、撮影した場所の位置情報が記録されていることがある。

③懇親会で一緒に写真に写っている人は親しい人ばかりなので、特に断る必要もないと思い、そのままSNSに投稿した。

🎓 「個人が特定されないか」「相手に配慮できているか」を常に意識しよう

インターネット上では、あなたが被害者になるだけでなく、不用意に他人の個人情報を流出させてしまい、あなた自身が加害者になってしまうことがあります。個人情報が含まれていなくても、他人に関する情報が含まれる場合は、一層気を付ける必要があります。

●断片的な情報から個人を特定できる
たとえ名前を出していなくても、「居住地域、学年、専攻、出身高校、性別、所属サークル」などがわかれば、個人を特定できる場合があります。事例1の富士さんのように、匿名やイニシャルで投稿したからといって安心せず、「人物を特定されても問題ない情報か」「特定されるような要素はないか」を確認することが重要です。

●スマホで撮影した画像には位置情報が入る
スマホやタブレットなどのモバイル機器のGPS機能がオンになっていると、画像に位置情報（ジオタグ）が付加されることがあります。場所を特定されたくない場合は、この機能をオフにしましょう。また、位置情報が付加された画像を利用するときには、位置情報を削除してから利用するとよいでしょう。GPS機能をオフにしたり、位置情報を削除したりする方法は、モバイル機器のマニュアルを参考にしましょう。
また、位置情報以外にも、写真に特徴的なものが写りこんでいると地域や場所が特定できることもあるので注意が必要です。

●プライバシー権に留意しよう
「プライバシー権」とは、正当な理由なく、個人の私生活を勝手に公開されない権利のことです。誰にでも「そっとしておいて欲しい」という権利が認められる、という意味です。「これぐらい大丈夫」と思っても、他人はそう考えていないかもしれません。他人に関する情報の取り扱いは、「相手だったらどう考えるか」という想像力を働かせ、きちんと確認することがルールでありマナーでもあります。
プライバシー権に関連して、「肖像権」と「パブリシティ権」があります。肖像権とは正当な理由がなく撮影されたり、写真を公表されたりしない権利、パブリシティ権とは有名人の写真などを経済的な利益を得る目的で他人に勝手に使用されない権利のことです。

More 名簿の流出にも注意

名簿は個人情報の塊です。データでも紙でも取り扱いには注意が必要です。
しかし、最近では、情報流出事故が相次いでいます。
名簿をメールで送付する場合は、宛先を複数回確認する、パスワードを設定してパスワードは別のメールで知らせるといった手段が有効です。USBメモリに入れて持ち運ぶ際には、USBメモリ自体にパスワードを設定できるものを利用しましょう。
名簿を印刷した場合は、プリンターに置き忘れることがないよう気を付けましょう。

More ルール、マナー、モラルの違い

「ルール」とは法律や規則のことで、守らないと罰せられるものです。
「マナー」とは礼儀や態度のことで、ルールほど明確ではありませんが、守らないと良識を疑われるものです。
「モラル」とは道徳・倫理のことで、より良い判断ができる意識や態度といえるでしょう。
私たちは、ルールやマナーを理解し、モラルを自分の内面に育てる必要があります。

More 写真を投稿する前の注意事項

多くの人が写った写真をSNSに投稿する場合は、公開の許可がとれない人の顔などは個人を特定できないように画像を加工するなどの配慮が必要です。
また、有名人の写真を勝手にSNSに投稿すると、肖像権に加えパブリシティ権も侵害することになるので、投稿してはいけません。

6　マイナンバーが流出したら？

2016年1月に「マイナンバー制度」が施行されました。正式には「社会保障・税番号制度」といい、国民ひとりひとりに唯一無二の番号が交付されます。
この制度に関わるリスクがどのようなものか理解できているでしょうか。

事例1

アメリカでは、マイナンバーにあたる「社会保障番号」と氏名・住所があれば、クレジットカードや銀行口座の作成、住宅ローンの申し込み、電気・ガスの契約までできてしまいます。

その結果、社会保障番号に関する情報は狙われやすく、2013年の盗難被害者は全米で約1,310万人、被害総額は180億ドルといわれています。

中には、知らない間に自分の社会保障番号を不正に使われ、高校卒業時に初めて自分の社会保障番号が悪用されていたことに気付いた女子高生もいます。その女子高生は多数の口座やクレジットカードを作られ、借金の総額が150万ドル（1億8,000万円）になっていたといいます。

事例2

韓国では、マイナンバーにあたる「住民登録番号」の情報流出が3億7,000万件以上確認されているそうです。韓国の人口は約5,000万人なので、人口の7倍以上の情報流出が起きているということになります。単純計算で　人当たり7回の情報が流出しているということです。

クレジットカード番号も住民登録番号で一元管理されているため、情報流出は重大事故です。2014年1月には、複数のクレジットカード会社から住民登録番号や口座番号などの顧客情報が流出し、預金の無事を確認しようと銀行に顧客が押し寄せて大変な騒ぎになったこともあります。

用語

マイナンバー
国民ひとりひとりに割り当てられる番号であり、個人の所得や納税、社会保障に関する情報をひもづけて管理するための番号。正式には「個人番号」という。

特定個人情報
マイナンバー（個人番号）を含む個人情報のこと。従来の個人情報よりもさらに厳しい管理が求められている。

ためしてみよう【4】

我が国で始まった「マイナンバー制度」について書かれた次の文章を読んで、正しいものには〇、正しくないものには×を付けましょう。

①マイナンバー制度の目的のひとつに「公平・公正な社会の実現」がある。

②マイナンバー制度は、過去半年以内に5,000件以上の個人情報を取り扱った実績のある事業者が対象である。

③マイナンバー制度は個人の銀行口座番号とひもづいており、マイナンバーの情報が流出すると、銀行口座から預金が引き出される恐れがある。

マイナンバーの利用目的やリスクをきちんと把握しよう

マイナンバー先進国のアメリカや韓国の事例を読んで、あなたは「マイナンバーは怖い」と感じたのではないでしょうか。
しかし、ただむやみに怖れるだけではなく、まずはそのポイントおよびメリット・デメリット（リスク）をきちんと押さえることが重要です。
正しい理解が進めば、必要以上に怖れることもなく、自信を持って適切な管理・運用ができ、その結果、マイナンバーの利用から得られるメリットも享受できるはずです。

●マイナンバー制度の目的

マイナンバー制度の目的は「公平・公正な社会の実現」「行政の効率化」「国民の利便性の向上」の3点です。
本制度が導入される背景として、行政の運営上、各組織に散在する国民ひとりひとりの情報を同一人物の情報と確認することが難しい、ということがありました。そのため、マイナンバーを導入することにより、国民ひとりひとりの情報をきちんと確認できるようにして、本当に困っている国民に対するきめ細かい支援や、行政業務の効率化を実現しようとしています。

●マイナンバーは他人に教えない

我が国では当初、マイナンバーを「社会保障」「税」「災害対策」の分野での使用に限定しており、アメリカや韓国の事例のように流出によるなりすましで借金をされたり、銀行口座番号が盗まれたりなどの事件が発生することはありません。
しかし、制度施行後3年をめどに、マイナンバーの利用を民間に広げていくとされています。そうなると、様々な分野で私たちにとって利便性が高くなる一方で、他人のマイナンバーを入手することで利益を得ようとする悪意を持つ者も出てくるでしょう。
彼らは「マイナンバーは現段階では犯罪に使えないが、いずれ犯罪にも使える価値ある情報になる」と考えているはずです。そして、まだ私たちがマイナンバー制度についてよく理解できていない今のうちから「隙あらばマイナンバー情報を収集しよう」と狙っているに違いありません。
あなたも自分自身のマイナンバーを安易に人に教えたり、マイナンバーの入ったカードなどを人の目につくところに保管したりしないなど、適切な管理を心がけましょう。

More　マイナンバーの目的外の利用は禁止

マイナンバー制度の施行当初は、利用目的が厳しく制限され「社会保障」「税」「災害対策」以外に利用することは禁止されています。
例えば、バイト先の従業員ナンバーやサークルの会員ナンバーなどにマイナンバーを利用することは、たとえ本人が許可したとしても法律違反となります。
もし、そのようなことをしている団体や組織があった場合、法律違反であることを伝え、速やかに別の番号体系に変更することが必要です。

More　「特定個人情報」と「個人情報」の違い

マイナンバーを含む個人情報は「特定個人情報」と呼ばれます。個人情報との違いは、次のとおりです。

(1)故人の情報も管理対象となる
個人情報保護法では「生存する個人に関する情報」が対象となりますが、マイナンバー制度では、故人に対する特定個人情報も管理対象となります。

(2)目的外の利用はできない
個人情報は、本人の同意を得れば、利用する範囲に制限はありませんが、特定個人情報は、本人の同意があっても「社会保障」「税」「災害対策」以外の目的には利用できません。

(3)罰則の規定が厳しい
個人情報保護法に比べ、マイナンバー制度の罰則の規定の方が厳しくなっています。

7　著作権とは何か？

現代ではパソコンやスマホを利用して、インターネットから簡単に、様々なドキュメント、画像、動画などを閲覧できるようになりました。それらを利用すれば学校のレポート作成・趣味や仕事のWebページ作成など、いろいろな活動を大幅に効率化できそうです。

では、そういったインターネット上の情報は自由に使ってよいのでしょうか。

事例

富士さんは、ある中小企業でアルバイトをしています。パソコンを使うのが得意な富士さんは、その企業のWebページの更新担当もしています。

ある日、新しい商品紹介ページの作成を頼まれた富士さんは、そのトップに、お洒落なイラストを使いたいと考えました。

そこで、インターネットをいろいろ見ていたところ、ある個人ブログの中に投稿されていたイラストが、富士さんのイメージにぴったり合うことに気が付きました。

富士さんは、その個人ブログを細かくチェックしましたが、どこにも「イラストの転載禁止」とは書かれていません。

「個人ブログだし、禁止事項も書かれていないから大丈夫だな」と富士さんは考え、そのイラストを商品紹介ページのトップに掲載しました。

完成した新しい商品紹介ページの完成度の高さは、社内外で評判になり、富士さんも大満足。

しかし、数か月ほど経ったある日、個人ブログの著者から社長宛てに、「掲載したイラストが著作権侵害にあたるので、掲載をやめて欲しい」というメールが来ていたことを告げられました。富士さんが行ったことに、問題はあったのでしょうか。

用語

特許権
アイデアや発明を保護する権利。特許法で保護する。

実用新案権
小発明を保護する権利。実用新案法で保護する。

意匠権
物品のデザインや装飾を保護する権利。意匠法で保護する。

商標権
商品名や商標（マークなど含む）を保護する権利。商標法で保護する。

ためしてみよう【5】

富士さんは気付かないうちに著作権侵害を起こしていたようです。インターネット上の情報の利用について書かれた次の文章を読んで、正しいものには○、正しくないものには×を付けましょう。

①個人ブログとはいえ、他人が作成したイラストの無断転載には問題があった。これがデジタルカメラで撮影した画像であれば問題はなかった。

②個人ブログとはいえ、他人が作成したイラストや撮影した画像を使用したところに問題があった。ブログ本文であれば、どれだけ転載しても問題なかった。

③個人ブログからイラストを転載する場合は、あらかじめブログの管理人にメールなどで転載の許可をもらっておくべきだった。

創作者の権利を保護するのが著作権

著作権とは、人間の思想や感情を文字や絵、写真や音などを使って創作的に表現した物を、他人に勝手に模倣されないように保護する権利のことです。

著作権は、創作された時点で発生します。したがって創作物ができたからといって申請をするというような手続きは必要ありません。

著作権は、本来は、音楽や美術品などを保護する目的で作られましたが、近年のパソコンの普及にともなって、プログラムやWebページ、データベースなども保護の対象とされるようになりました。

●著作権は何のためにあるのか

映画・音楽・文学・・・いずれの作品も著作者が一生懸命作成し、完成させて、私達は楽しむことができます。しかし、そのようにして完成させた作品を、他人が勝手にコピーしたり、情報発信できたりすると、著作者はその作品の対価としてもらうべき金額をもらえなくなるおそれがあります。なぜなら、無料で手に入るなら、どんなに良い作品でもお金を払わなくなる人がいるからです。

このように、著作者の権利を守る仕組みがないと、著作者の創作意欲が失われ、ひいては、科学的・文化的な損失につながります。そのため、著作権法で、著作者の権利を適切に守ることが必要なのです。

●著作権の対象

著作権では、次のような「著作物」が保護の対象になっています。
・文章（小説・論文・新聞記事など）
・講演
・音楽
・映画
・写真
・美術品
・Webページ　など

More　著作権の詳細

著作権は、「著作者人格権」「著作財産権（狭義の著作権）」「著作隣接権」の3つに分かれます。

著作者人格権とは、他人に譲渡することができない権利であり、「著作物を公表するかどうか」を決めたり、「著作者名を表示するかどうか」を決めたりする権利です。

著作財産権とは、著作物の複製や放送、映画の上映などを独占的に行える権利です。この権利は他人に譲渡できます。著作財産権があれば、対価を得ることができるわけです。

著作隣接権とは、著作物を普及させる役割を持つ実演家（歌手など）、制作者（音楽CD制作など）、放送事業者などの権利を保護するものです。

More　知的財産権

著作権は知的財産権のひとつであり、知的財産権とは「著作権」と「産業財産権」の2つに大きく分けることができます。産業財産権は「特許権」「実用新案権」「意匠権」「商標権」の4つがあり、いずれも産業に関わるもので、著作権と違い「申請・登録」が必要になっています。

8　コピペのレポートを提出したら？

論文やレポート作成といえば、以前は図書館や書店で専門書や学術論文、過去の新聞など紙の資料を探すのが一般的でした。しかし現在では、インターネットで検索することにより従来の何倍もの情報を探すことができるようになりました。

しかし、それらのWebサイトの情報をコピペしてレポート等を作成することには様々な問題があります。一体どのような問題があるのでしょうか。

事例

富士さんはアルバイトに熱中するあまり、授業のレポートの作成を忘れていました。気が付いたときには提出期限まであと2日。普通に作成していたのでは、当然間に合わないタイミングです。

ですが、「要領が良い」と自他ともに認めている富士さんは、インターネットにある情報を切り貼りしてレポートを手早く作成してしまうことにしました。

少し心がとがめたものの、幸いにも担当の田中教授はほとんどインターネットを利用していないので、田中教授が同じデータをインターネットで見てバレることはなさそうです。

結局、わずか半日で富士さんはレポートを完成させました。

それから数週間後、レポートが添削されて返ってきました。富士さんのレポートの評価は「不可」。コメントには「インターネットからの切り貼りは良くない」と書かれ、また、レポートの内容にも間違いが多々あったようです。

なぜこのようなことになったのでしょうか。

用語

コピペ
「コピー&ペースト」の略。ワープロ文書やWebサイトなどのデジタルデータを「コピーして貼り付ける」という意味。

ジョークサイト
パロディや社会を皮肉った嘘や冗談などの記事を掲載しているWebサイトのこと。「冗談」だと思って読む分には問題ないが、信用すると恥をかいたり間違いをおかしたりする。

剽窃
他人の作品や論文を盗み、あたかも自作であるかのように発表すること。盗作と同じ。

パクリ
本来は「大きな口を開けて物をたべる様子」を表す言葉。最近では「盗むこと」「盗用すること」と転じて使われている。ここでは後者の意味。

 **ためしてみよう【6】**

富士さんの行動について書かれた次の文章を読んで、正しいものには○、正しくないものには×を付けましょう。

①富士さんは、無名の個人ブログからコピペしたのが良くなかった。大手研究所や大企業のデータであれば、正確であった。

②ほとんどインターネットを利用していない田中教授が、たまたま知っていたWebサイトの情報を富士さんは使ってしまった。今回は運が悪かった。

③ネットに掲載されている情報は他人が著作権を持っている。どんな理由であれ、自分のレポートに利用してはならない。

レポートは自分で作らないと意味がない

そもそも、レポートは何のために作るのでしょうか。第一に「研究の価値」が挙げられます。過去の研究を参考にしながら、新しい発見や考え方を少しでも積み上げることができれば、それは大変に価値あることです。そこに、オリジナリティが求められているのは明白です。

もうひとつは、レポート作成を通して、研究の仕方・仕事の仕方を知る、ということです。新しい価値を創造する手法を自分のものにすることは、学校の研究対象に限らず、広く社会でも使える武器を手にすることです。仮に、大学の専攻と全く異なる職種へ就職するとしても、レポート作成を通して身に付けた「価値の創造スキル」は、社会人としても必ず役に立ちます。

このように、レポート作成とは、社会における新しい価値創造の一歩であると共に、自分自身のためでもあるのです。

当然ながらコピペや、ただ書き写すだけのレポート作成では、そうしたスキルは身に付きません。むしろ、信用を失うだけなのです。過去の知見を参考にし、自分の言葉で自分の考えを表現していくことが重要です。

●コピペはバレる？
現在では、提出されたレポートや論文がコピペで作成されたものかどうかを判定するソフトウェアが存在します。コンピューターの処理能力が高まり、テキスト解析能力が向上しているからです。

各大学でも、そういったソフトウェアを利用しているところもあるので、「コピペは必ずバレるもの」という認識を持つことが必要です。

●ネットの情報は「玉石混交」
インターネットを利用して誰でも簡単に情報発信ができることは喜ばしいことですが、その分、チェックの足りない情報も多く流布しています。また、ジョークサイトや悪意を持って作られたWebサイトも存在します。そのため、書籍などの文献による参考や引用に比べ、インターネットの情報源については、意識して信頼性を確認することが必要です。具体的には、オリジナルの情報にあたる、複数の情報を確認するなど、情報を使う側の適切な態度も求められています。

More **Wikipediaの利用**

「Wikipedia」とは、ネットユーザーが執筆・編集を行うフリー百科事典です。資料収集などに利用している人も多いと思いますが、不特定多数の人が執筆・編集し、特に校閲もなく、差し替えることができる仕組みです。正確性が重視されるレポートや論文の引用には向きません。

More **調べ学習に役立つサイト**

著作権が明確に提示されているWebサイトです。

コトバンク
https://kotobank.jp/
朝日新聞、朝日新聞出版、小学館、講談社などの辞書から、用語を検索できるサービス

More **「剽窃」は著作権侵害**

引用を明示せず、ほかの論文を丸写ししたり、全編あちこちの情報をつなぎ合わせたりしただけのコピペでレポートを作ることは「パクリ」「剽窃」にあたるので、絶対にやめましょう。これらは著作権の侵害にあたります。裏付けのしっかりしたデータなどから必要最低限を引用することは認められますが、引用のルールに従って行うことが必要です。

9　引用はどこまで許されるか？

著作権法には「公表された著作物は、引用して利用することができる」（32条）とあります。レポートや論文を作成する際に、適切な引用を行うことは、自分の主張の正確性の裏付けや、オリジナリティの主張として有効です。それでは、どんな引用が適切な引用なのでしょうか。一緒に考えてみましょう。

事例

ゼミの次回発表を任された山田さんは、与えられたテーマが自分の興味のある分野だったため、やる気に満ちています。

山田さんは早速、図書館で書籍を探したり、インターネットで関連する情報を検索したりしました。すると、様々な興味深いデータや意見があることに気付きました。

もちろん、それらをコピペするだけでは良くありません。山田さんは探した情報をもとに、自分自身のオリジナリティのある意見も検討し、記載することにしました。

最終的に、以下のような過程を経て、山田さんのレポートは完成しました。

① 自分の独自の意見を2つ記載したが、少なく感じたので、別の研究者の意見を1つ加え、主張を3つとした。

② ある研究者の論文に明らかな誤字があったので、そこを訂正して引用した。

③ 興味深いデータが多く見つかったので、できるだけ多く引用をするようにした。その結果、引用が60％、自分の執筆が40％ほどの割合になった。

さて、山田さんの引用方法に不適切な点はあったでしょうか。

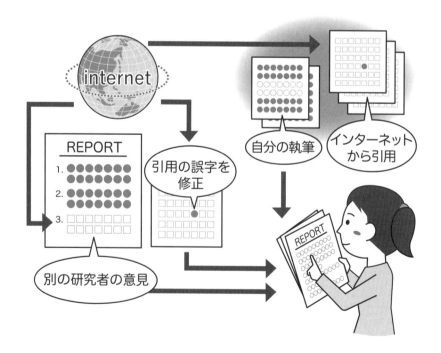

ためしてみよう【7】

引用について書かれた次の文章を読んで、正しいものには〇、正しくないものには×を付けましょう。

①引用する文章は変更しないことが原則だが、誤字・脱字の訂正は問題ない。

②引用することにより文章量が増えて説得力が増すので、引用はできるだけ多い方がよい。

③引用元の文章は誰の文章であるか、著作者名だけ記載すればよい。

🎓 ルールを守って正しい引用を！

著作権法では、著作者の権利を保護すると同時に、正しい引用についても決められています。研究や論文・レポート作成において、適切な引用は、その研究の正当性や妥当性、方向性を明確にし、また、オリジナリティを担保するためにも有用に使えます。

いたずらに著作権の問題を避けるのではなく、正しい知識を持って、正しく著作物に向き合うことが大切です。

●引用のルール

・引用を行う正当な理由（必然性）があること
・公表された著作物であること
・出典（著作者名や著作物名）を明らかにしていること
・どの部分が引用であるか、「」（括弧）や字下げなどで明確に分けていること
・誤字脱字を含め、改変を行わないこと
・引用部分は文章全体のうち、「従」であること
　（すなわち、自身の著作が主であること）
・必要最低限の引用であること

●引用の例

> 　明治時代に入り、開国により外国との国交が盛んになると、一気に外来語の数が増える。これまでのオランダ語やポルトガル語に代わり、新興勢力の英語由来の言葉が加速度的に浸透する。江戸時代に用いられた「ソップ」「ターフル」「ボートル」が「スープ」「テーブル」「バター」に取って代わられたほどである。小説においても、次のようにわざわざルビを使い、積極的に外来語を使用するものも現れた。

> ❶❷「実に是は有用（ユウスフル）ぢや。（中略）歴史（ヒストリー）を読んだり、史論（ヒストリカル・エツセイ）を草する時には…」
> 　（坪内逍遥『当世書生気質』岩波文庫、2006、p.22 より引用）❸

> 　第二次世界大戦に突入すると、外来語排斥の時代となった。明治時代から昭和初期にかけて流行した外来語は、敵性語として次のように無理矢理漢字に変換された。

> ❶「サイダーを「噴出水」、パーマを「電髪」、コロッケを「油揚げ肉饅頭」と言うようになっていた。」
> 　（田中茂『敵性語排斥について』http://www.xx.xx より引用　引用日：2013年9月10日）

> 　その後、敗戦によるアメリカ軍占領により、戦後、外来語が増え続けるのだが、珍しい例として外来語として取り入れられた言葉が完全に漢語に取って代わった例がある。明治初期に盛んに使用された「テレガラフ」「セイミ」は今では「電報」「化学」という言葉になっている。

❶引用部分が明確に分けられている
❷引用は最低限にする
❸出典が明らかである

More　同一性保持権

著作者人格権の一つであり、著作物の内容やタイトルを、無断で変更・切除・改変されない権利です。このため、改変などをした引用は違法となり、著作者に許可をもらうことが必要です。

More　引用と転載

引用は最低限であることが必要です。例えば、ニュースサイトの情報をまるごとコピーし、一言二言コメントを付けただけのブログを見ることがあります。

このような場合は引用ではなく「転載」にあたり、著作権者の許可が必要です。また、転載にも引用表記は必要です。

一方、法律や判例は著作権が放棄されており、行政の発する白書などの報告書は大幅な引用や転載が認められています（引用元の記載は必要です）。

More　論文作成に役立つ論文検索サイト

論文検索というと難しく思えるかもしれませんが、あなたの興味・関心のある分野を入力してまずは抽出された論文を読んでみるだけでも、その分野に対する視野が拡がったり、研究のヒントが得られたりします。

CiNii（サイニィ）
https://ci.nii.ac.jp/
国立情報学研究所が運営する、論文や図書・雑誌などの学術情報が検索できるデータベースサービス

Google Scholar™（グーグル スカラー）
http://scholar.google.co.jp/
国内外の論文の検索サービス

10　CDやDVDを貸し借りしてもよいか？

デジタル時代となり、音楽・映像・プログラムなどが、CDやDVDなどのメディアやインターネット経由などで簡単に手に入り、また複製も楽になりました。一見、すごく便利になったように思えますが、著作権法から考えて、そういった行為を無制限に行って良いわけではありません。どこまでがOKで、どこからが違法なのでしょうか。一緒に考えてみましょう。

事例

富士さんは購入した音楽CDや映画のDVDのコピーを取っています。友人の山田さんから「私的目的のための複製なら構わない」と著作権法に記載されていることを聞いたからです。

まず、音楽CDは何の問題もなく複製できました。映画のDVDは、コピープロテクトがかかっていましたが、インターネットのサイトで「コピー解除の方法」が記載されているページがあったので、そこを参考にして、映画のDVDの複製も作りました。これらは、オリジナルのCDやDVDが破損して見られなくなったときのための、自分や家族のためのバックアップ用です。

そのことを斉藤さんに会ったときに話したら、斉藤さんは「富士さんの行動は一部違法の可能性がある」といいます。富士さんとしては困惑してしまいましたが、いったいどこに問題があったのでしょうか。

用語

コピープロテクト
記憶メディアに入っているコンテンツを複写できないように技術制限をかけたもの。あるいはその行為。

プリインストール
パソコンやスマホなどにあらかじめソフトウェアがインストールされていること。または、そのソフトウェア。

Let's Try　ためしてみよう【8】

映画や音楽などの複製について書かれた次の文章を読んで、正しいものには○、正しくないものには×を付けましょう。

①映画のDVDが複製できなかったので、コピープロテクトを解除する方法を調べて複製した。

②音楽CDを自分と家族のためのバックアップ用として複製した。

③私的利用のための複製が認められているのはCDだけで、DVDは認められていない。

🎓 著作権のルールは増えているので、しっかり理解しよう

音楽や映画のメディアとコンピュータソフトウェアのメディアでは、著作権法上の扱いが異なります。最近はデジタル録音・録画されている音楽や映画のメディアも増え、これらは従来と異なる著作権上の扱いを求められるようになっています。

それぞれに対し、きちんと理解したうえで、著作権法の範囲内で楽しむようにしましょう。

● 音楽や映画の著作権

音楽や映画は著作物ですので、無断で複製してはいけませんが、CDなどのメディアのバックアップを作成することは私的利用の範囲として認められています。

ただし、最近ではコピープロテクトのかかったメディアも増えています。この場合、たとえバックアップ用としてもコピープロテクトを解除して複製することは著作権法違反になるので、注意しましょう。

● ソフトウェア（パッケージ販売、ダウンロード販売）の著作権

ソフトウェアをパッケージで購入したり、ダウンロード購入したりすると、「プログラムを購入した」という気がするかもしれません。しかし、これは間違いです。正しくは「ソフトウェアの使用権」を購入したに過ぎません。これを「ライセンス（使用許諾）契約」といいます。

購入したソフトウェアのバックアップを作成したり、2台のパソコンにインストールしたりしたいと考えるかもしれません。ですが、それらが可能かどうかを判断するためには、そのソフトウェアのライセンス契約を確認する必要があります。

● フリーソフトの著作権

無料で使えるソフトを「フリーソフト」といい、インターネット上などから有用なソフトが無料で手に入ります。フリーソフトは無料とはいえ、ライセンスがあります。再配布やプログラムの改変は、ライセンス契約で許可されていない限り禁止されています。ライセンスの内容を守って利用するようにしましょう。

More　海賊版のダウンロード

著作権者の許可を得ず、プログラムや映画・音楽などのコンテンツを違法にコピーしたものを「海賊版」といいます。海賊版は小規模な電気店・ソフトウェアショップやネットオークション等で販売されていることがあります。

ファイル交換ソフトウェアなどで、このような違法プログラムやコンテンツをダウンロードすることもできますが、2012年10月からは、違法と知りつつダウンロードすることも刑事罰の対象になりました。

More　ライセンス契約の種類

ライセンスには「1CPU1ライセンス（1台のパソコンのみインストール可能）」「複数台可能ライセンス」などがあり、そのライセンスの範囲内で利用できます。

複数台可能ライセンスには、「2台まで可能」など単純な台数制限のほか、「デスクトップとモバイルに1台ずつインストール可能」などの表記がされたものもあります。

また、パソコンにあらかじめインストールされているソフトウェアの場合は、プリインストールソフト専用のライセンスがあり、これはプリインストールされているパソコンでしか使うことはできません。

11　TV番組や書籍をデジタルデータにしてよいか？

現在では、スマホやタブレットが1台あれば、インターネット上の情報に加え、テレビ番組のような映像や書籍などのデータをデジタル化して持ち歩いて、いつでも閲覧することができます。従来なら持ち運ぶことが不可能だった書籍何十冊分ものデータが、すべて片手に収まるのですから、大変便利になりました。しかし、ここでも著作権を十分に認識した正しい利用をしなければなりません。

事例

富士さんは、テレビ番組を録画してタブレットで扱えるファイル形式にしたり、手持ちの書籍を全部裁断し、スキャナで読み込ませてPDFファイルにしたりしています。それを使って、通学の電車内やカフェで楽しんだり、勉強したりしています。

ある日、サークルの後輩で顔見知りの鈴木さんが「今晩のドラマ、録画してくれませんか？」と頼んできました。なんでも、鈴木さんは毎週楽しみに見ているドラマなのですが、自宅で録画予約するのを忘れてきたそうです。さらにタイミングが悪いことに、鈴木さんは今夜バイトで自宅に戻るのが遅くなるそうです。

テレビ番組の録画は富士さんにとっては簡単なことですから、富士さんは快く引き受けました。その夜、問題なくドラマを録画した富士さんは、その動画を鈴木さんに見てもらうために動画サイトにアップロードしました。無料のドラマであり、有料の映画とは違うので問題ないだろうと考えたのです。動画サイトにアップロードしたあと、富士さんは鈴木さんに、ドラマを再生するためのURLをメールで送りました。

翌日、鈴木さんからメールの返事が来て、「どうも動画が削除されているらしい」とのこと。富士さんは何が悪かったのか、よくわかりません。

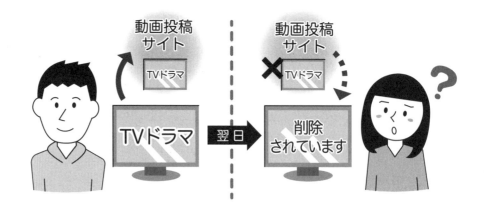

用語

PDF
パソコンの機種や環境に関わらず、もとのアプリで作成したとおりに表示できるファイル形式。作成したアプリがなくてもファイルを表示できる。

ニコニコ動画
国内の企業が運営する動画サイトとしては最大の動画投稿サービス。若者を中心に多く利用されている。

電子書籍
従来は紙で提供されていた書籍や出版物の情報をデジタルデータにして、電子機器のディスプレイ上で閲覧するコンテンツのこと。

自炊
紙の書籍を購入した読者が、自分で裁断機やスキャナを使って書籍をデジタルデータにすること。

 **ためしてみよう【9】**

富士さんの行ったことは、どうやら著作権を侵害していたようです。富士さんの行動について書かれた次の文章を読んで、正しいものには○、正しくないものには×を付けましょう。

①ドラマも出演者・脚本家など多くの人が関係しているので映画同様に問題であった。これがニュース番組であれば問題はなかった。

②動画サイトにアップロードしたのが問題であった。DVDに複写して渡せば問題はなかった。

③無料のテレビ番組でも、他人のために複写することは私的利用の範囲を超えるので、鈴木さんからの依頼を断るべきだった。

🎓 無断でアップロードしたりコピーしたりしない

YouTubeやニコニコ動画などの動画サイトが、若い人を中心に利用されています。電子書籍もその利便性から一般に浸透しつつあります。どちらもデジタルデータである以上、複製が容易になるわけですから、一層著作権を意識した付き合い方をしなければなりません。どこまでが許されて、どこからが違法となるのか、一緒に考えてみましょう。

●アップロード
動画サイトは、基本的に「著作権を持つ者（著作権者）」が動画を投稿することが原則です。著作権者とは、一般的には「その動画を作った者」あるいは「その動画の著作権を譲り受けた者」となります。

つまり、自分で撮影した動画をアップロードする分には問題はありません。それでは、映画やテレビ番組はどうでしょうか。これらは、多くの関係者、具体的には映画配給会社・テレビ局・番組制作会社などが権利を持っているので、映画やテレビ番組を録画してアップロードするということは、彼らの著作権を侵害することになります。著作権には多くの種類がありますが、この場合は「公衆送信権」の中の「自動公衆送信権」の侵害にあたります。

●コピー
アップロードしなくても、映画や録画したTV番組などのデータをDVDなどに複写して友人に渡す行為は、私的利用の範囲を超えてしまいます。では、書籍はどうでしょう。

書籍等をデジタルデータにして出版する「電子書籍」が急速に普及しています。電子出版されている書籍はモバイル機器などで、どこでも好きなときに読むことができ、大量に購入して持ち歩いても重くならないなどの利点があります。一方、自分で購入した紙の書籍を裁断してスキャナで読み取ってデジタルデータ化するいわゆる「自炊」をする人もいます。自炊行為そのものは合法で、電子出版されている書籍と同様に携帯しやすくなるという利点があります。

購入した電子書籍も自炊で作成したデータも、利用は私的利用の範囲内に限られます。書籍のデータをコピーして他人に渡す行為は私的利用の範囲を超え、違法となります。

More　電子書籍の仕組み

電子書籍では、電子化されたコンテンツを閲覧するための専用のハードウェア、あるいは、パソコン・スマホ・タブレットなどで閲覧するためのアプリが必要です。

アマゾンを始め、多くの企業が電子書籍の書店をインターネット上に展開しています。通常の書店と違い在庫を気にするようなことがありません、クレジットカード決済をすることにより、即購入・閲覧が可能なことも魅力です。

ただし、日本では電子書籍化されていない出版物も多く、電子書籍の形式に互換性がないなど、課題も多い状況です。

More　電子書籍のメリット

電子書籍のメリットには次のようなものがあります。
・かさばらない
・検索が容易
・紙や輸送費を削減できる（環境に優しい）
・値段が安い
・絶版が無くなる
・入手しやすい（ネットから代金決済後、すぐにダウンロードできるなど）

More　自炊代行サービス

自炊の代行サービスを行う業者がいます。これは業者自身が、自分（＝その業者）が読むために行っているわけではないので、私的利用の範囲を超えているとみられています。自炊代行サービスは、依頼する方も罪に問われる可能性があるので、注意しましょう。

12 ウイルスはどこからやって来る？

今や、パソコンを使っていてインターネットを使わない人はいないぐらい、インターネットの利用は欠かせないものでしょう。あなたも調べものにWebサイトを使ったり、友人との連絡にメールを使ったり、便利なフリーソフトをダウンロードしたりと、インターネットをフル活用しているのではないでしょうか。

ですが待ってください。そこに危険な落とし穴はないでしょうか。

事例

インターネットの世界には、無料で便利に使えるフリーソフトが溢れています。

富士さんは、パソコンにプリインストールしてあったワープロソフトと表計算ソフト以外は、ほとんどのソフトをフリーソフトから探してきて使いこなしていました。

ある日、知らない人のブログを読んでいると、無料でホームページを作れる便利なソフトがダウンロードできるWebサイトがあることを知りました。

富士さんは、早速そのWebサイトで無料のホームページ作成ソフトをダウンロードして使ってみました。なかなか使いやすく、富士さんは大満足です。

次の日、今度はレポートを作成しようと富士さんがパソコンを起動すると、なぜか過去に作ったレポートがすべて削除されていました。

どうしてこんなことになったのか、富士さんは訳がわかりません。

用語 ・・・・・・・・・・・・・・・・・・・・・・・・・・・・・・・・・・・・・・・

ファイル感染型ウイルス
実行型ファイル（プログラム）に感染して制御を奪い、感染・増殖するウイルス。

トロイの木馬型ウイルス
無害を装い利用者にインストールさせ、データを盗んだり削除したりすることを目的としたウイルス。

ワーム型ウイルス
ネットワークを通じてほかのコンピューターに伝染することを目的としたウイルス。ほかのプログラムに寄生せずに自動的に増殖する。

ボット（bot）型ウイルス
他人のコンピューターを外部から操るためのプログラム。

マクロウイルス
Microsoft Officeなどに搭載されているマクロ機能を悪用したウイルス。

HTML形式メール
文字だけでなくHTMLによる文書の修飾表現なども含まれるメール。見栄えのするメールを送信できるというメリットがある一方、ファイルサイズが大きくなったり、ウイルスが混入したりする可能性があるなどのデメリットもある。

HTMLを利用していない文字情報だけのメールを「テキストメール」という。

マルウェア
悪意のあるソフトウェアの総称でウイルスも含まれる。

 **ためしてみよう【10】**

ウイルスの感染原因について書かれた次の文章を読んで、正しいものには○、正しくないものには×を付けましょう。

①Webサイトを閲覧しただけでウイルスに感染することもあるので、無料のホームページ作成ソフトをダウンロードしたWebサイトを表示した時点で、感染した可能性がある。

②ダウンロードした無料のホームページ作成ソフトにウイルスが含まれていた可能性がある。

③インターネットからファイルをダウンロードすることでウイルスに感染することはない。今回の事例ではなく、以前に受信したメールに添付されていたファイルから感染した可能性が高い。

🎓 Webサイトやメールを閲覧しただけで感染することもある!

そもそも「ウイルス」とは何でしょうか。また、どのようにパソコンに侵入してくるのでしょうか。ウイルスの多くはメールに添付される形で送信されてきます。そのほかにもいろいろな侵入経路があります。まずはウイルスの定義を確認し、続いて侵入経路を見ていきましょう。

●ウイルスとは何か
ウイルスとは、ユーザーが知らない間にパソコンに侵入し、パソコン内のデータを破壊したり、ほかのパソコンに増殖したりする機能を持つ悪意のあるプログラムの総称です。ファイル感染型、トロイの木馬型、ワーム型、ボット(bot)型、マクロウイルスなど様々な種類があります。

●ウイルスの感染経路の種類
①メールからの感染
メールにウイルスが添付されて送信されてきます。この添付ファイルを開くことでウイルスに感染します。
HTML形式のウイルスメールの場合、メールを開いただけで感染することもあります。
②Webサイトからの感染
Webサイト内のリンクをクリックすると感染するようなWebサイトや、Webサイトを開いただけでウイルスに感染するような悪質なWebサイトがあります。
③インターネットからダウンロードしたファイルからの感染
悪意のあるユーザーが偽ってウイルスをインターネット上に公開していることがあります。ウイルスと気付かずにリンクをクリックしたり、ファイルをダウンロードしたりすることでウイルスに感染します。
④USBメモリなどの移動メディアからの感染
USBメモリや外付けハードディスク、CD-ROMなどの移動メディアに保存しているファイルがウイルスに感染している場合、そのファイルをパソコンにコピーすることでウイルスに感染します。
また、USBメモリ自体がウイルスに感染している場合、USBメモリをパソコンに接続しただけでウイルスに感染することがあります。

More　スパイウェア

パソコン利用者に知られないように内部に潜伏し、ユーザーIDやパスワードをはじめ、各種データを収集し、外部に送信するソフトウェアのことです。厳密にはウイルスとは異なり、マルウェアのひとつとされています。

More　マクロを含むファイル

最近のMicrosoft Office製品では、ネット経由のファイルや、マクロを含むファイルをWordやExcelで開こうとすると警告メッセージが表示されます。メールの添付ファイルを開こうとして警告メッセージが表示された場合は、送信者に「マクロが入っていること」を確認したうえで警告を解除しましょう。

**More　身代金ウイルス
　　　　　（ランサムウェア）**

「身代金ウイルス」とは「ランサムウェア」ともいい、コンピュータに感染後、コンピュータの一部機能を使えないようにし、復旧させる代わりに金銭(身代金)を要求するマルウェアのことです。ランサムとは「身代金」という意味です。
身代金ウイルスに感染すると、コンピュータの操作がロックされたり、ハードディスク内のファイルが暗号化されたりします。そのうえで、身代金ウイルスは「復旧して欲しければ金銭を支払え」などの画面メッセージを表示するなどし、利用者に通告します。
身代金の支払方法は、銀行口座への振り込みや電子マネーの送信などが指示されますが、仮に支払ったとしても、コンピュータが復旧するかどうかはわかりません。

13　進化するウイルスにどうやって対抗するか？

現在、ウイルスの怖ろしさは広く知られているので、自分のパソコンにセキュリティソフトをインストールしている人も多いでしょう。

ですが、セキュリティソフトをインストールしているだけでは、実は対策として十分ではありません。次の事例を見て、山田さんの場合を確認しましょう。

事例

山田さんは、念願だったノートパソコンを購入しました。それ以来、レポート作成やインターネットの閲覧など、様々に使いこなしています。

ウイルス対策については、最初からセキュリティソフトが無料で付いてきたので安心していました。

しばらくして、急にパソコンの処理速度が遅くなるなど、不具合が発生しました。山田さんとしては、セキュリティソフトがインストールされているので、特にウイルス対策には気を付けていなかったのですが、はじめてセキュリティソフトのマニュアルを読んでみました。

そこには、「定期的に、ウイルス定義ファイルを更新して最新の状態にしてください」と書かれてありました。

山田さんは「ウイルス定義ファイル」とは何のことかわかりません。もちろん、定期的に更新したこともありません。もしかして、このことが原因なのか、と考えこんでしまいました。

用語

亜種
あるウイルスに非常に似ているが、微妙に異なる特質を持つウイルスのこと。

OS
ハードウェアやアプリを管理制御するプログラムのこと。パソコンのWindowsやMac-OS、スマホのAndroidやiOSなどが有名。

セキュリティパッチ
セキュリティホールの修正プログラムのこと。

パーソナルファイアウォール
インターネットを経由した攻撃から個人のパソコンを守るためのソフトウェアのこと。悪意を持つ者からの攻撃やスパイウェアの侵入など、ウイルス以外の脅威にも対応できる。

ためしてみよう【11】

ウイルス対策について書かれた次の文章を読んで、正しいものには〇、正しくないものには×を付けましょう。

①最新のウイルスも検出できるように、ウイルス定義ファイルを常に最新の状態にしておくべきだった。

②万が一ウイルスに感染した場合に備えて、定期的にパソコンのバックアップを取っておくべきだった。

③OSが最新であれば、ウイルス定義ファイルの更新は必要ないので、OSさえ常に最新の状態にしておけば問題なかった。

ウイルス定義ファイルやOSを常に最新に保とう!

新種のウイルスは日々世界中で発生しています。古いウイルス定義ファイルのままだと最新のウイルスを検出することができません。また、新しく発見されたセキュリティホールを狙ったウイルスも存在します。
ウイルス対策は、一度行って終わりというものではなく、常に継続していくことが必要です。

●ウイルス定義ファイルの更新
「セキュリティソフト（ウイルス対策ソフト）」には、ウイルスを特定するための情報が記載された「ウイルス定義ファイル」が含まれています。
ウイルス定義ファイルにはウイルスの特徴が記されており、この特徴と一致する情報を持ったファイルをウイルスとして認識します。
新種や亜種のウイルスは日々世界中で発生するため、古いウイルス定義ファイルのままだと最新のウイルスを検出することができません。
最新のウイルス定義ファイルはセキュリティソフトの開発元から定期的に提供されるので、常に最新のものに更新するようにしましょう。

●OSやアプリのアップデート
現代のソフトウェアは非常に複雑かつ高度な処理をしているため、開発段階で想定していないような不具合があることがあります。
この不具合の中でも特にセキュリティ上問題となるような不具合のことを「セキュリティホール」といいます。
悪意のある人はセキュリティホールを利用してパソコンに不正なプログラムを侵入させようとするので、セキュリティホールをふさぐための修正プログラムを導入する必要があります。修正プログラムは各開発元が提供しています。特にWindowsのような多くの人に使われるOSは狙われやすく、開発元から常に最新の修正プログラムが提供されているので、それを反映するためにアップデートを行います。なお、Windowsのアップデートは無料です。

●パーソナルファイアウォールの利用
パーソナルファイアウォールには、それ単体のソフトウェアやウイルス対策ソフトと組み合わせた統合型のソフトウェアなどがあります。また、最新のパソコン用のOSには、あらかじめパーソナルファイアウォールが付属しているので、まずはそれを利用してみるとよいでしょう。

More セキュリティソフトの機能

ウイルスからパソコンを守るためにはセキュリティソフトを使うことが必須です。セキュリティソフトには次のような機能があります。

ウイルスの侵入防止
パソコン内にウイルスが侵入することを防ぎ、メールの受信時やファイルを開く際に、ウイルスに感染していないかどうかを監視します。

ウイルスの検出
すでにパソコン内にウイルスが侵入しているかどうかを検査します。

ウイルスの駆除
ウイルスを発見した場合、ウイルスを削除します。

More ウイルス対策のチェックリスト

・セキュリティソフトをインストールしている
・ウイルス定義ファイルを最新の状態に保っている
・セキュリティパッチを利用し、OSやアプリを最新の状態に保っている
・怪しいWebサイト、怪しいメールなどはアクセスしたり開いたりしない
・添付ファイルを開く前には、セキュリティソフトでウイルスの検出を行っている
・ブラウザやアプリなどで、セキュリティの設定ができるものは適切な設定をしている
・万が一ウイルスに感染した場合に備え、定期的にバックアップを取っている

14 もしウイルスに感染してしまったら？

どんなにウイルス対策をしっかりしているつもりでも、「絶対にウイルスに感染しない」という保証はありません。万が一、ウイルスに感染してしまったら、どのような対応を取れば被害を最小限にできるのでしょうか。もしものときに適切な対応を取るためには、日常的に「もしものとき」のことを意識しておくことが重要です。

次の富士さんの事例では、どのような点がいけなかったのでしょうか。一緒に考えてみましょう。

事例

富士さんは「情報セキュリティ」の授業を受けて以来、ウイルスの怖ろしさを人一倍感じて、ウイルス定義ファイルの更新やOSのアップデートなどの必要な作業は定期的に行っていました。

ある日、友人の山田さんからメールが来ました。タイトルなどにも不審なところはなかったので、メールを開いたのですが、画面に怪しいウィンドウが開き続けるなど、しばらく制御不能になってしまいました。

しばらくして、パソコンの動作が落ち着いたようなので、ハードディスクの中身を確認したのですが、どうやら、いくつかのファイルが削除されたようです。

富士さんは慌てて、山田さんに電話をしました。山田さんによると、山田さんのパソコンがウイルスに感染して、アドレス帳に掲載されているメールアドレスにウイルスメールが送信されているようだ、とのことでした。

さらに山田さんは、そのウイルスが最新のウイルスであること、そしてセキュリティソフトの開発会社のX社のWebサイトで、そのウイルスを駆除するワクチンソフトを配布していることを聞きました。

富士さんは、早速X社のWebサイトでワクチンソフトをダウンロードし、自分のパソコンの中の最新ウイルスを駆除しました。

どうやらパソコンの中のウイルスは完全に駆除できたようで、「やれやれ」と富士さんが思っているところに後輩の鈴木さんから電話がありました。どうやら、富士さんから送られてきたメールを開いたところ、ウイルスに感染したようです。

さて、富士さんは一体どうすればよかったのでしょうか。

用語 ･･･

ワクチンソフト
パソコンに感染しているウイルスを特定し、除去するソフトウェア。

 **ためしてみよう【12】**

富士さんの行動について書かれた次の文章を読んで、正しいものには○、正しくないものには×を付けましょう。

①富士さんは鈴木さんに対し、メールで最初に「X社のWebサイトからワクチンソフトをダウンロードできる」ことを伝えるべきである。

②富士さんはワクチンソフトをダウンロードする前に、インターネット接続機能をオフにするべきだった。

③HTML形式のメールは、メールを開くだけでウイルスに感染することがあるので、HTML形式のメールでもテキスト形式で開くように設定する方がよい。

🎓 まずはインターネットの接続を遮断しよう！

事例では、ウイルス感染時の対応が悪かったために、第三者にまで被害を与えてしまいました。どんなにウイルス対策をしていても、ウイルスに感染することはありえます。ウイルスに感染してしまったときの正しい対応を確認しておきましょう。

●ウイルスに感染したときの対応手順
①まずはインターネットの接続を遮断する
LANケーブルを接続しているパソコンならLANケーブルを抜き、無線LAN搭載のパソコンなら無線LAN機能をオフにします。無線LAN機能のオン・オフの切り替えはパソコンの機種によって手順が異なります。普段利用しているパソコンでの操作方法を確認しておきましょう。
②管理者に報告する
学校や職場で使っているパソコンの場合は、管理者に速やかに報告し、指示を待ちます。
③電源は切らない
一度電源を切ると再び起動できないなどの症状がでる可能性があるので、電源は入れたままにします。
④ワクチンソフトを利用し、ウイルスを除去する
USBメモリなどのメディア経由でワクチンソフトを入手し、ウイルスを除去します。

●不適切な対応では加害者になってしまうことも！
ウイルスによっては、メールソフトのアドレス帳などを乗っ取り、自分自身を拡散させるために勝手にメールを送信してしまうものもあります。事例もこれにあたります。早急に正しい対応をしなければ、自分自身が加害者になってしまうことを自覚しましょう。

●普段からのバックアップを心がけよう
ウイルスに感染すると、場合によってはOSを再インストールするしかないケースもあります。そのため、普段から定期的にデータをバックアップしておく事が重要です。

More　モバイル機器のウイルス対策

スマホやタブレットなどはパソコンと同じように利用できますが、ハードウェアやOSが異なるため、パソコン用のウイルスがそのまま感染することはありません。しかし最近ではスマホやタブレットを狙ったウイルスやスパイウェアも出てきており、注意が必要です。パソコンと同じく、次のような対策が必要です。
・OSやアプリをアップデートする
・怪しいアプリはダウンロードしない
・セキュリティソフトを導入する

More　メディアを入手したら

USBメモリなどの移動メディアを介してウイルス感染が広がった事例も報告されています。
データの受け渡しなどのためにUSBメモリなどを入手したときは、次の手順で対策を行います。
①USBメモリをパソコンにセットする前に、2次感染しないように、まずパソコンのLANを無効化する。
②パソコン本体のウイルスチェックや駆除を行う。
③USBメモリをパソコンにセットすると、ファイルを自動再生してしまう場合があるので、自動再生機能をパソコン側でオフにする。
④USBメモリをパソコンにセットして、USBメモリに対してウイルスチェックや駆除を行う。

15　パスワードが他人に漏れたら？

パソコンのログインを始め、メール、ネットショップ、オークションなど、ユーザーIDとパスワードを使うシーンは多くあります。

いくつものユーザーIDやパスワードを覚えるのはなかなか大変なので、もしかして、紙にメモしていたり、パスワードを簡単なものにしていたりしないでしょうか。

次の事例を見て、パスワードが他人に漏れたらどのようなことになるか考えてみましょう。

事例

山田さんはネットショップで買い物をするのが趣味です。いくつかのネットショップを利用しているので、ユーザーIDとパスワードを忘れないように、ノートパソコンの液晶の下のスペースに、付箋でユーザーIDとパスワードの一覧を貼り付けています。

ある日、カフェでレポートを作っていた山田さんは、数時間レポート作成に没頭し、とりあえず一段落したので自宅に帰ることにしました。

夕食後、自室で再度パソコンを開き、今度は気分転換にネットショッピングをしようとしたところ、覚えがない商品が何点か注文されていることに気が付きました。

山田さんは今日の午後、カフェではレポートを作っただけでネットショッピングはしていません。ずっとパソコンで作業をしていました。ただ、よく考えてみると、お手洗いに行くために一度席を立ったことを思い出しました。

山田さんとしては、どうしてこんなことになったのか、よくわかりません。

用語

辞書攻撃
辞書にある単語を片端から試すような形で、パスワードを破ろうとする攻撃。

オートコンプリート
一度入力した文字列を再度入力すると、先頭から文字が一致する文字列の全文を表示し、選択することで入力できる機能。

なりすまし行為
ほかの人のユーザーIDやパスワードを不正に使用してサービスなどを利用する行為。

不正アクセス禁止法
正式には「不正アクセス行為の禁止等に関する法律」といい、なりすまし行為やセキュリティホールなどを攻撃してシステムなどに侵入する行為を禁じている。

ためしてみよう【13】

事例では、山田さんが席を離れたときに、悪意を持つ人にユーザーIDとパスワードを盗み見られていたようです。パスワードの管理方法について書かれた次の文章を読んで、正しいものには○、正しくないものには×を付けましょう。

① パスワードは重要なので複雑なものにした方がよいが、忘れないように様々なサービスで統一した方がよい。

② ユーザーIDやパスワードを付箋に書いてパソコンに貼ったり、メモしたものをパソコンの近くに置いたりすべきではない。

③ パスワードは辞書に載っている単語ではなく、英数字を組み合わせた意味を持たない文字列がよい。

🎓 個人情報が漏えいしたり、クレジットカードを勝手に使われたりすることもある！

様々なサービスを利用する際に、いくつものユーザーIDとパスワードを利用していると思います。これらは通帳の暗証番号や金庫の鍵に相当するもので、他人に漏れた場合、あなたの個人情報が流出することになります。また、ネットショップのWebサイトのユーザー情報に、クレジットカードの情報を登録している人もいるでしょう。その場合、クレジットカードを勝手に利用されてしまうかもしれません。

このように、ユーザーIDとパスワードは他人に漏れないよう、きちんと管理することが必要なのです。

●パスワード管理のための注意事項

①メモを残さない

パスワードは自分の記憶にとどめ、手帳などに記さないようにします。付箋に書いてディスプレイの横に貼るなどの行為は絶対にやめましょう。

②わかりにくい文字列にする

誕生日や電話番号など、他人から類推されやすいものは避けます。単純な文字列だと「辞書攻撃」によりパスワードが見破られやすいというデメリットもあります。

③英数字を組み合わせる

類推されることを防ぐために有効な手段です。

④定期的に更新する

万が一、悪意のある人にパスワードが見破られても、定期的に変更することで被害を食い止めることができます。

⑤それぞれのサービスで異なるパスワードにする

同じパスワードを複数のサービスで利用していた場合、ひとつのサービスのパスワードが見破られると、すべてのサービスに侵入される恐れがあります。

⑥最低でも6～8文字以上とする

パスワードは長ければ長いほど見破られにくくなります。

⑦人にパスワードを教えない

たとえセキュリティ管理者に聞かれても、教えてはいけません。

More　キーロガー

コンピューターのキー入力の状況を記録するプログラムです。本来はシステム解析を行ったり、ユーザーの入力を分析したりするといった使い道のソフトウェアですが、悪意のある人にユーザーのパスワードやクレジットカード番号を盗むスパイウェアとして使われることがあります。

More　パスワード管理ツールを利用する

サービスごとに複雑なパスワードを設定したうえで、すべて暗記するのは大変です。有料や無料など多くのパスワード管理ツールが用意されていますが、実績のあるセキュリティメーカーのものを選ぶと安心です。

More　オートコンプリートの利用

オートコンプリートを利用すると、ユーザーIDとパスワードを入力するときに、ユーザーIDを一覧から選択することでパスワードも自動的に入力することができます。

非常に便利な機能ですが、同じパソコンを第三者が使うとパスワードがわからなくてもログインできてしまうという危険な側面もあります。ほかの人と共有して使うパソコンでは利用しない方が賢明です。

More　なりすまし行為

ほかの人のユーザーIDやパスワードを使用してオンラインゲームなどに不正アクセスする事例が多く報告されています。こうしたなりすまし行為は、不正アクセス禁止法で禁じられており、未成年の検挙者も数多く出ています。

16　ネットショッピングなどでトラブルに遭わないためには?

インターネット上で行うネットショッピングは自宅にいながら様々なショップで商品を探すことができます。消費者同士が取引をするネットオークションやフリマでは、欲しいものを安く手に入れることができます。このような利便性から、年々利用者が多くなってきていますが、気を付けなければならないことはないのでしょうか。一緒に考えてみましょう。

事例1

山田さんは、あるファッションブランドの大ファンです。そのブランドの新作バッグを様々なネットショップで探し、ようやく在庫のあるショップを見つけました。初めて

のショップでしたが、ホームページのデザインなどもしっかりしていて安心できそうです。会社概要や支払方法のページを確認しようと思いましたが、「残り1個」と書いてあったので、慌てて注文を確定させました。やっと購入できて満足した山田さんですが、2週間以上経っても商品が届きません。

事例2

プロサッカーの大ファンの富士さんは、ある日、ネットオークションで日本代表のN選手のサイン入りボールを見つけ、即入札しました。しかし、残念なことに、富士さんの予算を上回る金額で別の人に落札されてしまいました。

ところが翌日、落胆していた富士さんに、サイン入りボールの出品者を名乗る人からメールが届きました。そこには、「落札者が購入を辞退したため、次点の富士さんに、富士さんの入札価格で購入して欲しい」と書かれていました。

喜んだ富士さんは、急いで出品者情報を確認しました。出品者の評価は普通でしたが、住所が「東京都新宿区」と聞いたことのある地域だったので、安心して入札価格と送料を振り込みました。

しかし、1週間経ってもサイン入りボールは届きません。

用語

特商法
正式には「特定商取引に関する法律」といい、業者と消費者間の紛争が生じやすい取引について、取引の公正性と消費者被害の防止を図ることを目的とした法律。例えば、通信販売業者は、特商法に基づく表記として「返品不可」と明記していない限りは、購入後8日間は返品を受けるよう定められている。ネットショップを利用する際には、特商法に基づく表記を確認すべきである。

暗号化通信
通信内容が盗聴などされないよう、データを暗号化して通信するもの。

SSL
ホームページの通信を暗号化する規格のひとつで、実質的に標準規格となっているもの。ブラウザーのURL欄が「https://」から始まっていて、鍵マークがついていれば暗号化通信が行われている。

CtoC
電子商取引の取引の関係を表した用語で、消費者同士の取引を指す。「Consumer to Consumer」の略。

ためしてみよう【14】

ネットショッピングやネットオークションを利用する際の注意点について書かれた次の文章を読んで、正しいものには○、正しくないものには×を付けましょう。

①ネットショップの会社概要を確認し、住所や固定電話の番号など身元がしっかりしたところであるかどうか、確認した方がよい。

②代金引換（代引き）や商品受け取り後の支払いなど、安全な支払方法ができるかどうか確認した方がよい。

③出品者を名乗る人から直接メールが来て取引する場合、オークションサイトの事務局に相談すべきである。

🎓 ネットショップやネットオークション利用時の注意点を確認しよう！

ネットショッピングやネットオークションは便利な反面、相手の顔が見えない、商品の現物が届くまで確認ができないなどトラブルになりやすい要素が多くあります。事例の二人は、残念ながら詐欺に遭ってしまいました。

このように、ネットショッピングやネットオークションでは様々なトラブルに遭う可能性があります。トラブルのパターンや予防策、対応方法を確認しましょう。

●ネットショッピングにおけるトラブルのパターン

・**違法取引**：著作権を侵害した偽ブランド品や海賊版コンテンツの販売。著作権侵害コンテンツと知りながらのダウンロードや購入も罰せられる

・**不正請求・架空請求**：身に覚えのない利用料金などの請求

・**そ の 他**：「届いた商品がイメージと違う」「返品不可」「無料と思っていたら有料サービスだった」など

●ネットショッピングでトラブルを避けるためのチェックリスト

・会社概要の住所や連絡先、その他怪しい部分がないかを確認する

・利用規約または特商法に基づく表記における返品や料金に関する記載、およびプライバシーポリシーの内容を確認する

・暗号化通信（SSL）をしているかどうかを確認する

・注文する商品や支払方法を確認する

●ネットオークションにおけるトラブルのパターン

・代金を支払ったのに商品が届かない

・オークションで見た商品とは異なる商品が届いた

・オークションのときには説明のなかった欠陥のある商品だった

・商品を送ったのに代金が届かない（出品した場合）

●ネットオークションでトラブルを避けるためのチェックリスト

・オークションサイトのルールを守る

・オークションサイトの出品者の評価やオークション履歴を参考にする

・商品の価格が不自然な動きをしていたら慎重に対応する

・後払いを選択したり、エスクローサービスを利用したりする

・出品者が業者の場合は住所・連絡先などが適切に記載されていない出品者とは取引しない。個人の場合は落札後に住所や連絡先を確認する

More　ネットショッピングの悪質化する手口

不正請求には、画面上の画像や文字をクリックしただけで利用料などを請求してくる「ワンクリック請求」や「ワンクリック詐欺」などもあります。

このような不当な請求に屈してしまうと、悪質な業者に「脅せば支払うユーザー」と認識され、要求がエスカレートする可能性があります。状況に応じて、家族や消費生活センター、警察に相談しましょう。

More　ネットオークションで見られる詐欺

ネットオークションで見られる詐欺には、次のようなものがあります。

次点詐欺（繰上詐欺）

出品者であるかのように偽り、「落札者が購入を辞退した」などといって取引を持ちかける詐欺です。代金を支払っても商品が届かない、オークションで見た商品とは異なるものが届けられるといったこともあります。

つりあげ詐欺

自分の商品を高く売りたいと考える出品者が、サクラを用意するなどして入札金額を吊り上げ、高い金額で購入者に買わせようとする詐欺です。

とりこみ詐欺

購入者に代金を支払わせたうえで商品を送らないケースと、逆に出品者から商品を受け取ったうえで代金を支払わないケースの2種類があります。

More　エスクローサービス

ネットオークションなどのCtoC取引において、取引の安全性を高めるために仲介するサービスのことです。具体的には、当事者同士が直接代金のやりとりをするのではなく、第三者が一時的にオークションの落札者から代金を預かり、出品者から落札者に商品が届けられたのを確認してから、代金を出品者に渡します。

17　ネット中毒にならないためには？

SNSで友人とコミュニケーションをとったり、オンラインゲームを楽しんだりと、インターネットを使っていると、あっという間に時間が過ぎてしまう、という人も多いでしょう。

ですが、どんなに便利で楽しいものでも使い過ぎてしまうと、心や体の健康を害してしまうことになりかねません。次の事例を見て、どのような問題が起こり得るのか考えてみましょう。

事例1

山田さんはSNSを利用して多くの友人と近況をやり取りしたり、コメントし合ったりして楽しんでいます。あるとき、買い物に向かう自転車に乗りながら片手でスマホを操作していたら、曲がり角から子どもが飛び出してきてびっくり！　自転車ごと転倒してしまいました。

事例2

富士さんはパソコンでのオンラインゲームに夢中になっており、毎晩楽しんでいます。最初のころは「12時には終わらせて就寝しよう」と決めていましたが、最近ではますますハマってしまい、朝方まで続けてしまうことがちょくちょくあります。当然、朝起きるのが辛く、授業をさぼってしまう日もでるようになりました。以前は仲の良かった友人が「ちゃんと学校に来いよ」と声を掛けてくれたのですが、それが煩わしく感じられ、富士さんの方から友人を避けるようになってきました。その結果、学校に行って人と会って話す機会もずいぶん減ってきています。そんなこともあり、富士さんはますますオンラインゲームに没頭してしまっているようです。

用語 ●

チャット
リアルタイムに文字情報を交換するコミュニケーションサービス。

フィルタリングサービス
有害なWebサイトなどへの接続を遮断するサービス。

オンラインゲーム
インターネットを介して同時に複数の人と遊べるタイプのゲーム。

Let's Try　ためしてみよう【15】

事例の山田さんや富士さんのパソコンやスマホの利用状況は、明らかに行き過ぎといえるものです。パソコンやスマホの利用状況について書かれた次の文章を読んで、正しいものには○、正しくないものには×を付けましょう。

①山田さんのように、スマホを操作しながら運転しているのが自転車であっても法律違反になる。

②富士さんのようにオンラインゲームをやり過ぎると、日常生活が面倒くさくなり、人間関係の構築に支障をきたすことがある。

③富士さんのようなゲーム利用ではなく、仕事でパソコンを利用するという目的であれば長時間継続しても特に問題は発生しない。

何ごとも節度を持って使いこなしましょう！

パソコンやスマホ、インターネットは、コミュニケーションやエンターテイメントの世界を大きく広げてくれます。非常に楽しいのは理解できますが、パソコンやインターネットに過度に依存することは、精神的にも肉体的にも大きな危険が潜んでいます。

● 精神的な影響

ゲームやSNS、チャットなどをしていると、あっという間に時間が経ってしまいます。パソコンは人間の指示どおり忠実に動いてくれるので、そういった時間は心地良いものです。ですが、そこに落とし穴があります。あなたが本来やらなければならない現実世界での務め（勉強、アルバイト、その他）を行う時間を蝕むばかりか、パソコンと違い「思い通りに行かないこともある」現実世界とのかかわりを避けようとする傾向がでてきます。

その結果、ひどいケースでは学校をやめたり、仕事をやめたりする人も出てきています。そこまでいかなくても、「パソコンやスマホを触っていないと落ち着かない」「ネットに接続していないと不安だ」という気持ちが少しでもあるようなら要注意。ネット中毒の入口に立っているのかもしれません。身に覚えがある人は、自覚して、「本来やるべきこと」を意識してパソコンやモバイル機器、インターネットに依存した生活を改める必要があります。また、身の回りにそのような人がいたら、家族や周りの人が気付いて、カウンセリングを受けさせるなどの対応を取ることが必要です。

● 肉体的な影響

パソコンやスマホの画面を長時間見続けていると眼精疲労をはじめ、ドライアイ、視力低下など眼に影響が出てきます。また、長時間操作を続けたり悪い姿勢をとったりしていると、指・腕・首・肩・腰などに負荷がかかります。その結果、肩こりや首・背中のこり、腰痛、腱鞘炎などの症状が出ることがあります。

これらを予防するには、正しい姿勢で操作するほか、長時間操作しない、どうしても必要なときは、1時間に5分程度の休憩を定期的にとる、などの対策が必要です。

More　利用料金に注意

スマホ、ケータイなどのモバイル機器はいつでも持ち歩いて操作できるのが魅力ですが、気を付けないと料金が高額になってしまいます。特にスマホはケータイと比べ、通信量が増大する傾向にあるので注意しましょう。定額制の料金プランにするという選択肢もあります。

More　道路交通法

道路交通法では、車両等を、スマホなどを見たり、手に持って操作したりしながら運転することを禁じています。これは自動車だけでなく自転車にも適用され、自転車でも違反が確定すれば懲役または罰金の刑に処せられることがあります。

また、過失で事故を起こした場合、高額な賠償金を求められるケースもあります。

More　青少年インターネット環境整備法

携帯電話事業者やインターネット接続事業者に対して、利用者が18歳以下の青少年である場合には、コンテンツへのフィルタリングサービスを提供することを求めている法律です。また、サイト管理者に対しては、青少年が有害な情報を閲覧しないようにする取り組みを求めています。

More　オンラインゲーム利用時の注意事項

オンラインゲームに夢中になり過ぎると肉体的・精神的な影響が出ます。それ以外にもインターネット接続料金、有料ゲームの場合はゲーム利用料が高額になってしまうことになります。無料のオンラインゲームもありますが、「長く楽しむためには有料アイテムが必要」など、人の射幸心を強くあおってお金を使わせるタイプのゲームもあります。きちんとルールを決めて、適度に利用することが必要です。

18 　悪意のメールを見破るには？

メールは非常に便利なコミュニケーションツールですが、一方で様々な種類の悪意のあるメールが存在します。そこにはどのような落とし穴があるのでしょうか。そして、それらを防ぐにはどうしたらよいのでしょうか。一緒に考えてみましょう。

事例

山田さんはパソコンから銀行振り込みなどの操作ができるインターネットバンキングを利用しています。ある日、インターネットバンキングで利用している銀行から、「パスワード定期変更のお願い」というメールが届きました。メール本文に書かれたURLをクリックすると、普段利用しているインターネットバンキングのトップページがブラウザに表示されたので、ユーザーIDとパスワードを入力してログインし、その後、新しいパスワードへの変更作業を行いました。

後日、山田さんが公共料金の振り込みのためインターネットバンキングを利用しようとすると、なぜか古いパスワードでしかログインできませんでした。その後、預金残高を見てびっくり！　なんと、身に覚えがないのに預金が全額引き落とされていたのです。山田さんは何がなんだかわかりません。

用語

迷惑メール
いろいろな方法でメールアドレスを調べ出し、受信側の意思とは関係なく大量に送られてくるメールのことで、宣伝や広告を目的としている。「スパムメール」「ジャンクメール」とも呼ばれる。

チェーンメール
不幸の手紙のように、不特定多数のユーザーに転送されるメールのこと。チェーンメールにより、メールサーバやネットワーク全体に負荷がかかることがある。

フィッシングメール
ユーザーIDとパスワードを詐取するための偽のサイトへ誘導するメール。

メルマガ
電子メールを使って定期的に情報を発信するサービスのこと。「メールマガジン」の略。有料のもの、無料のもの、どちらも存在し、企業・団体だけでなく個人で発行している人も多い。

メールサーバ
各個人のメールを送受信したり、メールを蓄積したりするサーバ。個人の識別はユーザーIDとパスワードの認証機能で管理している。

オプトインメール
あらかじめユーザーに許可をもらったうえで送信するメール。

ドメイン
メールアドレスの「@」より後ろの部分をドメインといい、メールサーバを特定することができる。

ためしてみよう【16】

フィッシングメールによるトラブルの予防策について書かれた次の文章を読んで、正しいものには〇、正しくないものには×を付けましょう。

①銀行からメールが来て、そこからアクセスしたWebサイトのアドレスが間違いなく銀行のものであれば、安心してパスワードを変更してもよい。

②山田さんはよく懸賞サイトやメルマガにメールアドレスを登録して楽しんでいるが、そのようなところで収集されたメールアドレスが詐欺業者に渡ることもあるので、ネット上での個人情報の登録は必要最低限にするべきである。

③セキュリティソフトの迷惑メールフィルターを利用すれば、フィッシングメールは完全に防げるので直ちに設定すべきである。

トラブルのもととなるメールのパターンを知って、正しく見極めるスキルを持とう！

ウイルスの多くがメール経由で感染することはよく知られています。しかし、それ以外にもメール関連のトラブルはいろいろあります。メール経由のトラブルの代表的なものは以下の3種類です。
① 迷惑メール（スパムメール・ジャンクメール）
② チェーンメール
③ フィッシングメール

●予防策
上記のようなトラブルの予防策のひとつは、むやみに個人情報を提供しないことです。懸賞やメルマガなど、メールアドレスの入力を促すWebサイトは多く存在しますが、安易に登録していると、上記のようなメールが送られてくる原因になりかねません。また、ブログや掲示板などに自分のメールアドレスを記載することも極力控えましょう。Webサイトに書かれたメールアドレスを自動的に収集するプログラムなどが存在し、メールアドレスの売買などに使われています。その他、推測されにくいメールアドレスを使う、受信専用のメールアドレスを取得して、使い分けるなどの方法も有効です。
①の迷惑メールの予防策として、メールサーバやメールアプリ、セキュリティソフトなどの迷惑メールフィルターの利用があります。

●対応策
①②③のようなメールが届いてしまった場合は、すぐに削除しましょう。不審なメールだけれども悪意のあるメールかどうかわからない場合は、インターネットなどで出回っているメールでないか調査します。
②のチェーンメールの拡散防止対策は、なんといっても受信しても転送せずに削除することです。内容が善意的なものであっても、偽の情報を転送すれば、転送相手の信頼を損ねることにもなりかねません。
③のフィッシングメールは、本物の企業のサイトに似せた偽のサイトに誘導するメールで、本物のサイトと思わせ入力させたユーザーIDとパスワードを詐取し、悪用します。このようなメールを受け取った場合は、本物のサイトで真偽を確認しましょう。

More 迷惑メール防止法

正式には「特定電子メールの送信の適正化等に関する法律」といいます。ほかの略称として「特定電子メール法」ということもあります。「特定電子メール」とは、広告・宣伝・営業活動として送信される電子メールのことであり、ユーザーから承認を得ていない特定電子メールを原則禁止としています。
事前に受信者の許諾を得ているオプトインメールであれば、特定電子メールの送信は可能ですが、その場合でも受信拒否を行うための連絡先を明記することなどが義務付けられています。

More 善意が迷惑になることも

人助けのつもりで、善意でメールを発信したり、善意で転送していたりしても、当事者に問い合わせが殺到してしまったり、日時を正確に記載せずに数年たってからも問い合わせが入ってしまったりすると、結果的には迷惑行為になってしまいます。
情報を拡散させる場合はきちんと状況を確認し、日時や場所などの記載内容に配慮して行わないと、かえって迷惑をかけてしまうことがあります。

More 迷惑メールフィルター

迷惑メールフィルターとは、迷惑な広告メールなどを遮断する機能で、受信拒否機能や指定受信機能などがあります。また、迷惑メールを自動判別して振り分けるものもあります。

受信拒否機能

迷惑メールの発信元のドメインやメールアドレスを設定することで、当該メールの受信を遮断します。

指定受信機能

受信したいメールの発信元のドメインやメールアドレスを設定することで、当該メール以外の受信を遮断します。

19　相手のことを考えたメールとは？

普段、ケータイやスマホでよくメールを使っている人も、レポートの提出や質問など
を教授に送付するときはパソコンからメールを送るのではないでしょうか。
教授以外にも、OB・OGや先輩にメールを送るときなど、親しい友人間のメールのや
り取りとは異なるマナーがありそうです。どんなことに気を付ければよいでしょうか。

事例

富士さんは普段ケータイで友人とメールのやり取りをしていますが、これまであま
りパソコンでメールを書いたり送受信したりすることはありませんでした。
今回、田中教授が、「宿題のレポートをメールに添付して提出するように」というの
で、久しぶりにパソコンでメールを書きました。
レポート自体は、ワープロソフトで作成し、それをメールに添付しました。メール本
文には何を書いてよいかわからなかったので、簡単に書いて送信しました。
後日、田中教授の授業に出ると、田中教授は「メールのマナーを知らない人が多く
て驚いたよ」と苦笑いしていました。
富士さんのメールにも問題があったのでしょうか。

用語

迷惑メールフォルダー
ウイルスメールをチェックするセキュリティソフトやメー
ルアプリで、ウイルスメールや迷惑メールの可能性が
あるメールを振り分けるフォルダー。

機種依存文字
丸数字・ローマ数字・単位記号など、パソコン・ケータ
イなどの機種に依存する文字。ほかの機種で表示す
ると、正しく表示することができない。

圧縮
ファイルサイズを小さくして保存すること。対語は解凍
または伸張。ファイルを利用するときは解凍する。

ファイル転送サービス
メールに添付できない容量の大きなファイルなどを転
送するサービス。

Let's Try ためしてみよう【17】

富士さんが書いたメールに対する次の指摘事項について、正しいものには○、正しくないものには×を付けましょう。

①メールの件名がないのはマナー違反である。

②本文は丁寧に書かれていてよい。

③学生の名前だけだと教授には誰かわからない。学年や学部・専攻など、自分のことを特定できるような署名が必要である。

🎓 メールにも守るべきマナーがあります

普通の郵便を出すときでも、親しい友人に送る場合と目上の方に送る場合では書き方を変えますよね。メールでも同じです。正式なメールや目上の方へのメールには守るべきマナーがあります。きちんと守らないと、先方に呆れられたり、迷惑をかけてしまったりすることになります。ぜひ、正しいメールの書き方をマスターしましょう。

●メールの正しい書き方
①件名は目的や要件を簡潔明瞭にする
件名のないメールは相手に不信感を抱かせますし、開いて見るまで内容がわからないので不親切です。また、迷惑メールフォルダーに入れられてしまう可能性も高いです。
②1行の文字数は35～40文字程度で、適宜改行を入れる
本文は要点をまとめて簡潔に書きます。パソコンでは35～40文字程度で折り返すと見やすくなります。また、適宜改行を入れましょう。
③メールの末尾に署名を入れる
メール発信者は、氏名のほかに自分の所属や連絡先を記載した「署名」を付けるのがマナーです。
④半角カタカナや機種依存文字を使わない
半角カタカナや機種依存文字はメールを受け取る側の環境によって、正しく表示されないことがあるので使用を控えましょう。
⑤メールや添付ファイルのサイズに注意する
メールを送受信できるデータ量に制限がある場合があるので、メールや添付ファイルのサイズはあまり大き過ぎないようにしましょう。
特に、画像の入ったレポートなどは文字だけのものに比べてファイルサイズが大きくなる傾向があります。レポートに貼り付ける画像のサイズを調整したり、添付するファイルを圧縮したりといった配慮が必要です。どうしてもサイズを小さくできない場合はファイル転送サービスを利用するようにしましょう。
⑥テキスト形式にする
メールにはテキスト形式とHTML形式があります。HTML形式は、閲覧するだけで感染するウイルスが存在し、ファイルサイズも大きくなるので、テキスト形式のメールを作成しましょう。

More ビジネスメールのマナー

ビジネスメールのマナーは、基本的にビジネス文書のマナーと同じです。前文・主文・末文の構成で、前文には自分の名前のほか、挨拶の言葉などを入れます。主文は用件を簡潔に書き、末文で結びの言葉を入れます。その他、解説にあるチェックリストの内容も参考にしてください。

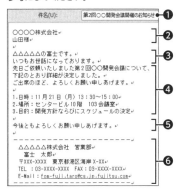

❶件名　❹主文
❷宛先　❺末文
❸前文　❻署名

More 返信引用のマナー

メールの返信で、もとの文章を引用する際には「>」などを付けて引用部分が明確になるようにします。
以前は、通信速度などの制限があり、「引用は必要な部分のみ」という考え方が主流でしたが、現在では高速通信が一般化したこともあり「全文引用した方が過去の議論がすべてわかる」という考え方も出てきています。どちらの考え方が正解ということはありませんが、相手の通信環境なども考慮したうえで、ケースに応じて対処することが必要です。

20　知人のメールアドレスを第三者に知らせていないか？

メールは、複数の人に一斉に送信できるなど大変便利なものです。ですが、ちょっと待ってください。送信する相手全員がお互いにメールのやり取りをする間柄であれば、それぞれのメールアドレスがわかっても問題ないかもしれませんが、そうではないケースもあるようです。

次の事例を見て、どんな問題が起こり得るのか、考えてみましょう。

事例

富士さんは学生野球の大ファンです。彼の大学が選手権の地区大会の決勝に出場することになったため、できるだけ多くの応援を集めようと張り切っていました。

富士さんは自分のクラス、サークル、ゼミ・・・と、さらにはアルバイト先の仲間にまで、「〇月×日、△大学野球部の地区大会決勝を応援に行きませんか」というメールを一斉に送信しました。

努力の甲斐があり、当日は多くの人が応援に来て、富士さんの大学も優勝したので大満足でした。

それから1週間後、大学の同じクラスの山田さんから相談を受けました。なんでも、野球の応援のときにはじめて知り合った、富士さんのバイト仲間から毎日のようにメールが来る、というのです。山田さんは明らかに困った様子。さて、富士さんの対応に問題はなかったのでしょうか。

一斉送信！！

用語 ●

CC
メールを写しとして送信するときの宛先。「Carbon Copy」の略。

BCC
ほかの人に伏せてメールの写しを送信するときの宛先。「Blind Carbon Copy」の略。

 Let's Try **ためしてみよう【18】**

富士さんは複数の人とメールをやり取りする際のマナーに違反してしまったようです。複数の人とメールをやり取りする際のマナーについて書かれた次の文章を読んで、正しいものには○、正しくないものには×を付けましょう。

①メールアドレスも本人を特定できれば個人情報となるので、取り扱いに気を付けなければならない。

②今回のように、お互いに面識のない複数名にメールを送信する場合は、1通ずつ送信するしかない。

③今回のように、お互いに面識のない複数名にメールを送信する場合は、全員のメールアドレスをBCCの欄に入力するべきだった。

🎓 複数の人とメール交換するマナーをおさえよう！

1対1のやり取り（私信）と違い、複数の人とメールでやり取りする場合には気を付けなければならないことが多くあります。

例えるならば、私信は2人だけの会話ですが、一斉送信は大勢の中での発表にあたるでしょう。当然、全員に聞かれて問題ない内容にしなければなりませんし、また、個別の内容は避けるべきでしょう。

今回の事例では、お互い面識のない人達を宛先にしたメールを送信することで、結果的に全員のメールアドレスを知らせてしまったことが問題だったようです。メールアドレスは本人が特定できれば個人情報になるので、取り扱いに注意が必要です。正しい取り扱い方を確認しておきましょう。

●「TO」「CC」「BCC」を使い分ける

メールの送信欄には3つのアドレス入力欄があります。

　TO　：正式な送信先のアドレスを入力します。

　CC　：このメールの正式な宛先ではないけれども、参考程度に知っておいて欲しいという場合に利用します。

　BCC：ここに入力されたアドレスは、ほかに「TO」や「CC」で一斉送信した方には見えません。

「BCC」の使い方は、まさに今回の事例のように、「お互いに面識のない多くの方に一斉送信する」場合などに有効です。

また、「TO」や「CC」で受け取ったメールは「全員に返信」を使って返信すると同報者全員に返信できますが、全員が「BCC」で受け取ったメールは送信者本人にしか返信できません。

注意する必要があるのは、ほかの人にTOまたはCCで送られたメールがあなたにBCCで送られているときです。ほかの人はそのメールがあなたに送られていることを知りませんが、あなたが「全員に返信」をすると、ほかの人にも返信が届くので、あなたにもメールが送られていたことがわかってしまいます。それぞれの特性を理解して、状況や目的に応じて使い分けるようにしましょう。

More　同報メールへの返信

同報メールを受け取ったあとに全員に返信する際、宛先に外部の人が含まれていることに気付かず、秘密情報を書いてしまったなどの例があります。注意しましょう。

More　メーリングリストのマナー

メーリングリストとは、1つのメールアドレスに対してメールを送れば、あらかじめ登録してあるメンバー全員にメールが配信される仕組みです。メーリングリストを利用するときのマナーには、次のようなものがあります。

・特定個人宛てのメールをメーリングリストに流さない

・メーリングリストのメンバーの多数に関係あることでなければ、個別にメールをする

・誹謗中傷・感情的なメールは避ける

・メーリングリスト内で流れた内容を、メーリングリスト以外で発信しない（転載許可などがあればこの限りではない）

・メーリングリストのアドレスを許可なくメンバー以外に知らせない

・メールアドレスを変更した場合は速やかに登録アドレスの変更を行う

・ひとつのメーリングリスト内で、並行して複数の話題が議論されることがあるので、発信する際は「どの話題についてか」を件名などで明らかにする工夫をする

More　件名の「RE」「FW」とは

受信したメールに返信をする場合、件名の冒頭に「RE」が付記されます。これは「返信」であることを意味するもので、この記号をつけたまま返信した方が、相手にとってわかりやすくなります。また、受信したメールを別の人に転送する際は、件名の冒頭に「FW」がつきます。これは「転送」を意味するもので、こちらもそのまま使うことにより、相手に意図が通じやすくなります。

21　情報の信ぴょう性を見極めるには?

インターネット上では様々な情報を入手できます。大変便利なことですが、それらの溢れる情報はすべて正しいものなのでしょうか。信用してトラブルに巻き込まれたりしないでしょうか。次の事例を見て、一緒に考えてみましょう。

事例1

富士さんは、同じ大学の学生のFacebookで、「うちの大学のサッカー部がリーグ戦で10年ぶりに優勝!　おめでとう」という投稿を見ました。

その日は土曜日だったので、富士さんは早速サークル仲間の十数人に「今夜、お祝い飲み会をやろう!」とメールを送信しましたが、あとでその情報が間違いだったことがわかりました。盛り上がりがいっぺんにしぼんで気まずくなってしまいました。

事例2

ある朝、山田さんはあるWebサイトで「C信用金庫、財務体質が急激に悪化」という記事を見つけました。山田さんはC信用金庫に預金をしてあったので、あわてて近くの支店に預金をおろすために向かったところ、支店の入り口前は顧客が殺到しており、とても中に入れたものではありませんでした。しばらくすると、職員が外に出てきて「混雑して大変危険なので、本日は営業を中止とさせていただきます」というではありませんか。集まっていた顧客は、職員に詰め寄り、さらに騒然となりました。山田さんは仕方なく自宅に帰りました。

午後、別のニュースサイトを見ていた山田さんは、C信用金庫の財務体質悪化というのは根拠のない記事だったというニュースを発見しました。

実際に、C信用金庫のWebサイトには「本日の一部報道について」とリリース文が出されており、全く事実と異なる、ということが書かれていました。

用語 ....

検索エンジン
自分が関心を持つ単語を入力して、それに関連あるインターネット上のコンテンツを検索する機能。Google、Yahoo!などが有名。

RSS
Webサイトの更新情報を配信するためのフォーマット。

ブックマーク
本を読むときのしおりにあたるもの。ブラウザに搭載されている機能で、興味関心があるWebサイトへアクセスするために、そのサイトのアドレスを記憶し、一覧表示できるもの。

ためしてみよう【19】

富士さんも山田さんも誤情報に振り回されてしまったようです。二人はどのように対応すればよかったのでしょうか。次の文章を読んで正しいものには○、正しくないものには×を付けましょう。

① 富士さんは、Facebookに投稿した学生に「優勝が事実かどうか」を確認すればよかった。

② 山田さんはひとつのWebサイトだけではなく、「C信用金庫の財務体質悪化が事実かどうか」を、ほかのWebサイトでも確認すればよかった。

③ 山田さんは大手マスコミではないWebサイトの情報を信用したが、今後はそのようなものの閲覧はやめ、必ず事実が書いてある大手マスコミのニュースサイトだけを信用すべきである。

 ## 複数のメディアの情報を確認し、情報を見極める態度を身に付けよう！

インターネット上に溢れる情報は玉石混交です。誰でも自由に発信できるインターネット上では、匿名で発信された不確かな情報も、大手メディアが裏付けを取って発信した情報も同じように検索されてくることがあります。また、どんな大手メディアでも間違えた情報を発信することもありえます。このような中で、私たちはどのようにそれらの情報を見極めればよいのでしょうか。情報の信頼性と信ぴょう性について考えてみましょう。

● 信頼性と信ぴょう性

「信頼性」とは、「人や組織・団体に対し、どれぐらい信用できるか、その程度」という意味です。また、「信ぴょう性」とは「書かれている内容について、どれぐらい信用できるのか、その程度」という意味になります。

したがって、インターネット上の情報の信頼性とは「そのWebサイトを誰（どんな組織・団体）が管理しているのか」ということが焦点になりますし、信ぴょう性とは「そのWebサイトに掲載されている情報が正しいか」ということが焦点になります。

インターネット上では、公共団体や企業のような組織・団体から個人まで、様々な管理者がいます。一般的には、公益性、公平性、チェック体制、管理体制などの観点から、公共団体、企業、個人の順に信頼性は高いといえます。

一方、信ぴょう性ですが、これは発信された情報の内容の問題なので、どんなに信頼性が高いサイトの情報でも、必ずしも信ぴょう性が高いとはいえません。発信者の立場や役割、利害関係などを考慮に入れて判断し、さらにインターネットに限らず複数の情報にあたって判断することが必要です。信頼性と信ぴょう性、両方を意識して情報を見極めましょう。

More 情報を見極めるチェックリスト

Webサイトの信頼性と信ぴょう性を確認する基準は、次のとおりです。

信頼性のチェック

・管理者名を確認し、どのような組織・団体あるいは個人であるかを確認する
・管理者の連絡先が正しく記載されているかを確認する
・どのような目的のために作成されたサイトかを確認する
・情報の発信日時・更新日時を確認する

信ぴょう性のチェック

・1つのメディアだけでなく、複数のメディアで確認する
・可能であれば、情報源を確認する
・その情報に対する発信者の利害を考える
・古い情報ではないかを確認する

More Web検索のテクニック

代表的な検索エンジンでは、言語を指定したり、最終更新日が最近のものを検索したりするなど、検索の条件指定が様々に用意されています。

More 膨大な情報から必要なものを探し出す方法

情報を収集する方法はいろいろとあります。

RSSリーダー

Webサイトやブログの更新情報（RSS）をキャッチし、自動的に教えてくれるツールです。多くのサイトをチェックするのに役立ちます。

ソーシャルブックマーク

インターネット上に自分のブックマークを保存し、ほかの人と情報を共有するものです。ほかの人が公開しているブックマークを情報源として、有用なページを探し出すことができます。

22 SNSで情報を発信するメリットは？

FacebookやLINEなどのSNSを利用して友人とコミュニケーションを楽しんでいる人も多いでしょう。しかし、SNSは遊びに使うだけではありません。うまく使えば、いろいろと役立てることもできそうです。次の斉藤さんの事例をもとに一緒に考えてみましょう。

事例

斉藤さんは大学の理学部のゼミで化学物質XXの実験をしています。

もともと社交的なことが少し苦手な斉藤さんでしたが、授業やゼミでは真面目に取り組んでおり、簡単には説明が難しいゼミの実験のことを、自分のFacebookに定期的にアップしています。それを読む友人からは「わかりやすい」と評判です。

そんな斉藤さんも就職活動を行う時期となり、いくつかの企業に応募しました。希望する企業のうち1社はFacebookに採用ページを作っていたので、そこからエントリーしました。

しばらくして、Facebookから応募した企業から面接選考の連絡がありました。

斉藤さんは、苦手な面接の練習を積んで本番に挑みました。ですが、先方の採用担当者3名の前の席に1人で座ると、大変緊張しました。何とか自己紹介を一通り終えたのですが、頭の中が真っ白になり、その場から逃げだしたい気持ちになりました。

その時、面接官の1人が「あっ、君か」と斉藤さんに話しかけました。

「大学で化学物質XXの研究をしている人だよね。あなたのFacebook、よく見ていますよ。毎回わかりやすく説明していて感心していますよ」

それを聞いて、斉藤さんは緊張もとけ、残りの面接も何とかうまく終えることができました。些細なことではありますが、日々の積み重ねが、斉藤さんという人物をよく知ってもらうことに役立っていたようです。

用語

実名登録
ソーシャルメディアなどで、プロフィールに実名を登録・公開すること。

Let's Try　ためしてみよう【20】

斉藤さんはFacebookに様々な投稿をしています。発信する情報の内容について書かれた次の文章を読んで、正しいものには○、正しくないものには×を付けましょう。

①斉藤さんは、参加しているボランティアの活動内容について具体的に投稿していた。

②ゼミ発表の打ち上げコンパで、お酒に酔って悪ノリしている様子を投稿したこともあった。

③Facebookで交流する親しい友人からは、「文章が固い」とよくいわれていたが、「誰に読まれても不快に感じられないような言葉遣い」を続けていた。

情報を積極的に発信すれば世界が広がります！

SNSでは情報を受信したり友人とコメントをやり取りしたりするだけでなく、あなたらしさを伝える情報や価値のある情報を発信することを続けていけば、就活以外にも様々に世界が広がる可能性があります。そもそもSNSはどういったもので、どういうことに気を付けていけばよいのか、そこから一緒に考えていきましょう。

●SNSの特徴

SNSとは、「ソーシャル・ネットワーキング・サービス」の略で、インターネットのユーザーがWeb上のサービスの会員となって利用するものです。会員同士のコミュニケーションがサービスの中心となっています。
様々なテーマのコミュニティーで同じ趣味・嗜好を持つ人と交流したり、文章や画像などを投稿して友人との交流を楽しんだりすることができます。

●どのような投稿をすればよいか

堅く考える必要はありません。あなたが普段考えていることや行動していること、具体的には学校の勉強・サークル・バイト・友人のことなど、身近なことから投稿していきましょう。
そのようなことを継続するうちに、あなたの人柄が伝わりますし、また、あなたの得意分野・専門性などを伝えることもできるようになるでしょう。
そういった投稿を見て、従来からの知人があなたの新しい一面を発見してくれることもあるでしょうし、新たな出会いにつながるかもしれません。新しい世界が広がる第一歩と考えてみてはどうでしょうか。

●投稿する際のチェックリスト

・言葉遣いに気を付ける
・自分・友人・家族の個人情報に気を付ける
・誹謗中傷をしない
・自分がされて嫌なことは他人にもしない
・学生・社会人としての見識を疑われるようなことはしない

More　代表的なソーシャルメディア

代表的なソーシャルメディアには、次のようなものがあります。

Facebook
世界中で10億人以上が使う世界最大のSNSです。実名登録制を採用しています。

Instagram
写真や動画の共有に特化したSNSです。

LINE
無料通話、無料チャットサービスです。無料でもパケット代はかかるので注意が必要です。

Twitter
著名人や面識のない人の情報もチェックしやすいミニブログサービスです。

YouTube
ユーザーが撮影・投稿した動画を共有するサービスです。

More　実名登録制のメリットとデメリット

実名登録制のメリットとデメリットは、次のとおりです。

実名登録制のメリット
・昔の知り合いとサービス上で出会えることがある
・求人や仕事の依頼が来ることがある
・匿名の掲示板などと比べ、悪意のあるコメントが書かれたり、内容がエスカレートしたりすることが少ない

実名登録制のデメリット
・親しくない知人などあなたが意図しない人に読まれている可能性がある
・プライベートと仕事など、使い分けがしにくくなる
・個人情報の流出につながりやすい

23　災害時にSNSが活躍する？

普段はコミュニケーションや趣味のツールとしての印象が強いSNSですが、有事の際には、私たちにとって頼もしい情報インフラとなります。
一体、どのように使えるのでしょうか。次の事例を見てみましょう。

事例

山田さんは大学の図書館で勉強中に、突然強い揺れに襲われました。

しばらくして揺れはおさまりましたが、自宅にいる両親や、高校にいるはずの弟のことが心配です。山田さんは自宅や弟のケータイに、スマホから電話をかけてみましたが、混みあっているのか、あるいは通話規制がされているのか、一向につながりません。

山田さんが困り果てていたとき、一緒に図書館にいた友人の富士さんが横でノートパソコンを鞄から出し、操作し始めました。

富士さんはどうやら、Twitterで最新情報を入手したり、Facebookで自宅の人にメッセージを送ったりしているようです。山田さんは、自分の母親がFacebookをやっていることを思いだし、富士さんからノートパソコンを借りて母親にメッセージを送りました。また山田さんの弟はTwitterをやっているので、弟にもTwitterのメッセージを送りました。

しばらくして、母親と弟からそれぞれ返信があり、どちらも無事とのこと。ほっと安堵する山田さんでした。

用語

インフラ
水道やガス、電気、電話回線など、社会基盤を支える設備や仕組みのこと。

公式アカウント
自治体・鉄道会社、著名人などが正式に運営しているアカウント。ソーシャルメディアの各サービス側から本人（正式な団体）であると確認がとれたアカウントが対象となっている。

#（ハッシュタグ）
SNSの投稿に付与するキーワードを明確にしたり、分類したりするためのラベルのこと。主にTwitterやInstagramなどで使われる。

ライフラインアカウント
Twitterで、地域の公共機関などのアカウントを検索する機能。

シェア
Facebookで、ほかの人の投稿を自分のタイムラインにコピーし、友達に見てもらう機能。

いいね！
Facebookで、ほかの人の投稿に対し賛同の意を表す機能。

リツイート
Twitterで、ほかの人の投稿を自分のタイムラインに表示する機能。標準機能で行う「公式RT（リツイート）」のほかに「非公式RT」がある。

タイムライン
Twitterでは、自分がフォローしている人のツイートや、自分のツイートが一覧表示される機能。
Facebookでは、自分の投稿した記事が一覧表示される機能。

フォロー
Twitterで自分の気になる人の投稿を随時チェックできるようにする機能。

ためしてみよう【21】

災害時のSNSの利用方法について書かれた次の文章を読んで、正しいものには〇、正しくないものには×を付けましょう。

①TwitterやSNSなどは、携帯電話や固定電話の回線が通話規制されているときでも使えることがあるので、災害時の安否確認などに利用することができる。

②Twitterで災害の最新情報がどんどん流れて来るので、必要な人に情報が届くように、そのような情報を見つけたら、例外なく転送するように努めた。

③Twitterでは一般個人の発信する情報しか流れてこないので、政府や自治体などの公式情報はWebサイトやFacebookを利用して確認するようにした。

最新情報の収集や安否確認に使える！

事例では、FacebookやTwitterを利用して、家族と連絡が取れたようです。実際に2011年3月11日の東日本大震災においても、ソーシャルメディアが有効に使われていました。どのような活用方法があるのか、また注意する点はないのか、ひとつずつ確認しましょう。

●なぜソーシャルメディアが災害時に有効に使えたのか？
災害が発生すると、該当地域の携帯電話や固定電話との音声通話は、回線が混雑したり基地局が破壊されたり、また通話規制が行われたりと通じにくくなります。
一方、インターネット経由のデータ通信は、特定の経路を通るわけではなく、自動的に通行できる経路を選択して送受信を行うため、一般的に災害時であっても使えることが多いのです。

●どのような活用方法があるのか？
まずは事例のように、普段からソーシャルメディアでコミュニケーションを取っている相手の安否を確認することができます。
また、ソーシャルメディアでは、政府や自治体、企業などの公式アカウントもあるので、そこから情報を入手することも可能です。
さらに、ソーシャルメディアで多くの人とつながっている場合、お互いが有益な情報を発信しあうことにより、リアルタイムに現場の情報を伝えるメディアのような使い方もできます。
万が一、大雨などの水害で自宅に取り残されてしまった場合などは、「#（ハッシュタグ）」を付けて救助要請のツイートをするようにしましょう。例えば、「#救助要請、#〇〇町」などです。このような#付きのツイートは拡散され、自治体や救助機関に伝達される可能性が高くなります。現実に、このようなツイートが契機となり、救助された人が数多くいます。

●どのようなことに気を付けるべきか？
特に個人の発信する情報には、悪意はなくても間違いや偏った情報が含まれている場合があります。さらに悪意をもってデマや風評を流す人もいます。正しい情報であれば、より多くの人に伝えたいものですが、間違った情報やデマなどを拡散しないよう、十分に真偽を確認してから拡散させるようにしましょう。また、自分の情報を拡散してくれた人にもお礼の気持ちを伝えるなど、マナーのある使い方を心がけましょう。

More 災害用伝言ダイヤル 災害用伝言板サービス
大規模な災害発生時に、各電話会社が提供するサービスを使って、安否情報を確認することができます。
伝言ダイヤルは固定電話のサービスで、伝言板サービスはスマホやケータイのサービスです。これらのサービスは、災害時にだけ提供されますが、毎月、体験できる日程があるので、備えとして、家族など周囲の人と試しておくとよいでしょう。

More 緊急速報メール
「緊急地震速報」「津波警報」「災害・避難情報」などがあります。地震速報は揺れがくる直前に発信されます。津波警報は到達が予測される地域に発信されます。災害・避難情報では自然災害の情報やそれに関する避難情報を発信します。
スマホなどでは、機種によって、受信設定やアプリが必要になる場合もあるので、あらかじめ確認しておきましょう。

More 災害対策への取り組み
Twitterの「ライフラインアカウント」や、安否情報を登録・検索できる「Googleパーソンファインダー」などのように、ソーシャルメディアを利用した災害対策の取り組みが進んでいます。有事の際に的確に利用するには、どのようなサービスがあり、どのように利用できるのかを確認し、備えるようにしましょう。

More 情報拡散の著作権
Facebookでは「シェア」や「いいね！」、Twitterでは「リツイート」の機能で情報を拡散することができます。標準機能の範囲でほかの人の情報を拡散することは著作権侵害になりませんが、原文をコピペ、改変して拡散する行為は著作権侵害に抵触することもあります。

24　リベンジポルノの被害に遭わないためには？

ネット上でのコミュニケーションにおいて、見知らぬ人とのやり取りに気を付けている人は多いと思います。では、知人とのやり取りはどうでしょうか。信頼できる相手とのコミュニケーションに、落とし穴はないのでしょうか。

事例

山田さんはSNSで知り合った男子大学生と付き合うようになりました。最初は見知らぬ人、ということで警戒心もあったのですが、SNS上に共通の友人がおり、SNSで交流していくうちに趣味なども合うように感じたからです。

付き合い始めの頃、彼から「会えないときに写真を見たいから、写真を送って欲しい」といわれ、普通の写真などを送っていましたが、二人の仲が親密になるにつれ、彼は下着姿の写真など、過激なものを要求してくるようになりました。

山田さんとしては本当はそのような写真を送るのは嫌でしたが、「断って彼に嫌われたらどうしよう」などと考え、つい送ってしまうのでした。

そのうち、彼の要求はさらに過激になっていきました。意を決した山田さんが「そういうのは嫌だから」と拒否しても、彼は自分の要求を収めません。

あまりの彼の身勝手さに愛想をつかした山田さんは、「彼に別れて欲しい」とメールをしました。すると、彼からの連絡が途絶えてしまいました。

少しほっとした山田さんでしたが、それもつかの間、しばらくすると彼からまたメールが来ました。

そのメールには、山田さんと復縁したいこと、そして、もし復縁できないのならば、以前もらった下着姿の山田さんの画像を匿名掲示板にアップロードする、という脅しが書かれていました。

このメールを読んだ山田さんは、驚きと恐怖に包まれ、どうしたらよいのかわからなくなってしまいました。

Let's Try　ためしてみよう【22】

信頼している相手とのコミュニケーションについて書かれた次の文章を読んで、正しいものには〇、正しくないものには×を付けましょう。

①信頼関係を崩さないために、相手からの要求にはできるだけ応じるようにする。 ☐

②信頼関係のある相手とのネット上のコミュニケーションにおいても、悪意を持つ者が「なりすまし」をしている可能性があることを常に頭に入れておく。 ☐

③信頼関係のある相手から送られたメッセージや添付ファイルは間違いなく安全なので、特別気を付けることはない。 ☐

🎓 どんなに親しい間柄でも、公開されて困る情報は渡さない！

交際中に撮影したプライベートな写真を、別れたあとで「復縁してくれなければ公開するぞ」と脅したり、実際にネットに投稿してしまったりするケースが増えています。これらは「リベンジポルノ」と呼ばれ、社会問題にもなっています。

●その他のリベンジポルノの事例

そのほかにも次のような事例があります。

・有名人（男性）が、自分のファンである女性とTwitterで知り合い交際スタート。3年ほど付き合ったが男性の方から別れ話を持ち出した。別れたあとになって女性が当時のプリクラ写真やLINEでの過激な会話などをTwitterにアップした。

・ネットで知り合った男女。1年ほど交際したが女性の方から別れ話を切り出した。逆上した男性は、女性を待ち伏せたり、電話をかけたりなどのストーカー行為を繰り返し、最終的には交際中に撮影した裸の写真をネット上に公開した。

●よく考えて行動することが必要

交際中の相手から裸の写真が欲しいと頼まれると、その気持ちに応えてあげたくなったり、拒否すると嫌われるかも…と不安になったりして、相手の言いなりになってしまうという気持ちもよく理解できます。

しかし、あなたの人生はこれからの方が長いのです。もっとたくさんの人に出会う中で、新たな恋愛を経験する可能性の方がはるかに高いでしょう。

一度、ネット上で拡散した画像をすべて消去することは不可能です。

もしプライベートな写真がネット上に拡散してしまったら、将来の恋愛はもちろんのこと、就職や結婚、今後の人間関係にまで深刻な影響を及ぼしかねません。

相手が本当にあなたのことを大切に思っているのなら、あなたの気持ちをきちんと伝えれば理解してくれるはずです。

それでも、自分勝手な気持ちでプライベートな写真を要求するような相手であれば、交際自体を考え直した方がよいのではないでしょうか。

More　信頼関係につけ込む手口が増えている！

人間は見知らぬ者には警戒しますが、信頼している人には心を許し、安心します。

この当たり前の心理につけ込む手口が増えています。

一説によれば、知らない人からのメールよりも、知り合いからのソーシャルメディアのメッセージの方が、マルウェアに感染する確率が10倍も高いとのことです。知り合いからだと、安心して添付ファイルを開いたり、URLをクリックしたりするのだと考えられます。

「信頼関係につけ込む」という手段があることを常に意識して行動するようにしましょう。

More　LINEのなりすまし詐欺に注意！

LINEで他人のアカウントを乗っ取り、本来のアカウントの持ち主になりすまして、友人にメッセージを送って詐欺をはたらく事件が多発しています。

具体的には、コンビニでプリペイドカードを買ってくるように依頼し、友人がプリペイドカードを購入すると、今度はそこに書かれている暗証番号をメッセージで送るように要求します。

この暗証番号さえあれば、ネット上で買い物などができるので、なりすました者はこの暗証番号を狙っているのです。

このように、ソーシャルメディアで繋がっている相手との通信においても安心はできません。

友人からのメッセージが「なにか変だな」と感じたら、本人しか知らないことを尋ねてみたり、電話をかけてみたりするなど、本人に確認することを心がけましょう。

25　悪ふざけのつもりがバイトテロに?

親しい友人の間で、ウケを狙って悪ふざけをするという行動は、多かれ少なかれ誰もがやってきたことかもしれません。

友人とのコミュニケーションのつもりで、FacebookやTwitterにその様子を投稿したらどうなるでしょう。ネット上の書き込みはあっという間に世間一般に広まることもあるのです。

事例

大川さんは大手コンビニエンスストアGチェーンの店舗でバイトをしています。

ある日、深夜番のバイトだった大川さんは「自分がアイスクリームの冷凍ケースに入った写真を送ったらみんなにウケるだろうな」と思いつきました。

大川さんは、早速アイスクリームの冷凍ケースに入り、その様子を自撮りして、「熱帯夜だけど涼しいよ♪」とメッセージを付けてTwitterに投稿しました。すぐに仲間から「面白れぇ!」「超ウケる!」などの反応があり、大川さんも大満足です。

朝になってバイトも終わり、帰宅途中の電車の中で大川さんがスマホを見てみると、大勢の知らない人から非難のメッセージが大量に届いていました。

大川さんは慌ててブログやFacebookを見てみましたが、そちらも同じような状態でした。大川さんはTwitterではニックネームを使っていたのですが、なぜか実名までバレてしまっていました。

その後、ネットユーザーの非難はコンビニエンスストアGチェーン本部にも殺到し、最終的にはGチェーン本部の役員が謝罪会見を開き、店舗はフランチャイズ契約の解除を通告されました。

大川さん自身は学校を退学になり、さらに閉店となった店舗のオーナーから損害賠償請求を起こされてしまいました。

用語

公開範囲
SNSにおいて自分の投稿を「誰まで見せるか」というプライバシーの制限を管理する範囲。

ためしてみよう【23】

事例の大川さんは、悪ふざけのつもりでしたが大変な事態を引き起こしてしまいました。大川さんは、ソーシャルメディアをどのように利用するべきだったのでしょうか。次の文章を読んで正しいものには〇、正しくないものには×を付けましょう。

①Twitterでは、普段ごく親しい友人としか投稿のやり取りをしていないように錯覚しがちだが、本当は世界中のユーザーから見られるものであることを常に心がけておくべきだった。

②Twitterをニックネームで利用していても、Twitter社に問い合わせれば本名を教えてくれるので、本名は必ずバレることを自覚しておくべきだった。

③大川さんは炎上に気づいたら、すぐに該当のツイートを削除し、新しいツイートで謝罪するべきだった。

 ## ネットは公共の場であることを常に忘れずに

事例のように学生アルバイトがふざけて不適切な行動をソーシャルメディアに投稿して非難が殺到する「炎上」騒ぎがいくつも起きています。このような現象を「バイトテロ」と呼び、また、こういった投稿にTwitterが使われることが多いことから、投稿者のことを「バカッター」と呼んだりします。大川さんの行動は許されるものではありませんが、悪ふざけで行ったことに対する代償としては、非常に大きいものになってしまいました。しかし、大川さん以上に損害を受けたのは、コンビニエンスストアチェーンの本部や店舗のオーナーです。本部は世間からの信用を失い、オーナーは経営していた店舗を閉鎖するという事態に追い込まれました。オーナーとしては損害賠償請求もやむを得ないところでしょう。最近では、バイトテロを起こした者に対し、特に直接的な被害が発生しなくても、企業側が「抑止力」となることを狙い、高額の損害賠償を請求することも多くなっています。

このように、ほんの出来心でやったことが取り返しのつかないことになってしまうこともあるのです。

●その他のバイトテロの事例
そのほかにも次のような事例があります。
・そば屋の学生アルバイトが洗浄機に入り込んだ写真を投稿、店にクレーム電話が相次ぎ、閉店。その後破産申請。学生は大学側から停学処分とされる。
・看護専門学校生が学校に併設している病院の患者の臓器を撮影し投稿。学校側が謝罪し、学生は退学。

●行き過ぎた発言はしない
不適切な発言を見たユーザー側が、過激な言葉で攻撃したり、発言とは関係のない事柄まで持ちだして誹謗中傷したりすることもあります。攻撃する相手が目の前にいないうえ、匿名性が保たれることや集団心理なども作用し、発言がどんどんエスカレートしていく傾向にあります。それが炎上を引き起こす原因にもなり、大きな問題へと発展していきます。他人を不愉快にしたり良識を欠いたりした投稿は避けるべきです。ネット上だから・・・と気持ちを緩めず、常に現実社会と同じような心構えで情報を発信していきましょう。

More 匿名やニックネームでも要注意!

ブログやTwitterは匿名やニックネームで利用することができ、Facebookは公開範囲を制御できます。

「実名じゃないから、多少面白いこと(刺激的なこと・毒があること)を言っても大丈夫だろう」などと思っていませんか。

匿名の投稿や公開範囲を限定した投稿でも、転載されたり、投稿内容を不愉快と思うユーザーに、ブログやTwitterなどの過去情報を洗いざらい調べ上げられ、実名や個人情報をさらされたりする事件が多発しています。また、個人情報がさらされなくても、ブログやTwitterなどに非難のコメントが殺到し、ブログやアカウントの閉鎖などに追い込まれるケースも多くあります。

More 投稿を削除すれば安心?

もし不適切な投稿をしてしまった場合、速やかに削除しましょう。

そして、不適切な発言をした旨を説明し、誰かが見て不快な思いをした可能性があるのであれば、きちんと謝罪することが必要です。

しかし、削除さえすれば安心、というわけにはいきません。気が付いてから投稿を削除しても、投稿のコピーやキャッシュ、画面キャプチャなどが出回ってしまうこともあります。なによりも、投稿するときに気を付けることが大切です。

More 個人情報や誹謗中傷が書き込まれたら

電子掲示板やWebサイトに自分の個人情報や誹謗中傷などが書き込まれた場合、プロバイダに対して、削除要請をすることができます。また、プロバイダ責任制限法により、当該記事の発信者の情報を開示請求することも可能です。

26　インスタ映えを気にし過ぎるのは格好悪い？

SNSのインスタグラムが、若い女性を中心に人気です。インスタグラムを利用するユーザーの多くは、「綺麗・お洒落・可愛い」、いわゆるインスタ映えする写真を撮影し、ほかのユーザーと共有することを楽しんでいます。

しかし、インスタグラムに夢中になり過ぎて、ルール違反やマナー違反などを犯していないでしょうか。次の事例を見て、一緒に考えてみましょう。

事例1

小山さんは、友人と一緒にテーマパークへ遊びに行きました。そのテーマパークには、西洋のお城に似せて作った美しい建築物があります。

「ぜひ、このお城と一緒の様子を撮影して、インスタグラムにアップしたい」と考えた小山さんは、友人に自分のスマホを渡し、撮影を依頼しました。

しかし、お城が大きすぎて全体が写真に入りきらないようです。

思案した結果、小山さんがお城の塀の上に登り、友人に下から見上げる状態で撮影してもらうと、お城の全体が写真に入りそうなことがわかりました。早速、塀を登り始めた小山さんでしたが、途中で足を滑らせ、転落して足首を捻挫してしまいました。

幸いにも、通りかかったスタッフに医務室まで運んでもらい、小山さんは手当てを受けることができました。

しかし、医務室のスタッフに「お城の塀は立入禁止と看板がありましたよね」と注意を受けてしまいました。

事例2

市川さんが友人と2人でショッピングをしていると、お洒落でかわいいアイスクリームを販売している店舗を見つけました。

あまりにも可愛いので、インスタグラムに投稿してほかの友達に自慢しようと思いました。そのアイスクリームは、カラフルで様々な種類があるため、複数購入して撮影した方が、インスタ映えしそうです。そこで、市川さんたちは、とても2人で全部食べ切れないと思いながらも、アイスクリームを6個購入しました。

撮影と投稿が終わった後、市川さんと友人はアイスクリームを1つずつ食べ、残りはお店のゴミ箱に捨ててしまいました。

市川さんたちは特に気にする様子もなく、楽しそうに帰っていきましたが、そんな2人の様子を、店員が困った顔で見ていました。

用語

インスタグラム（Instagram）
撮影した写真や短時間の動画などをユーザー同士で共有する、写真や動画に特化したSNS。

インスタ映え
インスタグラムに投稿した写真のうち、見映えのする（お洒落な）ものを形容する表現のこと。投稿すると見映えがすると思われる被写体を形容する際にも使われる。

ためしてみよう【24】

インスタグラムを利用する際のルールやマナーについて書かれた次の文章を読んで、正しいものには〇、正しくないものには×を付けましょう。

①綺麗なお花畑があったので、中に入って撮影してインスタグラムに投稿した。「立入禁止」とあったが、花を踏まないように気を付けて入ったので問題ない。

②珍しいラベルの瓶入りジュースを見つけた。それを購入し、自宅に帰ってから撮影してインスタグラムに投稿した。

③量が多いことで有名なラーメン店に行った。インスタグラムに投稿するために、食べきれないことを承知で超大盛を頼んだ。半分以上残したが、お金はきちんと払っているので問題ない。

🎓 インスタグラムは気持ちに余裕と節度を持って楽しみましょう！

インスタグラムでは、多くのユーザーが、綺麗な写真や可愛い写真など、いわゆるインスタ映えする写真を投稿しています。それらを見るのは楽しいものですし、そのような写真を投稿して楽しみたい、と思うこともあるでしょう。

しかし、インスタ映えする写真を撮影することに、あまりにも夢中になり過ぎ、周りが見えなくなるケースがよく見られます。事例にあったとおり、ルール違反（立入禁止の場所への侵入など）やマナー違反（残して捨てること前提で食品を購入など）があると、多くの人に迷惑をかけたり、不快な気持ちにさせたりしてしまいます。特に事例1のような危険なルール違反は、自分自身や他人を傷つけ、最悪の場合、生命にかかわる状況にもなりかねません。絶対にやめましょう。

もちろん、「少しでも自分のことを良く見せたい」「お洒落な写真を自慢したい」という気持ちもわかります。

しかし、想像してみてください。あなたの知らない誰かが、インスタ映えする投稿をしようとして、ルール違反やマナー違反までして必死になっている姿は、格好悪いと感じませんか？

これは、あなた自身にとっても同じことです。もし、あなたが過剰にインスタ映えを気にして投稿しているのなら、その様子は、投稿を見る第三者から透けて見えています。

気持ちに余裕と節度を持って楽しむことが、本当にお洒落なインスタグラムの楽しみ方ではないでしょうか。

●その他のインスタグラム利用時の望ましくない事例

そのほかにも次のような望ましくない事例があります。

・レコードショップやファッションショップに入店し、商品の撮影だけして帰る。
・美術館の展示品を撮影しようとして無理なポーズを取った結果、体勢を崩して展示品の棚を倒してしまった。その結果、ドミノ倒しのようになり、いくつもの棚が倒れて展示品が壊れ、総額数千万円以上の被害が出た。
・家具の大型量販店で、ショッピングカートに乗っている様子を撮影。
・ブランド品を買って、撮影してすぐに転売。
・一人でお洒落なカフェに行き、食事を二人分注文して撮影（誰かと一緒に来ていると思わせるため）、食事を残して帰る。

More **SNSの撮影でも、ルール違反やマナー違反に気を付ける**

インスタグラムをはじめ、ほとんどのSNSでは静止画だけでなく、動画の撮影や共有ができます。その際、「ウケる動画や面白い動画、友人を驚かせるような動画を撮影しよう」と考え過ぎると、インスタ映えを気にし過ぎるのと同様、ルール違反やマナー違反を起こすことになります。

動画撮影時においても、夢中になって周りが見えなくなると、迷惑行為に繋がったり、危険な目に遭ったりします。常に周囲に気を配りながら、適切な行動を心がけましょう。

More **一定時間で消える投稿でも節度は必要！**

インスタグラムには「ストーリー機能」と呼ばれる、一定時間経過後に自動削除されてしまう動画投稿機能があります。

「どうせすぐに消えてしまうのだから、いつもよりインパクトのある動画をアップしても大丈夫だろう」などと考えていませんか？

ストーリー機能で投稿した動画も、閲覧するユーザーはスクリーンショットを保存することは可能です。そのため、あなたがルール違反やマナー違反などを犯した動画を投稿すると、その様子が半永久的に拡散する可能性があります。

そもそも、「一定時間で消えるから」などと考えること自体が間違っています。他人に迷惑をかけたり、不快な気持ちにさせたりすることは、どんな場合でも不適切です。そのことをしっかり意識して、ネットやSNSと向き合うようにしましょう。

27　SNS上で友人と上手に付き合うためには？

LINEのグループ機能やFacebookのメッセージ機能などは、友人間のコミュニケーションを楽しく便利にしてくれるツールです。しかし、その一方で、そうしたツールが原因となって友人間のトラブルが発生することもあるようです。

事例

中山さんは東京にある女子大学の1年生。地方から一人で出てきたため、入学当初は知り合いが一人もいませんでしたが、たまたま席の近くだった数人の学生とお茶を飲みにいき、すぐに打ち解けることができました。

その日のうちに中山さん達はLINEでグループを作り、「選択科目は何を選ぶか」「サークルはどうするか」といった情報を交換するなど、すぐにメンバーにとってLINEのグループはなくてはならないものになりました。

数か月後、アルバイトやサークル活動、前期試験の準備などで中山さんはとても忙しくなりました。

グループのメンバーからは相変わらず毎日様々なメッセージが入ってきますが、中山さんはメッセージに目は通すものの、なかなか返信できないことが続きました。

そんなある日、グループのメンバーの鈴木さんとバッタリ出会い、久しぶりに話をしていると、中山さんのことを、グループのほかのメンバーが悪く言っているというのです。

嫌われるようなことをした覚えのない中山さんは、とても驚きました。鈴木さんに尋ねると「LINEのメッセージを読んでも返信しない。既読スルーばかりして感じが悪い。」と言っているとのことでした。

確かに、最近忙しくてあまりLINEで返信したりメッセージを発信したりできていません。しかし、中山さんにしてみれば、グループのメンバーのことを軽んじていたわけではなく、学業とバイトに時間がとられているので、LINEでのやり取りに気が回らなかっただけなのです。

中山さんはいったいどうしたらよいのか、考え込んでしまいました。

ためしてみよう【25】

友人同士のメッセージのやり取りについて書かれた次の文章を読んで、正しいものには〇、正しくないものには×を付けましょう。

①友人同士の信頼関係を崩さないために、相手からのメッセージにはできるだけ早く返信すべきである。

②友人間のメッセージ機能の利用にはトラブルが多いので、本当に親しい友人とはメッセージ機能を利用しないようにする。

③メッセージ機能の利用においては、お互いがそれぞれのペースで使えるよう、配慮しながら使っていくとトラブルが起こりにくい。

 ## SNSに振り回されず、節度を持った使い方をしよう！

LINEでは、メッセージが読まれると「既読」マークが表示されます。既読されたのに返信がこない状態は「既読スルー」と呼ばれています。

● 既読スルーは厳禁か？
たしかに、一部のユーザーの中には「メッセージを送ったのに返信しないなんて失礼だ」と考える人もいるでしょう。

しかし、よく考えてみましょう。LINEのグループ機能は、強制されて使うものではなく、気の合う仲間や友人同士がコミュニケーションを楽しむために使っているはずです。

「メッセージを受け取ったら、返信するのが礼儀だ」という考えは正しいかもしれません。しかし、事例の中山さんのケースのように、メッセージを受け取った状況次第では、すぐに返信できないこともあるでしょう。ひとりひとり置かれている立場が異なるのに、「メッセージをもらったら、すぐに返信をしなければならない」と半ば強迫観念のように思い込んで利用するLINEのグループ機能は、もはや「楽しく便利にコミュニケーションを取りたい」というグループを作った当初の目的とは大きく異なっているのではないでしょうか。

● グループで意識を統一しよう
この事例の後日談です。

中山さんたちのグループでは、誰もが「せっかく友だちになったんだし、メッセージをもらったらすぐに返信しなきゃ」と思い、無理をしてでもすぐに返信するようにしていたことがわかりました。友人関係を円滑にするためのLINEなのに、それに振り回されて疲れたり、友人関係にヒビが入ったりしては本末転倒だという結論にたどり着きました。そして、これからも便利で楽しく使っていくために、「自分のペースでメッセージのやり取りをする使い方を基本にしよう」という方針になりました。

あなたが、もしLINEの使い方に振り回されているようであれば、中山さん達の話し合いの結論を参考にしてみてはいかがでしょうか。

More　ソーシャル疲れを感じたら…

事例の「既読スルー」などに振り回されて、LINEの利用に疲れてしまうことを「LINE疲れ」と呼ぶことがあります。

これはLINEに限ったことではなく、ソーシャルメディア全般にみられる現象といえます。これら「ソーシャル疲れ」には、「既読スルー」のようにコミュニケーション上のトラブルのほか、ソーシャルメディアの利用過多が原因の場合もあります。

もし、あなたがソーシャルメディアの利用に疲れを感じたら、これまでのソーシャルメディアとの向き合い方を、一歩引いた立場から考え直すよいチャンスかもしれません。

More　SNS上で友達の誕生日のお知らせが流れてきたら…

SNSには、友達同士のコミュニケーションを活性化させるために、「今日は●●さんのお誕生日です」のようなメッセージをシステムが自動発信する機能があります。

このようなメッセージを見たユーザーの一部には、「その友達は、もしかして誕生日の日付をSNSなどのログインパスワードに使っているのではないか」と推測し、悪ふざけのつもりで「友達のメールアドレスをID、誕生日の日付をパスワード」としてSNSへのログインを試しているケースもあるようです。

その結果、実際にログインができてしまったケースも発生しています。これは「不正アクセス禁止法」に触れる立派な犯罪です。

友人間の悪ふざけのつもりかもしれませんが、ログインできた、できないに関わらず、そのような行為は慎みましょう。

また、誕生日の通知機能などは、悪意を持つ者にとっては「パスワードを類推するヒント」のように見えてしまうので、誕生日の通知機能をオフにすることを検討することもよいでしょう。

28　SNSのデマ投稿には、どんなリスクがある？

FacebookやTwitterなどのSNSには、投稿を拡散するためのシェアやリツイートといった機能があります。この機能自体は便利ですが、どんな投稿でも拡散して問題ないのでしょうか。一緒に考えてみましょう。

事例

富士さんは、様々なWebサイトやSNSで、ニュース記事をチェックするのが日課です。ある日、「あおり運転の末、暴行を加えた男を逮捕」という記事を見かけました。内容を読むと、加害者は非常に悪質な行為をしたことがわかりました。

「これはひどい！」と感じた富士さんは、この事件について、いろいろと調べてみました。ニュース記事によると、加害者の車には同乗者がおり、自分たちの車から暴行に使う工具を持ってきて加害者に渡したり、暴行がエスカレートするよう、そそのかしたりしていたそうです。その様子が、被害者の車のドライブレコーダーに映っていました。しかし、その時点では、加害者の氏名は公表されているものの、同乗者については公表されていませんでした。

そのうち、「あおり運転事件、同乗者を特定！」というTwitterの投稿が数多くリツイートされ、富士さんの目にも留まりました。そのリツイートの内容をよく読んでみると、「Twitter上で〇〇と加害者は繋がりがある」「〇〇がTwitterにアップしている写真がドライブレコーダーに映っていた人物と髪形や体型が似ている」などと書かれていました。さらに、内容を裏付ける画像も掲載されており、確かに同じ人物のように感じられます。この内容を読んだ富士さんは、「同乗者は〇〇に間違いないな」と考え、さらに拡散させようと、リツイートしました。

数日後、新聞社のニュースサイトで、同乗者も逮捕されたことが記事になっており、氏名も公表されていました。しかし、それは〇〇さんとは全く別の人物でした。

富士さんは「『同乗者は〇〇さん』というのは間違いだったのか。でも、信ぴょう性の高い情報だったし、自分以外にも多くの人が拡散していたから、問題ないだろう」と軽く考えていました。しかし数日後、富士さんはTwitterに届いたダイレクトメッセージを見て驚きました。そこには、〇〇さんの代理人を名乗る弁護士から、損害賠償請求を行う旨が書かれていたのです。

用語

ダイレクトメッセージ
一般に公開される投稿ではなく、特定のユーザーと非公開でメッセージ交換ができる機能。

ためしてみよう【26】

事例の富士さんは、軽い気持ちでリツイートして情報を拡散させた結果、大変な事態を引き起こしてしまいました。ソーシャルメディアの活用について書かれた次の文章を読んで、正しいものには○、正しくないものには×を付けましょう。

①Twitterの投稿をリツイートする場合には、内容をよく読み、確実に問題ないものだけにする。

②真実であっても、他人を不愉快にするような投稿は、拡散しない。

③Twitterではニックネームを使っていれば、弁護士であっても本名や住所を知ることはできない。

デマ投稿を拡散しないように気を付けよう

FacebookのシェアやTwitterのリツイートなどは便利な機能である一方、使い方を誤ると深刻な問題を引き起こしてしまいます。
事例の富士さんは、「悪質な事件の共犯者だから、多くの人に知って欲しい」という正義感もあってリツイートしたのでしょう。
しかし、共犯者が特定されたとする投稿はデマであり、結果的に、富士さんはデマ拡散に協力してしまったのです。
もちろん、富士さんは、デマを拡散させるつもりは少しもなかったでしょうし、富士さんにしてみれば「自分もデマ投稿に騙された」と感じているかもしれません。
しかし、共犯者と誤解された人物にとっては、デマ拡散により、多くのネットユーザーから非難する投稿や嫌がらせ、中傷などが相次ぎ、日常生活にも支障が出るほどの影響があったはずです。この人物から見れば、富士さんも「デマ拡散の共犯者」すなわち加害者なのです。
富士さんの行為は「悪気はなかった」で済まされる問題ではありません。どんな些細な内容であっても、慎重過ぎるぐらいに確認してからリツイートすることが重要です。

●リツイートするだけで罪に問われる

デマの内容をTwitterでリツイートした人物が被害者から名誉棄損で訴えられ、その結果、損害賠償の支払いを命じられた判決が、実際に出されています。
リツイートなどの拡散機能は、スマホで一度タップするだけで簡単に行えますが、内容によっては明確な犯罪行為になります。軽い気持ちで拡散させることは絶対にやめましょう。

●ネットに匿名はない

SNSを匿名で利用し、住所などを一切明かさない場合でも、利用するPCやスマートフォンのIPアドレスは、インターネット接続業者（プロバイダ）に履歴として残ります。
そのため、不適切な投稿をした場合、相手方や警察がしかるべき手続きを踏むことによりプロバイダがIP情報を開示し、ユーザーを特定することができます。

More **SNSによるデマ投稿の拡散その他の事例**

・地震発生直後の地域で、街にライオンが立っている画像と「地震の影響で動物園からライオンが逃げたので注意してください」という投稿が拡散し、動物園や役所、警察の職員が対応に追われた。投稿した男は、偽計業務妨害で逮捕された。
・「人が刺されて、犯人が逃走した」とするフェイク動画を拡散させたとして、投稿者のグループが軽犯罪法違反（虚偽申告）の疑いで書類送検された。

More **リツイート文化とネタ文化**

Twitterは最も情報が拡散しやすいSNSと言われています。
Twitterには、ユーザーが気軽にリツイートする「リツイート文化」があります。
また、Twitterは多くの若年層のユーザーが趣味的に使うこともあり、冗談や緩い投稿が好まれる「ネタ文化」と呼ばれる風潮もあります。
このようなTwitterの利用文化が、デマ拡散を容易に発生させるのだと考えられています。
Twitterの文化を楽しむ大前提として、間違えた使い方をしないよう、常に意識しておくことが重要です。

29　出会い系サイトには、どんなリスクがある？

インターネット上には男女の出会いを提供する「出会い系サイト」が多くあります。最近では、そうしたサイトを利用した「パパ活」などで、カジュアルにお小遣いを稼げる、と考えている人もいるようです。
しかし、そうした行為に危険はないのでしょうか。一緒に考えてみましょう。

事例

中山さんは、アルバイトで生活費を稼ぎながら、勉強に一生懸命励んでいました。ある日、中山さんの所属するゼミの有志で視察旅行に行く話が持ち上がりましたが、お金に余裕のない中山さんは、視察旅行の幹事に参加できないと伝えました。すると、幹事に「パパ活をすれば旅費ぐらいすぐに稼げるよ」と言われました。パパ活では、金銭に余裕のある男性と知り合い、一緒に食事をして話し相手になるだけで、危険なこともなく、割の良い金額が稼げるのだとか。パパ活に興味を持った中山さんは、紹介された出会い系サイトに登録し、プロフィールや写真が好印象な男性と知り合いました。相手とはすぐにチャットで意気投合し、一緒にイタリア料理を食べに行く約束をしました。

当日、イタリア料理のお店で会った男性は、とても紳士的で、話も面白く、ワインを勧められたこともあり、中山さんはとても楽しい気分になりました。食事も終わる頃、男性のペットの話になり、可愛い小型犬の写真を見せてもらいました。

「今日、僕はお酒を飲んでないし、車で来ているから送ってあげるよ。その前に、うちに犬を見に来ない？　少しだけ犬と遊んだら、自宅まで送るから」と言われました。中山さんは「少しだけならいいかな」と思い、そうすることにしました。男性の車に乗った中山さんは、しばらくすると寝てしまいました。どれぐらい時間が経ったでしょうか。男性に強く腕を揺すられ、目を覚ますと、あたりは真っ暗で人気もない場所です。酔いもさめ、急に怖くなった中山さんが「やっぱり今日は帰ります」と言うと、急に男性は激しい口調で「ここまで来て、何言ってんだよ」と中山さんを責めはじめました。中山さんは、無我夢中で車から逃げ出し、真っ暗な道を走り続けました。結局、パパ活のお金も貰えませんでした。

Let's Try　ためしてみよう【27】

出会い系サイトやパパ活などについて書かれた次の文章を読んで、正しいものには○、正しくないものには×を付けましょう。

① 「サイト内での個人情報の交換はできないようになっています」と書かれている出会い系サイトは安心なので、利用しても問題ない。

② 出会い系サイト以外のSNSであれば、見知らぬ人と食事に行っても問題ない。

③ パパ活をしている親友から、「私がパパ活している男性を紹介するよ」と言われたが、安全を考えて断った。

🎓 出会い系サイトやパパ活などの罠にはまらないようにしよう！

現在、出会い系サイトを使った「パパ活」という活動が社会的に知られるようになりました。

以前からある「援助交際」は、金銭の授受を介して男女が密室で過ごすことから問題視され、大きなリスクもあることが広く知られています。

それに対し、「パパ活」はレストランなど公衆の場所で一緒に食事をするだけで、金銭的に余裕のある男性から若い女性に報酬が支払われるとされています。その結果、「パパ活」は危険性がなく、また後ろめたいところもない、カジュアルなお小遣い稼ぎと考えている人も多いようです。しかし、それは非常に浅はかで危険な考え方です。

「パパ活は安全でカジュアルなお小遣い稼ぎ」というイメージこそが、最も危険な罠なのです。あなたがそのつもりでも、金銭を支払う側がどのように考えているかはわかりません。

「若い女性を騙して、自分の欲望を満たしてやろう」など、悪い考えを持つ人は必ずいます。事実、出会い系サイトやパパ活に関連した被害が数多く発生しています。「出会い系サイトやパパ活には、どのような危険性があるか」をしっかり認識し、決して近づかないようにしましょう。

●出会い系サイトの利用が危険な理由

・「食事だけ」といいつつ、隙を見て「あなたを騙して密室で二人きりになろう」と考えるような悪意を持つ人と知り合う可能性がある

・最初はお互いに食事だけのつもりでも、時間の経過とともに、相手があなたに執着するようになり、あなたが拒絶するとストーカーやリベンジポルノに発展するような可能性がある

・相手の本当の目的が「出会い」ではなく、宗教やマルチ商法の勧誘などの可能性がある

・あなたが目を離した隙に財布やバッグを盗まれたり、睡眠薬を飲まされて金品を奪われたり（昏睡強盗）するような可能性がある

・出会い系サイトに登録するだけで、あなたの個人情報が流出する可能性がある

・相手が既婚者だった場合、相手の配偶者から不貞行為・不法行為で訴えられる可能性がある

More　ママ活にも注意

パパ活とは逆に、主に若い男性が、中高年の女性などと一緒に食事をして、その見返りに金品をもらう「ママ活」と呼ばれる行為もあります。

パパ活と違い、ママ活の場合は「見知らぬ相手といっても女性だから、危険な目に遭うことはないだろう」と考えるかもしれませんが、そんなことはありません。

例えば、相手が既婚者だった場合、あなたが相手と親密になったことを知った相手の配偶者が、あなたのことを不貞行為で訴えるかもしれません。

また、相手の女性が悪意を持ち、詐欺や盗難を働くこともあるでしょう。

このように、「相手が女性だから、ママ活の方が安心」といった認識を持っているとしたら、大変危険なことです。くれぐれも、見知らぬ人との不要な出会いは避けるようにしましょう。

More　トラブルに遭遇したら

出会い系サイトやパパ活・ママ活などには、その危険性を意識して、決して関係しないことが重要です。

しかし、万が一、トラブルになった場合は、まず家族など、身近にいる信頼できる人に相談しましょう。

ただし、深刻かつ緊急の場合は、警察に相談に行くなど、状況に応じて対応しましょう。

ネット上のトラブルについては、次の窓口でも相談を受け付けています。

●都道府県警察本部のサイバー犯罪相談窓口等（一覧）

https://www.npa.go.jp/cyber/soudan.htm

30 クラウドを使いこなすメリットは？

「クラウド」という言葉を聞いたことがあるでしょうか。現在、ネットには様々なデータを保管できるサービスがあり、ネットにさえつながっていれば、パソコンやモバイル機器などのツールを問わずにそれらを編集・閲覧したり、友人とファイルを共有したりすることができます。それでは、実際の使い方の事例を見てみましょう。

事例

富士さんはゼミの仲間の山田さんと共同で、ゼミの発表をすることになりました。富士さんは自分の担当するパートの資料を自宅のパソコンで完成させ、山田さんとファイル共有しています。ファイル共有用のクラウドサービスは数多くありますが、欲しい機能があるかなど複数比較してOneDriveを選択し、共有の範囲を富士さんと山田さんの2人にして使っています。共有といっても、富士さんは自分のパソコンの中にファイルを保存する感覚で、自動的にネットワーク上のファイルと同期を取ってくれるので大変便利です。

さて、発表の当日、学校に行って、タブレットから2人の発表資料のデータを見ると、一部の用語の使い方が統一できていなかったので、その場で修正しました。いよいよゼミの時間が始まり、タブレットをプロジェクターにつないで無事に発表を終えました。

富士さんと山田さんのスマートな共同作業のやり方も、ゼミのほかのメンバーから一目置かれたようで、2人は大満足です。

用語

オンラインストレージサービス
インターネットに接続して、接続先のサーバに利用者専用のデータ保管領域を提供するサービス。

同期
複数の場所にあるデータが、どちらも常に同じ状態にあるよう保つこと。

版数の管理
あるデータの修正を繰り返す場合、そのデータにどのような変更を行ったのか、変更の履歴を管理すること。

ためしてみよう【28】

富士さんと山田さんのクラウドサービスの利用方法について書かれた次の文章を読んで、正しいものには○、正しくないものには×を付けましょう。

①富士さんと山田さんはクラウドサービスを選ぶにあたり、ほとんどが有料のものなので、コストとの兼ね合いを考えながらサービスを選択した。

②富士さんと山田さんはクラウドサービスの共有範囲を2人だけにしていたが、共有範囲が広いほど多くの人とデータを共有できるので、できるだけ共有範囲を広げた方がよい。

③便利なクラウドサービスも、いつかサービスが終わってしまう可能性もあり、バックアップを取っておくことが必要である。

🎓 いつでもどこでも閲覧や修正、共有ができて便利！

事例のように、クラウドサービスは大変便利に利用することができます。それでは、その特徴と留意事項について見ていきましょう。

●クラウドサービスの特徴

クラウドとは、直訳すれば「雲」のことであり、「クラウドコンピューティング」の略です。この技術を利用したサービスに、オンラインストレージサービス（データ保管サービス）があります。

自分で作成したデータを利用している端末の中でなく、インターネット上のオンラインストレージサービスに保存することで、パソコン、タブレット、スマホなど、複数の機器でいつでもどこでも閲覧、編集、保存ができるようになります。

また、複数のユーザーで利用する場合には、皆で1つのデータを共有したり、交互に編集を行ったりといった共同作業ができます。

オンラインストレージサービスには、ただ単に保管するだけでなく、各個人の端末の中のデータと自動的に同期をとったり、版数の管理をしたりするものもあり、一層便利に使うことができます。

●オンラインストレージサービス利用にあたっての留意事項

前述の共有機能は便利な機能ですが、便利さと個人情報流出の危険性は表裏一体です。

まずはアカウント管理。データがインターネット上にあるわけですから、アカウントが漏れてしまうとデータが漏えいしてしまいます。

また、共有範囲は必ず必要最小限にし、共同作業が終わったら友人からの閲覧を不可にするなど、必要に応じて逐次見直すことが大切です。これらはオンラインストレージサービスに限らず留意すべきデータ漏えい対策ともいえます。

また、オンラインストレージサービスはサービス自体が終了してしまうことも考えられますので、データのバックアップなども忘れないようにしましょう。ただし、機器との自動的な同期が行われるサービスでは、バックアップの手間が省けます。

More　代表的なクラウドサービス

各社から様々なクラウドサービスが提供されています。

Box

多くの法人で使われているクラウドストレージサービスです。「セキュリティの高さ」と「アクセス権限設定の柔軟さ」が特長であり、その点が多くの企業に支持されています。

Dropbox

パソコンやスマホなど、複数の端末からファイルを共有・同期できるオンラインストレージサービスです。

Evernote

テキスト、画像、Webページなどを自由に保存できるスクラップブックのようなサービスです。パソコンのブラウザで利用したり、タブレットやスマホに専用アプリを入れて利用したりすることもできます。

Google ドライブ

Googleが提供するオンラインストレージサービスです。パソコン内のファイルとネット上のファイルを完全に同期させることができます。ブラウザを利用したファイルの作成、編集も可能です。

iCloud

Apple社が提供するクラウドサービスです。基本的にはオンラインストレージサービスですが、「失くしたiPhoneを探す」など、ストレージ以外のサービスも含まれています。また、Apple製品だけでなく、Windowsからも利用できます（Androidでは一部利用可）。

OneDrive

Microsoft社が提供する無料のオンラインストレージサービスです。

Microsoftアカウントを取得すると誰でも利用できます。モバイル機器やパソコンなどのデバイスからでも利用できます。OneDriveにファイルを保存しておくと、USBメモリで持ち歩いたり、メールで自宅に送ったりする必要もなくなります。

31　モバイルカメラでルール違反を犯していないか？

ケータイやスマホに付いているカメラ機能はいつでもどこでも便利に使えます。
ですが、ルールやマナーを犯すような使い方をしてはいませんか。
次の事例を見て、一緒に考えてみましょう。

事例1

山田さんは書店で雑誌を立ち読みしていたところ、前から欲しいと思っていたブランドのバックが懸賞で当たることを知りました。
応募要項を見たところ、特に雑誌を買わなくてもハガキで応募できるようです。
そこで、送り先の住所をスマホのカメラで撮影しようとしたところ、書店の店主にその場を見つかり、注意されました。

事例2

富士さんは先輩の斉藤さんから「風邪で休むので、明日の授業をデジタルカメラの動画撮影機能で録画してくれないか」と頼まれました。
翌日、授業の様子をデジタルカメラで撮影していたところ、横の席に座っていた人に「先生に許可は取っているの？」と聞かれてしまいました。

用語

ICレコーダー
半導体に音声を録音できる機器。

航空法
航空機の安全な航行を行うために定められた法律。

バーコードリーダー
バーコードを読み取るための機器や機能。

QRコード
モバイルカメラで読み取るタイプの2次元バーコード。一般のバーコードは横方向に読み取るだけの1次元のコードだが、QRコードは縦横（面）で読み取る2次元のコードである。

ストリーミング
インターネット上の動画をダウンロードしながら同時に再生する方式。

ためしてみよう【29】

モバイル機器のカメラの利用について書かれた次の文章を読んで、正しいものには〇、正しくないものには×を付けましょう。

①書店で本の中身を撮影する「デジタル万引き」は窃盗罪として罰せられる。

②授業の講義の様子を撮影することは著作権の侵害にあたり、絶対にしてはならない。

③講義の音声を録音するだけであれば、誰の許可も必要ない。

ルールやマナーを守って正しく使おう！

カメラでの撮影・録画は、私的利用のためであれば原則として著作権侵害には当たりませんが、それでもルールやマナーを守らなければなりません。どのようなルールやマナーがあるのか、一緒に確認しましょう。

● デジタル万引きはなぜいけないのか？

「デジタル万引き」とは、書店などで商品の本の中身を撮影することです。このことは、私的利用のための複製と考えれば、著作権の侵害には当たりませんし、また、「万引き」という言葉が持つ「窃盗罪」に当たるわけではありません。

それでは、何が問題かというと、「書店におけるルールやマナーを守っていない」ということです。一般的な書店では店内での撮影を禁止しています。それは「情報を無料で入手すると、本を買わなくなる」ということが理由と考えられますが、書店に入る以上、そのお店のルールは守る必要があるのです。ルールを守らない人は「出て行ってください」と店主にいわれたら従うしかありません。書店に限らず店内の撮影を禁じているお店は多いので、そういったルールやマナーを守ることが大切です。

● 講義の録画はなぜいけないのか？

授業中の講義の録画も、私的利用のためであれば著作権に触れるものではありません。しかし、授業中は学校のルールや講師の指導に従う必要があります。

もし「すべての講義は録画可能」と決められている学校だったり、「自分の講義は自由に撮影してください」と明言している講師の授業だったりすれば、撮影しても構いません（もちろん、用途は私的利用に限られます）。上記以外の場合は、あらかじめ了承をもらった場合のみ録画することができます。これは講義に限ったことではなく、板書の撮影・録画、ICレコーダーによる音声の録音も同じです。

また、撮影の音や機器の設置が周囲の邪魔にならないよう配慮することも重要です。

More 機内・電車内・自動車内のスマホやケータイの利用

飛行機の中での利用は、航空法により制限されています。また、自動車運転中の操作は、道路交通法により禁止されています。電車内での利用は法律による禁止事項はありませんが、一般的に、「音の出ないマナーモードにし、通話は禁止」「優先席付近では電源をオフにする」などのマナーが各鉄道会社から呼びかけられています。もちろんこういったマナーを守りましょう。

More 写真を撮るだけではないカメラの利用

モバイルカメラの利用は写真撮影だけではありません。
「バーコードリーダー」としてQRコードを読み取り、Webサイトを表示させたり情報を入手したりできます。また、「名刺リーダー」の機能を持つものもありますし、Webカメラのように、動画を撮影してストリーミング放送を行うことも可能です。

More 映画の盗撮の防止に関する法律

著作権では「私的使用を目的とした著作物の複製は可」という規定がありますが、2007年に施行されたこの法律により、たとえ私的利用のためであっても、映画館における映画の撮影は盗撮として刑事罰の対象になります。

32　モバイルならではのアプリを上手に活用するには？

ケータイやスマホには様々な付加機能があり、いつでもどこでも便利に使えますよね。もう手放せないと思っている人も多いかもしれません。ですが、一歩使い方を間違えるとトラブルに巻き込まれたり、友人に迷惑をかけたりすることもありそうです。

次の事例を見て、モバイル機器の活用と注意点について、一緒に考えてみましょう。

事例

富士さんは、ある金曜日、サークルの飲み会に参加する予定でしたが、その直前にゼミの飲み会が決まり、そちらに行くことにしました。

サークルの飲み会の幹事の鈴木さんには、「ちょっと親の体調が悪くて…」とサークルの飲み会を断り、ゼミの飲み会に参加しました。

ゼミの飲み会では、富士さんは先輩の斉藤さんと席が隣になり、スマホの話題で意気投合しました。

例えば、「アプリのマーケットでの有益なソフトの探し方」や「電子書籍リーダーでは、ズバリどれがオススメか」など、本当に興味深い内容ばかりで富士さんは大満足でした。飲み会の最後には富士さんと斉藤さんが一緒に写真を撮影するなど、大変盛り上がりました。

斉藤さんも大いに楽しみ、そのときに飲み会の会場の情報と、富士さんと撮影した画像をSNSに投稿しました。しかし、斉藤さんは鈴木さんともSNS上でつながっており、鈴木さんはその画像を見て、富士さんが嘘をついていたことを知ったのでした。

用語

チェックイン
ソーシャルメディアでつながっている友人などに、現在地を知らせる機能。

電子書籍リーダー
電子書籍を読むためのアプリ。

電子マネー
お金の価値をデジタルデータに変換し、支払・決済などが行える手段のこと。

スパム行為
悪意のある行為や、営業目的のための行為のうち、ほかの人に迷惑をかけるもの。

マーケット
有料・無料のアプリが流通し、入手できるサイト。

 **Let's Try** ためしてみよう【30】

モバイル機器の活用方法について書かれた次の文章を読んで、正しいものには
〇、正しくないものには×を付けましょう。

① 斉藤さんはチェックイン機能を利用して富士さんと一緒に居ることを投稿した
が、その前に、富士さんに投稿してよいかどうか確認すべきだった。

② 富士さんは、斉藤さんからPDFファイルも読める電子書籍リーダーを教えても
らい、自炊した書籍を読んでいるが、そのファイルを他人にコピーして渡しては
ならない。

③ 富士さんや斉藤さんが利用している「アプリのマーケット」とは、スマホのアプ
リを入手できるところのことで、審査制度があるので、登録されているアプリ
はすべて安全である。

チェックイン機能や著作権の扱いに注意しよう！

事例では、SNSのチェックイン機能を使うことにより発生したトラブル
を紹介しました。そのほかにも様々にあるアプリを安全に使いこなすた
めにはどのようなことに気を付けるべきか、確認しましょう。

●どのようなアプリが入っているのか？
ケータイやスマホには、SNSやTwitterなどソーシャルメディアにアクセ
スする機能をはじめ、電子書籍リーダーや音楽再生機能、画像加工機
能など、多くの機能が入っています。また、機種にもよりますが、クレ
ジットカードや定期券、電子マネーとして使えるものもあります。
一般的にケータイの機能に比べ、スマホの方が多数のアプリが提供
されているので高機能です。また、スマホは自分の好きなアプリをマー
ケットからダウンロードして楽しめます。その意味では使い方は無制限
といえるかもしれません。これらを適切に使いこなすことができれば、
本当に様々な便益を感じることができるでしょう。

●SNSのチェックイン機能に注意！
SNSのチェックイン機能は、使い方に注意しないと、事例のように思わ
ぬトラブルに発展することがあります。また、旅行など家を空ける際
に、旅行先の場所を明らかにして投稿をすることは、自宅が不在であ
ることをアピールすることになり危険です。
また、SNSの機能を利用したアプリの中には、利用者に意識させずに、
つながっているほかのユーザーの情報を収集したり、勝手にリクエスト
メッセージを送ったりといったスパム行為をするものもあるので、注意
しましょう。

●著作権に注意！
電子書籍リーダー、音楽再生、画像加工なども大変便利に使えます
が、いずれも購入したり入手したりしたものには著作権者がいます。そ
のため、自分で私的に楽しむことは問題ありませんが、コピーして友人
に渡す行為などはアプリの著作権の侵害になりますのでやめましょう。
ファイルの形式によってはコピープロテクトがかかっているものもあり
ますが、プロテクトがかかっていないものもコピーしてはいけません。

More 不正なアプリに注意！

スマホ用のアプリを入手できる代表的な公
式マーケットには、iPhone用の「App Store」
とAndroid用の「Google Play」があります。
このうちApp Storeでは審査制度を取って
いますが、Google Playでは審査が行われて
いないので、誰でもアプリを登録することが
でき、中には悪意のあるアプリもあります。
また、審査を行っているApp Storeでも、審
査をすり抜けて悪意のあるアプリが登録さ
れてしまった例もあります。
出会い系サイトへ誘導するアプリやスパイ
ウェアが入っているアプリなど、悪意のある
アプリの種類は増えつつあります。
新しいアプリを導入する場合は、「利用者レ
ビューをみる」「提供する会社を確認する」
などして、信頼できるものであるかを確認
する必要があります。また、導入後も随時情
報をチェックするようにしましょう。

More 子ども用と大人用の
ケータイやスマホの違い

今までに、子ども用のケータイやスマホを利
用したことのある人も多いのではないで
しょうか。子ども用のケータイやスマホは、発
信や着信できる電話番号が制限されていた
り、アクセスできるWebサイトが制限されて
いたり、基本的に保護者の監督下で利用で
きるようになっています。それに対して、一
般のケータイやスマホは、すべてあなた自身
が判断して使いこなすことが必要です。
ケータイやスマホの利用にも、ひとりの社会
人としての良識が問われるのです。

33 もしスマホを紛失してしまったら？

もし、ケータイやスマホを紛失したら、あなたのショックは大きいかもしれませんが、それ以上に、あなたの友人に対しての被害の方が大きいかもしれません。もし紛失すると、どのようなことがおきる恐れがあるのでしょうか。事例を見ながら一緒に考えてみましょう。

事例

富士さんはサークルの飲み会の夜、少し飲み過ぎてしまいました。

良い気分で自宅に帰ったのはよかったのですが、朝起きるとスマホがなくなっていることに気が付きました。

お店や鉄道会社に連絡してみましたが、富士さんのスマホは見つかりませんでした。富士さんはショックでしたが、アドレス帳や画像などはパソコンのバックアップソフトでバックアップを取っていたので、いさぎよくあきらめて、新しいスマホを買いました。

それからしばらくして、富士さんは数人の友人から、「これまで全く来ていなかった迷惑メールが来るようになった」という話を聞きました。

また、富士さんが撮影した友人の画像が、インターネット上に出まわっているという連絡も、友人から受けてしまいました。中には、撮影後削除したはずの画像まで出まわっているようで、富士さんは訳がわかりません。

用語

バイオメトリクス認証（生体認証）
人間の身体的特徴を利用して、本人確認を行う認証方法。指紋・声紋・静脈などが使われる。

キャリア
携帯電話接続業者やインターネット接続業者などのこと。

キャッシュレス決済
現金以外の手段で支払いや受取などの決済を行うこと。クレジットカードやICカード、スマホに設定されたアプリなどを利用する。

ためしてみよう【31】

モバイル機器の管理方法について書かれた次の文章を読んで、正しいものには〇、正しくないものには×を付けましょう。

①モバイル機器のパスワードは忘れてしまってはいけないので、初期設定のままにしておく方がよい。

②モバイル機器を紛失したときのために、GPSによって現在地を教えてくれるサービスがあるので、普段から利用方法を確認しておくとよい。

③モバイル機器のメールや画像を削除するときには、その機器の削除機能を使えば復元できないので安心である。

🎓 個人情報をはじめとする重要な情報が流出する恐れが!

事例では、スマホを紛失したことから、個人情報や画像が流出してしまったようでした。ケータイやスマホを紛失すると、ほかにも被害が発生する恐れがあります。詳しく確認してみましょう。

●このような被害が発生する!

まずはケータイやスマホからの個人情報の流出が挙げられます。このような情報は迷惑メールなどを送る業者にとって喉から手が出るほど欲しい情報です。また、カメラ機能で撮影したプライベートな画像が出回ると、友人の肖像権を侵害することにもなりかねません。その他、勝手にケータイの通話を使われたり、各種サービスのログイン情報などを見られたり、なりすまし投稿や電子マネーを使用されたりなど、何気なく使っている機能がすべて悪用される可能性があります。

●被害に遭わないように気を付けるには?

まずは何といっても紛失しないことが第一です。飲み会やイベントのときなど、楽しくてお酒が入る機会などは特に注意しましょう。また、移動するときに必ず持っていることを確認することも有効です。
その他、日常的な対策と紛失時の対応のポイントは、次のとおりです。

日常的な対策
・端末ロックの設定をする(パスワード・バイオメトリクス認証・ロック時間の設定・電子マネーの認証設定など)
・位置確認サービスや遠隔ロックをあらかじめ試しておく
・スマホ内部のデータを暗号化しておく

紛失時の対応

自分でできること
・電話をかけてみる
・遠隔ロック
・位置確認サービス
・警察や遺失物係に連絡
・電子マネー会社などへの届出
・SNSなどのパスワード変更

キャリアに連絡して対応すること
・探索サービス
・端末ロック
・通話機能の停止

More　モバイル機器やパソコンの処分

モバイル機器を使わなくなったり、機種変更したりするときに、不要になった機器はどうしていますか。
機種変更の場合は、各キャリアのショップで引き取り対応をしています。目の前で物理的に破壊してくれる場合もあります。
いらなくなった場合は、パソコンと同じように、リサイクルの仕組みがあります。ケータイやスマホにも中古業者やリサイクル業者があります。
中古業者に販売する場合は、個人情報取得を目的に中古の機器を探している人もいることから、必ず専用ソフトなどでデータを完全に削除しましょう。
リサイクルに関しては、ケータイやスマホは「都会の金鉱」といわれることがあるぐらい、再利用可能な金属が含まれています。そのためリサイクルの推進が期待されています。
いずれにしても、手放す前に個人情報などのデータを完全に削除する必要があります。
モバイル機器やパソコンのデータを完全に削除するには、
①物理的に機器を破壊する
②記憶装置を専用のソフトで完全に上書きする
などがあります。

More　バイオメトリクス認証の利用

バイオメトリクス認証は、パソコンやモバイル機器での利用のほか、オフィスビルなどへの入出管理や銀行ATMなどでも利用されています。
最近では、キャッシュレス決済のアプリなどをスマホで利用している人も増えていますが、そうしたアプリにもバイオメトリクス認証を採用しているものがあります。
スマホ紛失時などに備え、適切に設定しておくようにしましょう。

34　無線LANを安全に使うには？

モバイル機器の普及とともに、外出先で手軽にインターネットが楽しめるように、公衆無線LANスポットが全国至るところに拡充しています。駅、空港、カフェ、ファストフードなど、身近な場所でインターネットを楽しめるというメリットがありますが、誰もが利用できるだけに危険な側面もあります。

最近、公衆無線LANスポットを利用し始めた山田さんは、あるトラブルに巻き込まれたようです。

事例

山田さんは、大学のレポートを駅前のカフェで書いていました。カフェは先月から、無線LANが使えるようになったからでした。家では、弟の友人が遊びに来て、レポート作成に集中できないのです。

この日もちょうど、カフェの無線LANを使って、レポート作成のため、インターネットで情報検索をしていました。パソコンには、友人との旅行の写真や動画がたくさん入っていましたが、特にセキュリティを意識せずに利用していました。

それからしばらくして、友人からインターネット上に山田さんが撮った写真や動画が公開されているので、自分が写っているものは削除して欲しいといわれました。

用語

セキュリティ対策
OSやセキュリティソフトのアップデートなどを実施し、ウイルスなどの脅威から情報資産を守る対策の総称。

ファイル共有機能
あるネットワークに接続しているパソコン同士で、ひとつまたは複数のパソコンのファイルを共有する機能。

Microsoft Windows Network
Windowsにおける既定のネットワークサービスで、ファイル共有をしたり、ネットワークに接続しているプリンターを共用したりする。

ためしてみよう【32】

山田さんはパソコンに保存していた写真や動画を何者かに盗まれて悪用されてしまったようです。山田さんの行動について書かれた次の文章を読んで、正しいものには○、正しくないものには×を付けましょう。

①山田さんは店内にほかの人がいるにもかかわらず、インターネットを利用した。店内に人がいない間に利用すれば、このようなトラブルを防げた。

②このカフェを運営する企業は知名度が低く、山田さんはあまり詳しいことは知らなかった。信頼できる企業が運営する無線LANスポットを利用すれば、このようなトラブルを防げた。

③山田さんはファイル共有機能を有効にしたまま、無線LANスポットを利用した。ファイル共有機能を無効にしておけば、このようなトラブルを防げた。

ネットワーク探索やファイル共有機能は無効に

最近では、外出先で公衆無線LANを使用したり、自宅でも無線LANを使用したりする人が増えています。
無線LANでは、電波を使って情報をやり取りするため、有線LANより情報を盗み見られる危険性が高くなります。無線LANを利用するには、利用者自身が適切な情報セキュリティ対策をとることが必要です。
無線LAN回線に接続する際には、次の点に注意しましょう。

●Microsoft Windows Network上で見えないようにする
Windowsパソコン同士では、同一のネットワークに接続している相手がネットワーク上に見えてしまいます。

●ファイル共有機能を無効にする
公衆無線LANを利用するときに、ファイル共有機能が有効になっていると、同じ公衆無線LANを利用する他人から、パソコン内のファイルが盗み見られる危険性があります。

●情報の受信だけで発信は控える
多くの公衆無線LANスポットでは情報を暗号化していないため、通信内容が第三者に簡単に傍受される危険性があります。つまり、ログイン情報やクレジットカード情報が丸見えになっているのです。
公衆無線LANスポットでは、ホームページを閲覧したり検索したり、情報の受信だけにとどめ、ユーザーIDやパスワードを使ってWebサービスにログインするようなことをしなければ、トラブルに発展することを防止できます。どうしても大事な情報をやり取りしたい場合は、無線LANが暗号化されていることを確認してから行いましょう。

●接続しているアクセスポイントの確認
公衆無線LANスポットに正しいアクセスポイントになりすました偽のアクセスポイントを仕掛けて、そこからユーザーIDやパスワードを盗み出そうとする手口が発生しています。いつも利用しているアクセスポイントに接続したとしても、「証明書エラー」が表示された場合は接続はやめましょう。偽のアクセスポイントの危険性があります。

More Windowsの共有の詳細設定

Microsoft Windows Network上で見えないようにする方法は、次のとおりです。
◆タスクバーの📶を右クリック→《ネットワークとインターネットの設定を開く》→《状態》→《ネットワーク設定の変更》の《ネットワークと共有センター》→《共有の詳細設定の変更》→《⦿ネットワーク探索を無効にする》

ファイル共有機能を無効にする方法は、次のとおりです。
◆タスクバーの📶を右クリック→《ネットワークとインターネットの設定を開く》→《状態》→《ネットワーク設定の変更》の《ネットワークと共有センター》→《共有の詳細設定の変更》→《⦿ファイルとプリンターの共有を無効にする》

More 無線LANの暗号化の確認

利用している無線LANが暗号化されているかどうかを確認する方法は、次のとおりです。
◆タスクバーの📶を右クリック→《ネットワークとインターネットの設定を開く》→《状態》→《ネットワーク設定の変更》の《ネットワークと共有センター》→《アクティブなネットワークの表示》の《接続:》の名称をクリック→《ワイヤレスのプロパティ》→《セキュリティ》タブの《暗号化の種類》で暗号化方式を確認

家庭で無線LANを設置すると、対応するプリンターをスッキリ配線できたり、ゲーム機やタブレットで気軽にインターネットに接続できたりと、使い勝手が広がります。一方で、悪意のある人による家庭内ネットワークへの侵入や、さらには侵入したあとに家庭内のパソコンを乗っ取り、そこからインターネット上でスパム行為をするなど、危険性も高まっています。そのため、セキュリティをしっかり意識した利用が必要です。外部からアクセスできてしまうと、公衆無線LANと変わらないばかりか、さらに無防備な状態になってしまうのです。

家庭で無線LANを利用するためには、無線LANルーターやモバイルWi-Fiルーターなど、自分で無線LANのアクセスポイントを設置することが必要です。これらを一般的に「親機」と呼びます。一方、あなたが利用するパソコンやゲーム機、タブレットなどは「子機」と呼びます。家庭で無線LANを設置するときには、これらの親機、子機のそれぞれに適切な設定をしましょう。

自分で無線LANのアクセスポイントを設置する場合は、次の点に注意しましょう。

●アクセスポイントの設定

無線LANには、「WEP」「WPA」「WPA2」の3種類の暗号化方式があります。「WEP」は従来の暗号化方式で、現在では容易に解読される恐れがあるので安全ではありません。解読されにくい暗号化方式の「WPA」や「WPA2」を設定しましょう。また、その場合、類推されにくいパスワードを設定するようにしましょう。パスワードは子機のパソコンを通じて親機に設定します。詳しくは親機のマニュアルを確認しましょう。

●SSIDの設定

SSIDを初期設定のメーカー名や機種名のまま利用している場合は、SSIDの名称を変更しましょう。SSIDがメーカー名になっていると、そのメーカーのぜい弱性が発見された場合、攻撃される可能性があります。SSIDの名称を変更するときは、ほかの人の興味を引くような自分の名前などは設定しないようにしましょう。また、SSIDを設定していない子機や、SSIDにANYを設定している子機からはアクセスできてしまうことがあります。親機の設定を「ANYまたは空白を不可」に設定しましょう。SSIDの設定を初期設定から変更するには、子機のパソコンを通じて親機に設定します。詳しくは親機のマニュアルを確認しましょう。

●MACアドレスフィルタリングを設定する

接続する子機のMACアドレスを登録し、MACアドレスが登録されていない子機からはアクセスできないように設定しましょう。

MACアドレスを調べる方法は、次のとおりです。

◆タスクバーの 　 を右クリック→《ネットワークとインターネットの設定を開く》→《状態》→《ネットワーク設定の変更》の《ネットワークと共有センター》→《アクティブなネットワークの表示》の《接続:》の名称をクリック→《詳細》→《物理アドレス》を確認

※物理アドレスに表示されている英数字がMACアドレスです。

※ゲーム機やタブレットなど、その他の機器のMACアドレスを調べる方法は、各機器のマニュアルを確認しましょう。

●Wi-Fi自動設定対応機器を利用する

無線LANの設定は多くの知識が必要だったり管理が手間だったりします。その問題を解決するためにWi-Fi自動設定の仕組みがあります。この仕組みに対応した親機と子機があれば、簡単に設定できるので、これから無線LANを導入する場合は、Wi-Fi自動設定対応機器を購入するとよいでしょう。Wi-Fi自動設定には、「WPS」「AOSS」「らくらく無線スタート」などがあります。

●無線LANルーターをオフにする

無線LANを利用しないときは、無線LANルーターやモバイルWi-Fiルーターはオフにしておきましょう。利用しないのにオンのままにしておくと、自分の知らない間に、ほかの人に悪用される可能性があります。

※詳細は、お使いの無線LANルーターやモバイルWi-Fiルーターのマニュアルを確認しましょう。

多くの公衆無線LANでは情報が暗号化されていないため、情報の傍受が簡単にできてしまいます。セキュリティ面を考慮すれば公衆無線LANの利用はできるだけ控えるのがベストですが、やむを得ず出先からWebサービスにアクセスしなければならないこともあるでしょう。

そうした際にぜひ活用して欲しいものが「個人向けVPNサービス」です。VPNとは「バーチャル・プライベート・ネットワーク」の略で、簡単に言えば、通信内容をすべて暗号化するものです。

個人向けVPNサービスは、あらかじめ専用のソフトをパソコンにインストールしておくだけで、パソコンからVPNサービス提供事業者のサーバまでの通信が暗号化されます。公衆無線LAN上も暗号化されているので、そこで傍受される心配はありません。パソコン用以外にも、サービスによってはMAC、iOS、Android用にも対応しているものもあるので、一度チェックしておくとよいでしょう。

用語 ・・

無線LANルーター
無線LANのアクセスポイントを備えたインターネット接続機器。

Wi-Fi
無線LANの規格のひとつ。一般的に使われている。

SSID
無線LANルーターに接続するときのアクセスポイントを表す識別子。無線LANに接続する機器（子機）には、このSSIDを設定する必要がある。「Service Set Identifier」の略。

MACアドレス
出荷時に付与されるその機器独自のアドレス。

■ウィンドウズ編■

Windowsを使ってみよう
Windows 10

Step1 | Windowsについて

1 Windowsとは

「Windows」は、マイクロソフトが開発した「OS」(Operating System)です。OS
は、パソコンを動かすための基本的な機能を提供するソフトウェアで、ハードウェア
とアプリケーションソフトの間を取り持つ役割を果たします。OSにはいくつかの種
類がありますが、市販のパソコンのOSとしては、マイクロソフトのWindowsが最も
普及しています。

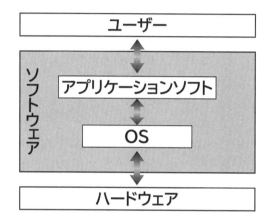

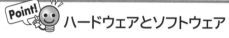

ハードウェアとソフトウェア

パソコン本体、ディスプレイ、キーボード、プリンターなどの各装置のことを「ハードウェア(ハード)」といいま
す。また、OSやアプリケーションソフトなどのパソコンを動かすためのプログラムのことを「ソフトウェア(ソフ
ト)」といいます。

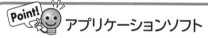

アプリケーションソフト

「アプリケーションソフト」とは、ワープロソフトや表計算ソフトなどのように、特定の目的を果たすソフトウェア
のことです。「アプリケーション」や「アプリ」(以下、「アプリ」と記載)ともいいます。

2 Windows 10とは

Windowsは、時代とともにバージョンアップされ、「Windows 7」「Windows 8」
「Windows 8.1」のような製品が提供され、2015年7月に「Windows 10」が新し
く登場しました。このWindows 10は、インターネットに接続されている環境では、
自動的に更新される仕組みになっており、常に機能改善が行われます。この仕組
みを「Windows Update」といいます。

※本書は、2019年11月現在のWindows10(ビルド18362.476)に基づいて解説しています。
　Windowsアップデートによって機能が更新された場合には、本書の記載のとおりに操作でき
　なくなる可能性があります。あらかじめご了承ください。

1 マウス操作

パソコンは、主に「マウス」を使って操作します。マウスは、左ボタンに人さし指を、右ボタンに中指をのせて軽く握ります。机の上などの平らな場所でマウスを動かすと、画面上の▷(マウスポインター)が動きます。
マウスの基本的な操作方法を覚えましょう。

●ポイント
マウスポインターを操作したい場所に合わせます。

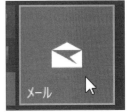

●クリック
マウスの左ボタンを1回押します。

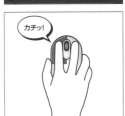

●右クリック
マウスの右ボタンを1回押します。

●ダブルクリック
マウスの左ボタンを続けて2回押します。

●ドラッグ
マウスの左ボタンを押したまま、マウスを動かします。

Point! 😊 **マウスを動かすコツ**

マウスを上手に動かすコツは、次のとおりです。

◆マウスをディスプレイに対して垂直に置きます。

◆マウスが机から出てしまったり物にぶつかったりして、動かせなくなった場合には、いったんマウスを持ち上げて動かせる場所に戻します。マウスを持ち上げている間、画面上のマウスポインターは動きません。

2 **タッチ操作**

ディスプレイがタッチ機能に対応している場合には、マウスの代わりに「**タッチ**」で操作することも可能です。画面に表示されているアイコンや文字に、直接触れるだけでよいので、すぐに慣れて使いこなせるようになります。
タッチの基本的な操作方法を覚えましょう。

●タップ

画面を軽く押します。項目の選択や決定に使います。
2回続けてタップすることを「**ダブルタップ**」といいます。

●スライド

画面に指を触れたまま、目的の方向に長く動かします。
項目の移動などに使います。

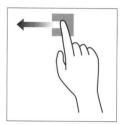

●スワイプ

指を目的の方向に払うように動かします。画面のスクロールなどに使います。

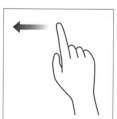

●ピンチ／ストレッチ

2本の指を使って、指と指の間を広げたり（ストレッチ）、狭めたり（ピンチ）します。
画面の拡大・縮小などに使います。

●長押し

画面の項目に指を触れ、枠が表示されるまで長めに押したままにします。マウスの右クリックに相当する操作で、ショートカットメニューの表示などに使います。

Step3 Windowsを起動しよう

1 Windows 10の起動

パソコンの電源を入れて、Windowsを操作可能な状態にすることを「**起動**」といいます。Windows 10を起動しましょう。

① 本体の電源ボタンを押して、パソコンの電源を入れます。

② ロック画面が表示されます。

※パソコン起動時のパスワードを設定していない場合、この画面は表示されません。

③ クリックします。

    ※ は、マウス操作を表します。

    画面を下端から上端にスワイプします。

        ※ は、タッチ操作を表します。

タッチ操作の場合

④ パスワード入力画面が表示されます。

※パソコン起動時のパスワードを設定していない場合、この画面は表示されません。

⑤ パスワードを入力します。

※入力したパスワードは「●」で表示されます。

※ を押している間、入力したパスワードが表示されます。

※タッチ操作の場合は、タッチキーボードが表示されます。

⑥   → をクリックします。

    → をタップします。

⑦Windowsが起動し、デスクトップが表示されます。

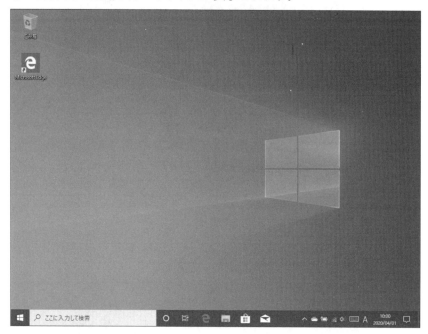

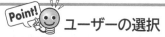 **ユーザーの選択**

 1台のパソコンに複数のユーザーを登録している場合、ユーザーの一覧が表示されます。これから操作するユーザーをクリックまたはタップしてから操作します。

Point! **パスワード・PINの設定**

Windows 10にはパスワード以外に「PIN」を設定できます。PINは4桁以上の数字で構成される暗証番号のことで、PINが設定されている場合は、パスワードの代わりにPINを利用してパソコンにサインインすることもできます。
パスワードやPINを設定していない場合、電源を入れるとすぐにデスクトップが表示されます。パスワードやPINを設定すると、ロック画面のあとにパスワード入力画面またはPIN入力画面が表示されます。
パスワードやPINを設定する方法は、次のとおりです。

| パスワードの設定 |
◆ ■ (スタート) → ⚙ (設定) →《アカウント》→ 左側の一覧から《サインインオプション》を選択→《パスワード》

| PINの設定 |
◆ ■ (スタート) → ⚙ (設定) →《アカウント》→ 左側の一覧から《サインインオプション》を選択→《Windows Hello 暗証番号 (PIN)》
※PINを設定するには、パスワードが設定されている必要があります。

1 デスクトップの確認

「デスクトップ」とは、言葉どおり「机の上」を表し、よく使うアプリや作業途中のデータを置いておく場所です。デスクトップの画面構成を確認しましょう。

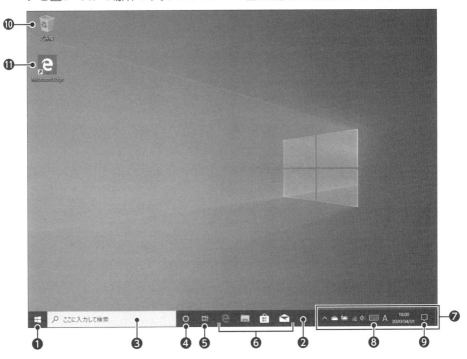

❶ ⊞（スタート）

クリックまたはタップすると、「スタートメニュー」が表示されます。

❷ タスクバー

デスクトップ上で作業しているアプリがアイコンで表示される領域です。

❸ 検索ボックス

インターネット検索、ファイル検索などを行うときに使います。この領域に調べたい内容のキーワードを入力すると、検索結果が表示されます。

❹ Cortanaに話しかける

マイクを使って音声で話しかけると、問いかけに対してパソコンを操作したり、答えを返してくれたりします。

❺ ⊞i（タスクビュー）

複数のアプリを同時に起動している場合に、作業対象のアプリを切り替えます。

❻ タスクバーにピン留めされたアプリ

タスクバーに登録されているアプリを表示します。頻繁に使うアプリは、この領域に登録しておくと、アイコンをクリックまたはタップするだけですぐに起動できるようになります。初期の設定では、 ⓔ（Microsoft Edge）、 ▥（エクスプローラー）、 ▣（Microsoft Store）、 ✉（Mail）が登録されています。

❼ 通知領域

インターネットの接続状況やスピーカーの設定状況などを表すアイコンや、現在の日付と時刻などが表示されます。また、Windowsからユーザーにお知らせがある場合、この領域に通知メッセージが表示されます。

❽ ⌨ （タッチキーボード）

クリックまたはタップすると、タッチキーボードが表示されます。タッチ操作で文字を入力できます。

※⌨ が表示されていない場合は、タスクバーを右クリックし、ショートカットメニューから《タッチキーボードボタンを表示》を選択します。

❾ 💬 （通知）

クリックまたはタップすると、アクションセンターが表示され、通知メッセージの詳細を確認できます。

❿ 🗑 ごみ箱

不要になったファイルやフォルダーを一時的に保管する場所です。ごみ箱から削除すると、パソコンから完全に削除されます。

⓫ e Microsoft Edge

「Microsoft Edge」のショートカットです。ダブルクリックまたはダブルタップするとMicrosoft Edgeが起動し、Webページを閲覧できます。

More アクションセンター

「アクションセンター」は通知領域の 💬 （通知）を選択するか、画面を右端から内側へ短くスワイプすると表示されます。アクションセンターでは通知メッセージを確認するだけでなく、パソコンの設定を変更したり、タブレットモードに切り替えたりすることもできます。

Point! アイコン

アプリやファイルなどを表す絵文字のことを「アイコン」といいます。アイコンは見た目にわかりやすくデザインされています。

1 スタートメニューの表示

スタートメニューを表示しましょう。

① 🖱️ ⊞ (スタート) クリックします。

　👆 ⊞ (スタート) をタップします。

② スタートメニューが表示されます。

2 スタートメニューの確認

スタートメニューを確認しましょう。

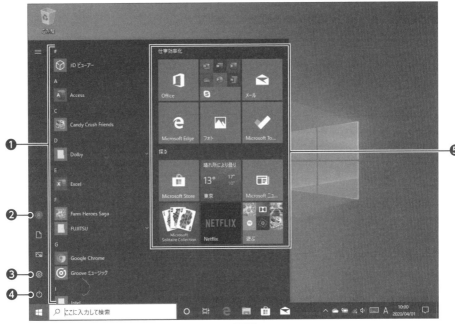

❶ すべてのアプリ

パソコンに搭載されているアプリの一覧を表示します。

アプリは上から「数字や記号」「アルファベット」「ひらがな」の順番に並んでいます。

❷ (アカウント名)

現在、作業しているユーザーアカウントの名前が表示されます。

❸ (設定)

パソコンの設定を行うときに使います。

❹ (電源)

Windowsを終了してパソコンの電源を切ったり、Windowsを再起動したりするときに使います。

❺ スタートメニューにピン留めされたアプリ

スタートメニューに登録されているアプリを表示します。頻繁に使うアプリは、この領域に登録しておくと、アイコンをクリックまたはタップするだけですばやく起動できるようになります。

Point! スタートメニューの表示の解除

スタートメニューの表示を解除する方法は、次のとおりです。

◆ Esc
◆ スタートメニュー以外の場所を選択

1 メモ帳の起動

「メモ帳」は、簡単にテキストデータを作成できるアプリで、Windowsに標準で搭載されています。
メモ帳を起動しましょう。

① 🖱 ⊞ (スタート) をクリックします。

　 ✋ ⊞ (スタート) をタップします。

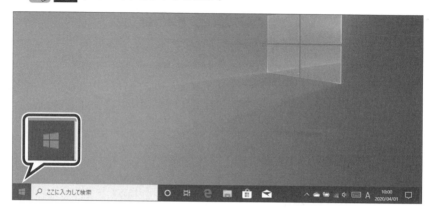

② スタートメニューが表示されます。

③ 🖱 アプリの一覧をスクロールし、《W》の《Windowsアクセサリ》をクリックします。

　 ✋ アプリの一覧をスライドし、《W》の《Windowsアクセサリ》をタップします。

④《Windowsアクセサリ》の一覧が表示されます。

⑤ 🖱《メモ帳》をクリックします。

　 ✋《メモ帳》をタップします。

⑥ メモ帳が起動します。

⑦ タスクバーに、メモ帳のアイコンが表示されていることを確認します。

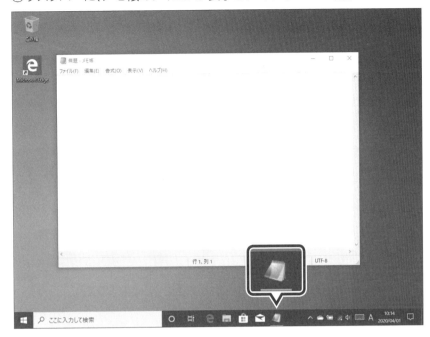

2　ウィンドウの画面構成

起動したアプリは、「ウィンドウ」といわれる四角い枠で表示されます。
ウィンドウの画面構成を確認しましょう。

❶ **タイトルバー**

アプリやファイルの名前が表示されます。

❷ 　−　 **（最小化）**

クリックまたはタップすると、ウィンドウが一時的に非表示になります。
※ウィンドウを再表示するには、タスクバーのアイコンをクリックまたはタップします。

❸ 　□　 **（最大化）**

クリックまたはタップすると、ウィンドウが画面全体に表示されます。
※ウィンドウを最大化すると、□（最大化）は　◻ （元に戻す（縮小））に変わります。　◻
　（元に戻す（縮小））は、最大化したウィンドウをもとのサイズに戻すときに使います。

❹ 　×　 **（閉じる）**

クリックまたはタップすると、ウィンドウが閉じられ、アプリが終了します。

3 ウィンドウの操作

ウィンドウのサイズや位置を変更する方法を確認しましょう。

▶▶1 ウィンドウの最大化

《メモ帳》ウィンドウを最大化して、画面全体に大きく表示しましょう。

①  □ (最大化)をクリックします。

□ (最大化)をタップします。

② ウィンドウが画面全体に表示されます。
※ □ (最大化)が ⬜ (元に戻す(縮小))に変わります。

▶▶2 ウィンドウをもとに戻す

画面全体に表示されたウィンドウをもとのサイズに戻しましょう。

①  ⬜ (元に戻す(縮小))をクリックします。

⬜ (元に戻す(縮小))をタップします。

②ウィンドウがもとのサイズに戻ります。
※  (元に戻す（縮小））が □ (最大化)に変わります。

▶▶3 ウィンドウの最小化

《メモ帳》ウィンドウを一時的に非表示にしましょう。

① 🖱 ￣ (最小化) をクリックします。

🖐 ￣ (最小化) をタップします。

②ウィンドウが非表示になり、タスクバーにメモ帳のアイコンが表示されます。
※ウィンドウを最小化しても、アプリは起動しています。

▶▶4 ウィンドウの再表示

《メモ帳》ウィンドウを再表示しましょう。

① 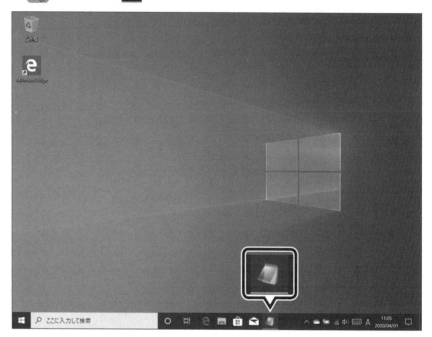 タスクバーの ◢ (メモ帳)をクリックします。

　　 タスクバーの ◢ (メモ帳)をタップします。

②《メモ帳》ウィンドウが再表示されます。

▶▶5 ウィンドウの移動

ウィンドウの場所は移動できます。ウィンドウを移動するには、ウィンドウのタイトルバーをドラッグします。
《メモ帳》ウィンドウを移動しましょう。

① タイトルバーをポイントし、マウスポインターの形が ▨ に変わったら、図のようにドラッグします。

タイトルバーに指を触れたまま、図のようにスライドします。

②《メモ帳》ウィンドウが移動します。
※指を離した時点で、ウィンドウの位置が確定されます。

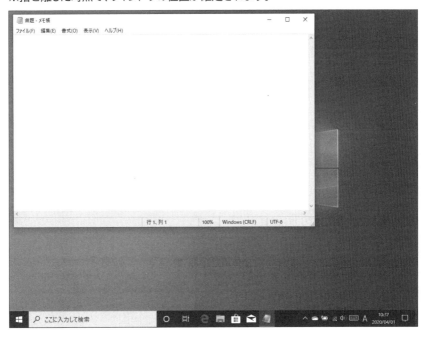

▶▶▶6 ウィンドウのサイズ変更

ウィンドウは拡大したり縮小したり、任意のサイズに変更したりできます。ウィンドウのサイズを変更するには、ウィンドウの周囲の境界線をマウスポインターの形が⟷ ↕⤡⤢の状態でドラッグします。
《メモ帳》ウィンドウのサイズを変更しましょう。

① 《メモ帳》ウィンドウの右下の境界線をポイントし、マウスポインターの形が ⤡に変わったら、図のようにドラッグします。

《メモ帳》ウィンドウの右下の境界線を、図のようにスライドします。

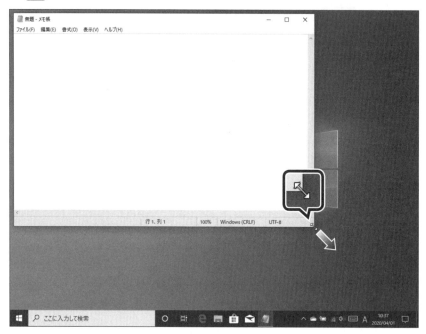

②《メモ帳》ウィンドウのサイズが変更されます。
※指を離した時点で、ウィンドウのサイズが確定されます。

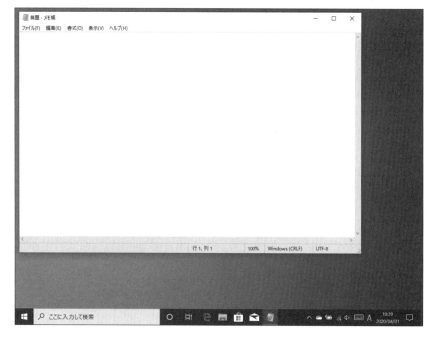

More タイトルバーによるウィンドウのサイズ変更

ウィンドウのタイトルバーをドラッグまたはスライドすることで、ウィンドウのサイズを変更することもできます。

●上端までドラッグ→最大化
●左端までドラッグ→左半分のサイズ
●右端までドラッグ→右半分のサイズ

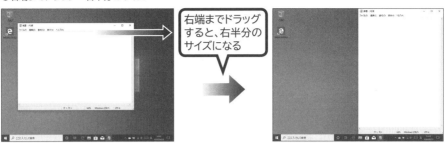

右端までドラッグすると、右半分のサイズになる

---

4 ウィンドウを閉じる

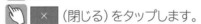

ウィンドウを閉じると、アプリが終了します。
《メモ帳》ウィンドウを閉じて、メモ帳を終了しましょう。

① (閉じる)をクリックします。

(閉じる)をタップします。

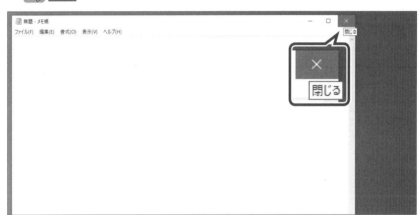

②ウィンドウが閉じられ、メモ帳が終了します。

③タスクバーからメモ帳のアイコンが消えていることを確認します。

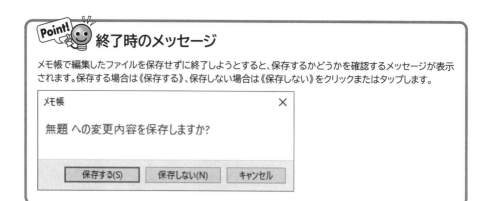

Point! 終了時のメッセージ

メモ帳で編集したファイルを保存せずに終了しようとすると、保存するかどうかを確認するメッセージが表示されます。保存する場合は《保存する》、保存しない場合は《保存しない》をクリックまたはタップします。

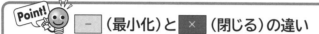

Point! ─ (最小化)と ✕ (閉じる)の違い

─ (最小化)をクリックまたはタップすると、一時的にウィンドウが非表示になりますが、アプリは起動しています。それに対して ✕ (閉じる)をクリックまたはタップすると、ウィンドウが閉じられ、アプリも終了します。作業しないアプリは、 ✕ (閉じる)で終了します。

_5_　マルチタスクの操作

パソコンで行われる作業のことを「タスク」といい、同時に複数のアプリを起動して操作することを「マルチタスク」といいます。
アプリを起動すると、タスクバーにアイコンが表示され、起動しているアプリが確認できます。
メモ帳とペイントを起動し、2つの画面を切り替えましょう。

▶▶1　メモ帳とペイントの起動

① 🖱 ⊞ (スタート)をクリックします。

　 👆 ⊞ (スタート)をタップします。

② 🖱 アプリの一覧をスクロールし、《W》の《Windowsアクセサリ》をクリックします。

　 👆 アプリの一覧をスライドし、《W》の《Windowsアクセサリ》をタップします。

③ 🖱 《メモ帳》をクリックします。

　 👆 《メモ帳》をタップします。

④ メモ帳が起動します。

⑤ タスクバーに、メモ帳のアイコンが表示されていることを確認します。

⑥ 🖱 ⊞ (スタート)をクリックします。

　 👆 ⊞ (スタート)をタップします。

⑦ 🖱 アプリの一覧をスクロールし、《W》の《Windowsアクセサリ》をクリックします。

　 👆 アプリの一覧をスライドし、《W》の《Windowsアクセサリ》をタップします。

⑧ 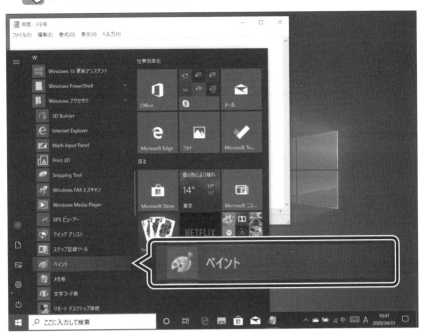 《ペイント》をクリックします。

《ペイント》をタップします。

⑨ ペイントが起動します。

⑩ タスクバーに、メモ帳とペイントのアイコンが表示されていることを確認します。

※表示されていない場合は、タスクバーの ∨ をクリックします。

※ウィンドウのサイズが大きい場合は、操作しやすい大きさに調整しておきましょう。

▶▶2 アプリの切り替え

起動したアプリを切り替えましょう。

①《ペイント》ウィンドウが前面に表示されていることを確認します。

②  タスクバーの (メモ帳)をクリックします。

　 タスクバーの (メモ帳)をタップします。

③《メモ帳》ウィンドウが前面に表示されます。

※ × (閉じる)をクリックまたはタップして、メモ帳とペイントをそれぞれ終了しておきましょう。

Step7 ファイルを上手に管理しよう

1 エクスプローラー

「エクスプローラー」を使うと、パソコン内のフォルダーやファイルを操作できます。エクスプローラーでは、パソコン内のハードディスクやパソコンにセットしているメディアの中身を確認できます。また、目的のデータを検索したり、フォルダーを新規に作成して、ファイルを目的別に分類したりすることもできます。

2 エクスプローラーの起動

デスクトップから最も効率的に起動するには、タスクバーにピン留めされている ■ (エクスプローラー) をクリックまたはタップします。
エクスプローラーを起動しましょう。

① 🖱️ タスクバーの ■ (エクスプローラー) をクリックします。

　 👆 タスクバーの ■ (エクスプローラー) をタップします。

② エクスプローラーが起動します。

More その他の方法（エクスプローラーの起動）

◆ ⊞ (スタート) →《Windowsシステムツール》→《エクスプローラー》

3 エクスプローラーの確認

エクスプローラーの各部の名称と役割を確認しましょう。

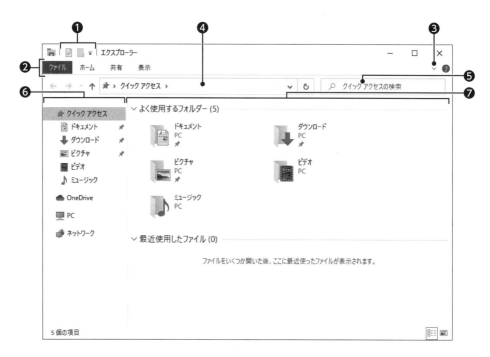

❶ クイックアクセスツールバー

よく使うコマンド（作業を進めるための命令）を登録できます。初期の設定では、
☑（プロパティ）、▢（新しいフォルダー）の2つのコマンドが登録されています。

❷ リボン

様々な機能がボタンとして登録されています。ボタンは関連する機能ごとにタブに
分類されています。
※初期の表示では、リボンが折りたたまれています。

❸ リボンの展開

クリックまたはタップすると、リボンが表示されます。
リボンを表示すると、▽（リボンの展開）から△（リボンの最小化）に切り替わり
ます。クリックまたはタップするとリボンが折りたたまれて、もとの表示に戻ります。

❹ アドレスバー

選択した作業対象の場所が、階層的に表示されます。

❺ 検索ボックス

フォルダーやファイルを検索するときに、キーワードを入力するボックスです。

❻ ナビゲーションウィンドウ

《クイックアクセス》《OneDrive》《PC》《ネットワーク》などのカテゴリが表示されま
す。それぞれのカテゴリは階層構造になっていて、階層を順番にたどることによっ
て、作業対象の場所を選択できます。

❼ ファイルリスト

ナビゲーションウィンドウで選択した場所に保存されているファイルやフォルダーな
どが表示されます。

4 ドライブの確認

「ドライブ」とは、ハードディスクやCD、DVDなどの記憶装置のことです。ドライブは、アルファベット1文字を割り当てたドライブ名と「:」(コロン) で表されます。
パソコンのドライブを表示しましょう。

① エクスプローラーが起動していることを確認します。

② 🖱 ナビゲーションウィンドウの一覧から、《PC》をクリックします。

　　🖐 ナビゲーションウィンドウの一覧から、《PC》をタップします。

③《PC》が表示されます。

④ パソコン内のドライブやファイルが表示されます。

Point! 😊 **フォルダーやファイルの保存先**

Windowsには、ユーザーが作成したフォルダーやファイルのパソコン内の保存先として、次のものが用意されています。

場所	説明
3Dオブジェクト	3Dオブジェクトのファイルの保存先として用意されています。
ダウンロード	インターネットからダウンロードしたファイルの保存先として用意されています。
デスクトップ	デスクトップのフォルダーやファイルが保存される場所です。
ドキュメント	一般的なファイルの保存先として用意されています。
ピクチャ	デジタルカメラやスマートフォンからパソコンに移行した写真ファイルの保存先として用意されています。
ビデオ	映像DVDからパソコンに移行したり、動画配信サイトからダウンロードしたりした動画ファイルの保存先として用意されています。
ミュージック	音楽CDからパソコンに移行したり、音楽配信サイトからダウンロードしたりした音楽ファイルの保存先として用意されています。

More 記憶装置の種類

ファイルを保存する記憶装置には、ハードディスク、CD、DVD、USBメモリなどがあります。通常ハードディスクはパソコン本体内に内蔵されています。CDやDVD、USBメモリなどは、パソコンからパソコンへファイルをやり取りするときや、パソコン内の大切なファイルをバックアップするときなどに使われます。

5 ファイルの表示

《PC》を使うと、パソコン内のハードディスクやパソコンにセットしているCDやDVDなどのメディアにアクセスし、中身を確認できます。

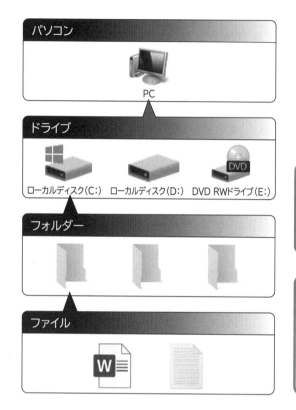

Point! ファイル

プログラムのデータやアプリで作成したデータは、「ファイル」という単位で保存されます。ファイルを識別するために、ファイルには名前を付けて管理します。

Point! フォルダー

「フォルダー」とは、関連するファイルをまとめて保存するための入れものです。
ファイルを目的に応じて分類して整理します。
※同一フォルダー内に、同じ名前のファイルまたは同じ名前のフォルダーを保存することはできません。

Cドライブ内のフォルダー《Windows》を開いて、中身を確認しましょう。

①《PC》が表示されていることを確認します。

② 🖱 🖴 (ローカルディスク(C:))をダブルクリックします。

　👆 🖴 (ローカルディスク(C:))をダブルタップします。

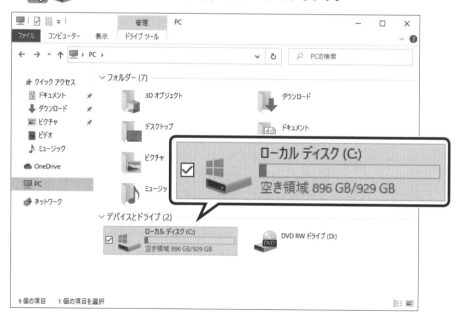

③《ローカルディスク（C:）》が表示されます。

④《ローカルディスク（C:）》内のフォルダーやファイルが表示されていることを確認します。

※お使いのパソコンによって、表示される内容は異なります。

⑤ 《Windows》をダブルクリックします。

《Windows》をダブルタップします。

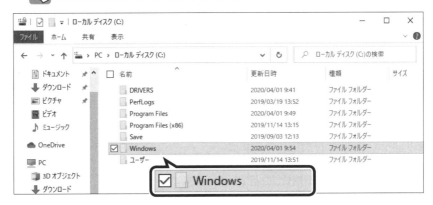

⑥《Windows》が表示されます。

⑦《Windows》内のフォルダーやファイルが表示されていることを確認します。

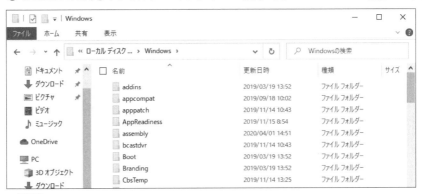

※ × （閉じる）をクリックまたはタップして、《Windows》を閉じておきましょう。

Point! フォルダーやファイルの表示方法

フォルダーやファイルは、アイコンのサイズを大きく表示したり、詳細な情報を表示したりして、表示方法を変更できます。
フォルダーやファイルの表示を変更する方法は、次のとおりです。

◆《表示》タブ→《レイアウト》グループの表示方法を選択

More パソコン内の階層表示

ナビゲーションウィンドウの《PC》の 〉 をクリックまたはタップすると、パソコン内の階層構造が表示されます。ドライブやフォルダーなどを階層で確認できます。

> 下層のフォルダーが展開される

> 展開されたドライブやフォルダーが折りたたまれる

6 フォルダーの作成

ファイルをわかりやすく管理するには、新しくフォルダーを作成し、ファイルを分類して保存するとよいでしょう。

デスクトップに、新しく「abc」という名前のフォルダーを作成しましょう。

① デスクトップのアイコンがない場所を右クリックします。

　 デスクトップのアイコンがない場所を長押しします。

② ショートカットメニューが表示されます。

③ 《新規作成》をポイントします。

　 《新規作成》をタップします。

④ 《フォルダー》をクリックします。

　 《フォルダー》をタップします。

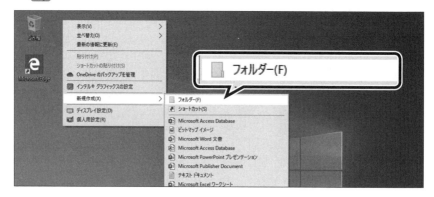

⑤ 新しいフォルダーが作成されます。

⑥「新しいフォルダー」という名前が自動的に付けられ、反転表示します。

⑦「abc」と入力し、[Enter]を押します。

⑧ フォルダー「abc」が作成されます。

⑨ 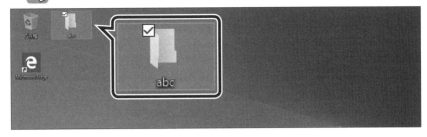 フォルダー「abc」をダブルクリックします。

フォルダー「abc」をダブルタップします。

⑩ フォルダー「abc」が表示されます。
※新規に作成したフォルダーなので、ファイルリストには何も表示されません。

※ ✕ (閉じる)をクリックまたはタップして、フォルダー「abc」を閉じておきましょう。

Point! フォルダー名やファイル名に使えない記号

次の半角の記号は使えません。
￥(円記号) 　　　　　　　/(スラッシュ) 　　　:(コロン) 　　　*(アスタリスク) 　　　?(疑問符)
"(ダブルクォーテーション) 　　< >(不等号) 　　|(縦棒)

More タッチキーボード

タッチキーボードを使うと、タッチ操作で文字を入力できます。タッチキーボードの表示方法は、次のとおりです。
◆タスクバーの ▤ (タッチキーボード)

7 ファイルの保存

メモ帳を使って課題リストを入力し、フォルダー「abc」に「練習」という名前で保存しましょう。

① 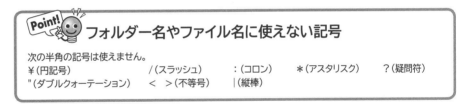 ⊞ (スタート)をクリックします。

⊞ (スタート)をタップします。

② アプリの一覧をスクロールし、《W》の《Windowsアクセサリ》をクリックします。

アプリの一覧をスライドし、《W》の《Windowsアクセサリ》をタップします。

③ 《メモ帳》をクリックします。

《メモ帳》をタップします。

④ メモ帳が起動します。

⑤次のように入力します。

※通知領域の入力モードが あ の状態で入力します。入力モードを切り替えるには、［半角/全角/漢字］を押します。

※タッチキーボードで入力する場合は、タッチキーボードの入力モードが ぁ の状態で入力します。入力モードが ∧ の場合は、∧ をタップします。

※行末で ［Enter］ を押して、改行します。

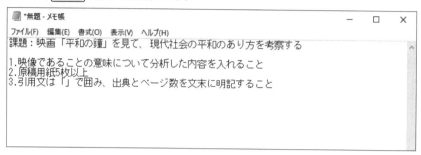

⑥ 《ファイル》をクリックします。

　《ファイル》をタップします。

⑦ 《名前を付けて保存》をクリックします。

　《名前を付けて保存》をタップします。

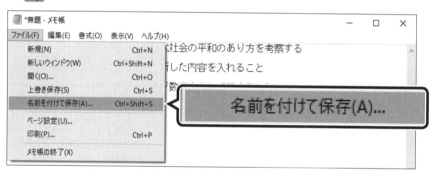

⑧《名前を付けて保存》が表示されます。

⑨ ナビゲーションウィンドウの一覧から、《PC》の《デスクトップ》をクリックします。

　ナビゲーションウィンドウの一覧から、《PC》の《デスクトップ》をタップします。

⑩ ファイルリストのフォルダー「abc」をダブルクリックします。

　ファイルリストのフォルダー「abc」をダブルタップします。

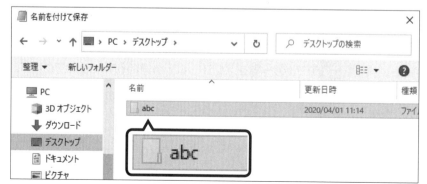

⑪ フォルダー「abc」が表示されます。

⑫《ファイル名》に「練習」と入力します。

⑬ 《保存》をクリックします。

　　《保存》をタップします。

⑭ ファイルが保存されると、タイトルバーに「練習」と表示されます。

⑮ ×（閉じる）をクリックし、メモ帳を終了します。

　　 ×（閉じる）をタップし、メモ帳を終了します。

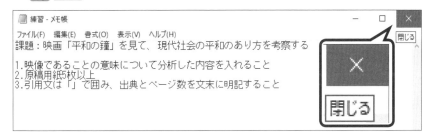

⑯ フォルダーのアイコンが、空の状態 ■ からファイルが入っている状態 ■ に変わっていることを確認します。

⑰ デスクトップのフォルダー「abc」をダブルクリックします。

　　デスクトップのフォルダー「abc」をダブルタップします。

⑱ フォルダー「abc」が表示されます。

⑲ ファイルリストに、ファイル「練習」が表示されていることを確認します。

More 文字の修正

入力中の文字を修正する場合は、次のキーを使います。

[Delete] ：カーソルの右側の文字を消去

[Back Space] ：カーソルの左側の文字を消去

8 ファイルのコピー

異なるドライブ間や同じドライブ内のフォルダー間でフォルダーやファイルをコピーできます。

フォルダー「abc」に作成したファイル「練習」をデスクトップにコピーしましょう。

① フォルダー「abc」が表示されていることを確認します。

② ファイル「練習」を右クリックします。

　ファイル「練習」を長押しします。

③ ショートカットメニューが表示されます。

④ 《コピー》をクリックします。

　《コピー》をタップします。

⑤ デスクトップのアイコンがない場所を右クリックします。

　デスクトップのアイコンがない場所を長押しします。

⑥ ショートカットメニューが表示されます。

⑦  《貼り付け》をクリックします。

　 《貼り付け》をタップします。

⑧ ファイル「練習」がコピーされます。

※ ⬚✕ （閉じる）をクリックまたはタップして、フォルダー「abc」を閉じておきましょう。

More　その他の方法（コピー）

◆コピー元のファイルを選択→ Ctrl を押しながらコピー先にドラッグ
※異なるドライブにコピーする場合は、 Ctrl を押さなくてもコピーできます。

> **Point!** ファイルの移動
>
> フォルダーやファイルを移動することができます。フォルダーやファイルを移動する方法は、次のとおりです。
> ◆フォルダーやファイルを右クリックまたは長押し→《切り取り》→移動先で右クリックまたは長押し→《貼り付け》

9　ファイルの削除

不要になったファイルは削除できます。ファイルを削除すると、一時的にごみ箱の中に入ります。「ごみ箱」とは、削除したフォルダーやファイルを一時的に保管する領域です。誤って削除しても、ファイルがごみ箱に入っている間は、ごみ箱から取り出して復元できます。ファイルをパソコンから完全に削除するには、ごみ箱に入っているファイルを削除する必要があります。

デスクトップにコピーしたファイル「練習」を削除しましょう。

①《ごみ箱》が空の状態 🗑 で表示されていることを確認します。

② 🖱 ファイル「練習」をクリックします。

　　　👆 ファイル「練習」をタップします。

③ [Delete] を押します。

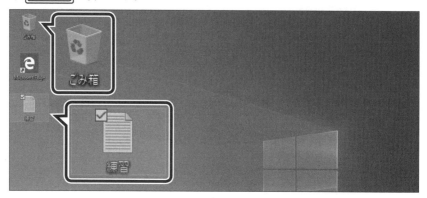

④ デスクトップから、ファイル「練習」が削除されます。

⑤《ごみ箱》がファイルの入っている状態 🗑 に変わっていることを確認します。

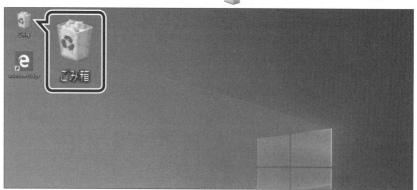

 **More** その他の方法（削除）

◆削除するファイルを右クリックまたは長押し→《削除》

More ごみ箱から復元する

ごみ箱に入っているファイルを、もとの場所に復元する方法は、次のとおりです。
◆ 🗑 （ごみ箱）をダブルクリックまたはダブルタップ→ファイルを選択→《ごみ箱ツール》タブ→《復元》グループの
（選択した項目を元に戻す）

More ごみ箱を空にする

ごみ箱に入っているファイルを削除して、ごみ箱を空にする方法は、次のとおりです。
◆ 🗑 （ごみ箱）を右クリックまたは長押し→《ごみ箱を空にする》→《はい》

Point! ごみ箱に入らないファイル

USBメモリなど、持ち運びできる媒体に保存されているファイルやネットワーク上のパソコンに保存されているファイルは、ごみ箱に入らず、すぐに削除されます。いったん削除すると、復元できないので、十分に注意しましょう。

10 ファイル名の変更

フォルダーやファイルの名前は、あとから自由に変更できます。
フォルダー「abc」のファイル「練習」を、「課題メモ」という名前に変更しましょう。

① デスクトップのフォルダー「abc」をダブルクリックします。

デスクトップのフォルダー「abc」をダブルタップします。

② ファイル「練習」を右クリックします。

ファイル「練習」を長押しします。

③ ショートカットメニューが表示されます。

④ 《名前の変更》をクリックします。

《名前の変更》をタップします。

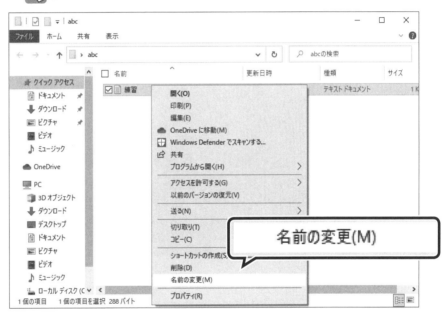

⑤「練習」が反転表示されます。

⑥「課題メモ」と入力し、Enter を押します。

⑦ ファイル名が変更されます。

※ ✕ (閉じる)をクリックまたはタップして、フォルダー「abc」を閉じておきましょう。

1 デスクトップの背景の変更

デスクトップのデザインの変更やプリンターやマウスなど周辺機器の管理は「設定」で行います。また、インターネット接続の設定やユーザーの管理なども設定で行うことができます。
デスクトップの背景の画像を変更しましょう。

① 🖱 ⊞（スタート）をクリックします。

　 ✋ ⊞（スタート）をタップします。

② 🖱 ⚙（設定）をクリックします。

　 ✋ ⚙（設定）をタップします。

③《設定》が表示されます。

④ 🖱《個人用設定》をクリックします。

　 ✋《個人用設定》をタップします。

⑤《個人用設定》が表示されます。

⑥ 🖱 《背景》をクリックします。

　 ✋ 《背景》をタップします。

⑦ 🖱 《背景》の ∨ をクリックし、一覧から《画像》をクリックします。

　 ✋ 《背景》の ∨ をタップし、一覧から《画像》をタップします。

⑧ 🖱 画像の一覧から、任意の画像をクリックします。

　 ✋ 画像の一覧から、任意の画像をタップします。

⑨背景の画像が変更されます。

※ ［×］（閉じる）をクリックまたはタップして、《設定》を閉じておきましょう。

More　その他の方法（デスクトップの背景の変更）

◆デスクトップの空き領域を右クリックまたは長押し→《個人用設定》→《背景》

More　自分で撮影した写真を背景にする

自分で撮影したデジタルカメラの写真を背景に設定するには、写真をあらかじめパソコンに取り込んでおきます。
取り込んだ画像を背景に設定する方法は、次のとおりです。

◆ ⊞ （スタート）→ ⚙ （設定）→《個人用設定》→《背景》→《背景》の ∨ →《画像》→《画像を選んでください》
　の《参照》→写真の場所を選択→画像を選択→《画像を選ぶ》

More　デスクトップの背景を単色にする

背景を画像ではなく、単色に設定できます。
背景を単色に設定する方法は、次のとおりです。

◆ ⊞ （スタート）→ ⚙ （設定）→《個人用設定》→《背景》→《背景》の ∨ →《単色》→《背景色の選択》から色を
　選択

More　デスクトップの背景にスライドショーを設定する

複数の画像をランダムに、自動的に切り替わるように「スライドショー」として背景を設定できます。
背景をスライドショーに設定する方法は、次のとおりです。

◆ ⊞ （スタート）→ ⚙ （設定）→《個人用設定》→《背景》→《背景》の ∨ →《スライドショー》→《スライドショー
　のアルバムを選ぶ》の《参照》→写真の場所を選択→《このフォルダーを選択》

「設定」でできるWindowsの設定は、次のとおりです。

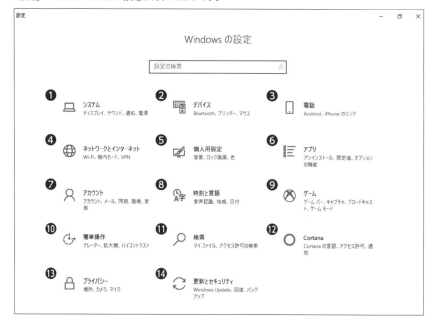

❶ システム
ディスプレイの解像度やサウンド、アプリの通知、電力などを設定できます。

❷ デバイス
プリンターの追加やマウスの動作などを設定できます。

❸ 電話
パソコンにスマートフォンを接続し、Webページの閲覧やメールの作成など、アプリの利用を同期できます。

❹ ネットワークとインターネット
ネットワークの状態の確認やネットワーク設定の変更などを行えます。

❺ 個人用設定
デスクトップやロック画面、スタートメニューなどをカスタマイズできます。

❻ アプリ
アプリのインストールやアンインストール、既定のアプリなどを設定できます。

❼ アカウント
ユーザーアカウントの追加や削除、パスワードの変更などを行えます。

❽ 時刻と言語
日付や時刻、Windowsの表示言語などを設定できます。

❾ ゲーム
パソコンでゲームを行うときの設定を行えます。

❿ 簡単操作
ディスプレイやマウスポインター、カーソルの表示サイズの設定、拡大鏡やテキストの音声読み上げなど、パソコンの操作性を向上させる設定を行えます。

⓫ 検索
WebページやWindowsの検索設定や検索履歴の設定などを行えます。

⓬ Cortana
Cortanaを使う場合のマイクの設定、言語、アクセス許可などを設定できます。

⓭ プライバシー
Windowsやアプリのアクセス許可や位置情報の取得、アクティビティの履歴などを設定できます。

⓮ 更新とセキュリティ
Windowsを更新するプログラムのダウンロードや、セキュリティの状態の確認や変更などが行えます。

More ロック画面の設定

ロック画面の背景や、配色などの設定を変更することができます。
ロック画面の設定を変更する方法は、次のとおりです。

◆ ⊞ （スタート）→ ⚙ （設定）→《個人用設定》→《ロック画面》

Step9 インターネットを使ってみよう

1 Microsoft Edgeの起動

インターネットでWebページを見るには、「ブラウザー」と呼ばれるアプリを使います。Windows 10には、「Microsoft Edge」と「Internet Explorer」というブラウザーが標準で搭載されています。Microsoft Edgeは、タスクバーにピン留めされているので、簡単に起動できます。
Microsoft Edgeを起動しましょう。
※インターネットに接続できる環境が必要です。

① タスクバーの (Microsoft Edge)をクリックします。

タスクバーの (Microsoft Edge)をタップします。

②Microsoft Edgeが起動し、Webページが表示されます。
※ウィンドウが最大化されていない場合は、 □ (最大化)をクリックまたはタップしておきましょう。

 ホームページ

インターネット上に公開された情報を「ホームページ」、個々のページのことを「Webページ」といいます。ほとんどの場合、複数のWebページがひとつにまとまった形で提供されていて、これを「Webサイト」といいます。Webサイトは、その中のWebページ間を自由に行き来できるようになっています。

More ブラウザー

「ブラウザー」とは、Webページを表示するためのアプリのことです。
代表的なブラウザーには、マイクロソフトの「Microsoft Edge」や「Internet Explorer」、モジラジャパンの「Firefox」、グーグルの「Google Chrome」などがあります。

2 Microsoft Edgeの画面構成

Microsoft Edgeの各部の名称と役割は、次のとおりです。

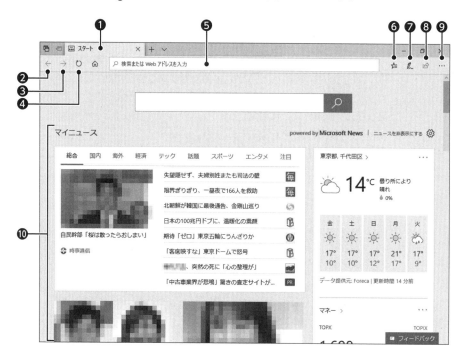

❶ タブ
表示中のWebページの名前が表示されます。複数のタブを表示して、それぞれに異なるWebページを表示できます。

❷ ← （戻る）
表示中のWebページよりひとつ前に表示したWebページに戻るときに使います。

❸ → （進む）
← （戻る）で前に戻りすぎたときに使います。一度戻したWebページに逆戻りできます。

❹ ○ （最新の情報に更新）
表示中のWebページの情報を更新します。

❺ アドレスバー
表示中のWebページのURLが表示されます。ここに見たいWebページのURLを入力すると、そのWebページへジャンプします。
また、キーワードを入力してWebページを検索することもできます。

❻ ☆ （お気に入り）
お気に入りに登録したWebページや閲覧履歴を見るときなどに使います。

❼ ✎ （メモを追加する）
Webページに手書きでメモを残すことができます。

❽ ↗ （このページを共有する）
現在開いているWebページを、メールやOneNote、Skypeなどで他の人と共有できます。

❾ … （設定など）
Microsoft Edgeの設定を変更するときに使います。Webページを印刷したり、表示倍率を拡大・縮小したりすることもできます。

❿ Webページの表示領域
Webページが表示されている領域です。

3 Webページの閲覧

インターネット上に掲載されているWebページは、「WWWサーバ」または「Webサーバ」で管理されています（以下「WWWサーバ」と記載）。WWWサーバは企業やプロバイダ、公共団体などが管理しています。ユーザーはWWWサーバにアクセスし、そこに登録されたWebページを閲覧しています。

▶▶1 URLの入力

「URL（Uniform Resource Locator）」とは、Webページの住所のようなもので、「アドレス」ともいいます（以下「URL」と記載）。アドレスバーにURLを指定すると、指定されたWebページが表示されます。
URLを入力して、文部科学省（https://www.mext.go.jp/）のWebページを表示しましょう。

① アドレスバーに「https://www.mext.go.jp/」と入力します。
② Enter を押します。

《アドレスバー》

③ 文部科学省のWebページが表示されます。
④ アドレスバーに文部科学省のアドレスが表示されていることを確認します。

▶▶2 リンクの利用

Webページ内の文字列や画像の中には、ポイントするとマウスポインターの形が🖑に変わるところがあります。この状態でクリックすると、その文字列や画像と関連した情報にジャンプすることができます。これを「リンク」または「ハイパーリンク」といいます（以下「リンク」と記載）。リンクにより、Webページから別のWebページに移動し、様々な情報を表示することができます。
リンクを利用して、Webページを閲覧しましょう。

①文部科学省のトップページが表示されていることを確認します。

②🖱《白書・統計・出版物》をクリックします。

　🖑《白書・統計・出版物》をタップします。

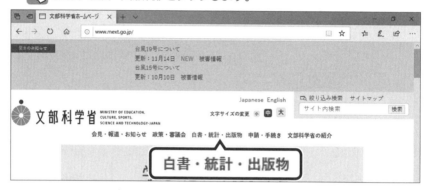

③リンクされているWebページが表示されます。

④🖱《統計情報》→《その他の統計データ》の《文部科学統計要覧》をクリックします。

　🖑《統計情報》→《その他の統計データ》の《文部科学統計要覧》をタップします。

※それぞれのWebページ内のリンクをクリックまたはタップします。リンクが表示されていない場合は、スクロールまたはスライドして調整します。

⑤リンクされているWebページが表示されます。

More　タブブラウズ

ひとつのウィンドウ内でタブごとに別のWebページを表示できます。タブを切り替えながら情報を確認したり比較したりできます。
別のタブにWebページを表示する方法は、次のとおりです。
◆ ＋ （新しいタブ）→新しいタブの《検索またはWebアドレスを入力》にURLを入力

More　SSLに対応したWebページ

URLが「https://」で始まるWebページは、SSLに対応しており、通信内容が暗号化されます。SSLに対応したWebページを表示すると、アドレスバーに 🔒 が表示されます。

4 Webページの検索

WebページのURLがわからない場合は、Microsoft Edgeのアドレスバーにキーワードを入力してWebページを検索できます。
入力したキーワードは、マイクロソフトが運営する検索エンジン「Bing」を使って検索されます。
「**夏目漱石**」をキーワードに、Webページを検索してみましょう。

① アドレスバーに「**夏目漱石**」と入力します。

② Enter を押します。

③ 検索結果が一覧で表示されます。
※検索結果は、時期によって結果が異なります。

「検索エンジン」を使うと、インターネット上の膨大な情報の中から、キーワードを使って情報を絞り込むことができます。Bingのほかに、「Yahoo! JAPAN」や「Google」「goo」などがあります。

Point! 複数のキーワードによる検索

ひとつのキーワードで検索すると、検索結果が膨大になってしまい、必要な情報がなかなか見つからない場合があります。そのような場合は、複数のキーワードを使って検索するとよいでしょう。複数のキーワードによる検索は、キーワードを空白で区切って入力します。
また、検索結果が表示されたあとで、さらにキーワードを追加して、検索結果を絞り込むこともできます。

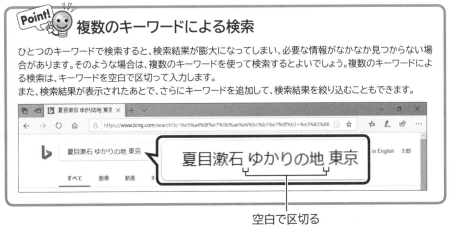

空白で区切る

5 お気に入りへの登録

よく見るWebページは、「お気に入り」に登録しておくと、URLを毎回入力する手間が省けるので便利です。

FOM出版(https://www.fom.fujitsu.com/goods/)のWebページを、お気に入りに登録しましょう。

次に、お気に入りを使ってFOM出版のWebページを表示しましょう。

①アドレスバーに「https://www.fom.fujitsu.com/goods/」と入力します。

②[Enter]を押します。

③FOM出版のWebページが表示されます。

④ 🖱 ☆ (お気に入りまたはリーディングリストに追加します)をクリックします。

　 👆 ☆ (お気に入りまたはリーディングリストに追加します)をタップします。

⑤ 🖱 《お気に入り》をクリックします。

　 👆 《お気に入り》をタップします。

⑥《名前》に、Webページのタイトル「FOM出版」と表示されていることを確認します。
※別の名前に変更することもできます。

⑦《保存する場所》が《お気に入り》になっていることを確認します。

⑧ 🖱 《追加》をクリックします。

　 👆 《追加》をタップします。

《お気に入りまたはリーディングリストに追加》

⑨お気に入りに登録されます。
※ ← (戻る)をクリックまたはタップして、ひとつ前のWebページを表示しておきましょう。

⑩ 🖱 ☆≣ (お気に入り)をクリックします。

　 👆 ☆≣ (お気に入り)をタップします。

⑪ 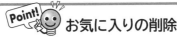《お気に入り》をクリックします。

　　《お気に入り》をタップします。

⑫《お気に入り》に登録されているWebページの一覧が表示されます。

⑬ 《FOM出版》をクリックします。

　　《FOM出版》をタップします。

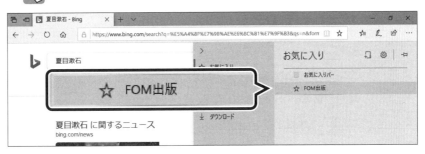

⑭FOM出版のWebページが表示されます。

Point! **お気に入りの削除**

お気に入りに登録したWebページを一覧から削除する方法は、次のとおりです。

◆ ☆ （お気に入り）→《お気に入り》→削除するWebページのタイトルを右クリックまたは長押し→《削除》

Point! **リーディングリストへの登録**

Microsoft Edgeには、表示したWebページのタイトルやアドレスを保存し、あとから再表示できるように、新しく追加した順で上からリスト表示できる「リーディングリスト」という機能が備わっています。
頻繁に表示するホームページを登録する「お気に入り」と違い、リーディングリストは後で読みたいWebページを記録するなど、一時的な保存に適しています。
リーディングリストへ登録する方法は、次のとおりです。

◆Webページを表示→ ☆ （お気に入りまたはリーディングリストに追加）→《リーディングリスト》→《追加》

More スタートページの設定

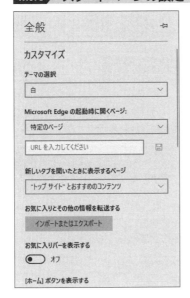

Microsoft Edgeを起動したときに最初に表示されるWebページを「スタートページ」といいます。スタートページには、最もよく訪問するWebページを設定しておくと便利です。
スタートページを設定する方法は、次のとおりです。

◆ … （設定など）→《設定》→《Microsoft Edgeの起動時に開くページ》の ∨ →《特定のページ》→《URLを入力してください》にアドレスを入力→ 💾 （保存）

6 手書きメモの利用

Microsoft Edgeには、表示中のWebページに手書きのメモを書き込んだり、蛍光
ペンでマーキングしたりできる「Webノート」という機能が備わっています。
書き込んだ内容は、Webページと一緒に保存できるので、あとから見直すこともで
きます。

▶▶1 蛍光ペンでの書き込み

FOM出版のWebページに、蛍光ペンで書き込みをしましょう。

①FOM出版のWebページが表示されていることを確認します。

② 🖱 𝓁 (メモを追加する)をクリックします。

　　 👆 𝓁 (メモを追加する)をタップします。

③Webノート専用のバーが表示されます。

④ 🖱 ▽ (蛍光ペン)をクリックします。

　　 👆 ▽ (蛍光ペン)をタップします。

※ボタンが ▽ から ▼ に変わります。
※再度、▼ (蛍光ペン)をクリックまたはタップすると、蛍光ペンの色を変更できます。

⑤Webページ上をドラッグします。

⑥ドラッグした部分が蛍光ペンで書き込まれます。

Point! ボールペンと蛍光ペンの違い

▼ (ボールペン)で手書きする線は、透過性がなく、背景になる文字や画像が見えなくなります。▼ (蛍光ペン)で手書きする線は、透過性があり、背景になる文字や画像が透けて見えます。

●ボールペン　　　　　　　　　　　　●蛍光ペン

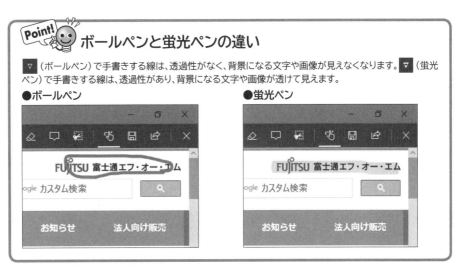

Point! 消しゴム

◢ (消しゴム)を使うと、書き込んだ部分を消すことができます。
書き込んだ部分を消去する方法は、次のとおりです。

◆ ◢ (消しゴム)をクリックまたはタップ→消去する部分をドラッグ

▶▶2 書き込んだ内容の保存

🖫 (Webノートの保存)を使うと、Webページとそこに書き込んだ内容を保存できます。保存先には、お気に入りまたはリーディングリストを選択できます。
Webページと蛍光ペンでの書き込みをまとめて、お気に入りに保存しましょう。

① 🖱 🖫 (Webノートの保存)をクリックします。

　 👆 🖫 (Webノートの保存)をタップします。

②〔マウス〕《お気に入り》をクリックします。

〔タッチ〕《お気に入り》をタップします。

③《名前》に、「Web Notes」に続いて、Webページのタイトル「 FOM出版」と入力します。

※別の名前に変更することもできます。

④《保存する場所》が《お気に入り》になっていることを確認します。

⑤〔マウス〕《保存》をクリックします。

〔タッチ〕《保存》をタップします。

⑥〔マウス〕 × （終了）をクリックします。

〔タッチ〕 × （終了）をタップします。

⑦Webノート専用のバーが消え、もとの表示に戻ります。

※ × （閉じる）をクリックまたはタップして、Microsoft Edgeを終了しておきましょう。

Step10 Windowsを終了しよう

1 Windows 10の終了

パソコンでの作業が終わることを「終了」といいます。
Windowsの作業を終了し、パソコンの電源を完全に切るには「シャットダウン」を実行します。
Windows 10を終了し、パソコンの電源を切りましょう。

① 🖱 ⊞ (スタート) をクリックします。

🖐 ⊞ (スタート) をタップします。

② 🖱 ⏻ (電源) をクリックします。

🖐 ⏻ (電源) をタップします。

③ 🖱 《シャットダウン》をクリックします。

🖐 《シャットダウン》をタップします。

④ パソコンの電源が切れます。

More スリープと再起動

⏻ (電源) をクリックまたはタップすると、「シャットダウン」のほかに「スリープ」と「再起動」が表示されます。
スリープは、Windowsやアプリの作業を中断して省電力の状態になります。次に電源を入れたときにすばやく前の作業に戻ることができます。再起動は、パソコンを完全に終了したあとに自動的にパソコンを起動します。
※ご使用のパソコンによって、スリープを選択できない場合があります。

More ロックとサインアウト

🔲 (ユーザー名) を使うと、Windowsをロックしたり、サインアウトしたりできます。

❶ロック
ユーザーが使用しているWindowsをロックし、ロック画面を表示します。
※Windowsやアプリを中断し、ほかのユーザーが使用できないようにすることを「ロック」といいます。

❷サインアウト
ユーザーが使用しているWindowsをサインアウトし、ロック画面を表示します。
※ユーザーがWindowsに自分自身を認識させ、使用できるようにすることを「サインイン」、サインインしたユーザーがWindowsやアプリを終了することを「サインアウト」といいます。

❸ユーザーの切り替え
ユーザーを複数登録している場合に、別のユーザーアカウント名を表示します。ユーザーを選択すると、ロック画面を表示します。

参考学習 検索機能を使ってみよう

1 Windows 10の検索機能

「検索ボックス」にキーワードを入力すると、パソコン内から目的のファイルやアプリを探し出したり、インターネット検索をしたりすることができます。スタートメニューのどこに目的のアプリがあるかわからない場合や、パソコン内のどこに目的のフォルダーやファイルがあるかわからない場合などに使うと便利です。また、検索範囲を絞ることもできるので、欲しい情報をすばやく見つけることができます。検索範囲は、検索ボックスをクリックすると表示されるメニューの一覧から指定できます。

❶すべて

検索範囲を指定せずに検索します。入力したキーワードをもとに、アプリやドキュメント、電子メール、インターネットなどの情報を検索できます。

❷アプリ

パソコン内のアプリを検索します。

❸ドキュメント

パソコン内のファイルを検索します。

❹電子メール

《メール》アプリの情報を検索します。

❺ウェブ

インターネット上のWebページの情報を検索します。選択するとブラウザーが起動し、入力したキーワードで検索されます。

❻その他

パソコン内の「フォルダー」「音楽」「写真」「人」「設定」「動画」を検索範囲として検索します。

❼上位のアプリ

ユーザーが起動した回数の多いアプリが表示されます。選択するとアプリが起動します。

❽最近のアクティビティ

ユーザーが表示したファイルや閲覧したWebページなどの履歴が表示されます。選択するとファイルやWebページが表示されます。

① 《ここに入力して検索》をクリックします。

《ここに入力して検索》をタップします。

② 「実験□レポート□書き方」と入力します。

※□で[＿＿＿＿]を押して、空白を入力します。

※文字を入力すると、検索ボックスの上側に、よく検索されるキーワードの組み合わせが表示されます。

③ 《最も一致する検索結果》の《実験　レポート　書き方　Web結果を見る》をクリックします。

《最も一致する検索結果》の《実験　レポート　書き方　Web結果を見る》をタップします。

※《検索候補》の一覧から選択してもかまいません。

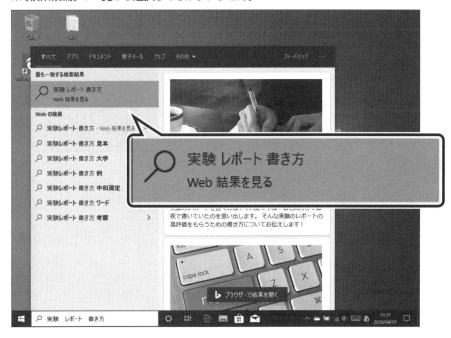

④Microsoft Edgeが起動し、検索結果が表示されます。
※検索する時期によって結果は異なります。

※ ■ （閉じる）をクリックまたはタップして、Microsoft Edgeを終了しておきましょう。

▶▶2 Windowsの設定方法の検索

Windowsでの設定方法がわからないときにも、検索ボックスを使うと便利です。
キーワードを入力して検索すれば、すばやく設定画面を表示できます。
検索ボックスを使って、プリンターの設定画面を表示しましょう。

①《ここに入力して検索》をクリックします。

《ここに入力して検索》をタップします。

②検索ボックス内に「プリンターの追加」と入力します。
※文字を入力すると、検索ボックスの上側に、よく検索されるキーワードの組み合わせが表示されます。

③《最も一致する検索結果》の《プリンターとスキャナー》をクリックします。

《最も一致する検索結果》の《プリンターとスキャナー》をタップします。

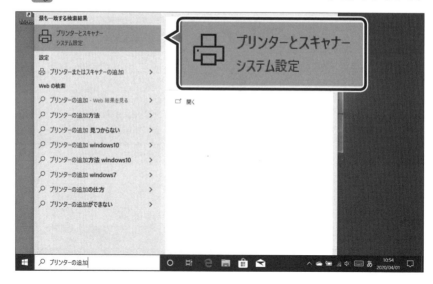

④《プリンターとスキャナー》の設定画面が表示されます。

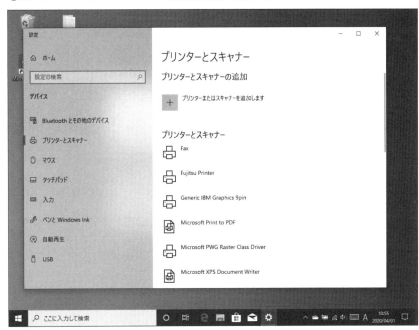

※ ▨ （閉じる）をクリックまたはタップして、《設定》を閉じておきましょう。

More パソコン内のファイルの検索

ファイルをどこに移動したかわからない場合や、目的のファイルがなかなか探し出せない場合も、タスクバーの
Windowsの検索機能を使いましょう。キーワードを入力すると、パソコン内からそのキーワードを含むファイルを検
索できます。

More 音声による検索

この参考学習では、キーワードを入力して検索する方法を紹介していますが、「Cortana（コルタナ）」を使うと音声
で検索できます。Cortanaは、ユーザーが問いかけると、その問いかけに対して、パソコンが答えを返してくれるヘル
プ機能です。
「午後3時に来客」「富士山の高さは？」など、どのような内容でも自由に問いかけることができる便利な機能です。

練習問題

① インターネットで、日本オリンピック委員会のホームページを検索し、表示しましょう。

② 日本オリンピック委員会のホームページのURLを確認しましょう。

③ 日本オリンピック委員会のWebサイト内で第18回東京オリンピックの日本のメダル獲得数が表示されているホームページを表示しましょう。

💡 **Hint** 《大会》→《オリンピック競技大会》→《大会別入賞者一覧》のリンクを使います。

④ 日本オリンピック委員会のトップページをお気に入りに登録し、Microsoft Edgeを終了しましょう。

⑤ ④で登録したお気に入りを使って、日本オリンピック委員会のホームページを表示しましょう。

⑥ 第21回～第31回までのオリンピック夏季大会における日本のメダル獲得数をホームページで確認しましょう。

※Microsoft Edgeを終了しておきましょう。

■文書作成編■

ワープロソフトを活用しよう
Word 2019

1　Wordの特長

Wordは、文書を作成するためのワープロソフトです。図や表を挿入したレポートや論文、イラストを使った表現力豊かなチラシなどを作成できます。
Wordには、主に次のような特長があります。

●効率的な文字の入力

日本語入力システム「IME」を使って文字をスムーズに入力できます。
入力済みの文字を再変換したり、入力内容から予測候補を表示したり、読めない漢字を検索したりする便利な機能が搭載されています。

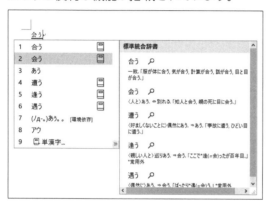

●表現力豊かな文書の作成

文字に様々な書式を設定して、見栄えをアレンジできます。また、文書には文字だけでなく、表やグラフ、写真、イラスト、図形、装飾文字など、様々なオブジェクトを配置できます。

●効率的な長文の作成

ページ数の多い報告書や論文など、長文を作成するときに便利な機能が用意されています。見出しのレベルを設定したり、見出しのスタイルを整えたりできます。

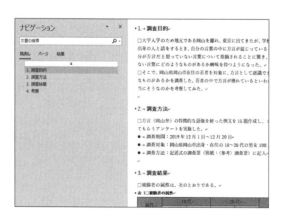

●精度の高い文書の校閲

文章校正や表記ゆれチェックなどの高度な校閲機能で、文章の誤りを防止したり、読みやすい文章に修正したりできます。また、ほかの人が作成した文書にコメントを付けたり、変更履歴を残したりすることもできます。

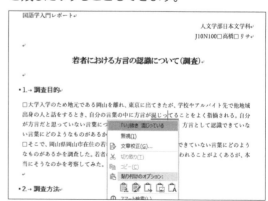

2 Wordの画面構成

Wordの各部の名称と役割は、次のとおりです。

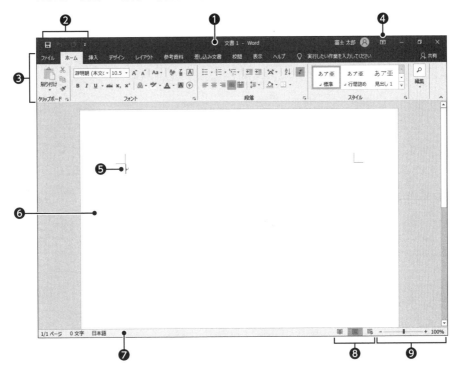

❶ タイトルバー

文書名とアプリ名が表示されます。

❷ クイックアクセスツールバー

よく使うコマンド（作業を進めるための指示）を登録できます。初期の設定では、🖫（上書き保存）、↩（元に戻す）、↻（繰り返し）の3つのコマンドが登録されています。

※タッチ対応のパソコンでは、3つのコマンドのほかに（タッチ/マウスモードの切り替え）が登録されています。

❸ リボン

コマンドを実行するときに使います。関連する機能ごとに、タブで分類されています。

※タッチ対応のパソコンでは、《描画》タブが表示される場合があります。

❹ リボンの表示オプション

リボンの表示方法を変更するときに使います。

❺ カーソル

文字を入力する位置やコマンドを実行する位置を示します。

❻ 選択領域

ページの左端にある領域です。行を選択したり、文章全体を選択したりするときに使います。

❼ ステータスバー

文書のページ数や文字数、選択されている言語などが表示されます。また、コマンドを実行すると、作業状況や処理手順などが表示されます。

❽ 表示選択ショートカット

画面の表示モードを切り替えるときに使います。

❾ ズーム

文書の表示倍率を変更するときに使います。

Wordには、次のような表示モードが用意されています。
表示モードを切り替えるには、表示選択ショートカットのボタンをそれぞれクリックします。

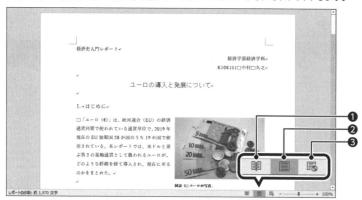

❶ 　　 （閲覧モード）
画面の幅に合わせて文章が折り返されて表示されます。クリック操作ですばやく文書をスクロールすることができるので、電子書籍のような感覚で文書を閲覧できます。画面上で文書を読む場合に便利です。

❷ 　　 （印刷レイアウト）
印刷結果とほぼ同じレイアウトで表示されます。余白や図形などがイメージ通りに表示されるので、全体のレイアウトを確認しながら編集する場合に便利です。通常、この表示モードで文書を作成します。

❸ 　　 （Webレイアウト）
ブラウザで文書を開いたときと同じイメージで表示されます。文書をWebページとして保存する前に、イメージを確認する場合に便利です。

Point! Wordのスタート画面

Wordを起動すると、「スタート画面」が表示され、これから行う作業を選択できます。
スタート画面で選択できる作業には次のようなものがあります。

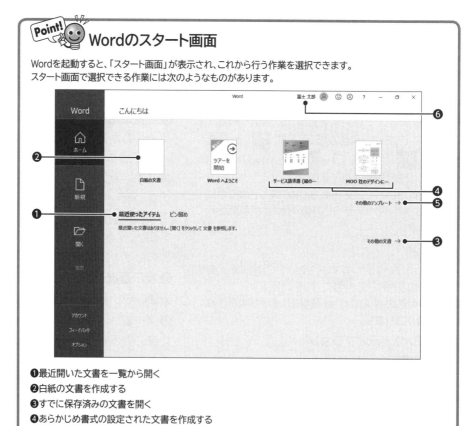

❶最近開いた文書を一覧から開く
❷白紙の文書を作成する
❸すでに保存済みの文書を開く
❹あらかじめ書式の設定された文書を作成する
❺あらかじめ書式の設定された文書をインターネット上から検索して作成する
❻Microsoftアカウントでサインインしている場合、アカウント名などが表示される
※サインインしなくても、Wordは利用できます。

 **コマンドの実行**

作業を進めるための指示を「コマンド」、指示を与えることを「コマンドを実行する」といいます。コマンドを実行して、書式を設定したり、文書を保存したりします。
コマンドを実行する方法には、次のようなものがあります。作業状況や好みに合わせて、使いやすい方法で操作しましょう。

●リボン
●バックステージビュー
●ミニツールバー
●クイックアクセスツールバー
●ショートカットメニュー
●ショートカットキー

 **バックステージビュー**

《ファイル》タブをクリックすると表示される画面を「バックステージビュー」といいます。ファイルや印刷などの文書全体を管理するコマンドが用意されています。左側の一覧にコマンドが表示され、右側にはコマンドに応じて、操作をサポートする様々な情報が表示されます。

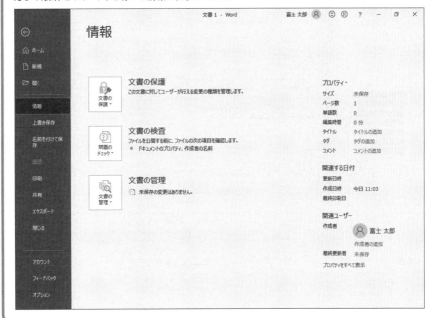

Step2 基本的な文書を作成しよう

1 作成する文書の確認

次のような文書を作成しましょう。

ページ設定

段落番号の設定
フォントサイズの
設定

箇条書きの設定
フォントの色の
設定

右揃えの設定

中央揃えの設定
フォントの設定
フォントサイズの設定

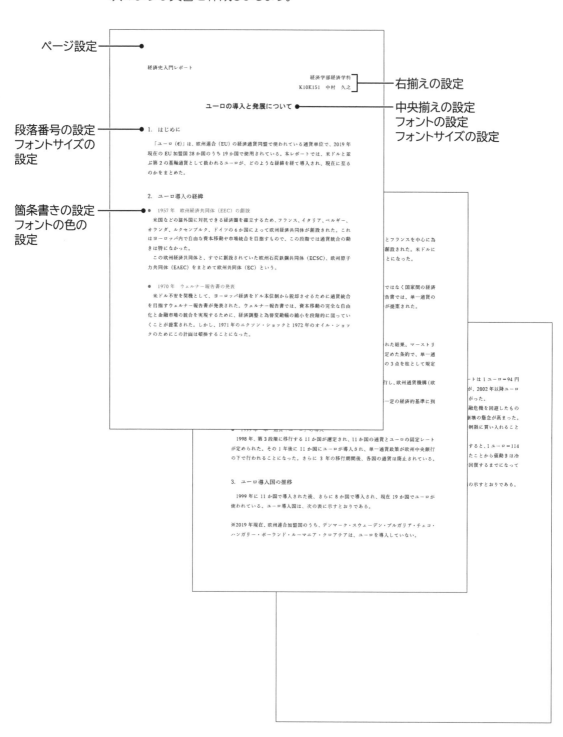

課題レポートを作成するときには、次のような項目を記載し、形式を整えましょう。

※本書では、一般的な課題レポートについて記述しています。担当教員からの指示がある場合は、その指示に従ってください。

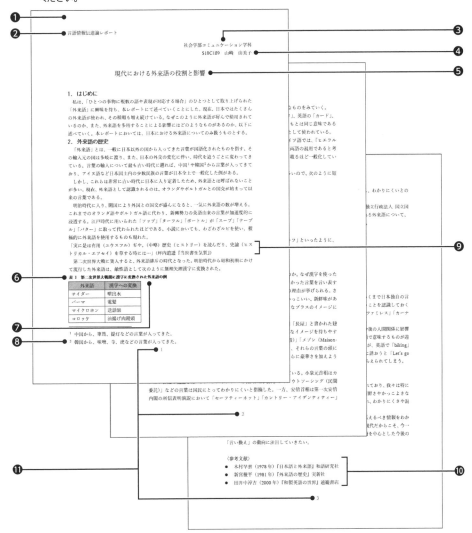

❶ 用紙サイズ

A4用紙（縦）がよく使われます。指定のサイズに設定します。

※表紙を付けることもあります。その場合、表紙に❷～❺を記載します。

❷ 講座名・課題名

講座名や課題名を記載します。

❸ 所属

学部・学科・専攻などを記載します。

❹ 学籍番号・氏名

学籍番号と氏名を記載します。

※❷～❹のほかに、担当教員名、開講曜日、時限、提出日などを記載することもあります。

❺ 表題

簡潔でわかりやすい表題を記載します。

❻ 図表番号

図や表に番号を記載します。

❼ 図表の説明

図や表に説明を記載します。

❽ 脚注

本文に注釈が必要な場合は、各ページまたはレポートの最後に脚注を記載します。

❾ 引用

ほかの文献から内容を引用する場合は、その箇所が引用であることを明確に区別し、出典を記載する必要があります。

引用文はかっこで囲むのが一般的です。

❿ 参考文献一覧

参考文献や出典の一覧を記載します。

・著者名と書名を記載する。

・書名を二重かっこで囲む。

※参考文献は、ページ単位でページの最後に記載する場合と、レポートの最後にまとめて記載する場合があります。

⓫ ページ番号

各ページの下部にページ番号を記載します。

2 文書を開く

保存されているファイルを表示することを「ファイルを開く」といいます。Wordの
ファイルは「**文書**」といい、Wordのファイルを開くことを「**文書を開く**」といいます。
フォルダー「**文書作成編**」の文書「**レポートの作成**」を開きましょう。

①Wordを起動します。

②《**開く**》→《**参照**》をクリックします。

※《**開く**》が表示されていない場合は、《**他の文書を開く**》→《**参照**》をクリックします。

③《**ファイルを開く**》ダイアログボックスが表示されます。

④文書の場所を選択します。

⑤一覧から「**レポートの作成**」を選択します。

⑥《**開く**》をクリックします。

⑦文書が開かれ、タイトルバーに「**レポートの作成**」と表示されていることを確認し
ます。

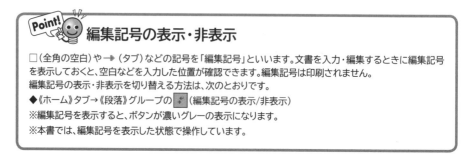

Point! 文書の新規作成

Wordを起動した状態で、新しい文書を作成する方法は、次のとおりです。
◆《**ファイル**》タブ→《**新規**》→《**白紙の文書**》

Point! 編集記号の表示・非表示

□（全角の空白）や → （タブ）などの記号を「**編集記号**」といいます。文書を入力・編集するときに編集記号
を表示しておくと、空白などを入力した位置が確認できます。編集記号は印刷されません。
編集記号の表示・非表示を切り替える方法は、次のとおりです。
◆《**ホーム**》タブ→《**段落**》グループの （編集記号の表示/非表示）
※編集記号を表示すると、ボタンが濃いグレーの表示になります。
※本書では、編集記号を表示した状態で操作しています。

3 ページ設定

用紙サイズや印刷の向き、余白など、ページのレイアウトを設定するには「ページ設定」を使います。ページ設定はあとから変更できますが、最初に設定しておくと印刷結果に近い状態で作業できるので、仕上がりをイメージしやすくなります。
次のようにページのレイアウトを設定しましょう。

```
用紙サイズ  ：A4
印刷の向き  ：縦
余白      ：上 25mm　下 25mm　左 30mm　右 25mm
文字数     ：40文字
行数      ：35行
```

①《レイアウト》タブ→《ページ設定》グループの 🔲 (ページ設定) をクリックします。

②《ページ設定》ダイアログボックスが表示されます。

③《用紙》タブを選択します。

④《用紙サイズ》の ∨ をクリックし、一覧から《A4》を選択します。

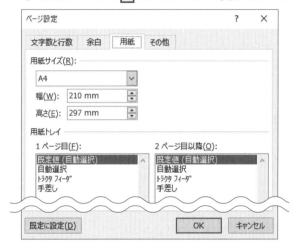

⑤《余白》タブを選択します。

⑥《印刷の向き》の《縦》をクリックします。

⑦《余白》の《上》を「25mm」、《下》を「25mm」、《左》を「30mm」、《右》を「25mm」に設定します。

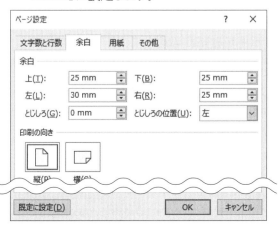

⑧《文字数と行数》タブを選択します。

⑨《文字数と行数を指定する》を◉にします。

⑩《文字数》を「40」に設定します。

⑪《行数》を「35」に設定します。

⑫《OK》をクリックします。

⑬ ページのレイアウトが設定されます。

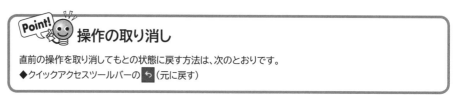

Point! 😊 操作の取り消し

直前の操作を取り消してもとの状態に戻す方法は、次のとおりです。
◆クイックアクセスツールバーの ↩ （元に戻す）

4 配置の設定

段落内の文字の配置は、ボタンを使って簡単に設定できます。
所属と学籍番号・氏名を右揃え、表題を中央揃えにしましょう。

①「経済学部経済学科」の段落にカーソルを移動します。
※段落内であれば、どこでもかまいません。

②《ホーム》タブ→《段落》グループの ≡ （右揃え）をクリックします。

③所属が右端に配置されます。

④「K10K151　中村　久之」の段落にカーソルを移動します。
※段落内であれば、どこでもかまいません。

⑤ F4 を押します。
※ F4 を押すと、直前に実行したコマンドを繰り返すことができます。

⑥学籍番号・氏名が右端に配置されます。

⑦「ユーロの導入と発展について」の段落にカーソルを移動します。
※段落内であれば、どこでもかまいません。

⑧《ホーム》タブ→《段落》グループの  （中央揃え）をクリックします。

⑨表題が中央に配置されます。

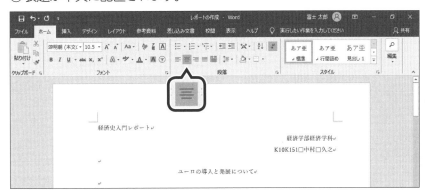

文書作成編

Point! 段落

「段落」とは、↵（段落記号）の次の行から次の↵（段落記号）までの範囲のことです。1行の文章でもひとつの段落として認識されます。[Enter]を押すと、段落を改めることができます。
また、文字の配置は段落単位で設定されるので、カーソルが段落内にあれば、コマンドを実行できます。

More　インデント

文章の行頭や行末の位置を変更するには、「インデント」を設定します。インデントは段落単位で設定されます。
行頭の位置を「左インデント」、行末の位置を「右インデント」といい、《レイアウト》タブ→《段落》グループで設定できます。さらに詳細を設定するには、《段落》ダイアログボックスを使います。
《段落》ダイアログボックスでインデントを設定する方法は、次のとおりです。

◆段落にカーソルを移動→《レイアウト》タブ→《段落》グループの □ （段落の設定）→《インデントと行間隔》タブ

❶左
行頭の位置を指定します。

❷右
行末の位置を指定します。

❸最初の行
段落の最初の行を指定します。
字下げ　：段落の最初の行だけ位置を下げます。
ぶら下げ：段落の2行目以降の位置を下げます。

Point! 文字の配置をもとに戻す

右揃えや中央揃えをもとに戻す方法は、次のとおりです。

◆段落にカーソルを移動→《ホーム》タブ→《段落》グループの ▤ （両端揃え）

---

5 フォント書式の設定

文字は、書体やサイズ、色などを変えて装飾できます。

▶▶1 フォントとフォントサイズの設定

文字の書体のことを「フォント」といいます。初期の設定では、フォントは「游明朝」になっています。また、文字の大きさのことを「フォントサイズ」といい、「ポイント(pt)」という単位で表します。初期の設定では、フォントサイズは「10.5」ポイントになっています。フォントやフォントサイズは変更できます。

表題のフォントを「MSゴシック」、フォントサイズを「14」ポイントに設定しましょう。

①「ユーロの導入と発展について」を選択します。

②《ホーム》タブ→《フォント》グループの 游明朝 (本文(▾ （フォント）の ▾ →《MSゴシック》をクリックします。

③《ホーム》タブ→《フォント》グループの 10.5 ▾ （フォントサイズ）の ▾ →《14》をクリックします。

④表題のフォントとフォントサイズが設定されます。

※フォントサイズを大きくすると、行の高さは自動的に調整されます。

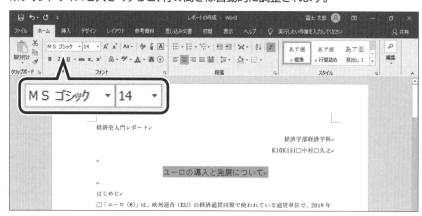

Point! 文字・行・段落の選択

文字・行・段落を選択する方法は、次のとおりです。

選択範囲	操作方法
文字	選択する文字をマウスポインターの形が I の状態でドラッグ
行	行の左端をマウスポインターの形が ⇗ の状態でクリック
複数行	行の左端をマウスポインターの形が ⇗ の状態でドラッグ
段落	段落の左端をマウスポインターの形が ⇗ の状態でダブルクリック

More　その他の文字装飾

《ホーム》タブ→《フォント》グループで設定できる文字の装飾には、次のようなものがあります。

U ▾（下線）：文字に下線を引きます。二重線や波線などの種類や下線の色を選択できます。

x²（上付き）／**x₂**（下付き）：文字の上部や下部に小さな文字を配置します。

A（囲み線）：文字を枠で囲みます。

More　文字の均等割り付け

文章中の文字に対して「均等割り付け」を使うと、指定した文字数の幅に合わせて文字が均等に配置されます。文字数は、入力した文字数よりも狭い幅に設定することもできます。

◆文字を選択→《ホーム》タブ→《段落》グループの **▤**（均等割り付け）

ためしてみよう【1】

①「はじめに」「ユーロ導入の経緯」「ユーロ導入国の推移」「ユーロ為替レートの推移」の文字のフォントサイズを「12」ポイントに設定しましょう。

▶▶2　フォントの色の設定

文字に色を付けて強調できます。

「1957年　欧州経済共同体（EEC）の創設」のフォントの色を「青、アクセント5」に設定しましょう。

①「1957年　欧州経済共同体（EEC）の創設」の段落を選択します。

※あとで箇条書きの設定を行います。行頭文字にも色を付けるため、段落記号を含めて選択しましょう。

②《ホーム》タブ→《フォント》グループの **A**▾（フォントの色）の ▾ →《テーマの色》の《青、アクセント5》（左から9番目、上から1番目）をクリックします。

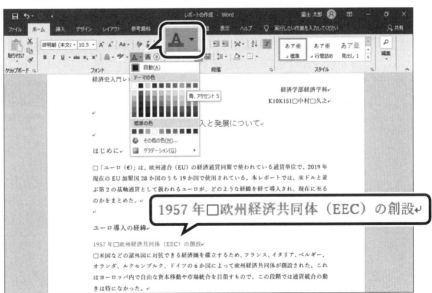

③ フォントの色が設定されます。

「テーマの色」とは、あらかじめWordに用意されている背景の色・文字の色・アクセントになる色の組み合わせのことです。テーマの色を適用することで、図形や表などを含んだ文書も統一感のある仕上がりにすることができます。
初期の設定では、「Office」という名前のテーマの色になっています。
テーマの色を変更する方法は、次のとおりです。
◆《デザイン》タブ→《ドキュメントの書式設定》グループの ⬛ (テーマの色)

Let's Try ためしてみよう【2】

①次の文字のフォントの色を「青、アクセント5」に設定しましょう。

> 1970年　ウェルナー報告書の発表
> 1979年　欧州通貨制度（EMS）の創設
> 1989年　ドロール報告書の発表
> 1992年　欧州連合の創設
> 1999年　単一通貨「ユーロ」の導入

6 段落番号と箇条書きの設定

段落番号や箇条書きを設定して、文書の構成をわかりやすくしましょう。

▶▶1 段落番号の設定

「段落番号」を使うと、段落の先頭に「1.2.3.」や「①②③」などの連続した番号を付けることができます。
「はじめに」の段落に「1.2.3.」の段落番号を設定しましょう。

①「はじめに」の段落にカーソルを移動します。
※段落内であれば、どこでもかまいません。
②《ホーム》タブ→《段落》グループの ⬛▾ (段落番号) の ▾ →《番号ライブラリ》の《1.2.3.》をクリックします。

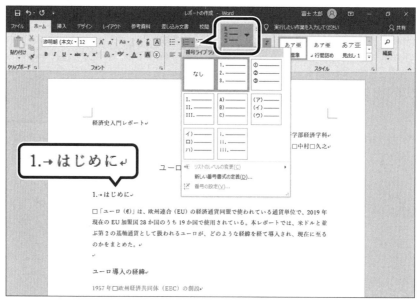

③段落番号が設定されます。

ためしてみよう【3】

① 次の段落に「1.2.3.」の段落番号を設定しましょう。

> ユーロ導入の経緯
> ユーロ導入国の推移
> ユーロ為替レートの推移

▶▶2 箇条書きの設定

「箇条書き」を使うと、段落の先頭に「●」や「◆」などの行頭文字を付けることができます。
「1957年　欧州経済共同体（EEC）の創設」に行頭文字「●」の箇条書きを設定しましょう。

① 「1957年　欧州経済共同体（EEC）の創設」の段落にカーソルを移動します。
※段落内であれば、どこでもかまいません。
② 《ホーム》タブ→《段落》グループの 〔≣▼〕（箇条書き）の〔▼〕→《行頭文字ライブラリ》の《●》をクリックします。

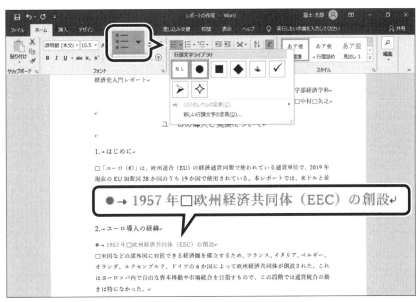

③ 箇条書きが設定されます。

More　行頭文字

行頭文字の色を変更したり、一覧に表示されない記号や図などを設定したりすることができます。
行頭文字の色や一覧に表示されない記号や図を設定する方法は、次のとおりです。
◆ 段落を選択→《ホーム》タブ→《段落》グループの 〔≣▼〕（箇条書き）の〔▼〕→《新しい行頭文字の定義》

ためしてみよう【4】

①次の段落に行頭文字「●」の箇条書きを設定しましょう。

> 1970年　ウェルナー報告書の発表
> 1979年　欧州通貨制度（EMS）の創設
> 1989年　ドロール報告書の発表
> 1992年　欧州連合の創設
> 1999年　単一通貨「ユーロ」の導入

7 文字数と行数のカウント

「文字カウント」を使うと、文書全体の文字数や行数などを確認できます。
文字数制限のあるレポートを作成するときに便利です。
文書全体の文字数と行数を確認しましょう。

①《校閲》タブ→《文章校正》グループの ⟨ABC 123 文字カウント⟩（文字カウント）をクリックします。

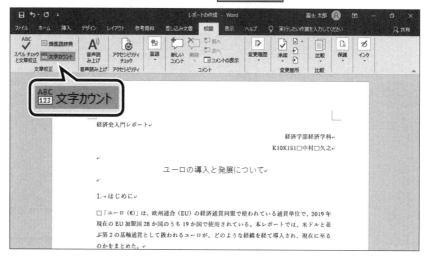

②《文字カウント》ダイアログボックスが表示されます。

③文字数と行数を確認します。

④《閉じる》をクリックします。

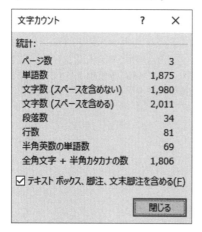

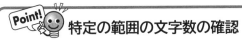

Point! 特定の範囲の文字数の確認

文書の一部を選択した状態で <kbd>ABC 123 文字カウント</kbd>（文字カウント）をクリックすると、選択した範囲内の文字数や行数を確認できます。

8 文書の保存

作成した文書を残しておきたいときは、文書に名前を付けて保存します。
作成した文書に「レポートの作成完成」と名前を付けて保存しましょう。

①《ファイル》タブ→《名前を付けて保存》→《参照》をクリックします。

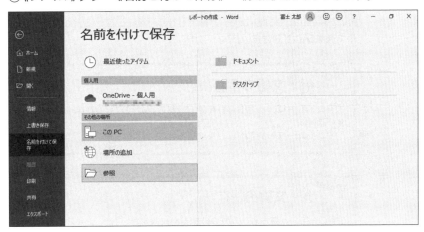

②《名前を付けて保存》ダイアログボックスが表示されます。

③保存先を選択します。

④《ファイル名》に「レポートの作成完成」と入力します。

⑤《保存》をクリックします。

⑥文書が保存されます。

⑦タイトルバーに文書の名前が表示されていることを確認します。

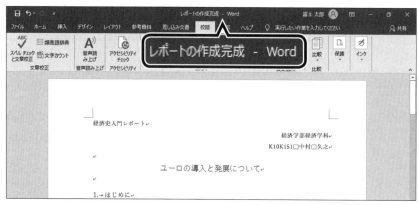

※文書を閉じておきましょう。

More ファイルの互換性

Word 2019では、Word 2003以前のファイル形式も操作できます。以前のバージョンで作成したファイルを開くと、自動的に「互換モード」になります。互換モードではWord 2019の新機能は利用できないので、すべての機能を利用したいときは、Word 2019のファイル形式に変換します。
以前のバージョンのファイルを、Word 2019のファイル形式に変換する方法は、次のとおりです。

◆《ファイル》タブ→《情報》→《変換》
※Word 2019で作成したファイルを開いても、《変換》は表示されません。

また、Word 2019で作成したファイルをWord 97からWord 2003のバージョンでも利用できるようにするには、ファイルを保存するときにファイルの種類を《Word 97-2003文書》に変更して保存します。
Word 2019で作成したファイルをWord 97-2003文書に変更して保存する方法は、次のとおりです。

◆《ファイル》タブ→《エクスポート》→《ファイルの種類の変更》→《Word 97-2003文書》→《名前を付けて保存》
※ファイルの互換性は、Excel 2019やPowerPoint 2019でも同様です。

Step3 図や表を挿入しよう

1 作成する文書の確認

次のような文書を作成しましょう。

画像の挿入　　図表番号の設定　　SmartArtグラフィックの作成

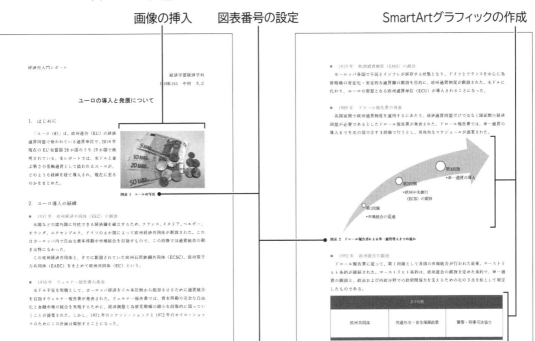

表の作成

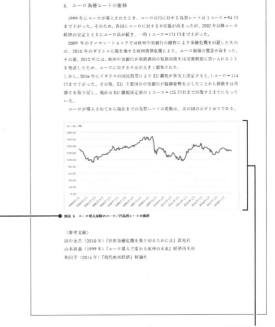

Excelグラフを図として貼り付け

2 画像の挿入

自分で描いたイラストやデジタルカメラで撮影した写真などを画像ファイルとして保存しておくと、文書に挿入できます。

▶▶1 画像の挿入

文書に、フォルダー「文書作成編」の画像「ユーロ写真」を挿入しましょう。

 フォルダー「文書作成編」の文書「図や表の挿入」を開いておきましょう。

①「 「ユーロ（€）」は…」の前にカーソルを移動します。
※先頭の空白の前に移動します。

②《挿入》タブ→《図》グループの 画像 （ファイルから）をクリックします。

③《図の挿入》ダイアログボックスが表示されます。

④ファイルの場所を選択します。

⑤一覧から「ユーロ写真」を選択します。

⑥《挿入》をクリックします。

⑦画像が挿入されます。
※画像の周囲に○（ハンドル）が表示され、選択されていることを確認しておきましょう。

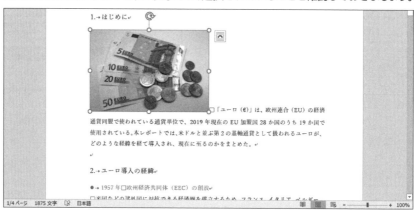

More オンライン画像

オンライン画像 （オンライン画像）を使うと、パソコンに保存されている画像以外にも、インターネット上にある画像を文書に取り込むこともできます。「オンライン画像」とは、インターネット上にあるイラストや写真などの画像のことです。画像のキーワードを入力すると、インターネット上から目的にあった画像を検索でき、ダウンロードして挿入します。ただし、ほとんどの画像には著作権が存在するので、安易に文書に転用するのは禁物です。画像を転用する際には、画像を提供しているWebサイトで利用可否を確認しましょう。
オンライン画像を挿入する方法は、次のとおりです。

◆《挿入》タブ→《図》グループの オンライン画像 （オンライン画像）

▶▶2 文字列の折り返し

画像を挿入した直後は、画像は文字と同じ扱いとなり、行内に配置されます。
文書内の自由な場所に配置するには、「**文字列の折り返し**」を設定します。
文字列の折り返しを「**四角形**」に設定しましょう。

①画像が選択されていることを確認します。

② （レイアウトオプション）をクリックします。

③《レイアウトオプション》が表示されます。

④《文字列の折り返し》の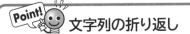(四角形)をクリックします。

⑤画像の周囲に本文が回り込みます。

⑥《レイアウトオプション》の×(閉じる)をクリックします。

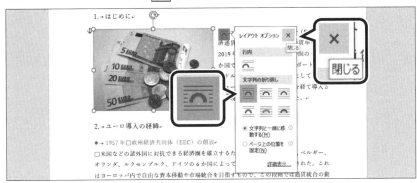

Point! 文字列の折り返し

文字列の折り返しには、次のようなものがあります。

●行内

文字と同じ扱いで画像が配置されます。1行の中に文字と画像が配置されます。

●四角形

●狭く

●内部

文字が画像の周囲に回り込んで配置されます。

●上下

●背面

●前面

文字が行単位で画像を避けて配置されます。

文字と画像が重なって表示されます。

▶▶3 画像の移動とサイズ変更

文字の折り返しを「四角形」に設定した画像は、文書内で自由に移動したり、サイズを変更したりできます。

画像を移動するには、画像を選択してドラッグします。画像のサイズを変更するには、周囲の枠線上にある○(ハンドル)をドラッグします。

画像の位置とサイズを調整しましょう。

①画像が選択されていることを確認します。

②画像をポイントします。

③マウスポインターの形が に変わったら、図のようにドラッグします。
※ドラッグ中、マウスポインターの形が に変わります。

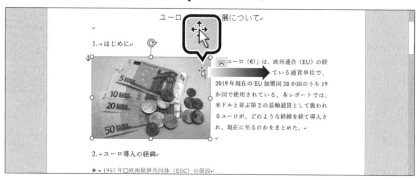

④画像が移動します。

⑤画像の左下の〇（ハンドル）をポイントします。

⑥マウスポインターの形が に変わったら、図のようにドラッグします。
※ドラッグ中、マウスポインターの形が十に変わります。

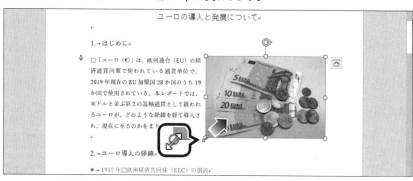

⑦画像のサイズが変更されます。

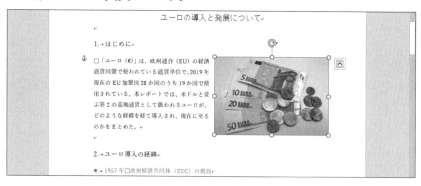

Point! 画像の削除

画像を削除する方法は、次のとおりです。
◆画像を選択→ Delete

More 図の調整

《書式》タブ→《調整》グループでは、次のように画像を加工できます。

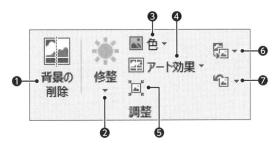

❶背景の削除
画像の中の背景を削除できます。

❷修整
画像の明るさやコントラスト、鮮明度を調整できます。

❸色
画像の彩度やトーン、色味などを調整できます。

❹アート効果
スケッチや線画、マーカーなどのアート効果を画像に加えることができます。

❺図の圧縮
圧縮に関する設定や印刷用、Webページ・プロジェクター用、電子メール用など、用途に応じて画像の解像度を調整します。

❻図の変更
現在、挿入されている画像を別の画像に置き換えます。設定されている書式やサイズは、そのまま保持されます。

❼図のリセット
設定した書式や変更したサイズをリセットして、画像をもとの状態に戻します。

3 SmartArtグラフィックの作成

「SmartArtグラフィック」とは、複数の図形や矢印などを組み合わせて、情報の相互関係を視覚的にわかりやすく表現したものです。
SmartArtグラフィックには「手順」や「階層構造」などの分類があり、チャートやプロセス図など目的に応じて種類を選択するだけで、簡単に図表を作成できます。

▶▶1 SmartArtグラフィックの作成

SmartArtグラフィック「上向き矢印」を作成しましょう。

①「●1989年　ドロール報告書の発表」内の「…具体的なスケジュールが提案された。」の次の行にカーソルを移動します。

②《挿入》タブ→《図》グループの 🖼 (SmartArtグラフィックの挿入) をクリックします。

③《SmartArtグラフィックの選択》ダイアログボックスが表示されます。

④左側の一覧から《手順》を選択します。

⑤中央の一覧から《上向き矢印》を選択します。
※表示されていない場合は、スクロールして調整します。

⑥《OK》をクリックします。

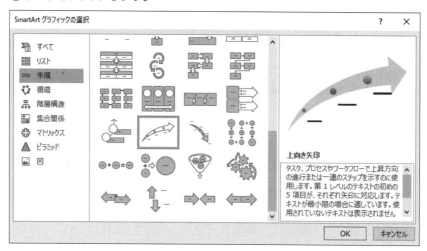

⑦SmartArtグラフィックが作成され、テキストウィンドウにカーソルが表示されます。
※SmartArtグラフィックの周囲に○（ハンドル）が表示され、選択されていることを確認しておきましょう。
※テキストウィンドウが表示されない場合は、《SmartArtツール》の《デザイン》タブ→《グラフィックの作成》グループの ▣ テキスト ウィンドウ （テキストウィンドウ）をクリックしておきましょう。

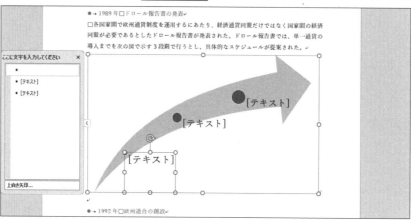

▶▶2 テキストウィンドウの利用

SmartArtグラフィックの図形に直接文字を入力することもできますが、「テキストウィンドウ」を使って文字を入力すると、図形の追加や削除、レベルの上げ下げなどを簡単に行うことができます。
テキストウィンドウを使って、次のような項目を入力しましょう。

・第1段階
　・市場統合の促進
・第2段階
　・欧州中央銀行（ECB）の創設
・第3段階
　・単一通貨の導入

※英数字は半角で入力します。

①テキストウィンドウの1行目にカーソルが表示されていることを確認します。

②「第1段階」と入力します。

※SmartArtグラフィック内にも、自動的に文字が表示されます。

③ Enter を押して、改行します。

※SmartArtグラフィック内に、図形が追加されます。

④《SmartArtツール》の《デザイン》タブ→《グラフィックの作成》グループの →レベル下げ
（選択対象のレベル下げ）をクリックします。

⑤テキストウィンドウの2行目に「市場統合の促進」と入力します。

⑥ ↓ を押して、テキストウィンドウの3行目にカーソルを移動します。

⑦「第2段階」と入力します。

⑧同様に、その他の項目を入力します。

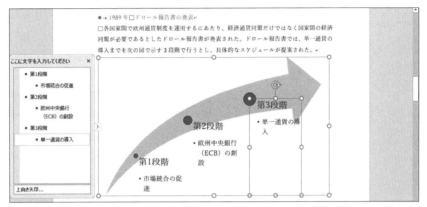

※テキストウィンドウの × （閉じる）をクリックして、テキストウィンドウを閉じておきましょう。

Point! 箇条書きの追加・削除

項目の最後で Enter を押すと、新しい行が表示されます。不要な項目を削除するには、Back Space を押します。

Point! 箇条書きのレベル上げ

箇条書きのレベルを上げる方法は、次のとおりです。

◆レベルを上げる行にカーソルを移動→《SmartArtツール》の《デザイン》タブ→《グラフィックの作成》グループの ←レベル上げ （選択対象のレベル上げ）

More　キー操作によるレベルの上げ・下げ

テキストウィンドウでは、キー操作でも箇条書きのレベル上げやレベル下げを行うことができます。 Tab を押すと、カーソルのある項目の箇条書きのレベルが下がります。レベルを上げるには、 Shift ＋ Tab を押します。

Point! 文字のコピーと移動

入力されている文字をほかの場所にコピーしたり移動したりする方法は、次のとおりです。

文字のコピー

◆コピー元の文字を選択→《ホーム》タブ→《クリップボード》グループの 📋 （コピー）→コピー先にカーソルを移動→《クリップボード》グループの 📋 （貼り付け）

文字の移動

◆移動元の文字を選択→《ホーム》タブ→《クリップボード》グループの ✂ （切り取り）→移動先にカーソルを移動→《クリップボード》グループの 📋 （貼り付け）

▶▶3 SmartArtのスタイルの適用

「SmartArtのスタイル」とは、SmartArtグラフィックを装飾するための書式の組み合わせです。様々な色のパターンやデザインが用意されており、SmartArtグラフィックの見栄えを瞬時にアレンジできます。
作成したSmartArtグラフィックには、自動的にスタイルが適用されますが、あとからスタイルの種類を変更することもできます。
SmartArtグラフィックの色を「**枠線のみ-アクセント1**」、スタイルを「**白枠**」に変更しましょう。

①SmartArtグラフィックが選択されていることを確認します。

②《SmartArtツール》の《デザイン》タブ→《SmartArtのスタイル》グループの （色の変更）→《アクセント1》の《枠線のみ-アクセント1》（左から1番目）をクリックします。

③《SmartArtツール》の《デザイン》タブ→《SmartArtのスタイル》グループの （その他）→《ドキュメントに最適なスタイル》の《白枠》（左から2番目、上から1番目）をクリックします。

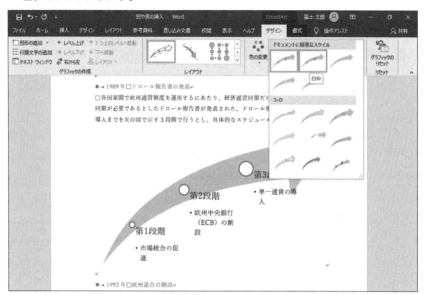

④SmartArtグラフィックにスタイルが適用されます。

▶▶4 SmartArtグラフィック内の文字の書式設定

SmartArtグラフィック内のすべての文字のフォントサイズを「10」ポイントに設定しましょう。
SmartArtグラフィック内のすべての文字を対象にする場合、あらかじめSmartArtグラフィック全体を選択しておきます。

①SmartArtグラフィックが選択されていることを確認します。

②SmartArtグラフィックの周囲の枠線をクリックします。

③SmartArtグラフィック全体が選択されます。
※一部の図形が選択されている場合は、その図形だけが設定の対象になるので注意しましょう。

④《ホーム》タブ→《フォント》グループの 12+ （フォントサイズ）の →《10》をクリックします。

⑤SmartArtグラフィック内のフォントサイズが設定されます。

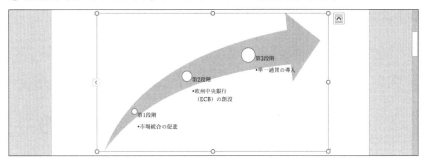

▶▶5 SmartArtグラフィックのサイズ変更

作成したSmartArtグラフィックは文書内で移動したり、サイズを変更したりできます。SmartArtグラフィックを移動するには、周囲の枠線をドラッグします。SmartArtグラフィックのサイズを変更するには、枠線上にある○(ハンドル)をドラッグします。SmartArtグラフィックのサイズを変更しましょう。

①SmartArtグラフィックが選択されていることを確認します。

②SmartArtグラフィックの下中央の○(ハンドル)をポイントします。

③マウスポインターの形が⇕に変わったら、図のようにドラッグします。
※ドラッグ中、マウスポインターの形が十に変わります。

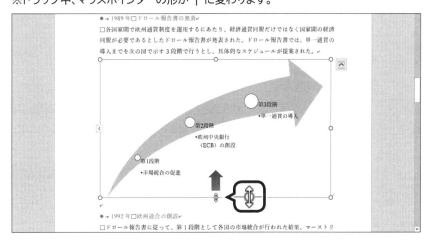

④SmartArtグラフィックのサイズが変更されます。

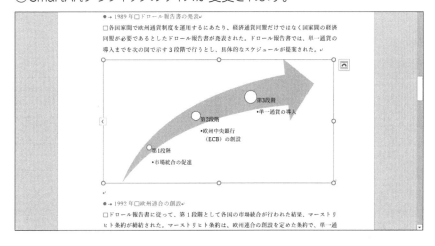

ためしてみよう【5】

●完成図

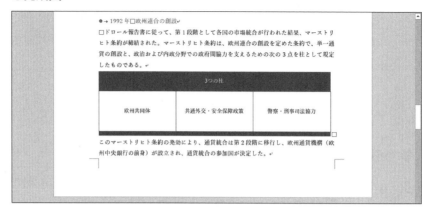

①「●1992年　欧州連合の創設」内の「…規定したものである。」の下にSmartArtグラフィック「表型リスト」を作成し、テキストウィンドウを使って、次のように項目を入力しましょう。

> ・3つの柱
> 　・欧州共同体
> 　・共通外交・安全保障政策
> 　・警察・刑事司法協力

※数字は半角で入力します。

Hint 《表型リスト》は《リスト》に分類されます。

②SmartArtグラフィックに色「枠線のみ-アクセント1」を適用しましょう。

③SmartArtグラフィック内のすべての文字のフォントサイズを「10」ポイントに設定しましょう。

④完成図を参考に、SmartArtグラフィックのサイズを調整しましょう。

4　表の作成

「表」を使うと、項目ごとにデータを整列して表示でき、内容が読み取りやすくなります。表は罫線で囲まれた「列」と「行」で構成されます。また、罫線で囲まれたひとつのマス目を「セル」といいます。

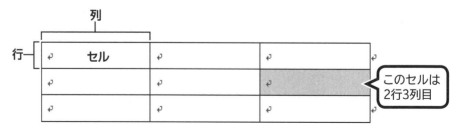

▶▶1　表の作成

9行2列の表を作成しましょう。

①「3. ユーロ導入国の推移」内の「※2019年現在、…」の前にカーソルを移動します。
②《挿入》タブ→《表》グループの ▦（表の追加）→《表の挿入》をクリックします。

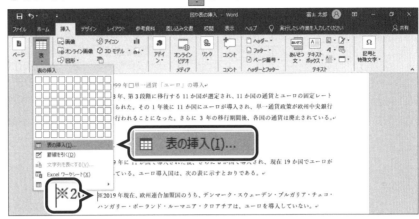

③《表の挿入》ダイアログボックスが表示されます。
④《列数》を「2」、《行数》を「9」に設定します。
⑤《OK》をクリックします。

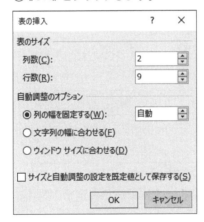

⑥表が作成されます。
⑦図のように文字を入力します。

導入年	国名
1999 年	フランス、イタリア、ベルギー、オランダ、ルクセンブルク、ドイツ、オーストリア、フィンランド、アイルランド、ポルトガル、スペイン
2001 年	ギリシャ
2007 年	スロベニア
2008 年	キプロス、マルタ
2009 年	スロバキア
2011 年	エストニア
2014 年	ラトビア
2015 年	リトアニア

※数字は半角で入力します。
※文字を入力・確定後 Enter を押すと、改行されてセルが縦方向に広がるので注意しましょう。
　間違えて改行した場合は、 Back Space を押します。

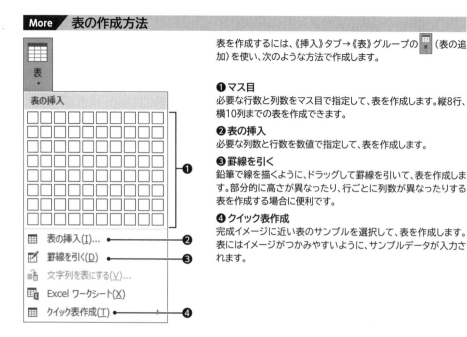

表を作成するには、《挿入》タブ→《表》グループの ▦ （表の追加）を使い、次のような方法で作成します。

❶ マス目
必要な行数と列数をマス目で指定して、表を作成します。縦8行、横10列までの表を作成できます。

❷ 表の挿入
必要な列数と行数を数値で指定して、表を作成します。

❸ 罫線を引く
鉛筆で線を描くように、ドラッグして罫線を引いて、表を作成します。部分的に高さが異なったり、行ごとに列数が異なったりする表を作成する場合に便利です。

❹ クイック表作成
完成イメージに近い表のサンプルを選択して、表を作成します。表にはイメージがつかみやすいように、サンプルデータが入力されます。

表内でカーソルを移動する場合は、次のキーで操作します。

移動方向	キー
右のセルへ移動	⎡Tab⎤ または ⎡→⎤
左のセルへ移動	⎡Shift⎤＋⎡Tab⎤ または ⎡←⎤
上のセルへ移動	⎡↑⎤
下のセルへ移動	⎡↓⎤

▶▶2 列幅の変更

列の境界線を利用して、列幅を変更できます。
列の右側の境界線をドラッグすると、ユーザーが指定する列幅になります。
列の右側の境界線をダブルクリックすると、列の最長データに合わせて列幅が自動的に調整されます。
文字の長さに合わせて、列幅を自動的に調整しましょう。

①表の1列目の右側の境界線をポイントします。

②マウスポインターの形が ◆‖➔ に変わったら、ダブルクリックします。

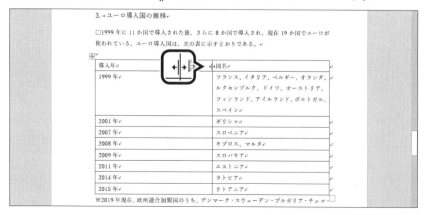

③同様に、2列目の右側の境界線をダブルクリックし、列幅を変更します。

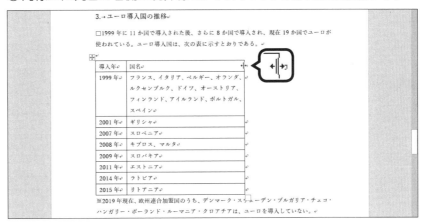

<div class="more">

More 列幅を数値で指定する

列幅を数値で指定する方法は、次のとおりです。

◆列を選択→《表ツール》の《レイアウト》タブ→《セルのサイズ》グループの （列の幅の設定）で設定

More 列の幅を揃える

複数の列の幅を均等に揃える方法は、次のとおりです。

◆列を選択→《表ツール》の《レイアウト》タブ→《セルのサイズ》グループの （幅を揃える）
</div>

▶▶3 表内の文字の配置

セル内の文字は、水平方向および垂直方向でそれぞれ配置を変更できます。
初期の設定では、水平方向は左揃え、垂直方向は上揃えになっています。
表の1行目の項目名を水平方向・垂直方向ともに中央揃えにしましょう。

①表の1行目を選択します。

②《表ツール》の《レイアウト》タブ→《配置》グループの （中央揃え）をクリックします。

③文字がセル内で中央揃えになります。

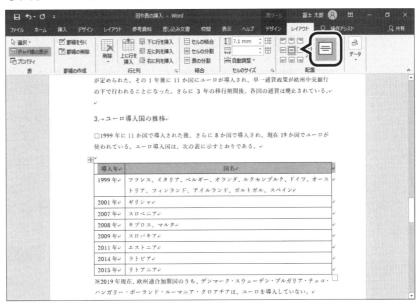

表の各部を選択する方法は、次のとおりです。

選択対象	操作方法
表全体	表内をポイント→表の左上の ⊞ (表の移動ハンドル)をマウスポインターの形が ⬉ の状態でクリック
セル	セル内の左端をマウスポインターの形が ◢ の状態でクリック
セル範囲	開始セルから終了セルまでドラッグ
行	行の左側をマウスポインターの形が ⬈ の状態でクリック
列	列の上側をマウスポインターの形が ⬇ の状態でクリック

▶▶4 塗りつぶしの設定

表内のセルに色を塗って、表の見栄えをアレンジできます。
1行目の項目名に「青、アクセント5、白+基本色60%」の塗りつぶしを設定しましょう。

①表の1行目を選択します。

②《表ツール》の《デザイン》タブ→《表のスタイル》グループの ⬛ (塗りつぶし)の 塗りつぶし →《テーマの色》の《青、アクセント5、白+基本色60%》(左から9番目、上から3番目)をクリックします。

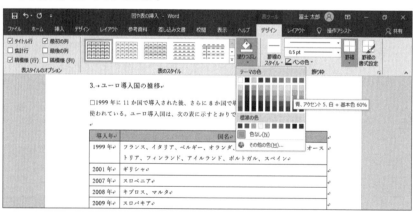

③塗りつぶしが設定されます。

作成した表は、あとから行や列を挿入・削除したり、複数のセルをひとつに結合したり、ひとつのセルを複数のセルに分割したりして、レイアウトを編集できます。

行・列の挿入
◆行や列を選択→《表ツール》の《レイアウト》タブ→《行と列》グループの ⬛ (上に行を挿入)/ 下に行を挿入 (下に行を挿入)/ 左に列を挿入 (左に列を挿入)/ 右に列を挿入 (右に列を挿入)

行・列の削除
◆行や列を選択→《表ツール》の《レイアウト》タブ→《行と列》グループの ⬛ (表の削除)→《行の削除》/《列の削除》

セルの結合
◆結合するセルを選択→《表ツール》の《レイアウト》タブ→《結合》グループの ⬛ セルの結合 (セルの結合)

セルの分割
◆分割するセルにカーソルを移動→《表ツール》の《レイアウト》タブ→《結合》グループの ⬛ セルの分割 (セルの分割)→分割する《列数》と《行数》を指定

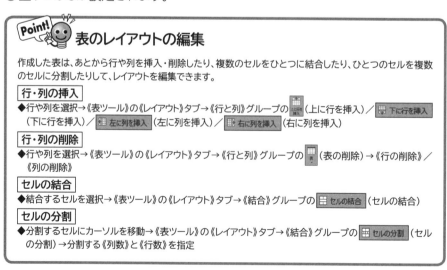

5 Excelグラフを図として貼り付け

ほかのアプリのデータをWordの文書に貼り付けることができます。
貼り付ける形式を「図」にすると、画像としてWordの文書に配置されます。
Excelのグラフをコピーして、図として貼り付けましょう。

フォルダー「文書作成編」のExcelのブック「ユーロ円相場推移」のシート「相場推移」を開いておきましょう。

① シート「相場推移」が表示されていることを確認します。

② グラフを選択します。

③《ホーム》タブ→《クリップボード》グループの （コピー）をクリックします。

④ タスクバーの （Word）をクリックし、Wordのウィンドウに切り替えます。

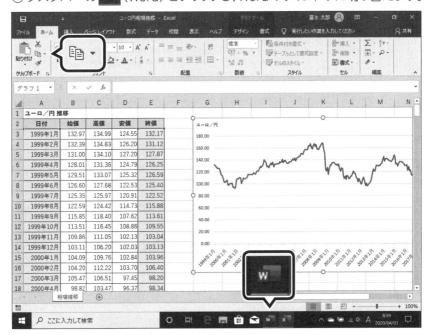

⑤「4.ユーロ為替レートの推移」内の「…次の図の示すとおりである。」の2行下の行にカーソルを移動します。

⑥《ホーム》タブ→《クリップボード》グループの （貼り付け）の →《貼り付けのオプション》の （図）をクリックします。

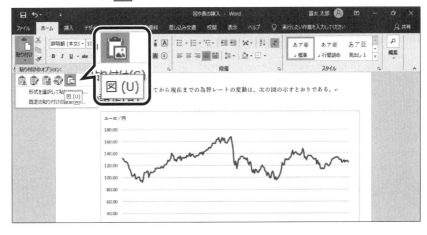

⑦ExcelのグラフがWordの文書に図として貼り付けられます。
※グラフの周囲の〇（ハンドル）をドラッグし、サイズを調整しておきましょう。

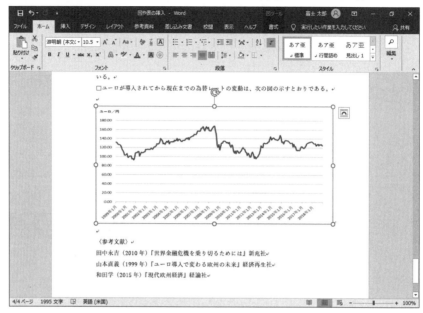

※Excelを終了しておきましょう。

6 図表番号の設定

「図表番号」を使うと、文書内の画像やSmartArtグラフィック、表などに連続した番号を付けることができます。
1ページ目に挿入した画像「ユーロ写真」に図表番号を挿入しましょう。

①画像を選択します。
②《参考資料》タブ→《図表》グループの ![図表番号の挿入] （図表番号の挿入）をクリックします。
③《図表番号》ダイアログボックスが表示されます。
④《ラベル名》をクリックします。
⑤《新しいラベル名》ダイアログボックスが表示されます。
⑥《ラベル》に「図表」と入力します。
⑦《OK》をクリックします。

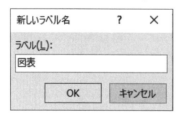

⑧《図表番号》ダイアログボックスに戻ります。

⑨《図表番号》の「図表 1」の後ろに「□ユーロの写真」と入力します。

※□は全角の空白を表します。

⑩《位置》の∨をクリックし、一覧から《選択した項目の下》を選択します。

⑪《OK》をクリックします。

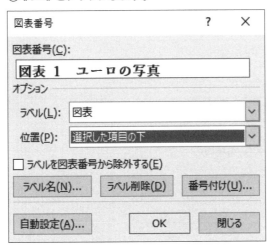

⑫画像の下に図表番号が挿入されます。

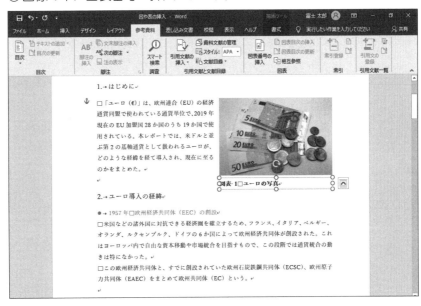

More　図表番号の扱い

図表番号を挿入する図の文字列の折り返しの設定によって、図表番号の扱いが異なります。図の文字列の折り返しが「行内」の場合は、通常の文字として挿入されます。図の文字列の折り返しが「行内」以外の場合は、テキストボックス内の文字として挿入されます。

More　テキストボックス

「テキストボックス」を使うと、文章を任意の位置に配置できます。テキストボックスには「横書きテキストボックス」と「縦書きテキストボックス」があります。

テキストボックスを作成する方法は、次のとおりです。

◆《挿入》タブ→《テキスト》グループの（テキストボックスの選択）→《横書きテキストボックスの描画》／《縦書きテキストボックスの描画》

ためしてみよう【6】

① 上向き矢印のSmartArtグラフィックに、次のような図表番号を挿入しましょう。

> ラベル　　：図表
> ラベル名　：□ドロール報告書による単一通貨導入までの流れ
> 位置　　　：選択した項目の下

※□は全角の空白を表します。

② 表型リストのSmartArtグラフィックに、次のような図表番号を挿入しましょう。

> ラベル　　：図表
> ラベル名　：□マーストリヒト条約の3つの柱
> 位置　　　：選択した項目の下

※□は全角の空白を表します。
※数字は半角で入力します。

③ 作成した表に、次のような図表番号を挿入しましょう。

> ラベル　　：図表
> ラベル名　：□ユーロ導入国の推移
> 位置　　　：選択した項目の上

※□は全角の空白を表します。

④ 図として貼り付けたExcelグラフに、次のような図表番号を挿入しましょう。

> ラベル　　：図表
> ラベル名　：□ユーロ導入以降のユーロ／円為替レートの推移
> 位置　　　：選択した項目の下

※□は全角の空白を表します。

⑤ すべての図表番号のフォントサイズを「8」ポイントにしましょう。

※文書に任意の名前を付けて保存し、文書を閉じておきましょう。

Step4 文書を印刷しよう

1 印刷の実行

印刷を実行する前に画面で印刷イメージを確認することができます。
印刷の向きや余白のバランスは適当か、レイアウトが整っているかなどを確認することで、印刷ミスを防止できます。
印刷イメージを確認し、印刷を実行しましょう。

フォルダー「文書作成編」の文書「レポートの印刷」を開いておきましょう。

①《ファイル》タブ→《印刷》をクリックします。

②印刷イメージが表示されます。

③ ▶ （次のページ）をクリックして、すべてのページを確認します。

④《印刷》の《部数》が「1」になっていることを確認します。

⑤《プリンター》に出力するプリンターの名前が表示されていることを確認します。
※表示されていない場合は、・をクリックし、一覧から選択します。

⑥《印刷》をクリックします。

※文書を閉じておきましょう。

More　文書の作成画面に戻る

印刷イメージを確認したあと、印刷を実行せずに文書の作成画面に戻るには、⬅をクリックするか、[Esc]を押します。
✕ （閉じる）をクリックすると、Wordが終了するので注意しましょう。

Step5 表現力をアップする機能を使ってみよう

1 作成する文書の確認

次のような文書を作成しましょう。

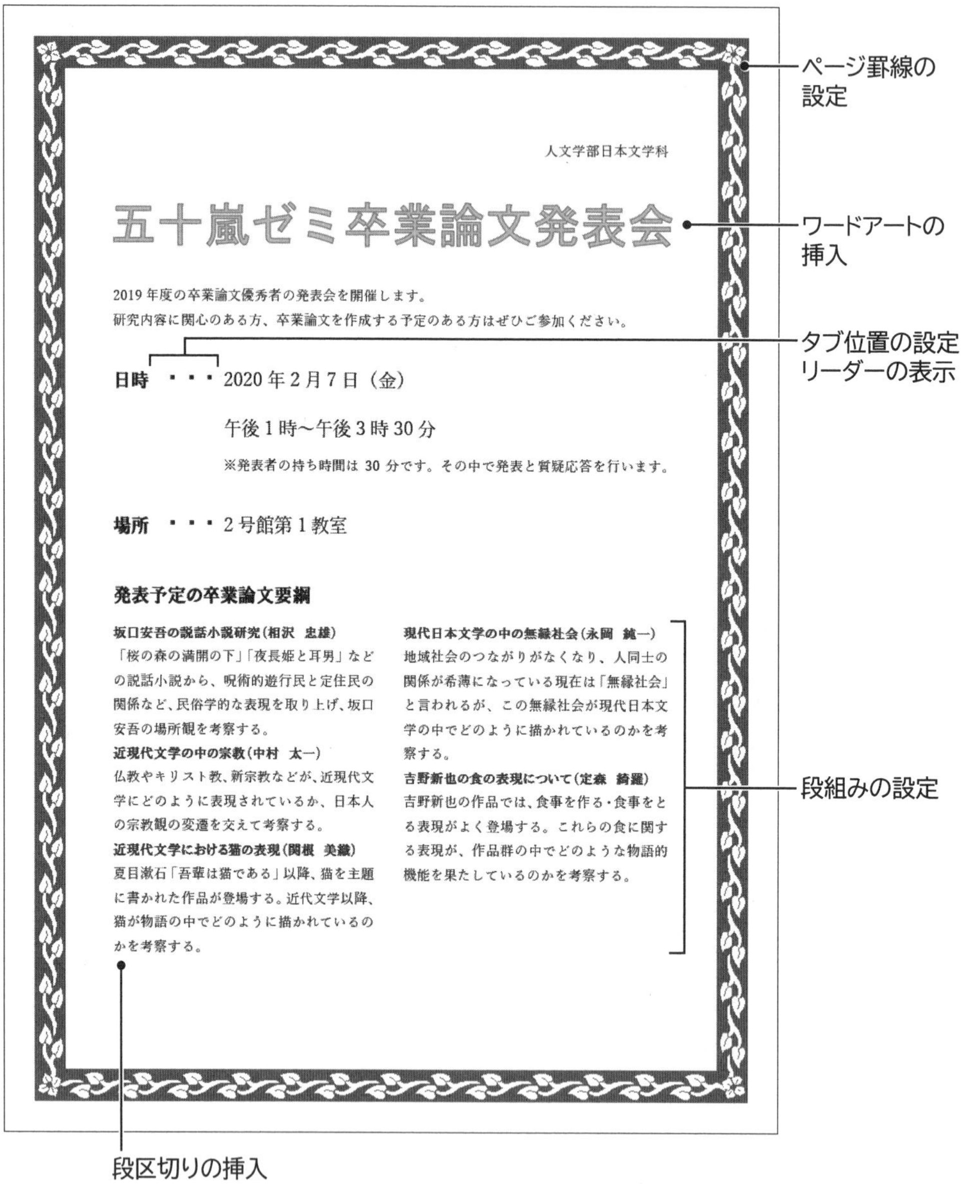
人文学部日本文学科

五十嵐ゼミ卒業論文発表会

2019年度の卒業論文優秀者の発表会を開催します。
研究内容に関心のある方、卒業論文を作成する予定のある方はぜひご参加ください。

日時 ・・・2020年2月7日（金）

午後1時～午後3時30分

※発表者の持ち時間は30分です。その中で発表と質疑応答を行います。

場所 ・・・2号館第1教室

発表予定の卒業論文要綱

坂口安吾の説話小説研究（相沢　忠雄）
「桜の森の満開の下」「夜長姫と耳男」などの説話小説から、呪術的遊行民と定住民の関係など、民俗学的な表現を取り上げ、坂口安吾の場所観を考察する。

近現代文学の中の宗教（中村　太一）
仏教やキリスト教、新宗教などが、近現代文学にどのように表現されているか、日本人の宗教観の変遷を交えて考察する。

近現代文学における猫の表現（関根　美織）
夏目漱石「吾輩は猫である」以降、猫を主題に書かれた作品が登場する。近代文学以降、猫が物語の中でどのように描かれているのかを考察する。

現代日本文学の中の無縁社会（永岡　純一）
地域社会のつながりがなくなり、人同士の関係が希薄になっている現在は「無縁社会」と言われるが、この無縁社会が現代日本文学の中でどのように描かれているのかを考察する。

吉野新也の食の表現について（定森　綺羅）
吉野新也の作品では、食事を作る・食事をとる表現がよく登場する。これらの食に関する表現が、作品群の中でどのような物語的機能を果たしているのかを考察する。

ページ罫線の設定
ワードアートの挿入
タブ位置の設定
リーダーの表示
段組みの設定
段区切りの挿入

2 ページ罫線の設定

「ページ罫線」を使うと、ページの周囲に罫線を引いて、ページを飾ることができます。
ページ罫線には、線の種類や絵柄が豊富に用意されています。
次のようにページ罫線を設定しましょう。

絵柄	:
色	：オレンジ、アクセント2、黒＋基本色25%
線の太さ	：24pt

フォルダー「文書作成編」の文書「表現力アップ」を開いておきましょう。

①《デザイン》タブ→《ページの背景》グループの （罫線と網掛け）をクリックします。

②《線種とページ罫線と網かけの設定》ダイアログボックスが表示されます。

③《ページ罫線》タブを選択します。

④左側の《種類》の一覧から《囲む》を選択します。

⑤《絵柄》の をクリックし、一覧から《 》を選択します。

⑥《色》の をクリックし、一覧から《テーマの色》の《オレンジ、アクセント2、黒＋基本色25%》（左から6番目、上から5番目）を選択します。

⑦《線の太さ》を「24pt」に設定します。

⑧《OK》をクリックします。

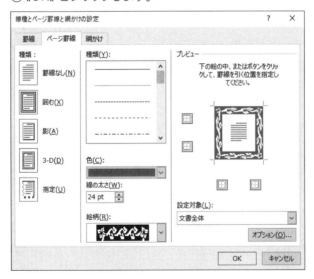

⑨ページ罫線が設定されます。

「段落罫線」とは、段落に対して引く罫線のことです。段落罫線を使うと、段落の上下左右に罫線を引いたり、切り取り線などを引いたりできます。段落罫線を引く方法は、次のとおりです。

◆段落にカーソルを移動→《ホーム》タブ→《段落》グループの ⊞ ▾ （罫線）の ▾ →《線種とページ罫線と網かけの設定》→《罫線》タブ→左側の《種類》の一覧から《指定》を選択→中央の《種類》の一覧から罫線の種類を選択→《設定対象》の ▾ →《段落》→《プレビュー》の ⊞ ⊞ ⊞ ⊞ をクリックして、罫線を引く位置を指定

切り取り線

3 ワードアートの挿入

「ワードアート」を使うと、輪郭を付けたり立体的に見せたりして、簡単に文字を装飾できます。インパクトのあるタイトルを配置したいときに便利です。

ワードアートを使って、「五十嵐ゼミ卒業論文発表会」という表題を挿入しましょう。

①「人文学部日本文学科」の2行下の行にカーソルを移動します。

②《挿入》タブ→《テキスト》グループの A ▾ （ワードアートの挿入）をクリックします。

③「塗りつぶし：オレンジ、アクセントカラー2；輪郭：オレンジ、アクセントカラー2」（左から3番目、上から1番目）をクリックします。

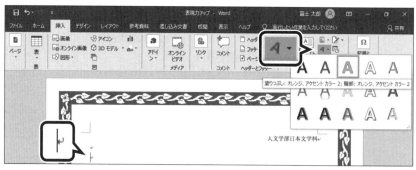

④《ここに文字を入力》が挿入され、選択されていることを確認します。

⑤「五十嵐ゼミ卒業論文発表会」と入力します。

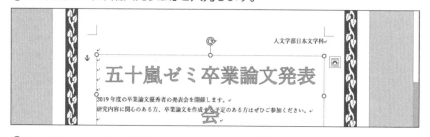

⑥ワードアート以外の場所をクリックし、文字を確定します。

ためしてみよう【7】

① 挿入したワードアートに、フォント「MSゴシック」を設定し、太字を解除しましょう。

② ワードアートの文字が1行で表示されるように、サイズを調整しましょう。

Point! 文字の効果

《ホーム》タブ→《フォント》グループの A▾（文字の効果と体裁）を使うと、入力済みの文字にワードアートと同じような効果を設定できます。

Point! ワードアートの選択

ワードアートを移動したり、書式を設定したりするには、ワードアートを選択して操作します。

ワードアート上をクリックすると、カーソルが表示されます。この状態のとき、文字を編集したり一部の文字の書式を設定したりできます。

さらに、ワードアートの枠線をクリックするとワードアート全体が選択されます。この状態のとき、ワードアートを移動したりすべての文字に書式を設定したりできます。

●ワードアート内にカーソルがある状態　　　　●ワードアート全体が選択されている状態

 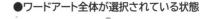

---

4 段組み

「段組み」を使うと、文章を複数の段に分けて配置できます。

▶▶1 段組みの設定

「坂口安吾の説話小説研究（相沢　忠雄）」から文末までの文章を2段組みにしましょう。

① 「坂口安吾の説話小説研究（相沢　忠雄）」から文末までを選択します。

② 《レイアウト》タブ→《ページ設定》グループの ▊ 段組み▾（段の追加または削除）→《2段》をクリックします。

③ 2段組みになります。

※段組みの前にセクション区切りが挿入されていることを確認しましょう。

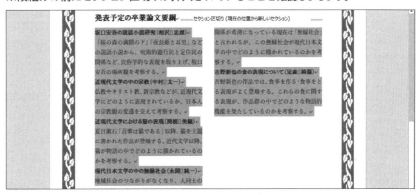

▶▶2 段区切りの挿入

段組みにした文章の中で強制的に段を改める場合は、「段区切り」を挿入します。「現代日本文学の中の無縁社会（永岡　純一）」が2段目の先頭になるように、段区切りを挿入しましょう。

①「現代日本文学の中の無縁社会（永岡　純一）」の前にカーソルを移動します。

②《レイアウト》タブ→《ページ設定》グループの 区切り・（ページ/セクション区切りの挿入）→《ページ区切り》の《段区切り》をクリックします。

③段区切りが挿入され、「現代日本文学の中の無縁社会（永岡　純一）」が2段目の先頭になります。

More その他の方法（段区切りの挿入）

◆ Ctrl + Shift + Enter

<u>5</u>　タブとリーダー

「タブ」を使うと、行内の特定の位置で文字をそろえることができます。文字をそろえるための基準となる位置を「タブ位置」といい、水平ルーラーでユーザーが任意の位置に設定できます。
また、タブ位置でそろえた文字の左側には、「リーダー」と呼ばれる線を表示できます。

▶▶1　タブ位置の設定

ルーラーを表示し、次の文字の先頭を約8字の位置にそろえましょう。

> **2020年2月7日（金）**
> **午後1時〜午後3時30分**
> **※発表者の持ち時間は30分です。その中で発表と質疑応答を行います。**

①《表示》タブ→《表示》グループの《ルーラー》を ☑ にします。
※《表示》グループが表示されていない場合は、 ⬛ （表示）をクリックします。

②ルーラーが表示されます。

③「日時2020年2月7日（金）」から「※発表者の持ち時間は30分です。…」までの段落を選択します。

④水平ルーラーの左端のタブの種類が ∟ （左揃えタブ）になっていることを確認します。
※ ∟ （左揃えタブ）になっていない場合は、何回かクリックします。

⑤水平ルーラーの約8字の位置をクリックします。
※画面の表示倍率によってルーラーの目盛間隔は異なります。

⑥クリックした位置に ∟ （タブマーカー）が表示されます。

タブマーカー ——

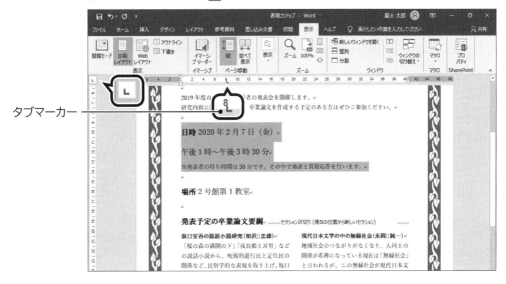

⑦「2020年2月7日（金）」の前にカーソルを移動します。

⑧ [Tab] を押します。

⑨ ➜ （タブ）が挿入され、約8字のタブ位置にそろえられます。

⑩同様に、「午後1時～午後3時30分」「※発表者の持ち時間は30分です。…」の前に
　タブを挿入します。

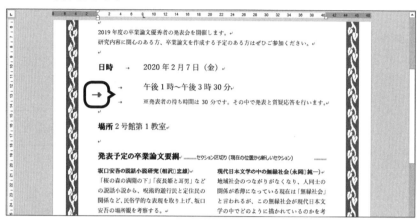

▶▶2 リーダーの表示

「2020年2月7日（金）」の左側に、リーダーを表示しましょう。

①「2020年2月7日（金）」の段落にカーソルを移動します。
※段落内であれば、どこでもかまいません。

②《ホーム》タブ→《段落》グループの [画] （段落の設定）をクリックします。

③《段落》ダイアログボックスが表示されます。

④《タブ設定》をクリックします。

⑤《タブとリーダー》ダイアログボックスが表示されます。

⑥《リーダー》の《……(5)》を ⦿ にします。

⑦《OK》をクリックします。

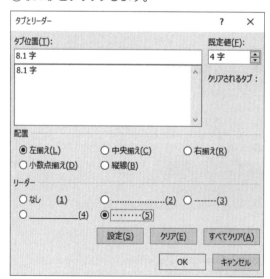

⑧リーダーが表示されます。

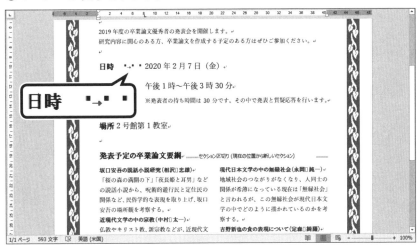

 **ためしてみよう【8】**

①「2号館第1教室」の先頭を約8字の位置にそろえましょう。

②「2号館第1教室」の左側にリーダー「……(5)」を表示しましょう。

※《表示》タブ→《表示》グループの《ルーラー》を□にして、ルーラーを非表示にしておきましょう。

6 PDFファイルとして保存

「PDFファイル」は、パソコンの機種や環境に関わらず、もとのアプリで作成したとおりに正確に表示できます。作成したアプリがなくてもファイルを表示できるので、閲覧用によく利用されています。

文書に「**卒業論文発表会**」と名前を付けて、PDFファイルとして保存しましょう。

①《ファイル》タブ→《エクスポート》→《PDF/XPSドキュメントの作成》→《PDF/XPSの作成》をクリックします。

②《PDFまたはXPS形式で発行》ダイアログボックスが表示されます。

③保存先を選択します。

④《ファイル名》に「卒業論文発表会」と入力します。

⑤《ファイルの種類》が《PDF》になっていることを確認します。

⑥《発行後にファイルを開く》を ☑ にします。

⑦《発行》をクリックします。

⑧Microsoft Edgeが起動し、PDFファイルが表示されます。

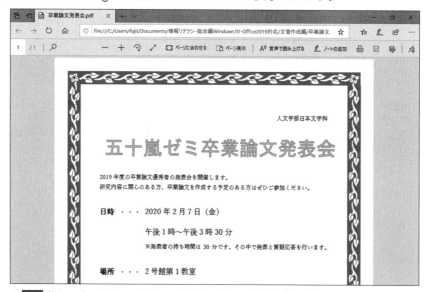

※ ✕ (閉じる)をクリックして、PDFファイルを閉じておきましょう。

※文書に任意の名前を付けて保存し、閉じておきましょう。

More PDFファイルを開く

PDFファイルを開くときによく使われるアプリに、アドビシステムズの「Adobe Acrobat Reader DC」があります。
Adobe Acrobat Reader DCは、アドビシステムズのホームページなどから無償でダウンロードできます。

Step6 長文のレポートを編集しよう

1 作成する文書の確認

次のような文書を作成しましょう。

見出しの設定

脚注の挿入

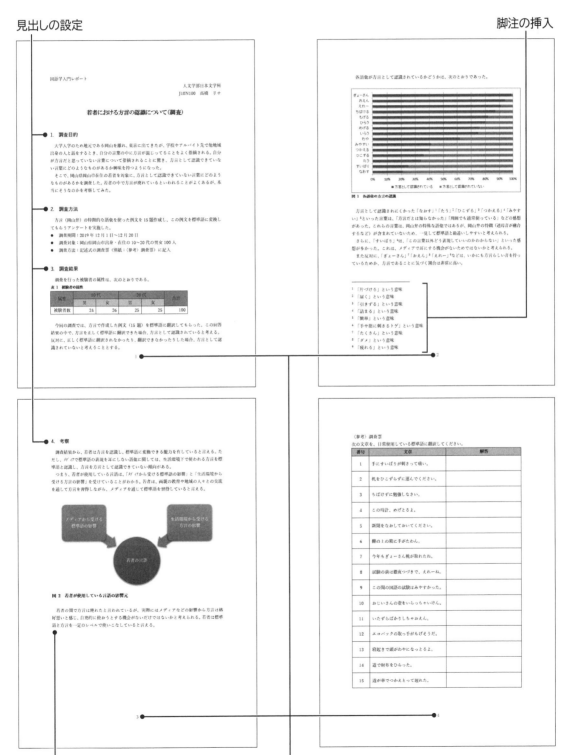

文書作成編

改ページの挿入　　　　　　　　ページ番号の挿入

2 ページ番号の挿入

すべてのページに連続したページ番号を挿入できます。ページ番号は、ページの増減によって自動的に振り直されます。
フッターの中央にページ番号を挿入しましょう。

フォルダー「文書作成編」の文書「長文レポートの編集」を開いておきましょう。

①《挿入》タブ→《ヘッダーとフッター》グループの ページ番号 ▾ （ページ番号の追加）→《ページの下部》→《シンプル》の《番号のみ2》をクリックします。

②ページの下部中央にページ番号が挿入され、ヘッダーやフッターが編集できる状態になります。

③《ヘッダー/フッターツール》の《デザイン》タブ→《閉じる》グループの （ヘッダーとフッターを閉じる）をクリックします。

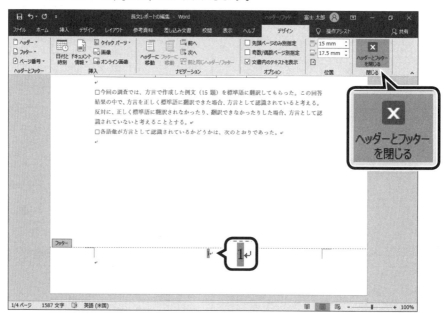

Point! **ヘッダーとフッター**

「ヘッダー」はページの上部、「フッター」はページの下部にある余白部分の領域です。ヘッダーやフッターに文字や図などを挿入しておくと、すべてのページに同じ内容を印刷できます。
ヘッダーやフッターを設定する方法は、次のとおりです。

◆《挿入》タブ→《ヘッダーとフッター》グループの ヘッダー ▾ （ヘッダーの追加）／ フッター ▾ （フッターの追加）→《ヘッダーの編集》／《フッターの編集》

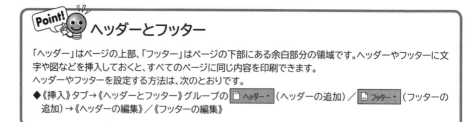

3 改ページの挿入

強制的にページを改める場合は、「改ページ」を挿入します。
3ページ目の「〈参考〉調査票」が、4ページ目の先頭になるように改ページを挿入しましょう。

①「〈参考〉調査票」の前にカーソルを移動します。

②《レイアウト》タブ→《ページ設定》グループの 区切り▼ （ページ/セクション区切りの挿入）→《ページ区切り》の《改ページ》をクリックします。

③改ページが挿入され、以降の文章が次のページに送られていることを確認します。

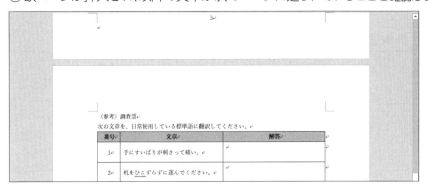

More その他の方法（改ページの挿入）

◆ Ctrl ＋ Enter

4 見出しの設定

論文やレポートなど、ページ数の多い文書の構成を確認したり、変更したりする場合は、文書に階層構造を持たせておくと、文書を管理しやすくなります。
文書に階層構造を持たせるには、「見出し」と呼ばれるスタイルを設定します。
見出しを設定すると、見出しと見出しに続く本文をまとめて管理することができます。

▶▶1 行数の表示

カーソルの位置を確認しやすいようにステータスバーに行数を表示しましょう。

①ステータスバーを右クリックします。

②《行番号》をクリックします。

③ステータスバーにカーソルのある位置の行数が表示されます。

④ショートカットメニュー以外の場所をクリックします。

行数の非表示

ステータスバーの行数を非表示にする方法は、次のとおりです。

◆ステータスバーを右クリック→《行番号》をオフにする

▶▶2 ナビゲーションウィンドウの表示

「ナビゲーションウィンドウ」とは、文書の構成を確認できるウィンドウです。ナビゲーションウィンドウを使うと、見出しを設定した段落が階層表示され、その見出しをクリックするだけで、目的の場所へジャンプしたり、見出しをドラッグするだけで、見出し単位で文章を入れ替えたりできます。

ナビゲーションウィンドウを表示しましょう。

①《表示》タブ→《表示》グループの《ナビゲーションウィンドウ》を✓にします。

※《表示》グループが表示されていない場合は、 （表示）をクリックします。

②ナビゲーションウィンドウが表示されます。

③《見出し》をクリックします。

※見出しを設定する前なので、ナビゲーションウィンドウには何も表示されません。

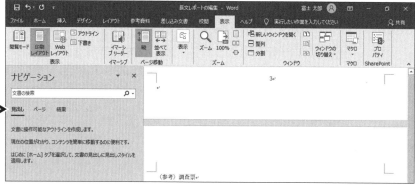

▶▶3 見出しの設定

「調査方法」（1ページ7行目）の段落に「見出し1」を設定しましょう。

①「調査方法」（1ページ7行目）の段落にカーソルを移動します。

※段落内であれば、どこでもかまいません。

②《ホーム》タブ→《スタイル》グループの あア亜 見出し1 （見出し1）をクリックします。

③「調査方法」に見出しが設定され、ナビゲーションウィンドウに表示されます。

④「調査結果」（1ページ14行目）の段落にカーソルを移動します。

※段落内であれば、どこでもかまいません。

⑤F4を押します。

⑥同様に、「調査目的」（2ページ13行目）、「考察」（2ページ22行目）に見出しを設定します。

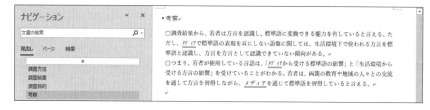

Point! スタイル

「スタイル」とは、フォントやフォントサイズ、下線など複数の書式をまとめて登録し、名前を付けたものです。文字や段落にスタイルを適用すると、複数の書式を瞬時に設定できます。

▶▶4 文章の入れ替え

ナビゲーションウィンドウを使って、見出し「調査目的」を見出し「調査方法」の前に移動しましょう。

① ナビゲーションウィンドウの「調査目的」をクリックします。

② 本文中の見出し「調査目的」が表示されます。

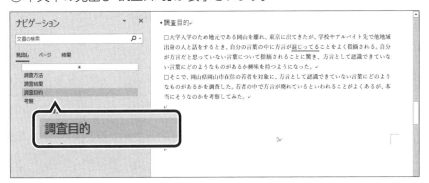

③ ナビゲーションウィンドウの「調査目的」を「調査方法」の前にドラッグします。
※ドラッグ中、マウスポインターの形が　に変わります。

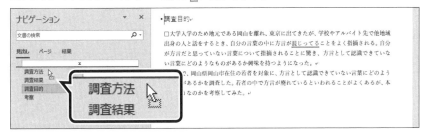

④ ナビゲーションウィンドウの見出しと、本文中の見出しと文章が入れ替わります。

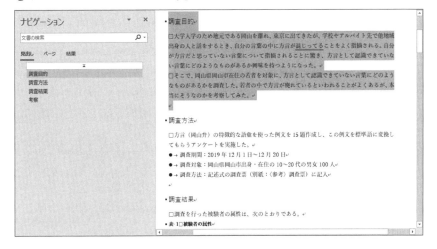

▶▶5 スタイルの更新

スタイルの書式を変更する場合は、スタイルを設定した箇所の書式を変更し、スタイルを更新します。スタイルを更新すると、文書内の同じスタイルを設定した箇所がすべて更新されます。
「調査目的」に次のような書式を設定し、見出し1のスタイルを更新しましょう。

> 段落番号　　：「1.2.3.」
> フォントの色：濃い青
> 太字

①「調査目的」の段落を選択します。

②《ホーム》タブ→《段落》グループの ▨▾ （段落番号）の ▾ →《番号ライブラリ》の《1.2.3.》をクリックします。

③《ホーム》タブ→《フォント》グループの Ａ▾ （フォントの色）の ▾ →《標準の色》の《濃い青》（左から9番目）をクリックします。

④《ホーム》タブ→《フォント》グループの Ｂ （太字）をクリックします。

⑤《ホーム》タブ→《スタイル》グループの あア亜 見出し1 （見出し1）を右クリックします。

⑥《選択個所と一致するように見出し1を更新する》をクリックします。

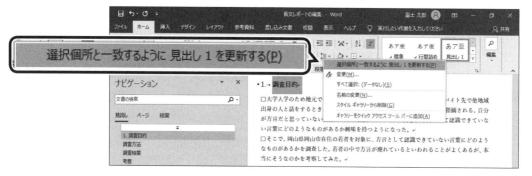

⑦文書内で見出し1を設定した箇所のスタイルが更新されます。

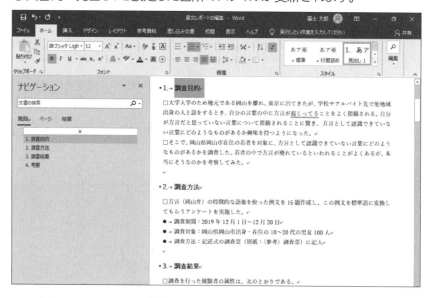

※ナビゲーションウィンドウの ✕ （閉じる）をクリックして、ナビゲーションウィンドウを閉じておきましょう。

目次の作成

見出しのスタイルが設定されている項目を抜き出して、目次を作成できます。
目次を作成する方法は、次のとおりです。

◆目次を作成する位置にカーソルを移動→《参考資料》タブ→《目次》グループの（目次）

索引の作成

文書内の単語や記号など、索引にする項目をあらかじめ登録しておくと、まとめて索引を作成できます。
索引にする項目を登録する方法は、次のとおりです。

◆索引にする項目を選択→《参考資料》タブ→《索引》グループの（索引登録）

登録した項目をもとに索引を作成する方法は、次のとおりです。

◆索引を作成する位置にカーソルを移動→《参考資料》タブ→《索引》グループの（索引の挿入）

5 脚注の挿入

「脚注」を使うと、本文中に脚注番号を付けて、注釈や引用・参考文献の出典などを記載できます。
「「なおす」」と「「たう」」（2ページ6行目）の後ろにそれぞれ脚注番号を付けて、ページの最後に脚注内容を入力しましょう。

①「「なおす」」の後ろにカーソルを移動します。

②《参考資料》タブ→《脚注》グループの（脚注と文末脚注）をクリックします。

③《脚注と文末脚注》ダイアログボックスが表示されます。

④《脚注》を◉にします。

⑤《脚注》が《ページの最後》になっていることを確認します。

⑥《番号書式》の∨をクリックし、一覧から半角の《1, 2, 3…》を選択します。

⑦《挿入》をクリックします。

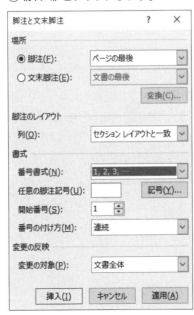

⑧「「なおす」」の後ろに脚注番号が挿入されます。

⑨ページの最後にカーソルがあることを確認し、次の脚注内容を入力します。

「片づける」という意味

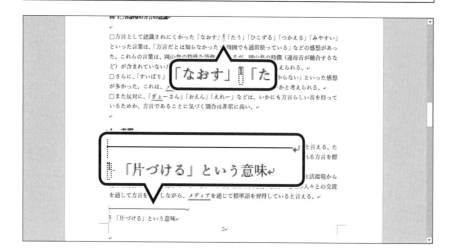

⑩「「なおす」」の後ろの脚注番号をポイントします。

※マウスポインターの形が　　　に変わります。

⑪脚注内容が表示されます。

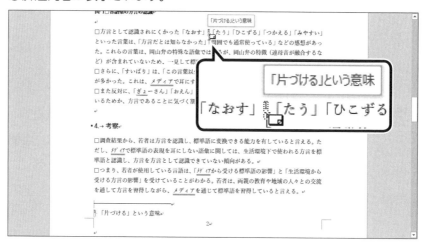

⑫「「たう」」の後ろにカーソルを移動します。

⑬《参考資料》タブ→《脚注》グループの　　　（脚注の挿入）をクリックします。

※2つ目以降の脚注を挿入する場合は、　　　（脚注の挿入）を使うと効率的です。

⑭「「たう」」の後ろに脚注番号が挿入されます。

⑮ページの最後にカーソルがあることを確認し、次の脚注内容を入力します。

「届く」という意味

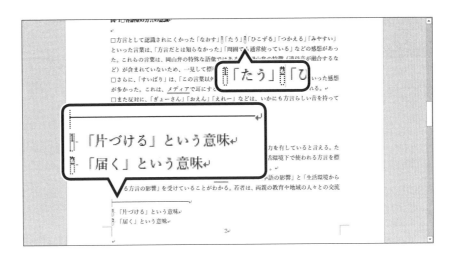

 ためしてみよう【9】

① 次の言葉に脚注番号を半角で付けて、ページの最後に次のような脚注内容を入力しましょう。

脚注番号の位置	脚注内容
「ひこずる」の後ろ（2ページ6行目）	「引きずる」という意味
「つかえる」の後ろ（2ページ6行目）	「詰まる」という意味
「みやすい」の後ろ（2ページ7行目）	「簡単」という意味
「すいばり」の後ろ（2ページ10行目）	「手や指に刺さるトゲ」という意味
「ぎょーさん」の後ろ（2ページ12行目）	「たくさん」という意味
「おえん」の後ろ（2ページ12行目）	「ダメ」という意味
「えれー」の後ろ（2ページ12行目）	「疲れる」という意味

※文書に任意の名前を付けて保存し、文書を閉じておきましょう。

Point! 文末脚注

文書やセクションの最後に、脚注内容をまとめて表示させる場合は、「文末脚注」を使います。

Point! 引用文献一覧の作成

引用を行った場合、引用箇所には文献名を記載します。文献名を登録しておくと、まとめて引用文献の一覧を作成できます。
文献名を登録して引用箇所に表示する方法は、次のとおりです。

◆文献名を表示する箇所にカーソルを移動→《参考資料》タブ→《引用文献と文献目録》グループの  （引用文献の挿入）→《新しい資料文献の追加》

登録した文献名をもとに引用文献の一覧を作成する方法は、次のとおりです。

◆引用文献を作成する位置にカーソルを移動→《参考資料》タブ→《引用文献と文献目録》グループの 文献目録▼（文献目録）→《文献目録の挿入》

1 自動文章校正

「自動文章校正」とは、文法が誤っている可能性のある箇所が、自動的にチェックされ、青色の二重線が表示される機能です。青色の二重線は画面に表示されるだけで、印刷はされません。

二重線部分を右クリックすると、修正候補が表示され、修正できます。

「混じってる」（1ページ9行目）を「混じっている」に修正しましょう。

フォルダー「文書作成編」の文書「レポートの校閲」を開いておきましょう。

①「混じってる」に青色の二重線が表示されていることを確認します。

②「混じってる」の文字上を右クリックします。

※青色の二重線上であれば、どこでもかまいません。

③《「い」抜き　混じっている》をクリックします。

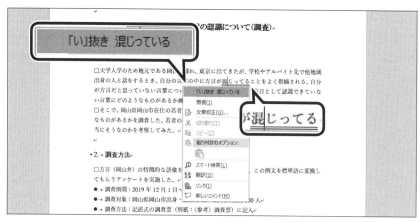

④「混じっている」に修正され、青色の二重線が消えます。

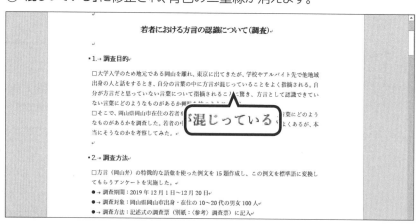

More　自動文章校正の設定の変更

自動文章校正では、基本的に「通常の文」として校正された結果を青色の二重線で表示します。通常の文以外にも「くだけた文」や「公用文」などが設定できます。くだけた文に設定されていると、「い抜き」などの文章は校正されません。

自動文章校正の設定を変更する方法は、次のとおりです。

◆《ファイル》タブ→《オプション》→《文章校正》→《Wordのスペルチェックと文章校正》の《文書のスタイル》の
　 通常の文 ▼ の ▼ →一覧から選択

2 表記ゆれチェック

「インターネット」（全角）と「ｲﾝﾀｰﾈｯﾄ」（半角）や、「ウイルス」と「ウィルス」などのような表記ゆれがある場合は、自動的にチェックされ、青色の二重線が表示されます。「表記ゆれチェック」を使うと、チェックされた箇所をひとつずつ修正したり、まとめて修正したりできます。

表記ゆれチェックを使って、表記ゆれをまとめて修正しましょう。

①《校閲》タブ→《言語》グループの 表記ゆれチェック （表記ゆれチェック）をクリックします。

※《言語》グループが表示されていない場合は、 （言語）をクリックします。

②《表記ゆれチェック》ダイアログボックスが表示されます。

③《対象となる表記の一覧》に表記ゆれのある文章が表示されます。

④《修正候補》の一覧から全角の「メディア」を選択します。

⑤《すべて修正》をクリックします。

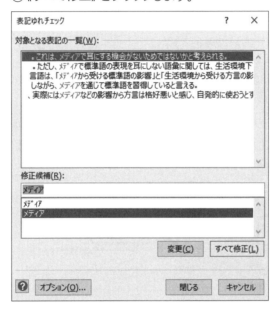

⑥《対象となる表記の一覧》がすべて全角の「メディア」に修正されます。

⑦《閉じる》をクリックします。

⑧図のようなメッセージが表示されたら、《OK》をクリックします。

⑨全角の「メディア」に修正され、青色の二重線が消えます。

Point! 自動スペルチェック

スペルミスの可能性のある単語には赤色の波線、スペルは正しくても文法上、間違っている可能性がある単語には青色の二重線が付きます。
波線や二重線部分を右クリックすると、修正候補が表示され、修正できます。

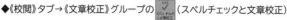

> **Point!** **スペルチェックと文章校正**
>
> 「スペルチェックと文章校正」を使うと、すべての文章校正や表記ゆれチェック、スペルチェックなどを一括して行えます。ひとつずつ確認する手間が省けるので効率的です。
>
> ◆《校閲》タブ→《文章校正》グループの （スペルチェックと文章校正）

3 検索と置換

文書内から特定の文字や書式を検索したり、検索結果を別の文字や書式に置き換えたりできます。

▶▶1 検索

検索はナビゲーションウィンドウを使って行います。
文書内から「岡山弁」という文字を検索しましょう。

①文頭にカーソルを移動します。
※ Ctrl + Home を使うと効率的です。
②《ホーム》タブ→《編集》グループの 検索 （検索）をクリックします。
※《編集》グループが表示されていない場合は、 （編集）をクリックします。
③ナビゲーションウィンドウが表示されます。
④ナビゲーションウィンドウの検索ボックスに「岡山弁」と入力します。
⑤ナビゲーションウィンドウに検索結果が《3件》と表示され、検索した文字が含まれる文章が表示されます。
⑥本文中の該当する文字が強調されます。

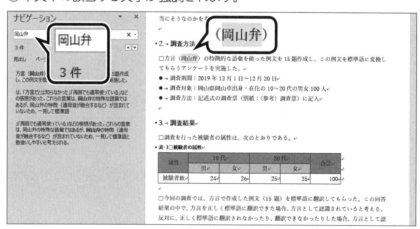

⑦ナビゲーションウィンドウの × （閉じる）をクリックして、ナビゲーションウィンドウを閉じます。

More その他の方法（検索）
◆ Ctrl + F

▶▶2 置換

「置換」を使うと、文書内の文字を一括して別の文字に置き換えたり、ひとつずつ確認しながら置き換えたりできます。
文書内の「変換」という文字を「翻訳」にまとめて置換しましょう。

①文頭にカーソルを移動します。

※ Ctrl + Home を使うと効率的です。

②《ホーム》タブ→《編集》グループの 置換 （置換）をクリックします。

※《編集》グループが表示されていない場合は、 （編集）をクリックします。

③《検索と置換》ダイアログボックスが表示されます。

④《置換》タブを選択します。

⑤《検索する文字列》に「変換」と入力します。

※前回検索した文字が残っているので、上書きします。

⑥《置換後の文字列》に「翻訳」と入力します。

⑦《すべて置換》をクリックします。

⑧図のようなメッセージが表示されたら、《OK》をクリックします。

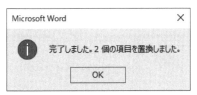

⑨《閉じる》をクリックします。

More その他の方法（置換）

◆ Ctrl + H

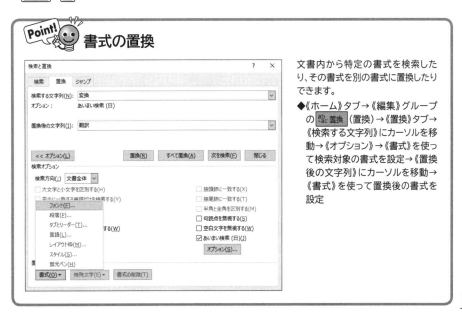

Point! **書式の置換**

文書内から特定の書式を検索したり、その書式を別の書式に置換したりできます。

◆《ホーム》タブ→《編集》グループの 置換 （置換）→《置換》タブ→《検索する文字列》にカーソルを移動→《オプション》→《書式》を使って検索対象の書式を設定→《置換後の文字列》にカーソルを移動→《書式》を使って置換後の書式を設定

_4_ コメントの利用

「コメント」とは、文書内の文字や表、図などに付けることができるメモのことです。自分が論文やレポートを作成しているときに、あとで調べようとしたことをメモしたり、ほかの人が作成したレポートに対して意見や感想などを書き込んだりするときに使います。

▶▶1 コメントの挿入

「岡山弁の特徴」（2ページ8行目）に「連母音の融合のほかにも例を挙げてはどうでしょう。」というコメントを挿入しましょう。

① 「岡山弁の特徴」を選択します。
② 《校閲》タブ→《コメント》グループの （コメントの挿入）をクリックします。
③ 文書の右側にコメントの吹き出しが表示されます。
④ 「連母音の融合のほかにも例を挙げてはどうでしょう。」と入力します。

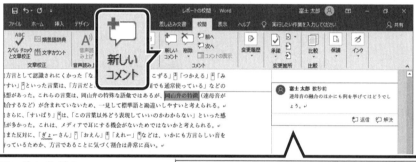

⑤ コメント以外の場所をクリックし、コメントを確定します。

More ユーザー名の変更

コメントを挿入すると、コメント内にコメント作成者としてユーザー名が表示されます。
コメント作成者として表示されるユーザー名を変更する方法は、次のとおりです。
◆《校閲》タブ→《変更履歴》グループの （変更履歴オプション）→《ユーザー名の変更》→《Microsoft Office のユーザー設定》の《ユーザー名》を変更
※Microsoftアカウントを使ってOfficeにサインインしている場合は、《Officeへのサインイン状態にかかわらず、常にこれらの設定を使用する》を ☑ にします。

More コメントへの返答

挿入されているコメントに対して、返答できるので、コメントを介して意見交換や質疑応答ができます。
コメントに返答する方法は、次のとおりです。
◆コメントをポイント→  →文字を入力

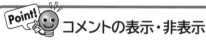 **コメントの表示・非表示**

挿入したコメントは、必要に応じて表示したり非表示にしたりできます。
コメントの表示・非表示を切り替える方法は、次のとおりです。
◆《校閲》タブ→《コメント》グループの （コメントの表示）

▶▶2 コメントの削除

「岡山弁の特徴」に挿入したコメントを削除しましょう。

①コメントをクリックします。

②《校閲》タブ→《コメント》グループの をクリックします。

③コメントが削除されます。

> **Point!** コメントの印刷
>
> コメントを表示した状態で印刷すると、画面同様にコメントが印刷されます。
> コメントを印刷せずに、本文の内容だけを印刷する方法は、次のとおりです。
> ◆《ファイル》タブ→《印刷》→《設定》の すべてのページを印刷 ドキュメント全体 →《変更履歴/コメントの印刷》をオフにする

5 変更履歴の利用

「変更履歴」とは、文書の変更箇所やその内容を記録したものです。
文書にいつ・だれが・どのような編集を加えたのか確認できるので、作成した文書をほかの人に校閲してもらうときに変更履歴を利用すると便利です。
校閲された内容はひとつひとつ確認しながら承諾したり、もとに戻したりできます。

> ユーザーA：作成者
> ユーザーB：チェック者

1 文書の作成

ユーザーAは文書を作成し、ユーザーBに提出します。

2 文書の校閲

ユーザーBは変更履歴の記録を開始し、文書をチェックします。チェックが終了したら、変更履歴の記録を終了します。この間に編集した内容はすべて変更履歴として記録されます。

3 変更履歴の反映

ユーザーAは、変更履歴を確認し、変更内容を承諾したり、もとに戻したりして反映します。

▶▶1 変更履歴の記録開始

変更履歴の記録を開始してから文書に変更を加えると、その行の左端に赤色の線が表示されます。
変更履歴の記録を開始しましょう。

①《校閲》タブ→《変更履歴》グループの （変更履歴の記録）をクリックします。
※《変更履歴》グループが表示されていない場合は、をクリックします。
② （変更履歴の記録）が濃いグレーになり、変更履歴の記録が開始されます。

▶▶2 文書の編集

次のように文書を編集しましょう。

> ・「若者における方言の認識について（調査）」（1ページ5行目）のフォントの色を「青、アクセント5、黒+基本色25%」にする
> ・「調査を行った」（1ページ24行目）を削除する
> ・「図1　各語彙の方言」（2ページ4行目）の後ろに「として」を入力する

①「若者における方言の認識について（調査）」を選択します。

②《ホーム》タブ→《フォント》グループの　 **A** ・ （フォントの色）の ・ →《テーマの色》の《青、アクセント5、黒+基本色25%》（左から9番目、上から5番目）をクリックします。

③変更した行の左端に赤色の線が表示されます。

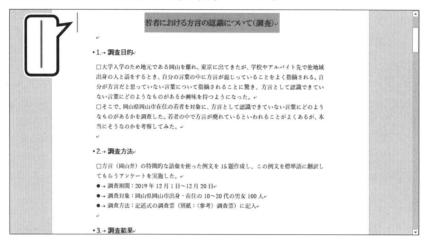

④「調査を行った」を選択します。

⑤ Delete を押します。

⑥削除した行の左端に赤色の線が表示されます。

⑦「図1　各語彙の方言」の後ろにカーソルを移動し、「として」と入力します。

⑧入力した行の左端に赤色の線が表示されます。

▶▶3 変更履歴の記録終了

変更履歴の記録を終了しましょう。

①《校閲》タブ→《変更履歴》グループの　　　（変更履歴の記録）をクリックします。
※《変更履歴》グループが表示されていない場合は、　　（変更履歴）をクリックします。

②　　　（変更履歴の記録）が標準の色に戻り、記録が終了します。

▶▶4 変更履歴の表示

行の左端の赤色の線をクリックすると、変更履歴が表示されます。
変更履歴を表示して、変更内容を確認しましょう。

①「若者における方言の認識について（調査）」の行の左端の赤色の線をクリックします。

②変更履歴が表示されます。
※赤色の線が灰色に変わります。

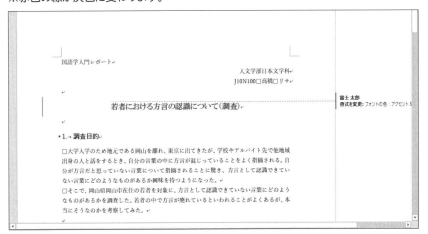

③スクロールして、その他の変更履歴を確認します。

Point! 🙂 **変更内容の表示の切り替え**

初期の設定では、変更履歴は「シンプルな変更履歴」で表示されます。《校閲》タブ→《変更履歴》グループの
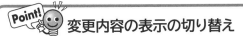 （変更内容の表示）の ▾ をクリックすると、表示方法を変更できます。

表示方法	表示結果
シンプルな変更履歴/コメント	変更した行の左端に赤色の線が表示されます。
すべての変更履歴/コメント	変更した行の左端に灰色の線が表示され、変更履歴がすべて表示されます。
変更履歴/コメントなし	変更履歴は非表示になり、変更後の文書が表示されます。
初版	変更履歴は非表示になり、変更前の文書が表示されます。

▶▶5 変更履歴の反映

変更箇所を確認しながら変更内容を承諾したり、もとに戻したりします。
変更箇所を次のように反映しましょう。

変更箇所	処理方法
若者における方言の認識について（調査）	もとに戻す
調査を行った	反映
図1　各語彙の方言として	反映

①文頭にカーソルを移動します。

※ [Ctrl] + [Home] を使うと効率的です。

②《校閲》タブ→《変更箇所》グループの 📄 (次の変更箇所) をクリックします。

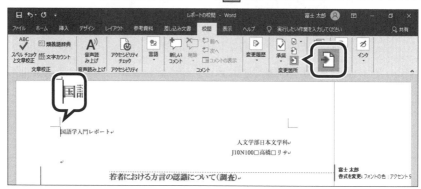

③1つ目の変更箇所が選択されます。

④《校閲》タブ→《変更箇所》グループの ☒ (元に戻して次へ進む) をクリックします。

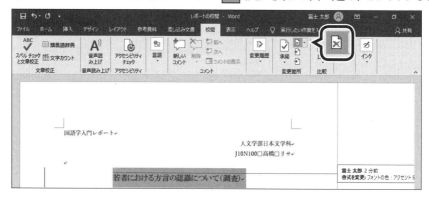

⑤変更内容がもとに戻り、変更履歴が非表示になります。

⑥2つ目の変更箇所が選択されます。

⑦《校閲》タブ→《変更箇所》グループの ☑ (承諾して次へ進む) をクリックします。

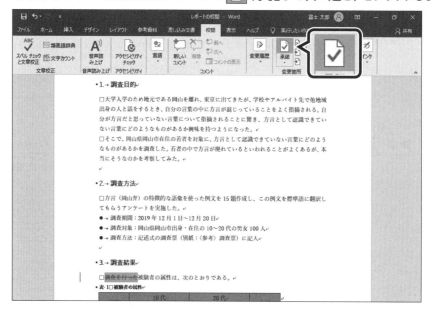

⑧変更内容が反映され、文字が削除されます。

⑨3つ目の変更箇所が選択されます。

⑩《校閲》タブ→《変更箇所》グループの  （承諾して次へ進む）をクリックします。

⑪図のようなメッセージが表示されたら、《OK》をクリックします。

⑫変更内容が反映されます。
※選択を解除しておきましょう。

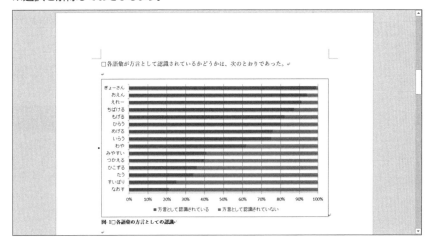

※文書に任意の名前を付けて保存し、文書を閉じておきましょう。
※ステータスバーの行数を非表示にしておきましょう。

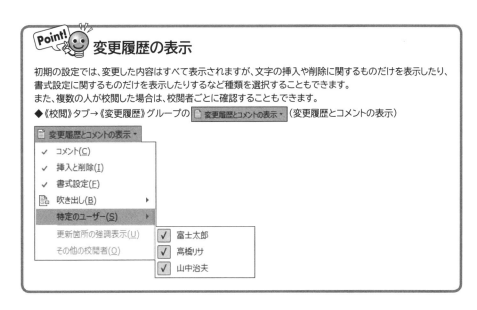

1 数式ツール

「数式ツール」を使うと、分数や上付き文字などを含む数式を簡単に入力できます。
数式ツールを使って、次の数式を入力しましょう。

$$x = \frac{a^2 \pm 4}{2ab} - 2b$$

フォルダー「文書作成編」の文書「数式の入力」を開いておきましょう。

① 文末にカーソルを移動します。

② 《挿入》タブ→ ⬛（記号と特殊文字）→《記号と特殊文字》グループの π （数式の挿入）をクリックします。

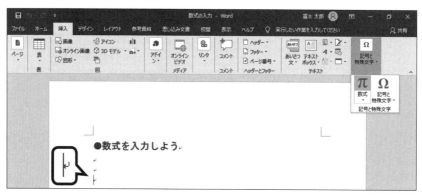

③ 《ここに数式を入力します。》が挿入され、選択されていることを確認します。

④ 「x=」と半角で入力します。

※日本語入力をオフにしておきましょう。

⑤ 《数式ツール》の《デザイン》タブ→《構造》グループの ⬛（分数）→《分数》の《分数（縦）》（左から1番目）をクリックします。

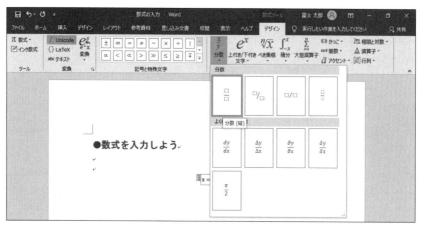

⑥ 分母と分子を表す枠が挿入されます。

⑦分母の枠を選択します。

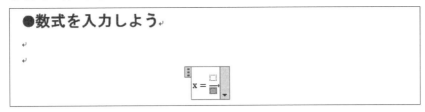

⑧「2ab」と入力します。

⑨分子の枠を選択します。

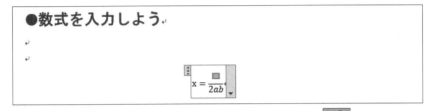

⑩《数式ツール》の《デザイン》タブ→《構造》グループの e^x 上付き/下付き 文字 （上付き/下付き文字）→《上付き/下付き文字》の《上付き文字》（左から1番目）をクリックします。

⑪分子の右上に、べき乗を表す枠が挿入されます。

⑫分子の左側の枠を選択します。

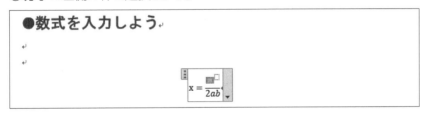

⑬「a」と入力します。

⑭分子の右側の枠を選択します。

⑮「2」と入力します。

⑯ →| を押して、「a^2」の後ろにカーソルを移動します。
※文字はカーソルのある位置に入力されます。カーソルの位置に注意しましょう。

⑰《数式ツール》の《デザイン》タブ→《記号と特殊文字》グループの ± （プラスマイナス）をクリックします。
※ ± （プラスマイナス）が表示されていない場合は、《記号と特殊文字》グループの ▼ （その他）→タイトル部分をクリックし、《基本数式》を選択します。

⑱「4」と入力します。

⑲ →| を何度か押して、「$\frac{a^2 \pm 4}{2ab}$」の後ろにカーソルを移動します。

⑳「−2b」と入力します。

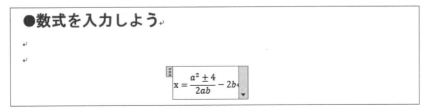

㉑数式以外の場所をクリックし、数式を確定します。
※文書に任意の名前を付けて保存し、文書を閉じておきましょう。

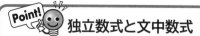

Point! 独立数式と文中数式

文字の入力されていない段落で数式を挿入すると、数式は「独立数式」で表示されます。
文章の途中に数式を挿入すると、数式は「文中数式」で表示されます。
独立数式と文中数式を切り替える方法は、次のとおりです。
◆数式を選択→ ▯ （数式オプション）→《文中数式に変更》／《独立数式に変更》

More その他の構造

数式ツールでは、分数や上付き文字など以外にも、べき乗根や積分、かっこなどの構造も挿入できます。
例：

$$\int \frac{1}{(2x+a)}\mathrm{d}x \qquad \frac{-b \pm \sqrt{b^2 - 4ac}}{2a}$$

More 標準テキスト

《数式ツール》の《デザイン》タブ→《変換》グループの abc テキスト （テキスト）を使うと、数学文字の書式を適用するかどうかを設定できます。

●ボタンがオンのとき
数学文字の書式が適用されない

●ボタンがオフのとき
数学文字の書式が適用される

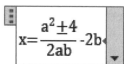

※設定するときは、数式の枠の ▮ をクリックし、数式全体を選択します。

More インク数式

Word 2019には、数式を手書きすると、自動的に判別して入力できる「インク数式」という機能があります。
インク数式を利用する方法は、次のとおりです。
◆《挿入》タブ→ Ω （記号と特殊文字）→《記号と特殊文字》グループの π 数式 （数式の挿入）の 数式 →《インク数式》

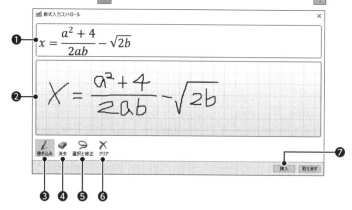

❶手書きした数式が判別され、プレビューが表示されます。
❷マウスでドラッグしたり、タッチで手書きしたりして数式を入力します。
❸数式を書き込みます。
❹書き込んだ数式の一部をドラッグして消去します。
❺間違って認識された数式を選択し修正します。
❻書き込んだ数式をすべて消去します。
❼書き込んだ数式を文書中に挿入します。

タッチで操作しよう

1 タッチ機能

タブレットやタッチ対応パソコンを使っている場合は、キーボードやマウスの代わりに、ディスプレイを指で触って操作することが可能です。

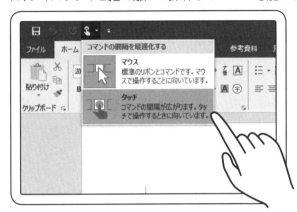

2 タッチモード

画面を「タッチモード」に切り替えると、リボンに配置されたボタンの間隔が広がり、指でボタンが押しやすくなります。

 マウスモード

タッチモードに対して、マウス操作に適した標準の画面を「マウスモード」といいます。

● マウスモードのリボン

● タッチモードのリボン

ボタンの間隔が広がる

マウスモードからタッチモードに切り替えるには、クイックアクセスツールバーの （タッチ/マウスモードの切り替え）を使います。
マウスモードからタッチモードに切り替えましょう。

① クイックアクセスツールバーの （タッチ/マウスモードの切り替え）をタップします。
※表示されていない場合は、クイックアクセスツールバーの （クイックアクセスツールバーのユーザー設定）→《タッチ/マウスモードの切り替え》をタップします。
②《タッチ》をタップします。

③ タッチモードに切り替わります。
④ ボタンの間隔が広がっていることを確認します。

3 タッチ基本操作

Word 2019によるタッチ操作を確認しましょう。

▶▶1 タップ

マウスでクリックする操作は、タッチモードでは「タップ」という操作にほぼ置き換えることができます。タップとは、項目を軽く押す操作です。コマンドを実行したり、一覧から項目を選択したりするときに使います。

● 項目の選択

タブを軽く押すと、
タブが切り替わる

▶▶2 スワイプ

「スワイプ」とは、指を目的の方向に払うように動かす操作です。

画面をスクロールするときに使います。指が画面に軽く触れた状態で払うと、大きくスクロールします。指が画面にしっかり触れた状態でなぞるように動かすと、動かした分だけスクロールします。

●画面のスクロール

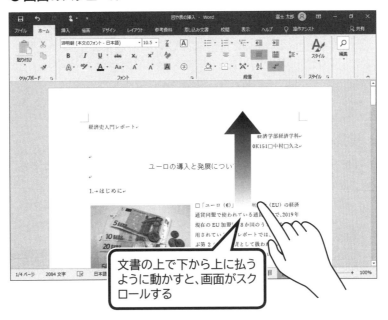

文書の上で下から上に払うように動かすと、画面がスクロールする

▶▶3 スライド

「スライド」とは、操作対象を選択して、引きずるように動かす操作です。

マウスを使って机上でドラッグする操作を、指を使ってディスプレイ上で行います。図形や画像などを移動したり、サイズを変更したりするときなどに使います。

●画像の移動

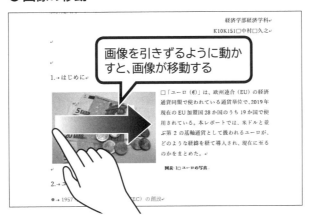

画像を引きずるように動かすと、画像が移動する

Point! 長押し

マウスを右クリックする操作は、タッチで「長押し」という操作に置き換えることができます。長押しは、操作対象を選択して、長めに押したままにすることです。
文字を選択したり、ミニツールバーを表示したりするときなどに使います。

●画像のサイズ変更

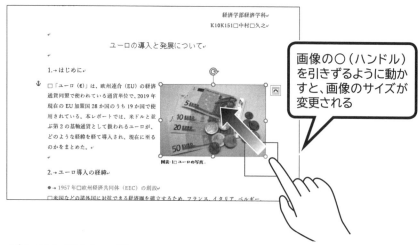

1.→はじめに

□「ユーロ（€）」は、欧州連合（EU）の経済通貨同盟で使われている通貨単位で、2019年現在のEU加盟国28か国のうち19か国で使用されている。本レポートでは、米ドルと並ぶ第2の基軸通貨として扱われるユーロが、どのような経緯を経て導入され、現在に至るのかをまとめた。

> 画像の〇（ハンドル）を引きずるように動かすと、画像のサイズが変更される

▶▶▶4　ピンチとストレッチ

「ピンチ」とは、2本の指を使って、指と指の間を狭める操作です。「ストレッチ」とは、2本の指を使って、指と指の間を広げる操作です。
文書の表示倍率を拡大したり縮小したりするときに使います。

●文書の表示倍率の拡大

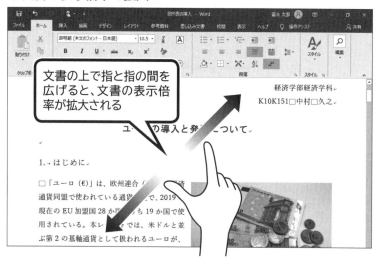

> 文書の上で指と指の間を広げると、文書の表示倍率が拡大される

●文書の表示倍率の縮小

> 文書の上で指と指の間を狭めると、文書の表示倍率が縮小される

4 タッチキーボード

タッチ操作で文書に文字を入力したり、図形に文字を追加したりする場合には、
「タッチキーボード」を使います。
タッチキーボードはタスクバーの ▦ (タッチキーボード) をタップして表示します。

●文書に文字を入力するとき

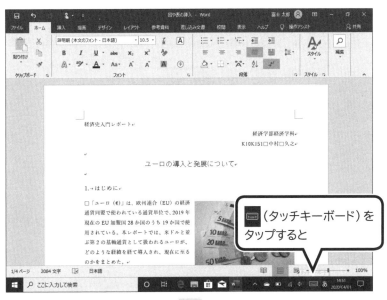

▦ (タッチキーボード) を
タップすると

タッチキーボード
が表示される

5　文字の選択

タッチ操作で単語を選択する場合は、文字を長押しします。複数の単語や段落など
を選択する場合は、単語を選択して表示される○ (範囲選択ハンドル) をドラッグ
して選択範囲を調整します。

●単語を選択するとき

●複数の単語を選択するとき

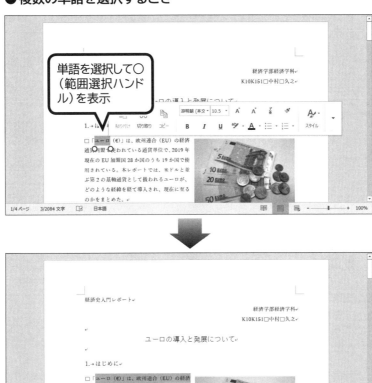

---

6 表の選択

タッチ操作で表を選択する場合は、表内をタップして表示されるタッチ操作用の選択ツールを使います。

❶表全体を選択します。
❷行を選択します。
❸列を選択します。

複数列や複数行を選択する場合は、最初の行または列を選択し、○（範囲選択ハンドル）をドラッグします。

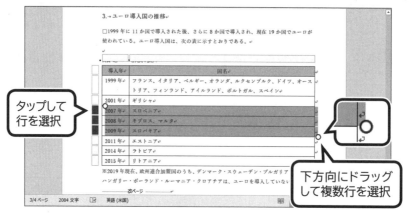

タップして
行を選択

下方向にドラッグ
して複数行を選択

セルを選択するには、セル内の文字のない場所を長押しして、枠が表示されたら手を離します。

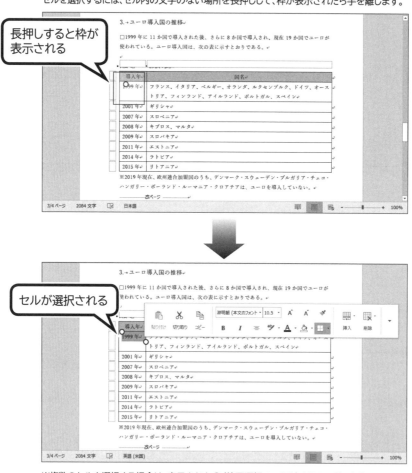

長押しすると枠が
表示される

セルが選択される

※複数のセルを選択する場合は、表示された○（範囲選択ハンドル）をドラッグします。

1 ビジネス文書とは

「ビジネス文書」とは、会社の日常業務で発生する連絡事項や依頼事項、各種の案内、報告など企業や官公庁（自治体）などで扱う文書のことです。

紙で印刷されたものはもちろん、メールなどもビジネス文書に含まれます。

※本書では、一般的なビジネス文書について記述しています。企業内で独自の文書規定がある場合などは、その規定に従ってください。

2 ビジネス文書の種類

ビジネス文書は、「社内文書」「社外文書」「その他の業務で使用するメモや資料」に分類されます。

●社内文書

議事録	報告書	依頼書	回答書	通知書	稟議書
会議の議事の主要事項・検討の状況を記録した文書	与えられた任務の経過や結果について報告する文書	関連部署に依頼をする文書	依頼書に対する返事の文書	業務上の決定事項などを知らせる文書	各関係部署に回して提案、承認を求める文書

●社外文書

案内状	照会状	挨拶状	通知状	見積書	請求書
会合への参加、催事への出席などを求める文書	先方の意向や事情などに関する問い合わせの文書	新築落成、移転、役員の異動などを知らせる文書	業務上の決定事項などを先方に伝える文書		

●その他の業務で使用するメモや資料

 伝言メモ
回覧表
 顧客リスト
 送付状
 申請書　地図

etc…

3 ビジネス文書のポイント

ビジネス文書を作成するときのポイントは、次のとおりです。

> ●正確であること（「事実」「意見」などが明確に区別され、わかりやすい）
> ●簡潔であること（必要なことが要領よくまとまっている）
> ●適時であること（タイミングがよい）
> ●表記法に従うこと（文字、文体、句読点の使い方が正しい）
> ●経済的であること（迅速かつ効率的に作成ができ、扱いが簡単である）
> ●客観的であること（個人的な判断にかたよっていない）

4 ビジネス文書の留意点

ビジネス文書を作成するときの留意点は、次のとおりです。

▶▶1 文字、文体

①漢字は、原則として常用漢字を使います。数字は、原則としてアラビア数字を使います。

※地名、人名、会社名などの固有名詞は常用漢字以外でも使うことができます。

②社内向けには常体、敬体を使い、社外向けには敬体、特別敬体を使います。

> ●常体　　　・・・だ。・・・する。
> ●敬体　　　・・・です。・・・します。
> ●特別敬体　・・・でございます。・・・いたします。

▶▶2 書式

書式は、原則として横書きとします。
ただし、次の文書は縦書きとする場合もあります。

> ●法令などで特に定められているもの
> ●表彰状、祝辞、弔辞に類するもの

▶▶3 1件1文書

ひとつのテーマにひとつの文書を対応させます。
※通常、テーマ別にファイリングするため、1件1文書の形式が便利です。

▶▶4 文書の用紙

用紙は、原則としてA4版を縦長に使います。
また、原則として1枚に収め、2枚以上にわたる場合は左上をとじ、ページ番号を下部中央に付けます。

5 社内文書

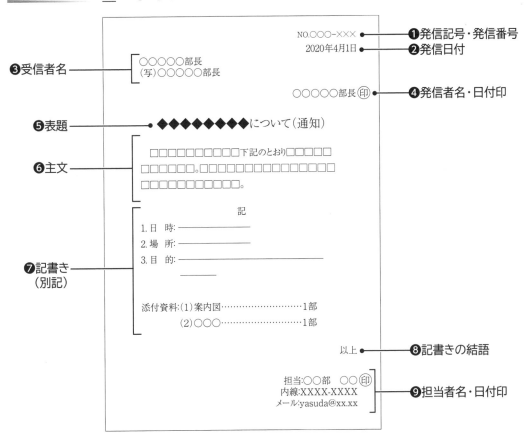

図中ラベル：
- ❶発信記号・発信番号　NO.○○○-×××
- ❷発信日付　2020年4月1日
- ❸受信者名　○○○○○部長　（写）○○○○○部長
- ❹発信者名・日付印　○○○○○部長㊞
- ❺表題　◆◆◆◆◆◆◆について（通知）
- ❻主文　□□□□□□□□□□下記のとおり□□□□□□□□□□□。□□□□□□□□□□□□□□□□□□□□□□□□□□□。
- ❼記書き（別記）　記　1.日　時：——　2.場　所：——　3.目　的：——　添付資料：（1）案内図…………1部　（2）○○○…………1部
- ❽記書きの結語　以上
- ❾担当者名・日付印　担当:○○部　○○㊞　内線:XXXX-XXXX　メール:yasuda@xx.xx

❶発信記号・発信番号
発信元では、必要に応じて文書の発信番号を管理します。発信番号は文書の右上に記述します。省略する場合もあります。

❷発信日付
原則として、発信当日の年月日を記述します。西暦とするか和暦とするかは、組織内の規定に合わせます。

❸受信者名
左端を主文の左端とそろえます。
受信者名は、原則として役職名だけ、または部署名と個人名を記述します。
※受信者の部署名や役職名は最新の情報を確認し、間違えないように注意しましょう。
送付先が多い場合は、「関係者　各位」などと記述します。

❹発信者名・日付印
発信者名は所属長の部署名と役職名を、本文の右上、受信者名より下の行に記述します。
書面について発信者が確認したことを明示するための押印は日付印を使います。

❺表題
本文の内容がひと目でわかるような件名にします。中央に本文より大きい文字で記述します。
※本文の内容により、「通知」「回答」「報告」などを（　）書きで記述します。

❻主文
記書き（別記）がある場合は、「下記のとおり」と記述します。

❼記書き（別記）
主文において「下記のとおり」とした場合は、主文の下に中央揃えで「記」を記述します。記書きは、見出し記号を付けて箇条書きにします。

❽記書きの結語
「以上」でしめくくり、右端に記述します。

❾担当者名・日付印
担当者の部署名、氏名、内線番号、メールアドレスなどの連絡先を右端に記述し、担当者の日付印を押します。

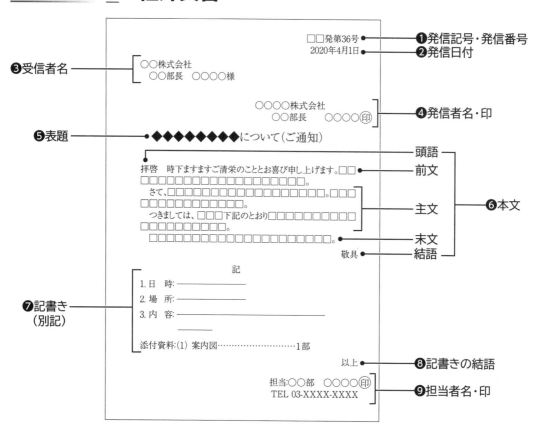

❶発信記号・発信番号

❷発信日付

❸受信者名

❹発信者名・印

❺表題

頭語
前文
主文
末文
結語

❻本文

❼記書き（別記）

❽記書きの結語

❾担当者名・印

□□発第36号
2020年4月1日

○○株式会社
　○○部長　○○○○様

○○○○株式会社
　○○部長　　○○○○㊞

◆◆◆◆◆◆◆について（ご通知）

拝啓　時下ますますご清栄のこととお喜び申し上げます。□□
□□□□□□□□□□□□□□□□□□□□。
　さて、□□□□□□□□□□□□□□□□□□□。□□□
□□□□□□□□□□□□□□□□□。
　つきましては、□□□下記のとおり□□□□□□□□□
□□□□□□□□□。
□□□□□□□□□□□□□□□□□□□。
　　　　　　　　　　　　　　　　敬具

記

1. 日　時:――――――――――
2. 場　所:――――――――――
3. 内　容:――――――――――
　　　　　――――――――――

添付資料:(1) 案内図…………………1部

以上

担当:○○部　○○○○㊞
TEL 03-XXXX-XXXX

❶発信記号・発信番号

発信元では、必要に応じて文書の発信番号を管理します。発信番号は文書の右上に記述します。省略する場合もあります。

❷発信日付

原則として、発信当日の年月日を記述します。西暦とするか和暦とするかは、送付先の慣行などに合わせます。

❸受信者名

左端を本文の左端とそろえます。

会社名は、正式名称を記述します。略称の（株）、K.K.などは使いません。

受信者名は、原則として役職名と個人名を併記します。

送付先が複数の場合は、原則として送付先ごとに作成します。

受信者の敬称は、次のとおりです。

宛て先	敬称
官庁、会社などの団体にあてる	御中
役職名、個人名にあてる	様
会社や個人などを特定しない複数にあてる	各位

❹発信者名・印

発信者名は原則として所属長にし、本文の右上、受信者名より下の行に記述します。

発信者の印は、原則として会社所有の社印を押印します。社印がない場合は、認印を押印します。

※日付印は使いません。

＜例＞

> **山田電子産業株式会社**
> **東京支店　販売部長　佐藤　太郎　㊞**

※案内状、挨拶状など、多数印刷し配付する場合やメールの場合は押印しなくてもかまいません。

❺表題

本文の内容がひと目でわかるような件名にします。（　）書きの記述には敬体を使い、相手発信の関連文書については「貴信」を添えます。

＜例＞

> **契約条件の変更ついて（ご回答）**
> **（貴信2020年3月1日付、営業発第77関連）**

❻本文

本文は、次のように記述します。

◆頭語
「拝啓」や「謹啓」などを使います。

◆前文
時候の挨拶や相手の繁栄を祝う言葉を添えます。

◆主文
前文の次の行に改行して記述します。
わかりやすく、簡潔に記述します。文は短く区切り、あいまいな表現や重複する表現は避け、結論を先に記述します。また適切な敬語を使います。

◆末文
主文をしめくくります。本文の末尾に改行して記述します。

◆結語
頭語に対応する「敬具」、「謹白」などの結語を使います。

❼記書き（別記）

主文において「下記のとおり」とした場合は、主文の下に中央揃えで「記」を記述します。記書きは、見出し記号を付けて箇条書きにします。

❽記書きの結語

「以上」でしめくくり、右端に記述します。

❾担当者名・印

明示する必要がある場合は、「以上」の下に担当者の部署名、氏名、電話番号、メールアドレスなどの連絡先を右端に記述し、担当者の認印を押印します。
※日付印は使いません。

Point!  頭語・結語

頭語と結語には、次のようなものがあります。文書の種類に応じて使い分けましょう。

文書の種類	頭　語	結　語
一般的な場合	拝啓	敬具
	謹啓	謹白　敬白　謹言
取り急ぎ要件のみ書く場合	前略	草々
返信の場合	拝復	敬具　敬白

Point! 時候の挨拶

時候の挨拶には、次のようなものがあります。
相手の立場や地位、相手との関係を考慮しながら、使い分けましょう。

月	一般的な挨拶の例	やや打ち解けた挨拶の例
1月	新春の候、厳寒の候、大寒の候	寒さ厳しき折から
2月	余寒の候、梅花の候、立春の候	立春とは名ばかりですが
3月	早春の候、浅春の候、春分の候	日増しに暖かくなりましたが
4月	陽春の候、春暖の候、桜花の候	うららかなよい季節を迎え
5月	新緑の候、薫風の候、初夏の候	青葉薫るころとなりましたが
6月	梅雨の候、短夜の候、向暑の候	うっとうしい日々が続きますが
7月	盛夏の候、炎暑の候、酷暑の候	暑さ厳しき折から
8月	残暑の候、晩夏の候、秋暑の候	風の音にも秋の訪れを感じる季節となり
9月	初秋の候、秋雨の候、新涼の候	さわやかなよい季節を迎え
10月	秋冷の候、仲秋の候、錦秋の候	さわやかな晴天の続くこのごろ
11月	晩秋の候、向寒の候、初霜の候	秋もいちだんと深まってまいりましたが
12月	寒冷の候、師走の候、初冬の候	暮れも押し迫ってまいりましたが

練習問題

練習問題 1

次のような文書を作成しましょう。
※設定する項目名が一覧にない場合は、任意の項目を選択してください。

 フォルダー「文書作成編」のフォルダー「練習問題」の文書「練習問題1」を開いておきましょう。

**テニスサークル
対抗戦のお知らせ**

エフ・オー・エム テニスサークル連合

毎年恒例となりました、エフ・オー・エム テニスサークル対抗戦を下記のとおり開催します。
日ごろの練習の成果を発揮し、優勝を目指してがんばりましょう！

記

1. 日　　時　　2020 年 5 月 10 日（日）午前 9 時～午後 4 時
2. 場　　所　　FOM グラウンド　テニスコート
3. 種　　目　　チーム戦（男子・女子・ミックス　ダブルス各 1 ペア）
4. 申込方法　　参加申込書に必要事項を記入の上、事務局宛に提出してください。
5. 申込期限　　2020 年 4 月 10 日（金）

以上

担当　対抗戦事務局（fom-jimu@xx.xx）

- -

参加申込書

●サークル名：＿＿＿＿＿＿＿＿＿＿＿＿＿＿

種目	氏名	メール
男子ダブルス		
女子ダブルス		
ミックスダブルス		

---

① 次のようにページのレイアウトを設定しましょう。

> 用紙サイズ ：A4
> 印刷の向き：縦
> 余白　　　：上 20mm　下 20mm　左 20mm　右 20mm

② 「エフ・オー・エム　テニスサークル連合」と「担当　対抗戦事務局（fom-jimu@xx.xx）」をそれぞれ右揃えにしましょう。

③「エフ・オー・エム　テニスサークル連合」に、文字の効果と体裁の「塗りつぶし：青、アクセントカラー5；輪郭：白、背景色1；影（ぼかしなし）：青、アクセントカラー5」を設定しましょう。次に、太字を解除しましょう。

Hint 《ホーム》タブ→《フォント》グループの A▾ （文字の効果と体裁）を使います。

④「テニスサークル」と「対抗戦のお知らせ」に次のような書式を設定しましょう。

```
フォント　　　：MSPゴシック
フォントサイズ：36ポイント
```

⑤フォルダー「練習問題」の画像「テニスサークル」を挿入しましょう。

⑥画像の文字列の折り返しを「背面」に設定し、完成図を参考にサイズと位置を調整しましょう。

⑦記書き内の項目に「1.2.3.」の段落番号を設定しましょう。

⑧完成図を参考に、「参加申込書」の段落に段落罫線を引きましょう。

⑨「参加申込書」に次のような書式を設定しましょう。

```
フォントサイズ：14ポイント
太字
中央揃え
```

⑩「●サークル名：　　　　　」の行に次のような書式を設定しましょう。

```
フォントサイズ：12ポイント
下線
```

⑪文末に7行3列の表を作成し、次のように文字を入力しましょう。

Hint 《挿入》タブ→《表》グループの 🔲 （表の追加）→表のマス目を使います。

種目	氏名	メール
男子ダブルス		
女子ダブルス		
ミックスダブルス		

⑫表の1行目に次のような書式を設定しましょう。

```
塗りつぶし　：青、アクセント1、白+基本色60%
中央揃え（セル内で中央）
```

⑬「男子ダブルス」のセルと下側のセル、「女子ダブルス」のセルと下側のセル、「ミックスダブルス」のセルと下側のセルをそれぞれ結合しましょう。

⑭文書を2部印刷しましょう。

※文書に任意の名前を付けて保存し、文書を閉じておきましょう。

次のような文書を作成しましょう。
※設定する項目名が一覧にない場合は、任意の項目を選択してください。

OPEN　Wordを起動し、新しい文書を作成しておきましょう。

もっと便利に　お得に
インターネット
ショッピングのおすすめ

普段のお買い物がインターネットで手軽にできることをご存知ですか？
FOM スーパーでは、便利でお得なインターネットショッピング専用パックをご用意しています。

Aパック　産地直送野菜セット　2,000円（税別）

・ジャガイモやタマネギ、ニンジンなどのいろいろな野菜を1週間分まとめて産地直送でお届けします。

Bパック　重いものセット　2,500円（税別）

・毎日使う醤油や酒、米などの重いものをお届けします。

Cパック　日用品セット　2,200円（税別）

・洗剤や掃除道具、トイレットペーパーなどのかさばる日用品をまとめてお届けします。

今すぐアクセス！　**https://www.fomsuper.xx.xx/**

<お問い合わせ先>　FOM スーパー　カスタマーセンター
TEL　03-5555-XXXX

①次のようにページのレイアウトを設定しましょう。

```
ページサイズ ： A4
用紙の向き　：縦
```

②次のように文字を入力しましょう。

```
もっと便利に□お得に ↵
インターネット ↵
ショッピングのおすすめ ↵
↵
普段のお買い物がインターネットで手軽にできることをご存知ですか? ↵
FOMスーパーでは、便利でお得なインターネットショッピング専用パックをご
用意しています。↵
↵
↵
今すぐアクセス!□https://www.fomsuper.xx.xx/ ↵
↵
<お問い合わせ先>□FOMスーパー□カスタマーセンター ↵
TEL□03-5555-XXXX
```

※□は全角の空白を表します。
※ ↵ は改行を表します。
※英数字・記号は半角で入力します。
※「https://www.fomsuper.xx.xx/」と入力して改行すると、自動的にハイパーリンクが設
　定され、文字が青色になり下線が表示されます。

③「もっと便利に　お得に」「インターネット」「ショッピングのおすすめ」に次のような
　書式を設定しましょう。

```
フォント　　　 ：MSゴシック
フォントサイズ ： 36ポイント
```

④③で書式設定した文字のうち、「便利」「お得」「インターネット」「ショッピング」の
　フォントの色を「濃い赤」に設定しましょう。

⑤「今すぐアクセス!…」の上の行にSmartArtグラフィック「縦方向箇条書きリスト」を
　作成しましょう。

　　Hint 《縦方向箇条書きリスト》は《リスト》に分類されます。

⑥テキストウィンドウを使って、SmartArtグラフィックに次のような項目を入力しましょう。

・Aパック□産地直送野菜セット□2,000円（税別）
　　　　・ジャガイモやタマネギ、ニンジンなどのいろいろな野菜を1週間分まとめて産地直送でお届けします。
・Bパック□重いものセット□2,500円（税別）
　　　　・毎日使う醤油や酒、米などの重いものをお届けします。
・Cパック□日用品セット□2,200円（税別）
　　　　・洗剤や掃除道具、トイレットペーパーなどのかさばる日用品をまとめてお届けします。

※□は全角の空白を表します。
※英数字・記号は半角で入力します。

Hint 箇条書きは Enter で追加し、レベルの設定には、《SmartArtツール》の《デザイン》タブ→《グラフィックの作成》グループの ← レベル上げ （選択対象のレベル上げ）または → レベル下げ （選択対象のレベル下げ）を使います。

⑦SmartArtグラフィックに色「カラフル-アクセント5から6」、スタイル「立体グラデーション」を適用しましょう。

⑧SmartArtグラフィック内のすべての文字に次のような書式を設定しましょう。

フォント　　　：MSゴシック
フォントサイズ：16ポイント

---

⑨「https://www.fomsuper.xx.xx/」に次のような書式を設定しましょう。

フォントサイズ：22ポイント
フォントの色　：濃い赤

---

⑩「＜お問い合わせ先＞　FOMスーパー　カスタマーセンター」と「TEL　03-5555-XXXX」をそれぞれ右揃えにしましょう。

⑪文書に「インターネットショッピング」と名前を付けて、PDFファイルとして保存しましょう。

※文書に任意の名前を付けて保存し、文書を閉じておきましょう。

練習問題 3

次のような文書を作成しましょう。
※設定する項目名が一覧にない場合は、任意の項目を選択してください。

フォルダー「文書作成編」のフォルダー「練習問題」の文書「練習問題3」を開いておきましょう。

Windmill Orchestra
第 31 回　定期演奏会

- 公演日 ……………………… 2020 年 3 月 15 日（日）
  （開場時間 18 時　開演時間 18 時 30 分）
- 会場 ……………………… 中区音楽堂　大ホール
- 指揮 ……………………… 津田　央二
- 演奏 ……………………… ウィンドミル オーケストラ
- チケット料金 ………… S 席：5,400 円　A 席：4,300 円（全席指定）
- お問い合わせ先 ……… ウィンドミル オーケストラ事務局
  （TEL　03-5838-XXXX）

- 演目紹介

1. 歌劇「ポーギーとベス」
   （作曲：ガーシュイン）

舞台は 1920 年代のサウスカロライナ州のチャールストン。この街の川沿いに建つメゾンを中心に、足の不自由な青年ポーギーと、ギャングの情婦であったベスの哀しい純愛物語が繰り広げられます。

オペラの中で歌われる「サマータイム」は、いまやアメリカのスタンダードナンバーとなっています。さらに、コンサート形式で演奏するためにオペラの旋律をもとにした組曲が数曲作られ、今回演奏する吹奏楽版では、5 曲がセレクトされています。

2. 交響詩「魔法使いの弟子」
   （作曲：デュカス）

アニメ映画に使われ、たいへん有名になった交響詩です。

魔法使いの大先生の留守中、弟子が見様見まねで呪文をかけ、棒に水運びをさせますが、いつのまにか部屋は水浸しになってしまいます。弟子は、あわてて水運びを中止させようとするのですが、魔法を解く呪文がわかりません。思い余って棒に刃物を投げつけます。すると、二つになった棒が以前の倍のスピードで水を運び出したからたまりません。家の中は大洪水になり、弟子は万策尽きてしまいます。そこに大先生が帰宅し、呪文を唱えると水は一瞬のうちに消えてしまう、という愉快な話に基づいています。

---

① 次のようなページ罫線を設定しましょう。

絵柄	：	
色	：	濃い赤
線の太さ	：	31pt

②ワードアートを使って、「Windmill␣Orchestra」という文字を挿入しましょう。
　ワードアートのスタイルは「塗りつぶし：オレンジ、アクセントカラー2；輪郭：オレンジ、アクセントカラー2」にします。
　※␣は半角の空白を表します。
　※英字は半角で入力します。

③ワードアートのフォントを「Goudy Old Style」に設定しましょう。

④完成図を参考に、ワードアートの位置を調整しましょう。

⑤次の段落に行頭文字「●」の箇条書きを設定しましょう。

公演日2020年3月15日（日）
会場中区音楽堂　大ホール
指揮津田　央二
演奏ウィンドミル　オーケストラ
チケット料金S席：5,400円　A席：4,300円（全席指定）
お問い合わせ先ウィンドミル　オーケストラ事務局
演目紹介

⑥ルーラーを表示し、次の文字の先頭を約12字の位置にそろえましょう。

2020年3月15日（日）
（開場時間 18：00　開演時間 18：30）
中区音楽堂　大ホール
津田　央二
ウィンドミル　オーケストラ
S席：5,400円　A席：4,300円（全席指定）
ウィンドミル　オーケストラ事務局
（TEL　03-5838-XXXX）

⑦次の文字の左側に、リーダー「……（5）」を表示しましょう。

2020年3月15日（日）
中区音楽堂　大ホール
津田　央二
ウィンドミル　オーケストラ
S席：5,400円　A席：4,300円（全席指定）
ウィンドミル　オーケストラ事務局

⑧「1.歌劇「ポーギーとベス」」から文末までの文章を2段組みにしましょう。

⑨「2.交響詩「魔法使いの弟子」」が2段目の先頭になるように、段区切りを挿入しましょう。

⑩「（作曲：ガーシュイン）」と「（作曲：デュカス）」の段落の左インデントをそれぞれ「1.5字」に設定しましょう。

　　Hint 《レイアウト》タブ→《段落》グループを使います。

※文書に任意の名前を付けて保存し、文書を閉じておきましょう。

練習問題 4

次のような文書を作成しましょう。

フォルダー「文書作成編」のフォルダー「練習問題」の文書「練習問題4」を開いておきましょう。

1ページ目

社会学部コミュニケーション学科

S10C189　山崎　由美子

現代における外来語の役割と影響

1．はじめに

　私は、「ひとつの事物に複数の語や表現が対応する場合」のひとつとして取り上げられた「外来語」に興味を持ち、本レポートにて述べていくことにした。現在、日本ではたくさんの外来語が使われ、その種類も増え続けている。なぜこのように外来語が好んで使用されているのか、また、外来語を多用することによる影響にはどのようなものがあるのか、以下に述べていく。本レポートにおいては、日本における外来語についてのみ扱うものとする。

2．外来語の歴史

　「外来語」とは、一般に日本以外の国から入ってきた言葉が国語化されたものを指す。その輸入元の国は多岐に渡り、また、日本の外交の変化に伴い、時代を追うごとに変わってきている。言葉の輸入について最も古い時代に遡れば、中国や韓国から言葉が入ってきており、アイヌ語など日本国土内の少数民族の言葉が日本全土で一般化した例がある。

　しかし、これらは非常に古い時代に日本に入り定着したため、外来語とは呼ばれないことが多い。現在、外来語として認識されるのは、オランダやポルトガルとの国交が始まって以来の言葉である。

　明治時代に入り、開国により外国との国交が盛んになると、一気に外来語の数が増える。これまでのオランダ語やポルトガル語に代わり、新興勢力の英語由来の言葉が加速度的に浸透する。江戸時代に用いられた「ソップ」「ターフル」「ボートル」が「スープ」「テーブル」「バター」に取って代わられたほどである。小説においても、「実に是は有用（ユウスフル）ぢゃ。（中略）歴史（ヒストリー）を読んだり、史論（ヒストリカル・エッセイ）を草する時には…」[1]とわざわざルビを使い、積極的に外来語を使用するものも

　第二次世界大戦に突入すると、外来語排斥の時代となった。明治時代から
て流行した外来語は、敵性語として次のような外来語に無理矢理漢字で変換された。

表1　第二次世界大戦期に漢字に変換された外来語の例

外来語	漢字への変換
サイダー	噴出水
パーマ	電髪
マイクロホン	送話器
コロッケ	油揚げ肉饅頭

[1] 坪内逍遥（明治18-19年）『当世書生気質』

1

2ページ目

3．現在使われている外来語の成り立ち

　現在使われている外来語にどのような成り立ちがあるか、代表的なものをみていく。

　複数の国から別々に入ってきた例として、ポルトガル語の「カルタ」、英語の「カード」、ドイツ語の「カルテ」、フランス語の「（ア・ラ・）カルト」がある。もとは同じ意味であるが、輸入の経緯が異なったためそれぞれが全く別のものを指す言葉として使われている。

　ゆれ・混乱の例として、「ヒエラルキー（位階制度）」がある。ドイツ語では、「ヒエラルヒー」、英語では「ハイアラーキー」であるところを見ると、これは両語の混用であると考えられる。外国人から見れば間違った発音であるが、現在では辞書に載るほど一般化している言葉であるため、日本では正しい言葉であると認めざるを得ない。

　さらに、外来語はカタカナで表記すると長くなってしまうものが多いので、次のように短縮して和製英語を作ることが多い。

表2　和製英語の例

短縮前の言葉	和製英語
アメリカンフットボール	アメフト
ワードプロセッサー	ワープロ
パーソナルコンピューター	パソコン

　また、「sunglasses」を「サングラス」、「corned beef」を「コーンビーフ」といったように、複数形の「s」や「es」、過去分詞形の「ed」を省略する例も多い。

4．現代における外来語

　では、なぜこのようにたくさんの外来語が使われるようになったのか。なぜ漢字を使った日本風の言葉にせず、カタカナ言葉なのか。まず、もともと日本になかった言葉を言い表すのにはそのまま借用してしまえば一番手っ取り早いという、便宜上の理由が挙げられる。さらに、それに加えてやはりカタカナ言葉を使用することによって、かっこいい、新鮮味がある、インパクトがある、しゃれた感じがする、高級だ、といったようなプラスのイメージになることが多いからであろう。

　例えば、アパートやマンションを選ぶ場合、「〇〇荘」「集合住宅」「長屋」と書かれた建物よりも、カタカナ言葉で書かれた建物のほうが豪華で広い現代的なイメージを持ちやすい。最近では「パレス（Palace-宮殿）」「レジデンス（Residence-宮殿）」「メゾン（Maison-家）」「ハイム（Heim-家）」「カーサ（Casa-家）」と名称も多岐に渡り、それらの言葉の頭に「ロイヤル」「ゴールデン」「グランド」「プリンス」などを付け、さらに豪華さを加えようとしたものを多く見かける。

　また、政治の世界においても同様に、カタカナ言葉が多く使われている。小泉元首相はカタカナ言葉の氾濫を嫌い、「バックオフィス（内部管理事務）」や「アウトソーシング（民間委託）」などの言葉は国民にとってわかりにくいと指摘した。一方、安倍首相は第一次安倍内閣の所信表明演説において「セーフティーネット」「カントリー・アイデンティティー」

2

言語情報伝達論レポート

など 109 回、小泉元首相の時の 4 倍もの分量のカタカナ言葉を使用し、わかりにくいとの指摘を受けた。

確かに、次々と増える外来語はわかりにくいものが多い。そこで、独立行政法人 国立国語研究所を中心として、官報や新聞など、公共性の高い文書に使用される外来語について、次のようにわかりやすい言葉を作って言い換えようという動きもある。

表 3 官報や新聞などで言い換えられた外来語の例

外来語	言い換えられた言葉
アクセシビリティー	利用しやすさ
オーガナイザー	まとめ役
オフサイトセンター	原子力防災センター
コージェネレーション	熱電供給

5．外来語を使用するにあたっての注意事項

これら現在使われている外来語を使用するにあたって、外来語はあくまで日本独自の言葉であって「外国語」ではないため、日本国内でしか通用しないということを認識しておくべきである。アメリカに行って、「テレビ」「コンビニ」「パソコン」「ファミレス」「カーナビ」等の単語を使用しても会話が成り立たない。

言葉が通じないのはまだ良い方である。誤解されて伝わった場合、今後の人間関係に影響を及ぼす可能性もある。誤解される可能性があるのは、外来語と外国語で意味するものが違う場合である。例えば、食べ放題は、日本語で「バイキング」であるが、英語で「biking」は自転車に乗ることを指す言葉である。英語圏の友人をバイキングに誘おうと「Let's go biking on Sunday.」と話すと、サイクリングに誘われたものとしてとらえられてしまう。

6．まとめ

このように、現代において外来語は日常のさまざまな場面で使用されており、我々は特に何かを意識することなく当然のものとして使用している。外来語は新鮮さやかっこよさなどのプラスのイメージを与えることが多いが、外来語が過剰に使用され、わかりにくさや混乱を招いていることも事実である。

特に、企業や行政は専門知識を持たない一般消費者・国民に対し、伝えるべき情報をわかりやすく伝える義務があるのではなかろうか。外来語が氾濫している現代だからこそ、今一度本当に使うべき言葉は一体何であるのか、考え直す必要がある。政府を中心とした今後の「言い換え」の動向に注目していきたい。

（参考文献）
● 木村早苗（1978 年）『日本語と外来語』和語研究社
● 新宮機平（1981 年）『外来語の歴史』実新社
● 田井中淳吉（2000 年）『和製英語の世界』通観書店

3

① 表記ゆれチェックを使って、半角の「ｶﾀｶﾅ」を全角の「カタカナ」にすべて修正しましょう。

② フッターの中央にページ番号を挿入しましょう。

③ ヘッダーの左側に「言語情報伝達論レポート」という文字を挿入しましょう。

④ 次の段落に「見出し1」を設定しましょう。

> はじめに
> 外来語の歴史
> 現在使われている外来語の成り立ち
> 外来語を使用するにあたっての注意事項
> 現代における外来語
> まとめ

⑤ ナビゲーションウィンドウを使って、「現代における外来語」を「外来語を使用するにあたっての注意事項」の前に移動しましょう。

⑥ 「はじめに」に「1.2.3.…」の段落番号を設定しましょう。

⑦「1.はじめに」に次のような書式を設定しましょう。

```
フォント      ：MSゴシック
フォントの色 ：濃い青
太字
```

⑧ 見出し1のスタイルを、「1.はじめに」に設定されている書式に更新しましょう。

⑨「2.外来語の歴史」内の「草する時には…」（1ページ25〜26行目）の後ろに次のような脚注を挿入しましょう。

```
脚注位置：ページの最後
番号書式：1，2，3・・・（全角）
脚注内容：坪内逍遥（明治18-19年）『当世書生気質』
```

※「『』」は「かっこ」と入力して変換します。
※行数を確認するには、ステータスバーに行番号を表示すると効率的です。

⑩ 文書内の3つの表に次のような図表番号をそれぞれ挿入しましょう。

1ページ目の表

```
ラベル    ：表
ラベル名：□第二次世界大戦期に漢字に変換された外来語の例
位置      ：選択した項目の上
```

2ページ目の表

```
ラベル    ：表
ラベル名：□和製英語の例
位置      ：選択した項目の上
```

3ページ目の表

```
ラベル    ：表
ラベル名：□官報や新聞などで言い換えられた外来語の例
位置      ：選択した項目の上
```

※□は全角の空白を表します。

⑪ 挿入した図表番号のフォントサイズを「9」ポイントに設定しましょう。

⑫ 文書全体の文字数と行数を確認しましょう。

※文書に任意の名前を付けて保存し、文書を閉じておきましょう。

練習問題 5

数式ツールを使って、次のような数式を入力しましょう。

 フォルダー「文書作成編」のフォルダー「練習問題」の文書「練習問題5」を開いておきましょう。

① $y^2 + z = \dfrac{c}{a}$

② $\alpha - \beta = \sqrt{x}$

③ $\displaystyle\int_a^b f(x)\,dx$

④ $\displaystyle\int \frac{1}{(2x+3)^2}\,dx$

⑤ $\begin{cases} ax + by = p \\ cx + dy = q \end{cases}$

※文書に任意の名前を付けて保存し、文書を閉じておきましょう。

■表計算編■

表計算ソフトを活用しよう

Excel 2019

Step1 Excelについて

1 Excelの特長

Excelは、表計算からグラフ作成、データ管理まで様々な機能を兼ね備えた統合型の表計算ソフトです。
Excelには、主に次のような特長があります。

●表の作成・計算

様々な編集機能で見栄えのする表を作成できます。また、豊富な関数が用意されており、高度な計算を瞬時に行うことができます。

●グラフの作成

表のデータをもとにグラフを簡単に作成できます。グラフを使うと、データを視覚的に表示できるので、データを比較したり傾向を把握したりするのに便利です。

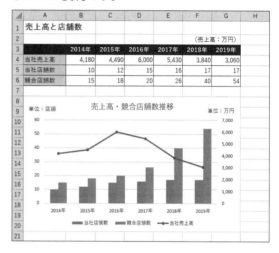

●データの管理（データベース機能）

目的に応じて表のデータを並べ替えたり、必要なデータだけを取り出したりできます。
住所録や売上台帳などの大量のデータを管理するのに便利です。

●データの分析（ピボットテーブル）

データの項目名を自由に配置して、集計表や集計グラフを簡単に作成できます。データの分析に適しています。

2 Excelの画面構成

Excelの各部の名称と役割は、次のとおりです。

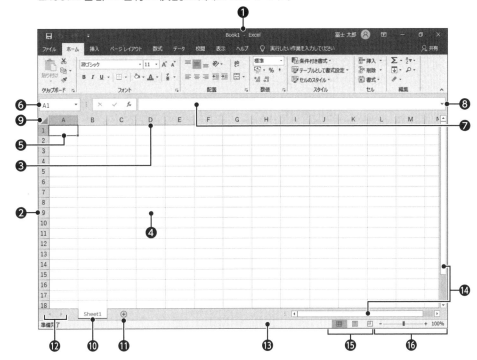

❶ タイトルバー
ブック名とアプリ名が表示されます。

❷ 行番号
シートの行番号を示します。行番号【1】から行番号【1048576】まで1,048,576行あります。

❸ 列番号
シートの列番号を示します。列番号【A】から列番号【XFD】まで16,384列あります。

❹ セル
列と行が交わるひとつひとつのマス目のことです。列番号と行番号で位置を表します。例えば、D列の9行目のセルは【D9】で表します。

❺ アクティブセル
処理の対象になっているセルのことです。

❻ 名前ボックス
アクティブセルの位置などが表示されます。

❼ 数式バー
アクティブセルの内容などが表示されます。

❽ 数式バーの展開
数式バーを展開して表示領域を拡大します。
※数式バーを展開すると、⌄から⌃に切り替わります。クリックすると、数式バーが折りたたまれて表示領域がもとのサイズに戻ります。

❾ 全セル選択ボタン
シート内のすべてのセルを選択するときに使います。

❿ シート見出し
シートを識別するための見出しです。

⓫ 新しいシート
新しいシートを挿入するときに使います。

⓬ 見出しスクロールボタン
シート見出しの表示領域を移動するときに使います。

⓭ ステータスバー
現在の作業状況や処理手順が表示されます。

⓮ スクロールバー
シートの表示領域を移動するときに使います。

⓯ 表示選択ショートカット
画面の表示モードを切り替えるときに使います。

⓰ ズーム
シートの表示倍率を変更するときに使います。

表計算編

データを入力しよう

1 ブックの新規作成

Excelを起動し、《空白のブック》を選択すると、新しいブック「Book1」が開かれ、シート「Sheet1」が表示されます。

Excelを起動して、新しいブックを作成しておきましょう。

①タイトルバーに「Book1」と表示され、シート「Sheet1」が表示されていることを確認します。

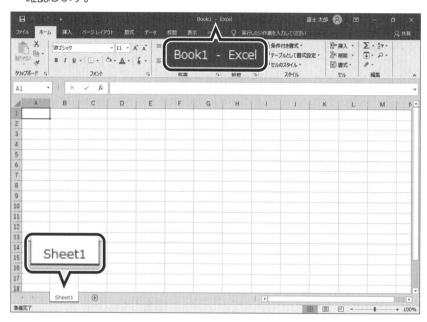

> **Point!** ブックとシート
>
> Excelでは、ファイルのことを「ブック」といいます。初期の設定では、ブックには1枚の「シート」が用意されており、必要に応じて挿入したり削除したりできます。処理の対象になっているシートを「アクティブシート」といいます。

2 データの入力

Excelで扱うデータには「文字列」と「数値」があります。

種類	計算対象	セル内の配置
文字列	計算対象とならない	左揃えで表示
数値	計算対象となる	右揃えで表示

※日付や数式は「数値」に含まれます。
※文字列は基本的に計算対象になりませんが、文字列を扱う関数で処理対象となることがあります。

▶▶1 文字列の入力

セル【B3】に「都市名」と入力しましょう。

①セル【B3】を選択します。

②名前ボックスに「B3」と表示されます。

③「都市名」と入力します。

④数式バーにデータが表示されます。

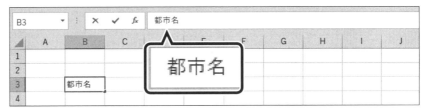

⑤ Enter を押します。

⑥入力した文字列が左揃えで表示され、アクティブセルが【B4】に移動します。

※ Enter を押してデータを確定すると、アクティブセルが下に移動します。

	A	B	C	D	E	F	G	H	I	J
1										
2										
3		都市名								
4										
5										

⑦図のようにデータを入力します。

	A	B	C	D	E	F	G	H	I	J
1		2018年降水量データ								
2					ミリメートル					
3		都市名	A市	B市	C市					
4		1月								
5										
6										
7		合計								
8		平均								
9		最高								
10		最低								
11										
12										

Point! 長い文字列の入力

列幅より長い文字列を入力すると、次のようにシート上に表示されます。

●右隣のセルにデータが入力されていない場合

列幅を超える部分は隣のセルに表示されます。

	A	B	C	D
1		2018年降水量データ		
2				

●右隣のセルにデータが入力されている場合

列幅を超える部分は表示されません。

	A	B	C	D
1		2018年降水	4月1日	
2				

※セルに格納されているデータは数式バーで確認できます。

More 文字列の改行

セル内の文字列を任意の位置で改行するには、改行位置で Alt + Enter を押します。改行すると、行の高さは自動的に調整されます。

▶▶2 数値の入力

セル【C4】に「48.4」と入力しましょう。

①セル【C4】を選択します。

②「48.4」と入力します。

③ Enter を押します。

④入力した数値が右揃えで表示されます。

	A	B	C	D	E	F	G	H	I	J
1		2018年降水量データ								
2					ミリメートル					
3		都市名	A市	B市	C市					
4		1月	48.4							
5										
6										
7		合計								
8		平均								
9		最高								
10		最低								
11										

⑤図のようにデータを入力します。

	A	B	C	D	E	F	G	H	I	J
1		2018年降水量データ								
2					ミリメートル					
3		都市名	A市	B市	C市					
4		1月	48.4	25.9	55.6					
5			55.2	51.4	70.1					
6			30.3	45.5	33.8					
7		合計								
8		平均								
9		最高								
10		最低								
11										

More 入力中のデータの取り消し

入力中に ← や → を押すとデータが確定されます。確定前にデータを取り消すには、Back Space または Esc を使います。

Back Space ：一文字ずつ取り消す

Esc ：すべて取り消す

Point! 日付の入力

日付は、「2020/4/1」のように年月日を「/」(スラッシュ)または「−」(ハイフン)で区切って入力します。この規則で日付を入力すると、「令和2年4月1日」のように表示形式を変更したり、日付をもとに計算したりできます。

3 データの自動入力（オートフィル）

「オートフィル」は、セルの右下の■（フィルハンドル）を使って連続性のあるデータを隣接するセルに入力する機能です。
オートフィルを使って、セル【B4】の「1月」をもとに「2月」「3月」と連続するデータを入力しましょう。

① セル【B4】を選択します。

② セル右下の■（フィルハンドル）をポイントします。

③ マウスポインターの形が ✚ に変わったら、セル【B6】までドラッグします。
※ドラッグ中、入力される内容がポップヒントに表示されます。

▲	A	B	C	D	E	F	G	H	I	J
1		2018年降水量データ								
2					ミリメートル					
3		都市名	A市	B市	C市					
4		1月	48.4	25.9	55.6					
5			55.2	51.4	70.1					
6			30.3	45.5	33.8					
7		合計	3月							
8		平均								
9		最高		3月						
10		最低								
11										

④ 連続するデータが入力されます。

▲	A	B	C	D	E	F	G	H	I	J
1		2018年降水量データ								
2					ミリメートル					
3		都市名	A市	B市	C市					
4		1月	48.4	25.9	55.6					
5		2月	55.2	51.4	70.1					
6		3月	30.3	45.5	33.8					
7		合計								
8		平均								
9		最高								
10		最低								
11										

※月は「1月」～「12月」まで増加し、「12月」を過ぎると「1月」に戻ります。

More　連続データの入力

同様の手順で、「月曜日」～「日曜日」、「第1四半期」～「第4四半期」、「1月1日」～「12月31日」なども入力できます。

More　オートフィルオプション

オートフィルを実行すると、（オートフィルオプション）が表示されます。ポイントすると から に変わります。クリックして表示される一覧から、データのコピーに変更したり、書式の有無を指定したりできます。

4 データの修正

セルに入力したデータを修正しましょう。

▶▶1 上書き修正

セルの内容を変更する場合は、入力したデータの上から新しいデータを入力しなおします。
セル【E2】の「ミリメートル」を「単位：mm」に上書きして修正しましょう。

①セル【E2】を選択します。

②「単位:mm」と入力します。

③ Enter を押します。

④データが修正されます。

	A	B	C	D	E	F	G	H	I	J
1		2018年降水量データ								
2					単位:mm					
3		都市名	A市	B市	C市					
4		1月	48.4	25.9	55.6					

▶▶2 編集状態での修正

セルの内容を部分的に変更する場合は、対象のセルを編集できる状態にしてデータを修正します。
セル【B1】の「2018年降水量データ」を「2019年降水量データ」に修正しましょう。

①セル【B1】をダブルクリックします。

②編集状態になり、セル内にカーソルが表示されます。

③「2018」を「2019」に修正します。
※編集状態では、← →でカーソルを移動できます。
※数式バーをクリックして、数式バー上で修正することもできます。

④ Enter を押します。

⑤データが修正されます。

	A	B	C	D	E	F	G	H	I	J
1		2019年降水量データ								
2					単位:mm					
3		都市名	A市	B市	C市					

5 データの消去

セル範囲【B9:B10】の項目名を消去しましょう。

①セル範囲【B9:B10】を選択します。

② Delete を押します。

③データが消去されます。

	A	B	C	D	E	F	G	H	I	J
1		2019年降水量データ								
2					単位:mm					
3		都市名	A市	B市	C市					
4		1月	48.4	25.9	55.6					
5		2月	55.2	51.4	70.1					
6		3月	30.3	45.5	33.8					
7		合計								
8		平均								
9										
10										
11										

※任意のセルをクリックし、選択を解除しておきましょう。

 **セル・セル範囲の選択**

セル・セル範囲を選択する方法は、次のとおりです。

選択対象	操作方法
セル	セルをクリック
セル範囲	開始セルから終了セルまでドラッグ 開始セルをクリック→[Shift]を押しながら終了セルをクリック
複数のセル範囲	1つ目のセル範囲を選択→[Ctrl]を押しながら、2つ目以降のセル範囲を選択
行	行番号をクリック
隣接する複数行	行番号をドラッグ
列	列番号をクリック
隣接する複数列	列番号をドラッグ

More **範囲選択の一部解除**

範囲選択後に、一部の選択範囲を解除するには、[Ctrl]を押しながら解除する範囲をクリック、またはドラッグします。
例：セル範囲【B2：F5】を選択→[Ctrl]を押しながらセル範囲【D3：E4】を選択して解除

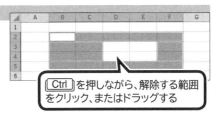

[Ctrl]を押しながら、解除する範囲をクリック、またはドラッグする

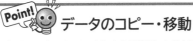 **データのコピー・移動**

データをほかのセルにコピーしたり移動したりする方法は、次のとおりです。

データのコピー

◆コピー元のセルを選択→《ホーム》タブ→《クリップボード》グループの 📋 (コピー)→コピー先のセルを選択→《ホーム》タブ→《クリップボード》グループの 📋 (貼り付け)

データの移動

データをほかのセルに移動する方法は、次のとおりです。

◆移動元のセルを選択→《ホーム》タブ→《クリップボード》グループの ✂ (切り取り)→移動先のセルを選択→《ホーム》タブ→《クリップボード》グループの 📋 (貼り付け)

6 ブックの保存

作成したブックを残しておきたいときは、ブックに名前を付けて保存します。
作成したブックに「データの入力完成」と名前を付けて保存しましょう。

①セル【A1】を選択します。

②《ファイル》タブ→《名前を付けて保存》→《参照》をクリックします。

③《名前を付けて保存》ダイアログボックスが表示されます。

④保存先を選択します。

⑤《ファイル名》に「データの入力完成」と入力します。

⑥《保存》をクリックします。

⑦タイトルバーにブックの名前が表示されていることを確認します。
※ブックを閉じておきましょう。

 アクティブシートとアクティブセルの保存

ブックを保存すると、アクティブシートとアクティブセルの位置も合わせて保存されます。次に作業するときに便利なシートとセルを選択し、ブックを保存しましょう。

Step3 | 表を作成しよう

1 作成する表の確認

次のような表を作成しましょう。

列幅の変更

	A	B	C	D	E	F
1		2019年降水量データ				
2					単位:mm	
3		都市名	A市	B市	C市	
4		1月	48.4	25.9	55.6	
5		2月	55.2	51.4	70.1	
6		3月	30.3	45.5	33.8	
7		合計	133.9	122.8	159.5	
8		平均	44.6	40.9	53.2	
9						

- フォントの設定
- フォントサイズの設定
- セルを結合して中央揃え
- 中央揃え
- SUM関数
- AVERAGE関数
- 表示形式の設定

罫線の設定　中央揃え

2 罫線の設定

セルの周囲に罫線を設定できます。罫線を設定すると、セルの区切りが明らかになります。
表全体に格子線を引きましょう。
また、表の項目名の下に二重線を引きましょう。

フォルダー「表計算編」のブック「表の作成」のシート「Sheet1」を開いておきましょう。

①セル範囲【B3:E8】を選択します。

②《ホーム》タブ→《フォント》グループの ⊞▾ （下罫線）の ▾ →《格子》をクリックします。

③表全体に格子線が引かれます。

※ボタンが直前に選択した ⊞ （格子）に変わります。

④セル範囲【B3:E3】を選択します。

⑤《ホーム》タブ→《フォント》グループの ⊞▾ （格子）の ▾ →《下二重罫線》をクリックします。

⑥セル範囲の下に二重線が引かれます。

※任意のセルをクリックし、選択を解除しておきましょう。

	A	B	C	D	E	F	G	H	I	J
1		2019年降水量データ								
2					単位:mm					
3		都市名	A市	B市	C市					
4		1月	48.4	25.9	55.6					
5		2月	55.2	51.4	70.1					
6		3月	30.3	45.5	33.8					
7		合計								
8		平均								
9										

_3_　数式の入力

「数式」を使うと、入力されている値をもとに計算を行い、計算結果を表示できます。数式は先頭に「＝」（等号）を入力し、続けてセルを参照しながら演算記号を使って入力します。

セルを参照して数式を入力しておくと、セルの値が変更された場合でも、自動的に再計算が行われ、計算結果に反映されます。

例えば、「A市」の「1月」から「3月」の合計を求める数式は、次のようになります。

```
=C4+C5+C6
```

 演算記号

数式で使う演算記号には、次のようなものがあります。

計算方法	演算記号	読み	一般的な数式	入力する数式
加算	＋	プラス	2＋3	＝2＋3
減算	－	マイナス	2－3	＝2－3
乗算	＊	アスタリスク	2×3	＝2＊3
除算	／	スラッシュ	2÷3	＝2/3
べき乗	＾	キャレット	2^3	＝2＾3

_4_　関数の入力

「関数」とは、あらかじめ定義されている数式です。演算記号を使って数式を入力する代わりに、かっこ内に必要な「引数」を指定することによって計算を行います。

＝関数名（引数1,引数2,…）

❶ ❷ 　　❸

❶先頭に「＝」（等号）を入力します。

❷関数名を入力します。

※関数名は、英大文字で入力しても英小文字で入力してもかまいません。

❸引数をかっこで囲み、各引数は「, 」（カンマ）で区切ります。

※関数によって、指定する引数は異なります。

例えば、「A市」の「1月」から「3月」の合計を求める関数は、次のようになります。

```
=SUM(C4:C6)
```

▶▶1 合計を求める（SUM関数）

合計を求めるには「SUM関数」を使います。Σ（合計）を使うと、SUM関数が自動的に入力され、簡単に合計が求められます。
セル【C7】に「A市」の合計を求めましょう。

=SUM（数値1，数値2，・・・）

引数1　　　引数2

例：
=SUM（A1：A10）
セル範囲【A1：A10】の合計を求めます。
=SUM（A1：A10, C1：C10, E1：E10）
セル範囲【A1：A10】とセル範囲【C1：C10】、セル範囲【E1：E10】の合計を求めます。

※引数には、対象のセル、セル範囲、数値などを指定します。
※引数の「：」（コロン）は連続したセル、「，」（カンマ）は離れたセルを表します。

---

①セル【C7】を選択します。
②《ホーム》タブ→《編集》グループの Σ（合計）をクリックします。
③合計するセル範囲が点線で囲まれます。
④数式バーに「=SUM（C4：C6）」と表示されていることを確認します。

	A	B	C	D	E	F	G	H	I	J
SUM			fx	=SUM(C4:C6)						
1		2019年降水量データ								
2					単位:mm					
3		都市名	A市	B市	C市					
4		1月	48.4	25.9	55.6					
5		2月	55.2	51.4	70.1					
6		3月	30.3	45.5	33.8					
7		合計	=SUM(C4:C6)							
8		平均	SUM(数値1, [数値2], ...)							
9										

=SUM(C4:C6)

⑤Enter を押します。
※ Σ（合計）を再度クリックして確定することもできます。
⑥SUM関数が入力され、合計が求められます。

	A	B	C	D	E	F	G	H	I	J
1		2019年降水量データ								
2					単位:mm					
3		都市名	A市	B市	C市					
4		1月	48.4	25.9	55.6					
5		2月	55.2	51.4	70.1					
6		3月	30.3	45.5	33.8					
7		合計	133.9							
8		平均								
9										

▶▶2 数式のコピー

オートフィルを使って、「A市」の数式をコピーして「B市」と「C市」の合計を求めましょう。
数式が入力されているセルをコピーすると、コピー先に合わせてセル参照が自動的に調整されます。

①セル【C7】を選択し、セル右下の■（フィルハンドル）をセル【E7】までドラッグします。

②数式がコピーされ、合計が求められます。

C7	▼	:	×	✓	fx	=SUM(C4:C6)				
▲	A	B	C	D	E	F	G	H	I	J
1		2019年降水量データ								
2				単位:mm						
3		都市名	A市	B市	C市					
4		1月	48.4	25.9	55.6					
5		2月	55.2	51.4	70.1					
6		3月	30.3	45.5	33.8					
7		合計	133.9	122.8	159.5					
8		平均								
9										
10										

※セル【D7】とセル【E7】をそれぞれ選択し、数式バーで数式を確認しておきましょう。

▶▶3 平均を求める（AVERAGE関数）

平均を求めるには「AVERAGE関数」を使います。
セル【C8】に「A市」の平均を求めましょう。

=AVERAGE（<u>数値1</u>，<u>数値2</u>，・・・）
　　　　　　　引数1　　　引数2

例：
=AVERAGE（A1:A10）
セル範囲【A1:A10】の平均を求めます。
=AVERAGE（A1:A10, C1:C10, E1:E10）
セル範囲【A1:A10】とセル範囲【C1:C10】、セル範囲【E1:E10】の平均を求めます。

※引数には、対象のセル、セル範囲、数値などを指定します。

---

①セル【C8】を選択します。

②《ホーム》タブ→《編集》グループの ∑▼ （合計）の ▼ →《平均》をクリックします。

③平均するセル範囲が点線で囲まれます。

④数式バーに「=AVERAGE（C4:C7）」と表示されていることを確認します。

⑤平均するセル範囲【C4:C6】をドラッグします。

⑥数式バーに「=AVERAGE（C4:C6）」と表示されていることを確認します。

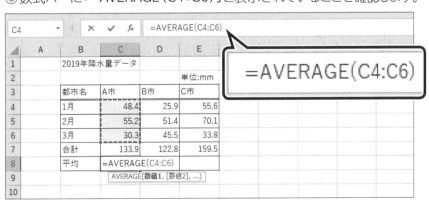

C4	▼	:	×	✓	fx	=AVERAGE(C4:C6)
▲	A	B	C	D	E	
1		2019年降水量データ				
2				単位:mm		
3		都市名	A市	B市	C市	
4		1月	48.4	25.9	55.6	
5		2月	55.2	51.4	70.1	
6		3月	30.3	45.5	33.8	
7		合計	133.9	122.8	159.5	
8		平均	=AVERAGE(C4:C6)			
9			AVERAGE(数値1, [数値2], ...)			
10						

=AVERAGE(C4:C6)

⑦ [Enter] を押します。

※ ∑ (合計)を再度クリックして確定することもできます。

⑧ AVERAGE関数が入力され、平均が求められます。

⑨ セル【C8】を選択し、セル右下の ■ (フィルハンドル)をセル【E8】までドラッグします。

⑩ 数式がコピーされ、平均が求められます。

C8		▼	:	×	✓	fx	=AVERAGE(C4:C6)				
▲	A	B	C	D	E	F	G	H	I	J	
1		2019年降水量データ									
2					単位:mm						
3		都市名	A市	B市	C市						
4		1月	48.4	25.9	55.6						
5		2月	55.2	51.4	70.1						
6		3月	30.3	45.5	33.8						
7		合計	133.9	122.8	159.5						
8		平均	44.63333	40.93333	53.16667						
9											
10											

※セル【D8】とセル【E8】をそれぞれ選択し、数式バーで数式を確認しておきましょう。

More MAX関数

引数の数値の中から最大値を求めることができます。

=MAX (**数値1** , **数値2** , ・・・)
　　　　引数1　　　引数2

※引数には、対象のセル、セル範囲、数値などを指定します。

More MIN関数

引数の数値の中から最小値を求めることができます。

=MIN (**数値1** , **数値2** , ・・・)
　　　　引数1　　　引数2

※引数には、対象のセル、セル範囲、数値などを指定します。

5 フォント書式の設定

初期の設定では、入力データのフォントは「游ゴシック」、フォントサイズは「11」ポイントになっています。フォントやフォントサイズは変更できます。
タイトル「2019年降水量データ」のフォントを「MSP明朝」、フォントサイズを「14」ポイントに設定しましょう。

① セル【B1】を選択します。

② 《ホーム》タブ→《フォント》グループの 游ゴシック ▼ (フォント) の ▼ →《MSP明朝》をクリックします。

③ 《ホーム》タブ→《フォント》グループの 11 ▼ (フォントサイズ) の ▼ →《14》をクリックします。

④ フォントとフォントサイズが設定されます。

	A	B	C	D	E	F	G	H	I	J
1		2019年降水量データ								
2					単位:mm					
3		都市名	A市	B市	C市					
4		1月	48.4	25.9	55.6					
5		2月	55.2	51.4	70.1					
6		3月	30.3	45.5	33.8					

Point! **セルの文字の色と背景の色の設定**

セルに入力されている文字の色を設定するには、《ホーム》タブ→《フォント》グループの ⚠ (フォントの色)を使います。セルの背景の色を設定するには、《ホーム》タブ→《フォント》グループの 🖌 (塗りつぶしの色)を使います。

6 配置の設定

データを入力すると、文字列はセル内で左揃え、数値はセル内で右揃えの状態で表示されます。セル内の文字列の配置は変更できます。

▶▶1 中央揃え

項目名をセル内で中央揃えに設定しましょう。

① セル範囲【B3:E3】を選択します。
② Ctrl を押しながらセル範囲【B4:B8】を選択します。
③《ホーム》タブ→《配置》グループの ≡ (中央揃え)をクリックします。
④ 中央揃えが設定されます。

	A	B	C	D	E	F	G	H	I	J
1		2019年降水量データ								
2					単位:mm					
3		都市名	A市	B市	C市					
4		1月	48.4	25.9	55.6					
5		2月	55.2	51.4	70.1					
6		3月	30.3	45.5	33.8					
7		合計	133.9	122.8	159.5					
8		平均	44.63333	40.93333	53.16667					
9										

More **垂直方向の配置**

データの垂直方向の配置を設定するには、《ホーム》タブ→《配置》グループの ≡ (上揃え)や ≡ (上下中央揃え)、≡ (下揃え)を使います。行の高さを大きくした場合やセルを縦方向に結合した場合に使います。

▶▶2 セルを結合して中央揃え

複数のセルを結合して、文字列をその結合したセルの中央に配置できます。
セル範囲【B1:E1】を結合し、タイトル「2019年降水量データ」を結合したセルの中央に配置しましょう。

① セル範囲【B1:E1】を選択します。
②《ホーム》タブ→《配置》グループの 🔲 (セルを結合して中央揃え)をクリックします。

③セルが結合され、結合したセルの中央に文字列が配置されます。

	A	B	C	D	E	F	G	H	I	J
1			2019年降水量データ							
2					単位:mm					
3		都市名	A市	B市	C市					
4		1月	48.4	25.9	55.6					
5		2月	55.2	51.4	70.1					
6		3月	30.3	45.5	33.8					

More ▶ **文字列全体の表示**

列幅より長い文字列をセル内に表示する方法には、次のようなものがあります。

折り返して全体を表示

列幅に合わせて文字列を折り返して全体を表示します。

◆セルを選択→《ホーム》タブ→《配置》グループの (折り返して全体を表示する)

縮小して全体を表示

列幅に合わせて自動的にフォントサイズを縮小して、全体を表示します。

◆セルを選択→《ホーム》タブ→《配置》グループの (配置の設定)→《配置》タブ→《☑縮小して全体を表示する》

	A	B
1	2019年降水量データ	
2		

→

	A	B
1	2019年降水量データ	
2		

7 表示形式の設定

セルに「表示形式」を設定すると、シート上の見た目を変更できます。例えば、数値に3桁区切りカンマを付けて表示したり、小数点以下の桁数をそろえたりして、数値を読み取りやすくできます。表示形式を設定しても、セルに格納されているもとの数値は変更されません。

「平均」の数値を小数点第1位までの表示に変更しましょう。

①セル範囲【C8:E8】を選択します。

②《ホーム》タブ→《数値》グループの （小数点以下の表示桁数を減らす）を4回クリックします。

※クリックするごとに、小数点以下が1桁ずつ非表示になります。

③小数点第1位までの表示になります。

※小数点第2位を四捨五入して小数点第1位までを表示します。

	A	B	C	D	E	F	G	H	I	J
1			2019年降水量データ							
2					単位:mm					
3		都市名	A市	B市	C市					
4		1月	48.4	25.9	55.6					
5		2月	55.2	51.4	70.1					
6		3月	30.3	45.5	33.8					
7		合計	133.9	122.8	159.5					
8		平均	44.6	40.9	53.2					
9										

 小数点以下の表示桁数を増やす

（小数点以下の表示桁数を増やす）をクリックすると、数値の小数点以下の桁数が1桁ずつ増えます。

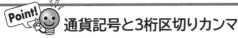
8 列幅の変更

列幅は自由に変更できます。初期の設定では、列幅は「8.38」文字になっています。列幅を変更するには、列番号の右側の境界線をドラッグします。
A列の列幅を狭くしましょう。

①列番号【A】の右側の境界線をポイントします。

②マウスポインターの形が ✛ に変わったら、左方向にドラッグします。（目安：3.00（29ピクセル））

※境界線をポイントしてマウスの左ボタンを押したままの状態にすると、ポップヒントに列幅が表示されます。

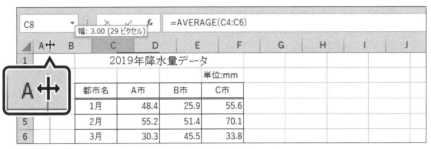

③列幅が変更されます。

※ブックに任意の名前を付けて保存し、ブックを閉じておきましょう。

More その他の方法（列幅の変更）

列の最長データに合わせて列幅を自動的に調整できます。
◆列番号の右側の境界線をダブルクリック

列幅を数値で指定できます。
◆列番号を右クリック→《列の幅》→《列の幅》に値を入力

Point! 行の高さの変更

初期の設定では、行の高さは「18.75」ポイントになっています。行の高さは自由に変更できます。
行の高さを変更する方法は、次のとおりです。
◆行番号を右クリック→《行の高さ》→《行の高さ》に値を入力

Point! 行や列の挿入・削除

足りない行や列を挿入したり、不要な行や列を削除したり、あとから表の構成を変更できます。
行や列を挿入する方法は、次のとおりです。
◆行番号や列番号を右クリック→《挿入》

行や列を削除する方法は、次のとおりです。
◆行番号や列番号を右クリック→《削除》

表を編集しよう

1 作成する表の確認

次のような表を作成しましょう。

●シート「相対参照」

	A	B	C	D	E	F	G	H	I	J
1	アルバイト週給計算									
2										
3	名前	時給	2月3日	2月4日	2月5日	2月6日	2月7日	週勤務時間	週給	
4			月	火	水	木	金			
5	佐々木　健太	¥1,350	7.0	7.0	7.5	7.0	7.0	35.5	¥47,925	
6	大野　英子	¥1,350	5.0		5.0		5.0	15.0	¥20,250	
7	花田　真理	¥1,300	5.5	5.5	7.0	5.5	6.5	30.0	¥39,000	
8	野村　剛史	¥1,300		6.0		6.0		12.0	¥15,600	
9	吉沢　あかね	¥1,300	7.5	7.5	7.5	7.5		30.0	¥39,000	
10	宗川　純一	¥1,250	7.0	7.0	6.5		6.5	27.0	¥33,750	
11	竹内　彬	¥1,100				8.0	8.0	16.0	¥17,600	
12										

相対参照の数式の入力

●シート「絶対参照」

	A	B	C	D	E	F	G	H	I
1	アルバイト週給計算								
2									
3	時給	¥1,300							
4									
5	名前	2月3日	2月4日	2月5日	2月6日	2月7日	週勤務時間	週給	
6		月	火	水	木	金			
7	佐々木　健太	7.0	7.0	7.5	7.0	7.0	35.5	¥46,150	
8	大野　英子	5.0		5.0		5.0	15.0	¥19,500	
9	花田　真理	5.5	5.5	7.0	5.5	6.5	30.0	¥39,000	
10	野村　剛史		6.0		6.0		12.0	¥15,600	
11	吉沢　あかね	7.5	7.5	7.5	7.5		30.0	¥39,000	
12	宗川　純一	7.0	7.0	6.5		6.5	27.0	¥35,100	
13	竹内　彬				8.0	8.0	16.0	¥20,800	
14									

絶対参照の数式の入力

●シート「書式のコピー」

書式のコピー　　データと列幅のコピー

	A	B	C	D	E	F	G	H	I	J	K	L	M	N	O	P	Q	R	S
1	23区東部人口統計										女性人口推移					女性人口推移			
2									単位:人										
3	区名		台東区	墨田区	江東区	荒川区	足立区	葛飾区	江戸川区		区名	平成28年度	平成29年度	平成30年度		区名	平成28年度	平成29年度	平成30年度
4	面積（km²)		10.1	13.8	40.0	10.2	53.2	34.8	49.9		台東区	94,476	95,760	97,375		台東区	94,476	95,760	97,375
5	平成28年	男性	99,346	131,814	250,950	106,324	341,793	228,658	349,342		墨田区	133,424	135,443	137,181		墨田区	133,424	135,443	137,181
6		女性	94,476	133,424	255,561	106,789	339,488	228,235	342,172		江東区	255,561	259,358	262,363		江東区	255,561	259,358	262,363
7		総数	193,822	265,238	506,511	213,113	681,281	456,893	691,514		荒川区	106,789	107,760	108,683		荒川区	106,789	107,760	108,683
8		人口密度	19,228	19,290	12,666	20,893	12,806	13,114	13,869		足立区	339,488	341,639	343,221		足立区	339,488	341,639	343,221
9	平成29年	男性	100,374	133,455	253,839	106,884	343,808	230,393	350,905		葛飾区	228,235	230,030	231,319		葛飾区	228,235	230,030	231,319
10		女性	95,760	135,443	259,358	107,760	341,639	230,030	344,461		江戸川区	342,172	344,461	346,117		江戸川区	342,172	344,461	346,117
11		総数	196,134	268,898	513,197	214,644	685,447	460,423	695,366										
12		人口密度	19,458	19,556	12,833	21,044	12,884	13,215	13,946										
13	平成30年	男性	101,917	134,678	256,116	107,283	345,291	231,272	351,914										
14		女性	97,375	137,181	262,363	108,683	343,221	231,319	346,117										
15		総数	199,292	271,859	518,479	215,966	688,512	462,591	698,031										
16		人口密度	19,771	19,772	12,965	21,173	12,942	13,278	14,000										
17																			

書式の
コピー

行と列を入れ替えてコピー

2 相対参照と絶対参照

数式は「=A1＊A2」のように、セルを参照して入力するのが一般的です。
セルの参照には、「相対参照」と「絶対参照」があります。

●相対参照

「相対参照」は、セルの位置を相対的に参照する形式です。数式をコピーすると、セルの参照は自動的に調整されます。
図のセル【D2】に入力されている「=B2＊C2」の「B2」や「C2」は相対参照です。数式をコピーすると、コピーの方向に応じて「=B3＊C3」「=B4＊C4」のように自動的に調整されます。

	A	B	C	D	
1	商品名	定価	掛け率	販売価格	
2	スーツ	¥56,000	80%	¥44,800	=B2＊C2
3	コート	¥75,000	60%	¥45,000	=B3＊C3
4	シャツ	¥15,000	70%	¥10,500	=B4＊C4

●絶対参照

「絶対参照」は、特定の位置にあるセルを必ず参照する形式です。数式をコピーしても、セルの参照は固定されたままで調整されません。セルを絶対参照にするには、「$」を付けます。
図のセル【C4】に入力されている「=B4＊$B$1」の「$B$1」は絶対参照です。数式をコピーしても、「=B5＊$B$1」「=B6＊$B$1」のように「$B$1」は常に固定されます。

	A	B	C	
1	掛け率	75%		
2				
3	商品名	定価	販売価格	
4	スーツ	¥56,000	¥42,000	=B4＊$B$1
5	コート	¥75,000	¥56,250	=B5＊$B$1
6	シャツ	¥15,000	¥11,250	=B6＊$B$1

▶▶1 相対参照

相対参照を使って、「週給」を求める数式を入力し、コピーしましょう。
「週給」は、「週勤務時間×時給」で求めます。

フォルダー「表計算編」のブック「表の編集」のシート「相対参照」を開いておきましょう。

①セル【I5】を選択します。

②「=」を入力します。

③セル【H5】を選択します。

④「＊」を入力します。

⑤セル【B5】を選択します。

⑥数式バーに「=H5*B5」と表示されていることを確認します。

| B5 | | | × | ✓ | fx | =H5*B5 | | | |

=H5*B5

	A	B	C	D	E	F	G	H	I	J
1	アルバイト週給計算									
2										
3	名前	時給	2月3日	2月4日	2月5日	2月6日	2月7日	週勤務時間	週給	
4			月	火	水	木	金			
5	佐々木　健太	¥1,350	7.0	7.0	7.5	7.0	7.0	35.5	=H5*B5	
6	大野　英子	¥1,350	5.0		5.0		5.0	15.0		
7	花田　真理	¥1,300	5.5	5.5	7.0	5.5	6.5	30.0		
8	野村　剛史	¥1,300		6.0		6.0		12.0		
9	吉沢　あかね	¥1,300	7.5	7.5	7.5	7.5		30.0		
10	宗川　純一	¥1,250	7.0	7.0	6.5		6.5	27.0		
11	竹内　彬	¥1,100				8.0	8.0	16.0		
12										

⑦ Enter を押します。

⑧「週給」が求められます。

※「週給」欄には、あらかじめ通貨の表示形式が設定されています。

⑨セル【I5】を選択し、セル右下の■(フィルハンドル)をダブルクリックします。

※■(フィルハンドル)をダブルクリックすると、表の最終行を自動的に認識し、数式がコピーされます。

⑩セル【I11】まで数式がコピーされます。

| I5 | | | × | ✓ | fx | =H5*B5 | | | |

	A	B	C	D	E	F	G	H	I	J
1	アルバイト週給計算									
2										
3	名前	時給	2月3日	2月4日	2月5日	2月6日	2月7日	週勤務時間	週給	
4			月	火	水	木	金			
5	佐々木　健太	¥1,350	7.0	7.0	7.5	7.0	7.0	35.5	¥47,925	
6	大野　英子	¥1,350	5.0		5.0		5.0	15.0	¥20,250	
7	花田　真理	¥1,300	5.5	5.5	7.0	5.5	6.5	30.0	¥39,000	
8	野村　剛史	¥1,300		6.0		6.0		12.0	¥15,600	
9	吉沢　あかね	¥1,300	7.5	7.5	7.5	7.5		30.0	¥39,000	
10	宗川　純一	¥1,250	7.0	7.0	6.5		6.5	27.0	¥33,750	
11	竹内　彬	¥1,100				8.0	8.0	16.0	¥17,600	
12										
13										

※セル【I6】を選択し、数式が「=H6*B6」になり、セルの参照が自動的に調整されていることを確認しておきましょう。また、その他のセルも確認しておきましょう。

More　数式のエラー

数式にエラーがあるかもしれない場合、数式を入力したセルに ◆ (エラーチェック)とセル左上に
(エラーインジケータ)が表示されます。

◆ (エラーチェック)をクリックすると表示される一覧から、エラーを確認したりエラーに対処したりできます。

▶▶2　絶対参照

絶対参照を使って、「週給」を求める数式を入力し、コピーしましょう。
「週給」は、「週勤務時間×時給」で求めます。

 シート「絶対参照」に切り替えておきましょう。

①セル【H7】を選択します。

②「=」を入力します。

③セル【G7】を選択します。

④「*」を入力します。

⑤セル【B3】を選択します。

⑥数式バーに「=G7*B3」と表示されていることを確認します。

⑦ F4 を押します。

※数式の入力中に F4 を押すと、セル番地に「$」が自動的に付きます。

⑧数式バーに「=G7*$B$3」と表示されていることを確認します。

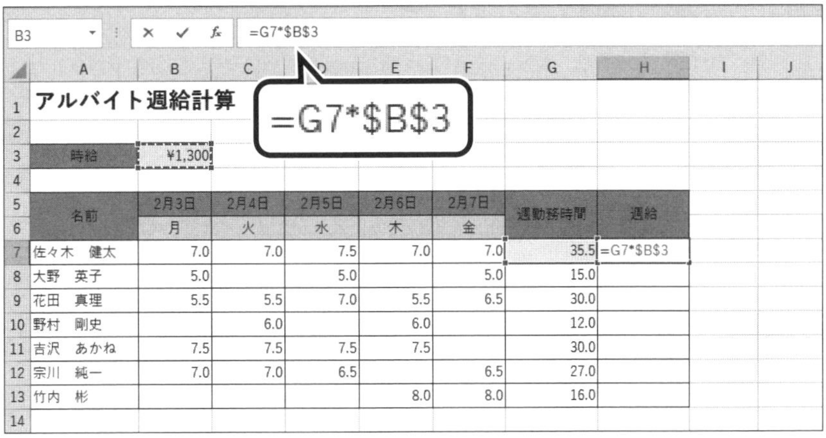

⑨ Enter を押します。

⑩「週給」が求められます。

※「週給」欄には、あらかじめ通貨の表示形式が設定されています。

⑪セル【H7】を選択し、セル右下の■（フィルハンドル）をダブルクリックします。

⑫セル【H13】まで数式がコピーされます。

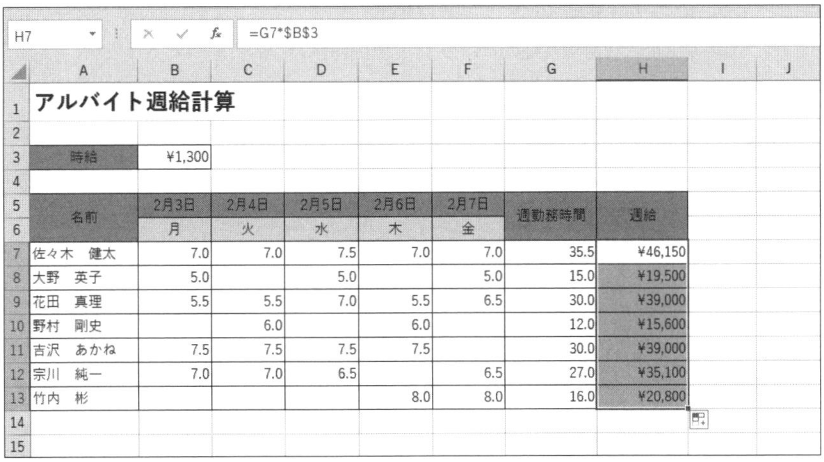

※セル【H8】を選択し、数式が「=G8*$B$3」になり、「$B$3」のセルの参照が固定であること
とを確認しておきましょう。また、その他のセルも確認しておきましょう。

More 複合参照

相対参照と絶対参照を組み合わせることができます。このようなセルの参照を「複合参照」といいます。

例：列は絶対参照、行は相対参照

$A1

コピーすると、「$A2」「$A3」「$A4」…のように、列は固定で、行は自動調整されます。

例：列は相対参照、行は絶対参照

A$1

コピーすると、「B$1」「C$1」「D$1」…のように、列は自動調整され、行は固定です。

Point! **$の入力**

「$」は直接入力してもかまいませんが、F4を使うと簡単に入力できます。
F4を連続して押すと、「$B$3」(列行ともに固定)、「B$3」(行だけ固定)、「$B3」(列だけ固定)、「B3」
(固定しない)の順番で切り替わります。

3 書式のコピー

(書式のコピー/貼り付け)を使うと、書式だけを別のセルにコピーできます。
セル【A1】の書式をセル【K1】にコピーしましょう。
また、セル範囲【B7:I8】の書式を、複数のセル範囲に連続してコピーしましょう。

シート「書式のコピー」に切り替えておきましょう。

①セル【A1】を選択します。

②《ホーム》タブ→《クリップボード》グループの (書式のコピー/貼り付け) をク
リックします。

※マウスポインターの形が になります。

③セル【K1】をクリックします。

④書式がコピーされます。

⑤セル範囲【B7:I8】を選択します。

⑥《ホーム》タブ→《クリップボード》グループの (書式のコピー/貼り付け) をダ
ブルクリックします。

※ボタンをダブルクリックすると、連続してコピーできます。

⑦セル【B11】をクリックします。

⑧続けて、セル【B15】をクリックします。

⑨連続して書式がコピーされます。

⑩《ホーム》タブ→《クリップボード》グループの (書式のコピー/貼り付け) をク
リックして、書式のコピーを終了します。

※Escを押してもかまいません。

4 行と列を入れ替えてコピー

データの行方向と列方向を入れ替えて、データをコピーできます。
セル範囲【C10:I10】とセル範囲【C14:I14】のデータの行と列を入れ替えてコピーしましょう。

① セル範囲【C10:I10】を選択します。

② 《ホーム》タブ→《クリップボード》グループの [📋] (コピー) をクリックします。

③ セル【M4】を選択します。

④ 《ホーム》タブ→《クリップボード》グループの [📋] (貼り付け) の [貼り付け▼] →《貼り付け》の [📋] (行/列の入れ替え) をクリックします。

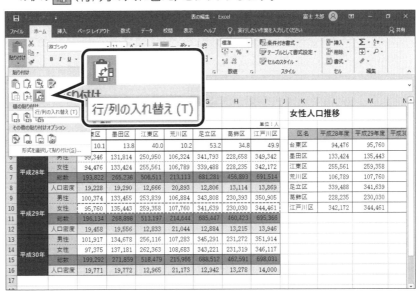

⑤ 行と列が入れ替わってコピーされます。

⑥ 同様に、セル範囲【C14:I14】のデータを、セル【N4】に行と列を入れ替えてコピーします。

※[Esc]を押して、点滅する線を非表示にしておきましょう。

5 データと列幅のコピー

データをセル単位でコピーしても、列幅はコピーされませんが、列単位でコピーすると、列幅も合わせてコピーされます。
「女性人口推移」の表全体を列単位で別の場所にコピーしましょう。

① 列番号【J:N】を選択します。

② 《ホーム》タブ→《クリップボード》グループの 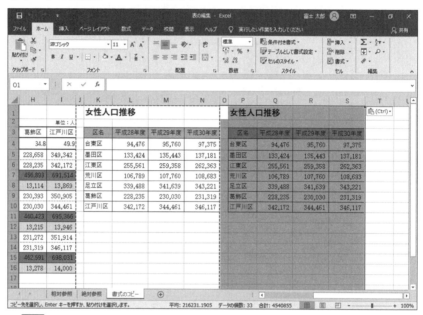 （コピー）をクリックします。

③ セル【O1】を選択します。

④ 《ホーム》タブ→《クリップボード》グループの （貼り付け）をクリックします。

⑤ データと列幅がコピーされます。

※ [Esc]を押して、点滅する線を非表示にしておきましょう。
※ ブックに任意の名前を付けて保存し、ブックを閉じておきましょう。

More 貼り付けのオプション

「コピー」と「貼り付け」を実行すると、 （貼り付けのオプション）が表示されます。ボタンをクリックすると表示される一覧から、もとの書式のままコピーするか、貼り付け先の書式に合わせてコピーするかなど選択できます。
（貼り付けのオプション）を使わない場合、[Esc]を押すと画面から消えます。

Step5 表を印刷しよう

1 印刷する表の確認

次のように表を印刷しましょう。

用紙サイズと用紙の向きの設定

ヘッダーの設定

フッターの設定

印刷タイトルの設定

2 ページレイアウトモードへの切り替え

「ページレイアウト」は、印刷結果に近いイメージを確認できる表示モードです。
ページレイアウトに切り替えると、用紙1ページにデータがどのように印刷されるか
を確認したり、ヘッダー/フッターや余白を直接設定したりできます。
標準モードからページレイアウトモードに切り替えましょう。

フォルダー「表計算編」のブック「表の印刷」のシート「Sheet1」を開いておきましょう。

① ステータスバーの 📖 (ページレイアウト) をクリックします。

② ページレイアウトモードに切り替わります。

③ ズームの ━ (縮小) を何回かクリックし、表示倍率を40%にします。

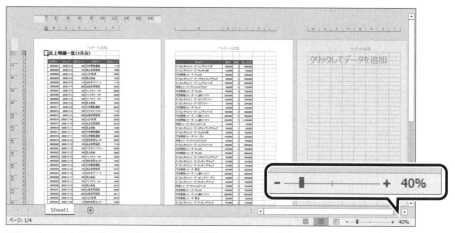

※シートをスクロールし、1枚のシートが複数のページに分かれていることを確認しておきま
　しょう。

3 用紙サイズと用紙の向きの設定

A4用紙の横方向に印刷されるようにページを設定しましょう。

①《ページレイアウト》タブ→《ページ設定》グループの 📄 (ページサイズの選択) →
　《A4》をクリックします。

②《ページレイアウト》タブ→《ページ設定》グループの 📄 (ページの向きを変更) →
　《横》をクリックします。

③ A4用紙の横方向に設定されます。

Point! 余白の設定

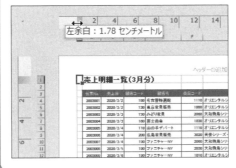

《ページレイアウト》タブ→《ページ設定》グループの ▣ (余白の調整) を使うと、用紙の余白を設定できます。また、ページレイアウトモードでルーラーの境界線をドラッグして余白を変更することもできます。

4 ヘッダーとフッターの設定

ページ上部の余白を「ヘッダー」、ページ下部の余白を「フッター」といいます。ヘッダーやフッターを設定すると、すべてのページに共通のデータを印刷できます。
ヘッダーの右側に現在の日付、フッターの中央にページ番号をそれぞれ挿入しましょう。
※ヘッダーとフッターを確認しやすいように、表示倍率を80%にしておきましょう。

① ヘッダーの右側をクリックし、カーソルを表示します。
②《デザイン》タブ→《ヘッダー/フッター要素》グループの ▣ (現在の日付) をクリックします。
③ ヘッダーの右側に「&[日付]」と表示されます。

④ ヘッダー以外の場所をクリックし、ヘッダーを確定します。
⑤ ヘッダーの右側に現在の日付が表示されます。

⑥ シートをスクロールし、フッターを表示します。
⑦ フッターの中央をクリックし、カーソルを表示します。

⑧《デザイン》タブ→《ヘッダー/フッター要素》グループの  （ページ番号）をクリックします。

⑨ フッターの中央に「&[ページ番号]」と表示されます。

⑩ フッター以外の場所をクリックし、フッターを確定します。

⑪ フッターの中央にページ番号が表示されます。

※シートをスクロールし、2ページ目以降にヘッダーとフッターが表示されていることを確認しておきましょう。

More ヘッダー/フッター要素

《デザイン》タブの《ヘッダー/フッター要素》グループのボタンを使うと、ヘッダーやフッターに様々な要素を挿入できます。

❶ページ番号を挿入します。
❷総ページ数を挿入します。
❸現在の日付を挿入します。
❹現在の時刻を挿入します。
❺保存場所のパスを含めてブック名を挿入します。

❻ブック名を挿入します。
❼シート名を挿入します。
❽図（画像）を挿入します。
❾図を挿入した場合、図のサイズや明るさなどを設定します。

5 印刷タイトルの設定

複数のページに分かれて印刷される表では、2ページ目以降に行や列の項目名が入らない状態で印刷されます。「印刷タイトル」を設定すると、各ページに共通の見出しを付けて印刷できます。

1～3行目を印刷タイトルとして設定しましょう。

※シートをスクロールし、2ページ目以降にタイトルや項目名が表示されていないことを確認しておきましょう。

①《ページレイアウト》タブ→《ページ設定》グループの （印刷タイトル）をクリックします。

②《ページ設定》ダイアログボックスが表示されます。

③《シート》タブを選択します。

④《印刷タイトル》の《タイトル行》のボックスをクリックし、カーソルを表示します。

⑤行番号【1】から行番号【3】をドラッグします。

※ドラッグ中、《ページ設定》ダイアログボックスのサイズが縮小されます。

⑥《タイトル行》に「$1:$3」と表示されます。

⑦《OK》をクリックします。

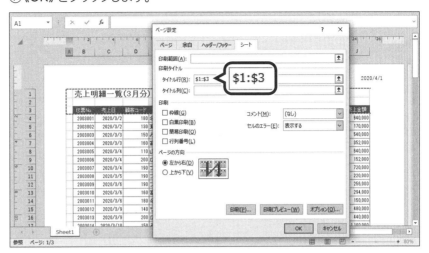

⑧印刷タイトルが設定されます。

※シートをスクロールし、2ページ目以降にタイトルと項目名が表示されていることを確認しておきましょう。

 ページ設定

用紙サイズや用紙の向き、余白、ヘッダー、フッター、印刷タイトルなどページに関する設定を一括して行う場合は、《ページ設定》ダイアログボックスを使うと効率的です。

《ページ設定》ダイアログボックスを表示する方法は、次のとおりです。

◆《ページレイアウト》タブ→《ページ設定》グループの 🔲 (ページ設定)

More 改ページの挿入

改ページを挿入すると、指定の位置でページを区切ることができます。

改ページを挿入する方法は、次のとおりです。

◆改ページを挿入する行番号または列番号を選択→《ページレイアウト》タブ→《ページ設定》グループの 🔲 (改ページ)→《改ページの挿入》

6 印刷の実行

印刷イメージを確認し、印刷を実行しましょう。

実際に用紙に印刷する前に、用紙からはみ出していないか、印刷の向きが適当かなどを確認することで、印刷ミスを防ぐことができます。

①《ファイル》タブ→《印刷》をクリックします。

②印刷イメージを確認します。

※ ▶ （次のページ）をクリックして、2ページ目と3ページ目も確認しておきましょう。

③《印刷》の《部数》が「1」になっていることを確認します。

④《プリンター》に出力するプリンターの名前が表示されていることを確認します。

⑤《印刷》をクリックします。

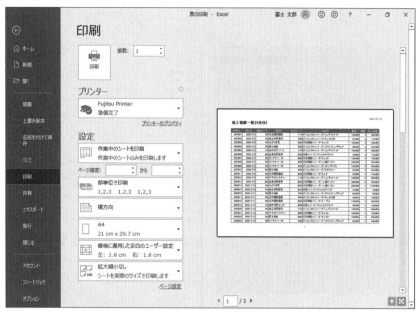

※ブックに任意の名前を付けて保存し、ブックを閉じておきましょう。

Point! 改ページプレビュー

「改ページプレビュー」は、印刷範囲や改ページ位置をひと目で確認できる表示モードです。大きな表を1ページに収めて印刷したり、ページごとに印刷する領域を設定したりする場合に利用します。
改ページプレビューに切り替える方法は、次のとおりです。

◆ステータスバーの 凹 （改ページプレビュー）

改ページプレビューでは、印刷範囲が太線、ページ区切りは太い点線で表示されます。それぞれドラッグして、印刷する領域を変更できます。

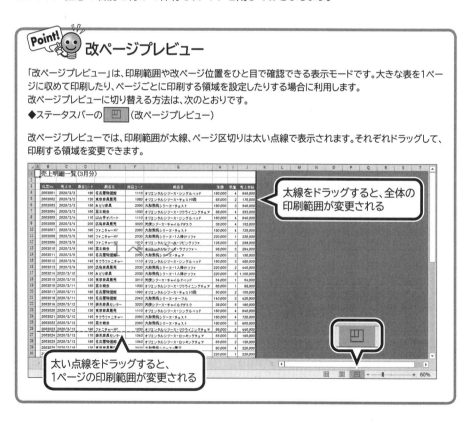

太線をドラッグすると、全体の印刷範囲が変更される

太い点線をドラッグすると、1ページの印刷範囲が変更される

Step6 グラフを作成しよう

1 作成するグラフの確認

次のようなグラフを作成しましょう。

	A県	B県	C県
1月	144.9	48.6	71.8
2月	116	60.2	89.5
3月	69.5	114.5	180.2
4月	60.7	130.3	217.8
5月	78.8	128	250.3
6月	82.2	164.9	417.5
7月	102.6	161.5	303.9
8月	129.3	155.1	269.1
9月	119.8	208.5	336.9
10月	106	163.1	179.7
11月	131.7	92.5	88.7
12月	148.6	39.6	51.8

グラフの作成
グラフの移動
グラフのサイズ変更
グラフのレイアウトの変更

2 グラフ機能

表のデータをもとに、簡単にグラフを作成できます。グラフはデータを視覚的に表現できるため、データを比較したり傾向を分析したりするのに適しています。
Excelには、縦棒・横棒・折れ線・円などの基本のグラフが用意されています。さらに、基本の各グラフには、形状をアレンジしたパターンが複数用意されています。

▶▶1 グラフの作成手順

グラフのもとになるセル範囲とグラフの種類を選択するだけで、簡単にグラフを作成できます。
グラフを作成する基本的な手順は、次のとおりです。

1 もとになるセル範囲を選択する

グラフのもとになるデータが入力されているセル範囲を選択します。

2 グラフの種類を選択する

グラフの種類・パターンを選択し、グラフを作成します。

▶▶2 グラフの構成要素

グラフを構成する要素には、次のようなものがあります。

●縦棒グラフ

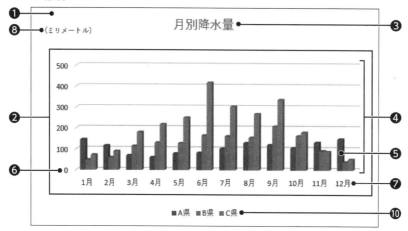

●円グラフ

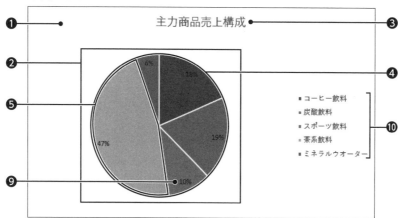

❶ グラフエリア

グラフ全体の領域です。すべての要素が含まれます。

❷ プロットエリア

棒グラフや円グラフの領域です。

❸ グラフタイトル

グラフのタイトルです。

❹ データ系列

もとになる数値を視覚的に表す棒や円です。

❺ データ要素

もとになる数値を視覚的に表す個々の要素です。

❻ 値軸

データ系列の数値を表す軸です。

❼ 項目軸

データ系列の項目を表す軸です。

❽ 軸ラベル

軸を説明する文字列です。

❾ データラベル

データ要素を説明する文字列です。

❿ 凡例

データ系列やデータ要素に割り当てられた色を識別するための情報です。

More グラフ要素の選択

グラフ要素を選択する場合は、要素を直接クリックします。要素が小さくてクリックしにくい場合は、リボンを使います。

◆グラフを選択→《書式》タブ→《現在の選択範囲》グループの グラフ エリア ▼ (グラフ要素)の ▼ →一覧から選択

3 グラフの作成

表のデータをもとに、年間の降水量の変化を示す折れ線グラフを作成しましょう。

フォルダー「表計算編」のブック「グラフの作成」のシート「Sheet1」を開いておきましょう。

①セル範囲【B3:E15】を選択します。

②《挿入》タブ→《グラフ》グループの （折れ線/面グラフの挿入）→《2-D折れ線》の《マーカー付き折れ線》（左から4番目、上から1番目）をクリックします。

③折れ線グラフが作成されます。

※グラフの周囲に枠線と〇（ハンドル）が表示され、選択されていることを確認しておきましょう。
※グラフには、あらかじめスタイルが適用されています。

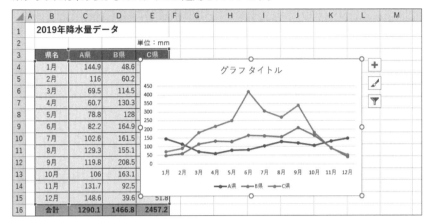

Point! グラフスタイルの適用

「グラフスタイル」とは、グラフを装飾するための書式の組み合わせです。前景色、背景色、枠線などがあらかじめ設定されており、グラフの体裁を瞬時に整えることができます。作成したグラフには、自動的にスタイルが適用されますが、あとからスタイルの種類を変更できます。

◆グラフを選択→《デザイン》タブ→《グラフスタイル》グループの （その他）

Point! グラフの種類の変更

グラフを作成したあとに、グラフの種類を変更できます。

◆グラフを選択→《デザイン》タブ→《種類》グループの （グラフの種類の変更）

More グラフのデータ範囲の変更

作成したグラフのデータ範囲をあとから変更できます。
データ範囲を変更する方法は、次のとおりです。

◆グラフを選択→《デザイン》タブ→《データ》グループの （データの選択）→《グラフデータの範囲》が反転していることを確認→セル範囲を選択

---

4 グラフタイトルの入力

グラフタイトルに「県別年間降水量」と入力しましょう。

①グラフタイトルを選択します。

②グラフタイトルの文字上をクリックして、カーソルを表示します。

③「県別年間降水量」に修正します。

④ グラフタイトル以外の場所をクリックして、グラフタイトルを確定します。

ためしてみよう【1】

① グラフタイトルに太字を設定しましょう。

5 グラフの移動とサイズ変更

シート上に配置したグラフは移動したり、サイズを変更したりできます。
グラフを移動するには、グラフエリアをドラッグします。
グラフのサイズを変更するには、周囲の枠線上にある〇（ハンドル）をドラッグします。
シート上のグラフの位置とサイズを調整しましょう。

① グラフを選択します。

② グラフエリアをポイントします。

③ マウスポインターの形が 📥 に変わったら、図のようにドラッグします。
　 （目安：セル【G3】）

※ポップヒントが《グラフエリア》の状態でドラッグします。

※ドラッグ中、マウスポインターの形が ✛ に変わります。

※ Alt を押しながらドラッグすると、セルの枠線に合わせて配置できます。

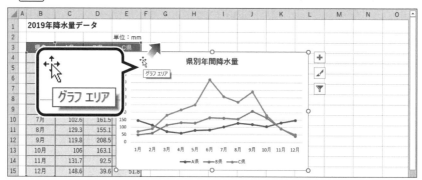

④ グラフが移動します。

⑤ グラフの右下の〇（ハンドル）をポイントします。

⑥ マウスポインターの形が ↘ に変わったら、図のようにドラッグします。
　 （目安：セル【N17】）

※ドラッグ中、マウスポインターの形が ✛ に変わります。

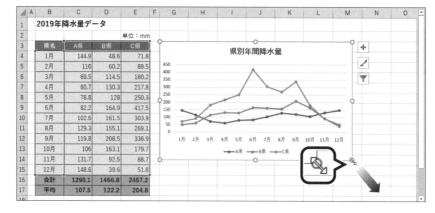

⑦ グラフのサイズが変更されます。

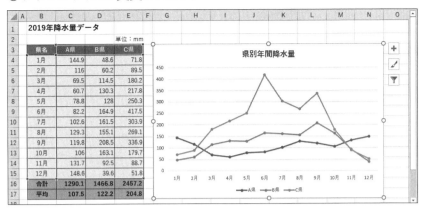

6　グラフのレイアウトの変更

グラフにはいくつかの「**レイアウト**」があらかじめ用意されており、それぞれ表示される要素やその配置が異なります。
グラフのレイアウトを変更し、データテーブルを追加しましょう。

① グラフが選択されていることを確認します。
②《デザイン》タブ→《グラフのレイアウト》グループの [アイコン]（クイックレイアウト）→《レイアウト5》をクリックします。

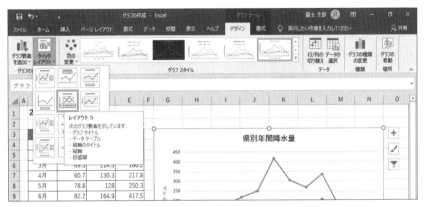

③ グラフのレイアウトが変更され、データテーブルと軸ラベルが追加されます。
④《軸ラベル》を選択します。

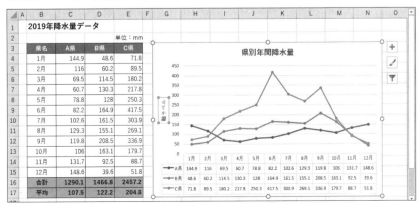

⑤ [Delete] を押します。

⑥ 軸ラベルが削除されます。

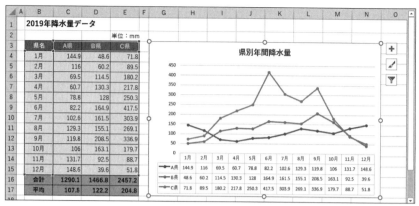

※ブックに任意の名前を付けて保存し、ブックを閉じておきましょう。

データテーブル

グラフエリアにグラフのもとになっている表を表示することができます。この表を「データテーブル」といいます。データテーブルを表示すると、グラフともとのデータを比較しやすくなります。

More グラフ書式コントロール

グラフを選択すると、グラフの右側に「グラフ書式コントロール」という3つのボタンが表示されます。
ボタンの名称と役割は、次のとおりです。

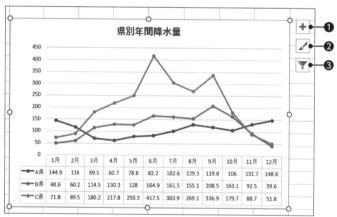

❶ **グラフ要素**
グラフのタイトルや凡例などのグラフ要素の表示・非表示を切り替えたり、表示位置を変更したりします。

❷ **グラフスタイル**
グラフのスタイルや配色を変更します。

❸ **グラフフィルター**
グラフに表示するデータを絞り込みます。

グラフの印刷

グラフを選択した状態で印刷すると、グラフだけが用紙全体に印刷されます。

1 データベース機能

住所録、名簿、売上台帳などのように関連するデータをまとめたものを「データベース」といいます。このデータベースを管理・運用する機能が「データベース機能」です。
データベース機能を使うと、大量のデータを効率よく管理できます。
データベース機能には、次のようなものがあります。

●並べ替え

指定したキー(基準)に従って、データを並べ替えます。

●フィルター

条件を満たすデータを抽出します。

●集計

データをグループに分類して、グループごとに集計します。

2 データベース用の表

データベース機能を利用するには、データベースを「フィールド」と「レコード」から構成される表にする必要があります。
データベース用の表では、1件分のデータを横1行で管理します。

管理No.	沿線	最寄駅	徒歩(分)	賃料	管理費	毎月支払額	間取り	築年月
1	市営地下鉄	中川	5	¥78,000	¥3,000	¥81,000	1LDK	2011年4月
2	田園都市線	青葉台	13	¥175,000	¥0	¥175,000	4LDK	2016年6月
3	市営地下鉄	センター南	10	¥90,000	¥0	¥90,000	1LDK	2010年3月
4	市営地下鉄	新横浜	15	¥79,000	¥9,000	¥88,000	1DK	2008年8月
5	田園都市線	あざみ野	10	¥69,000	¥0	¥69,000	1DK	2011年5月
6	根岸線	関内	10	¥72,000	¥1,500	¥73,500	1DK	2005年3月
7	東横線	日吉	5	¥120,000	¥6,000	¥126,000	2LDK	2009年8月
8	東横線	菊名	2	¥130,000	¥6,000	¥136,000	3LDK	2012年5月
9	東横線	大倉山	8	¥65,000	¥8,000	¥73,000	2DK	2004年8月
10	根岸線	石川町	7	¥49,000	¥5,000	¥54,000	2DK	2013年7月
11	東横線	綱島	4	¥200,000	¥15,000	¥215,000	3DK	2017年9月
12	田園都市線	青葉台	4	¥150,000	¥9,000	¥159,000	3LDK	2006年5月
13	市営地下鉄	センター南	1	¥100,000	¥0	¥100,000	3LDK	2017年7月
14	市営地下鉄	新横浜	3	¥100,000	¥12,000	¥112,000	3LDK	2008年9月
15	田園都市線	あざみ野	18	¥130,000	¥9,000	¥139,000	4LDK	2011年12月
16	東横線	菊名	6	¥80,000	¥5,500	¥85,500	2LDK	2007年9月
17	市営地下鉄	中川	15	¥55,000	¥3,000	¥58,000	2DK	2010年2月
18	東横線	大倉山	9	¥180,000	¥8,000	¥188,000	3DK	2006年3月
19	根岸線	石川町	6	¥150,000	¥7,000	¥157,000	3DK	2003年6月

❶列見出し(フィールド名)

データを分類する項目名です。列見出しはレコード部分と異なる書式にします。

❷フィールド

列単位のデータです。列見出しに対応した同じ種類のデータを入力します。

❸レコード

行単位のデータです。1件分のデータを入力します。

3 データの並べ替え

「並べ替え」を使うと、レコードを指定したキー（基準）に従って、並べ替えることができます。
並べ替えの順序には、「昇順」と「降順」があります。

●昇順

データ	順序
数値	0→9
英字	A→Z
日付	古→新
かな	あ→ん
JISコード	小→大

●降順

データ	順序
数値	9→0
英字	Z→A
日付	新→古
かな	ん→あ
JISコード	大→小

※空白セルは、昇順でも降順でも表の末尾に並びます。

▶▶1 ひとつの基準で並べ替え

並べ替えのキーがひとつの場合には、（昇順）や（降順）を使うと簡単です。
「賃料」が高い順に並べ替えましょう。
次に、もとの「管理No.」順に並べ替えましょう。

フォルダー「表計算編」のブック「データベースの操作」のシート「並べ替えとフィルター」を開いておきましょう。

①セル【E3】を選択します。
※表内のE列のセルであれば、どこでもかまいません。
②《データ》タブ→《並べ替えとフィルター》グループの（降順）をクリックします。
③「賃料」が高い順に並び替わります。

④ セル【A3】を選択します。

※表内のA列のセルであれば、どこでもかまいません。

⑤《データ》タブ→《並べ替えとフィルター》グループの （昇順）をクリックします。

⑥「管理No.」順に並び替わります。

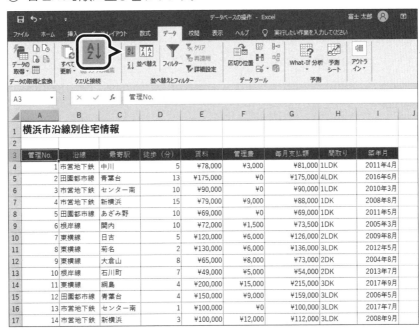

Point! 表のセル範囲の認識

表内の任意のセルを選択して並べ替えを実行すると、自動的にセル範囲が認識されます。表のセル範囲を正しく認識させるには、隣接するセルを空白にしておきます。

▶▶2 複数の基準で並べ替え

複数のキーで並べ替えるには、 （並べ替え）を使います。
「間取り」を昇順に並べ替え、さらに「間取り」が同じ場合は「毎月支払額」を大きい順で並べ替えましょう。

① セル【A3】が選択されていることを確認します。

※表内のセルであれば、どこでもかまいません。

②《データ》タブ→《並べ替えとフィルター》グループの （並べ替え）をクリックします。

③《並べ替え》ダイアログボックスが表示されます。

④《先頭行をデータの見出しとして使用する》を ✔ にします。

※表の先頭行に列見出しがある場合は ✔ 、列見出しがない場合は □ にします。

⑤《最優先されるキー》の ∨ をクリックし、一覧から「間取り」を選択します。

⑥《並べ替えのキー》が《セルの値》になっていることを確認します。

⑦《順序》が《昇順》になっていることを確認します。

⑧《レベルの追加》をクリックします。

⑨《次に優先されるキー》の ∨ をクリックし、一覧から「毎月支払額」を選択します。

⑩《並べ替えのキー》が《セルの値》になっていることを確認します。

⑪《順序》の ✓ をクリックし、一覧から《大きい順》を選択します。

⑫《OK》をクリックします。

⑬データが並び替わります。

	A	B	C	D	E	F	G	H	I	J
1	横浜市沿線別住宅情報									
2										
3	管理No.	沿線	最寄駅	徒歩（分）	賃料	管理費	毎月支払額	間取り	築年月	
4	4	市営地下鉄	新横浜	15	¥79,000	¥9,000	¥88,000	1DK	2008年8月	
5	6	根岸線	関内	10	¥72,000	¥1,500	¥73,500	1DK	2005年3月	
6	5	田園都市線	あざみ野	10	¥69,000	¥0	¥69,000	1DK	2011年5月	
7	3	市営地下鉄	センター南	10	¥90,000	¥0	¥90,000	1LDK	2010年3月	
8	1	市営地下鉄	中川	5	¥78,000	¥3,000	¥81,000	1LDK	2011年4月	
9	22	田園都市線	青葉台	8	¥58,000	¥2,000	¥60,000	1LDK	2005年8月	
10	9	東横線	大倉山	8	¥65,000	¥8,000	¥73,000	2DK	2004年8月	
11	17	市営地下鉄	中川	15	¥55,000	¥3,000	¥58,000	2DK	2010年2月	
12	10	根岸線	石川町	7	¥49,000	¥5,000	¥54,000	2DK	2013年7月	
13	7	東横線	日吉	5	¥120,000	¥6,000	¥126,000	2LDK	2009年8月	
14	16	東横線	菊名	6	¥80,000	¥5,500	¥85,500	2LDK	2007年9月	
15	11	東横線	綱島	4	¥200,000	¥15,000	¥215,000	3DK	2017年9月	
16	18	東横線	大倉山	9	¥180,000	¥8,000	¥188,000	3DK	2006年3月	
17	19	根岸線	石川町	6	¥150,000	¥7,000	¥157,000	3DK	2003年6月	

※「管理No.」順に並べ替えておきましょう。

More 色で並べ替え

セルにフォントの色、または塗りつぶしの色が設定されている場合、その色をキーにデータを並べ替え、同じ色が付いているデータをまとめることができます。
色で並べ替える方法は、次のとおりです。

◆セルを選択→《データ》タブ→《並べ替えとフィルター》グループの ▦ （並べ替え）→《最優先されるキー》からキーとなる列を選択→《並べ替えのキー》から《セルの色》または《フォントの色》を選択→《順序》から色を選択→《順序》から《上》または《下》を選択

4　データの抽出

「フィルター」を使うと、条件を満たすレコードだけを抽出できます。
条件を満たすレコードだけが表示され、条件を満たさないレコードは一時的に非表示になります。

▶▶1　フィルターの実行

フィルターを使って、「沿線」が「東横線」のレコードを抽出しましょう。

①セル【A3】を選択します。
※表内のセルであれば、どこでもかまいません。

②《データ》タブ→《並べ替えとフィルター》グループの （フィルター）をクリックします。

③列見出しに ▼ が付き、フィルターモードになります。

④「沿線」の ▼ をクリックします。

⑤《(すべて選択)》を ☐ にします。
※下位の項目がすべて ☐ になります。

⑥「東横線」を ✔ にします。

⑦《OK》をクリックします。

⑧「東横線」のレコードが抽出されます。

⑨「沿線」の ▼ が ☑ に変わります。

⑩ ☑ をポイントすると、指定した条件がポップヒントに表示されます。

⑪抽出されたレコードの行番号が青色で表示されます。また、条件を満たすレコードの件数がステータスバーに表示されます。

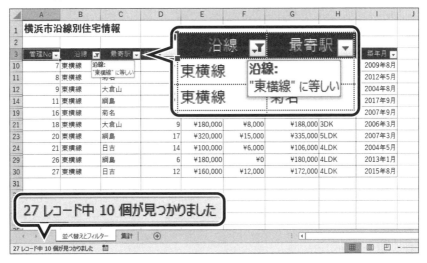

▶▶2 抽出結果の絞り込み

現在の抽出結果をもとに、さらに「間取り」が「4LDK」と「5LDK」のレコードに絞り込みましょう。

①「間取り」の ▼ をクリックします。

②《（すべて選択）》を □ にします。

③「4LDK」と「5LDK」を ✔ にします。

④《OK》をクリックします。

⑤「4LDK」と「5LDK」のレコードに絞り込まれます。

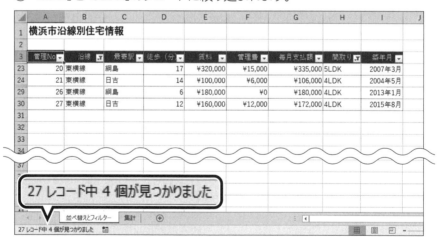

▶▶3 条件のクリア

フィルターに設定した条件をすべてクリアして、非表示になっているレコードを再表示しましょう。

①《データ》タブ→《並べ替えとフィルター》グループの ▼ₓ クリア （クリア）をクリックします。

②「沿線」と「間取り」の条件が両方ともクリアされ、すべてのレコードが表示されます。

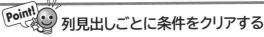

列見出しごとに条件をクリアする

列見出しごとに条件をクリアするには、条件をクリアする列見出しの ▼ →《(列見出し)からフィルターをクリア》をクリックします。

More　色フィルターの実行

セルにフォントの色や塗りつぶしの色が設定されている場合、その色を条件にフィルターを実行できます。
色フィルターを実行する方法は、次のとおりです。
◆フィルターモードで列見出しの ▼ →《色フィルター》→色を選択

▶▶4　数値フィルターの実行

データの種類が数値のフィールドでは、「**数値フィルター**」が用意されています。
「～以上」「～未満」「～から～まで」のように範囲のある数値を抽出したり、上位または下位の数値を抽出したりできます。
「賃料」が高いレコード5件を抽出しましょう。

①「賃料」の ▼ をクリックします。

②《数値フィルター》→《トップテン》をクリックします。

③《トップテンオートフィルター》ダイアログボックスが表示されます。

④左側のボックスが《上位》になっていることを確認します。

⑤中央のボックスを「5」に設定します。

⑥右側のボックスが《項目》になっていることを確認します。

⑦《OK》をクリックします。

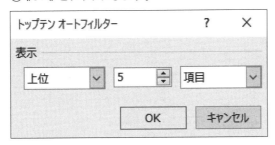

⑧「賃料」が高いレコードの上位5件が抽出されます。

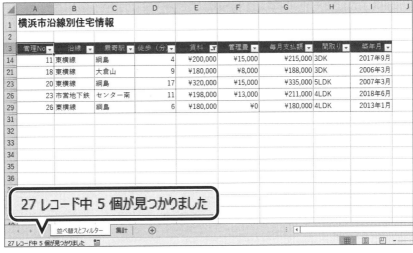

※条件をクリアしておきましょう。

▶▶5 テキストフィルターの実行

データの種類が文字列のフィールドでは、「テキストフィルター」が用意されています。特定の文字列で始まるレコードや特定の文字列を含むレコードを抽出できます。「間取り」に「L」が含まれるレコードを抽出しましょう。

①「間取り」の ▼ をクリックします。

②《テキストフィルター》→《指定の値を含む》をクリックします。

③《オートフィルターオプション》ダイアログボックスが表示されます。

④左上のボックスに「L」と入力します。

⑤右上のボックスが《を含む》になっていることを確認します。

⑥《OK》をクリックします。

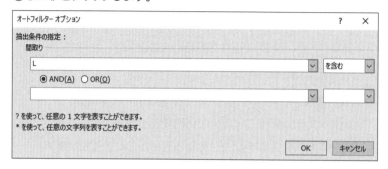

⑦「間取り」に「L」が含まれるレコードが抽出されます。

	A	B	C	D	E	F	G	H	I	J
1	横浜市沿線別住宅情報									
2										
3	管理No	沿線	最寄駅	徒歩（分	賃料	管理費	毎月支払額	間取り	築年月	
4	1	市営地下鉄	中川	5	¥78,000	¥3,000	¥81,000	1LDK	2011年4月	
5	2	田園都市線	青葉台	13	¥175,000	¥0	¥175,000	4LDK	2016年6月	
6	3	市営地下鉄	センター南	10	¥90,000	¥0	¥90,000	1LDK	2010年3月	
10	7	東横線	日吉	5	¥120,000	¥6,000	¥126,000	2LDK	2009年8月	
11	8	東横線	菊名	2	¥130,000	¥6,000	¥136,000	3LDK	2012年5月	
15	12	田園都市線	青葉台	4	¥150,000	¥9,000	¥159,000	3LDK	2006年5月	
16	13	市営地下鉄	センター南	1	¥100,000	¥0	¥100,000	3LDK	2017年7月	
17	14	市営地下鉄	新横浜	3	¥100,000	¥12,000	¥112,000	3LDK	2008年9月	
18	15	田園都市線	あざみ野	18	¥130,000	¥9,000	¥139,000	4LDK	2011年12月	
19	16	東横線	菊名	6	¥80,000	¥5,500	¥85,500	2LDK	2007年9月	
23	20	東横線	綱島	17	¥320,000	¥15,000	¥335,000	5LDK	2007年3月	
						¥6,000	¥106,000	4LDK	2004年5月	
						¥2,000	¥60,000	1LDK	2005年8月	
						¥13,000	¥211,000	4LDK	2018年6月	

27 レコード中 18 個が見つかりました

27 レコード中 18 個が見つかりました

※条件をクリアしておきましょう。

▶▶6 日付フィルターの実行

データの種類が日付のフィールドでは、「日付フィルター」が用意されています。
パソコンの日付をもとに「今日」や「昨日」、「今年」や「昨年」のようなレコードを抽出できます。また、ある日付からある日付までのように期間を指定して抽出することもできます。
「築年月」が「2013年」から「2018年」までのレコードを抽出しましょう。

①「築年月」の ▼ をクリックします。

②《日付フィルター》→《指定の範囲内》をクリックします。

③《オートフィルターオプション》ダイアログボックスが表示されます。

④左上のボックスに「2013/1/1」と入力します。

⑤右上のボックスが《以降》になっていることを確認します。

⑥《AND》を ◉ にします。

⑦左下のボックスに「2018/12/31」と入力します。

⑧右下のボックスが《以前》になっていることを確認します。

⑨《OK》をクリックします。

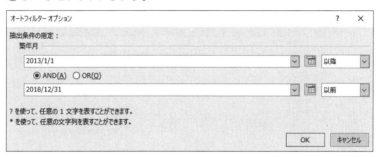

⑩「築年月」が「2013/1/1」から「2018/12/31」までのレコードが抽出されます。

ANDとOR

2つの条件を組み合わせる場合は、「AND」または「OR」を使います。

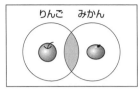

●AND
2つの条件を両方とも満たします。
例:「りんご」と「みかん」の両方とも持っている人

●OR
2つの条件のうち少なくともどちらか一方を満たします。
例:「りんご」か「みかん」のうち、少なくともどちらか一方を持っている人

More 検索ボックスを使ったフィルター

列見出しの ▼ をクリックすると表示される検索ボックスを使って、特定の文字列を含むレコードを抽出できます。

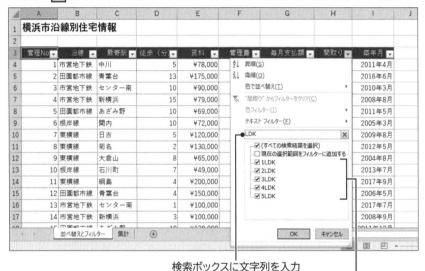

検索ボックスに文字列を入力

一覧に文字列を含む項目が表示される

▶▶▶7 フィルターモードの解除

フィルターモードを解除しましょう。

① 《データ》タブ→《並べ替えとフィルター》グループの ▼ (フィルター) をクリックします。

② フィルターモードが解除されます。

5 データの集計

「集計」は、表のデータをグループに分類して、グループごとに集計する機能です。
集計を使うと、項目ごとの合計を求めたり、平均を求めたりできます。
集計を実行する手順は、次のとおりです。

1 グループごとに並べ替える

集計するグループごとに表を並べ替えます。

2 グループごとに集計する

計算の方法を指定して、グループごとに集計します。

表計算編

▶▶1 並べ替え

集計を実行するには、あらかじめ集計するグループごとに表を並べ替えておく必要があります。
表を「開催地区」ごとに並べ替えましょう。

シート「集計」に切り替えておきましょう。

①セル【C3】を選択します。
※表内のC列のセルであれば、どこでもかまいません。

②《データ》タブ→《並べ替えとフィルター》グループの [昇順] (昇順) をクリックします。

③「開催地区」ごとに並び替わります。

	A	B	C	D	E	F	G	H	I	J
1	セミナー実施状況									
2										
3	No.	開催日	開催地区	セミナー	分野	参加費	参加者数	金額		
4	6	4月8日	北区	Excel&Word体験	パソコン	1,000	20	20,000		
5	11	4月16日	北区	リラックス・ヨガ	健康	500	32	16,000		
6	14	4月19日	北区	パソコン入門	パソコン	500	23	11,500		
7	17	4月23日	北区	インターネット体験	パソコン	800	23	18,400		
8	18	4月23日	北区	Excel&Word体験	パソコン	1,000	23	23,000		
9	29	5月12日	北区	手話・初級	手話	300	26	7,800		
10	30	5月12日	北区	手話・中級	手話	300	26	7,800		

▶▶2 集計の実行

「開催地区」ごとに「参加者数」と「金額」を合計する集計行を追加しましょう。

① セル【C3】が選択されていることを確認します。
※表内のセルであれば、どこでもかまいません。
②《データ》タブ→《アウトライン》グループの [小計] (小計) をクリックします。
※《アウトライン》グループが表示されていない場合は、[アウトライン] (アウトライン) をクリックします。

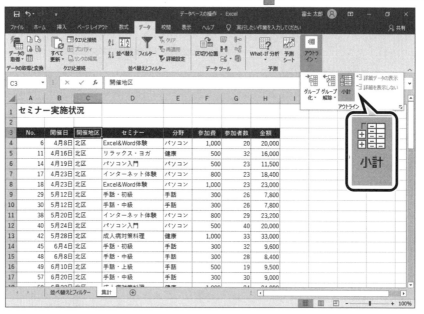

③《集計の設定》ダイアログボックスが表示されます。

④《グループの基準》の ∨ をクリックし、一覧から「開催地区」を選択します。

⑤《集計の方法》が《合計》になっていることを確認します。

⑥《集計するフィールド》の「参加者数」と「金額」を ✔ にします。

⑦《OK》をクリックします。

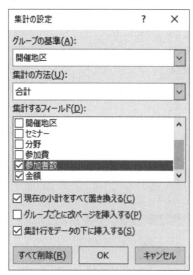

⑧「**開催地区**」ごとに集計行が追加され、「**参加者数**」と「**金額**」の合計が表示されます。

※表の最終行には、全体の合計を表示する集計行が追加されます。

※集計を実行すると、アウトラインが自動的に作成され、行番号の左側にアウトライン記号が表示されます。

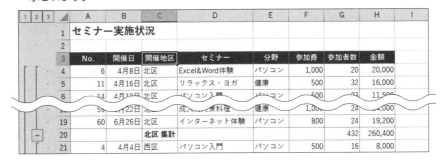

1 2 3		A	B	C	D	E	F	G	H	I
	1	セミナー実施状況								
	2									
	3	No.	開催日	開催地区	セミナー	分野	参加費	参加者数	金額	
	4	6	4月8日	北区	Excel&Word体験	パソコン	1,000	20	20,000	
	5	11	4月16日	北区	リラックス・ヨガ	健康	500	32	16,000	
	6	14	4月19日	北区	パソコン入門	パソコン	500	23	11,500	
	18	59	6月22日	北区	成人病予防料理	健康	1,000	24	24,000	
	19	60	6月26日	北区	インターネット体験	パソコン	800	24	19,200	
	20			北区 集計				432	260,400	
	21	4	4月4日	西区	パソコン入門	パソコン	500	16	8,000	

More 集計の削除

集計を削除して、もとの表に戻す方法は、次のとおりです。

◆セルを選択→《データ》タブ→《アウトライン》グループの ⊞ (小計)→《すべて削除》

▶▶3 集計の追加

「**開催地区**」ごとに「**参加者数**」と「**金額**」を平均する集計行を追加しましょう。

①セル【C3】が選択されていることを確認します。

※表内のセルであれば、どこでもかまいません。

②《データ》タブ→《アウトライン》グループの ⊞ (小計) をクリックします。

※《アウトライン》グループが表示されていない場合は、⊞ (アウトライン) をクリックします。

③《集計の設定》ダイアログボックスが表示されます。

④《グループの基準》が「**開催地区**」になっていることを確認します。

⑤《集計の方法》の ∨ をクリックし、一覧から《平均》を選択します。

⑥《集計するフィールド》の「**参加者数**」と「**金額**」が ✔ になっていることを確認します。

⑦《現在の小計をすべて置き換える》を □ にします。

※ ✔ にすると、既存の集計行が削除され、新規の集計行に置き換わります。□ にすると、既存の集計行に新規の集計行が追加されます。

⑧《OK》をクリックします。

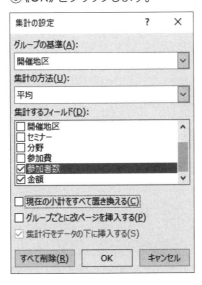

⑨「開催地区」ごとに集計行が追加され、「参加者数」と「金額」の平均が表示されます。

※「統計」の上に、全体の平均を表示する集計行「全体の平均」が追加されます。

	A	B	C	D	E	F	G	H	I
1	セミナー実施状況								
2									
3	No.	開催日	開催地区	セミナー	分野	参加費	参加者数	金額	
4	6	4月8日	北区	Excel&Word体験	パソコン	1,000	20	20,000	
5	11	4月16日	北区	リラックス・ヨガ	健康	500	32	16,000	
6	14	4月19日	北区	パソコン入門	パソコン	500	23	11,500	
7	17	4月23日	北区	インターネット体験	パソコン	800	23	18,400	
8	18	4月23日	北区	Excel&Word体験	パソコン	1,000	23	23,000	
9	29	5月12日	北区	手話・初級	手話	300	26	7,800	
10	30	5月12日	北区	手話・中級	手話	300	26	7,800	
11	38	5月20日	北区	インターネット体験	パソコン	800	29	23,200	
12	40	5月24日	北区	パソコン入門	パソコン	500	40	20,000	
13	42	5月28日	北区	成人病対策料理	健康	1,000	33	33,000	
14	45	6月4日	北区	手話・初級	手話	300	32	9,600	
15	48	6月8日	北区	手話・中級	手話	300	28	8,400	
16	49	6月10日	北区	手話・上級	手話	500	19	9,500	
17	57	6月20日	北区	手話・中級	手話	300	30	9,000	
18	59	6月22日	北区	成人病対策料理	健康	1,000	24	24,000	
19	60	6月26日	北区	インターネット体験	パソコン	800	24	19,200	
20			北区 平均				27	16,275	
21			北区 集計				432	260,400	

※ブックに任意の名前を付けて保存し、ブックを閉じておきましょう。

Point! アウトライン記号

集計を実行すると、表に自動的に「アウトライン」が作成されます。
アウトラインが作成された表は階層化され、行や列にレベルが設定されます。必要に応じて、上位レベルだけを表示したり、全レベルを表示したりできます。

	A	B	C	D	E	F	G	H	I
1	セミナー実施状況								
2									
3	No.	開催日	開催地区	セミナー	分野	参加費	参加者数	金額	
20			北区 平均				27	16,275	
21			北区 集計				432	260,400	
37			西区 平均				28	18,093	
38			西区 集計				420	271,400	
53			東区 平均				29	16,279	
54			東区 集計				406	227,900	
70			南区 平均				27	16,387	
71			南区 集計				405	245,800	
72			全体の平均				28	16,758	
73			総計				1,663	1,005,500	

❶選択したレベルのデータを表示します。　　❸グループの詳細データを表示します。
❷グループの詳細データを非表示にします。　❹グループの詳細データを非表示にします。

More　集計行の数式

集計行のセルには、「SUBTOTAL関数」が自動的に設定されます。

$$=SUBTOTAL(\underset{❶}{集計方法},\underset{❷}{参照})$$

❶集計方法
集計方法に応じて関数を番号で指定します。
例：
1：AVERAGE　　2：COUNT　　4：MAX　　5：MIN　　9：SUM

❷参照
集計するセル範囲を指定します。

More フラッシュフィルの利用

「フラッシュフィル」とは、入力済みのデータをもとに、Excelが入力パターンを読み取り、まだ入力されていない残りのセルに入力パターンに合ったデータを自動で埋め込む機能のことで、次のようなことができます。

・英字の小文字をすべて大文字にする
・電話番号に「－」（ハイフン）を付けて表示する
・姓と名を1つのセルに結合して氏名を表示する
・メールアドレスの「@」より前の部分を取り出す
・日付から月を取り出す

フラッシュフィルを利用するときは、次の点に注意しましょう。

・列内のデータは同じ規則性にする
・表に隣接するセルで操作する
・1列ずつ操作する

フラッシュフィルを利用する方法は、次のとおりです。

◆セルにデータを入力→《データ》タブ→《データツール》グループの
　（フラッシュフィル）

最初のセルに入力して をクリック

入力パターン
「最寄駅」／「沿線」を認識して自動入力

More ウィンドウ枠の固定

ウィンドウ枠を固定すると、スクロールしても表のタイトルや見出しを常に表示しておくことができます。
ウィンドウ枠を固定するときに、選択する場所によって、固定方法が異なります。
ウィンドウ枠を固定する方法は、次のとおりです。

◆固定する場所を選択→《表示》タブ→《ウィンドウ》グループの [ウィンドウ枠の固定▼] （ウィンドウ枠の固定）→《ウィンドウ枠の固定》

行を選択

 列を選択

セルを選択

E-50

1 作成するブックの確認

次のようなブックを作成しましょう。

●シート「田中」

	A	B	C	D	E	F	G
1	売上明細表						田中　一郎
2							単位：円
3	分類	第1週	第2週	第3週	第4週	第5週	合計
4	シャープペンシル	20,000	58,000	,158,200	642,900	12,800	891,900
5	ボールペン	8,800	2,400	3,600	2,300	2,700	19,800
6	消しゴム	4,800	0	5,800	8,800	0	19,400
7	替え芯	9,800	10,500	8,900	12,500	9,800	51,500
8	蛍光ペン	12,900	29,800	58,600	29,800	0	131,100
9	その他	56,000	12,580	3,600	48,000	59,800	179,980
10	合計	112,300	113,280	238,700	744,300	85,100	1,293,680
11							

田中　鈴木　中村　売上集計

●シート「鈴木」

	A	B	C	D	E	F	G
1	売上明細表						鈴木　典弘
2							単位：円
3	分類	第1週	第2週	第3週	第4週	第5週	合計
4	シャープペンシル	35,000	35,220	3,500	78,900	8,500	161,120
5	ボールペン	25,000	2,400	2,600	4,680	2,700	37,380
6	消しゴム	8,500	0	6,900	0	0	15,400
7	替え芯	5,500	9,700	6,500	8,200	0	29,900
8	蛍光ペン	5,000	35,980	48,980	35,980	26,840	152,780
9	その他	21,000	48,600	4,500	68,200	2,250	144,550
10	合計	100,000	131,900	72,980	195,960	40,290	541,130
11							

田中　鈴木　中村　売上集計

●シート「中村」

	A	B	C	D	E	F	G
1	売上明細表						中村　正弘
2							単位：円
3	分類	第1週	第2週	第3週	第4週	第5週	合計
4	シャープペンシル	35,000	33,900	58,300	38,400	4,600	170,200
5	ボールペン	5,900	6,400	5,800	6,400	1,500	26,000
6	消しゴム	2,800	5,600	0	5,900	700	15,000
7	替え芯	22,400	52,100	14,600	34,900	0	124,000
8	蛍光ペン	8,600	9,800	0	3,500	4,800	26,700
9	その他	46,500	6,500	87,980	24,000	0	164,980
10	合計	121,200	114,300	166,680	113,100	11,600	526,880
11							

田中　鈴木　中村　売上集計

●シート「売上集計」

	A	B	C	D	E	F	G
1	売上明細表						第2営業課
2							単位：円
3	分類	第1週	第2週	第3週	第4週	第5週	合計
4	シャープペンシル	90,000	127,120	220,000	760,200	25,900	1,223,220
5	ボールペン	39,700	11,200	12,000	13,380	6,900	83,180
6	消しゴム	16,100	5,600	12,700	14,700	700	49,800
7	替え芯	37,700	72,300	30,000	55,600	9,800	205,400
8	蛍光ペン	26,500	75,580	107,580	69,280	31,640	310,580
9	その他	123,500	67,680	96,080	140,200	62,050	489,510
10	合計	333,500	359,480	478,360	1,053,360	136,990	2,361,690
11							

田中　鈴木　中村　売上集計

シート間の集計

2 シート間の集計

複数のシートの同じセル位置の数値を集計できます。
シート「田中」からシート「中村」までの「シャープペンシル」の「第1週」の値の合計を、
シート「売上集計」に求めましょう。

フォルダー「表計算編」のブック「複数シートの操作」を開き、シート「田中」「鈴木」「中村」「売上集計」をそれぞれ確認しましょう。

①シート「売上集計」のシート見出しをクリックします。

②セル【B4】を選択します。

③《ホーム》タブ→《編集》グループの Σ（合計）をクリックします。

④数式バーに「=SUM()」と表示されます。

⑤シート「田中」のシート見出しをクリックします。

⑥セル【B4】を選択します。

⑦数式バーに「=SUM(田中!B4)」と表示されます。

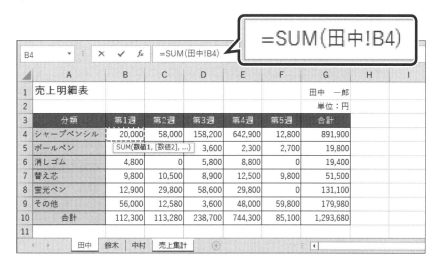

⑧ Shift を押しながらシート「中村」のシート見出しをクリックします。

⑨シート「田中」からシート「中村」までのすべてのシート見出しが選択されます。

⑩数式バーに「=SUM('田中:中村'!B4)」と表示されます。

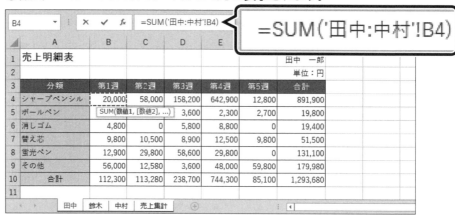

⑪ Enter を押します。

⑫シート「売上集計」に合計が表示されます。

	A	B	C	D	E	F	G	H	I
1	売上明細表						第2営業課		
2							単位：円		
3	分類	第1週	第2週	第3週	第4週	第5週	合計		
4	シャープペンシル	90,000					90,000		
5	ボールペン						0		
6	消しゴム						0		
7	替え芯						0		
8	蛍光ペン						0		
9	その他						0		
10	合計	90,000	0	0	0	0	90,000		
11									

田中　鈴木　中村　売上集計

3 数式のコピー

シート「売上集計」のセル【B4】の数式をコピーしましょう。

①シート「売上集計」が表示されていることを確認します。

②セル【B4】を選択し、セル右下の■(フィルハンドル)をダブルクリックします。

③セル範囲【B5：B9】に数式がコピーされます。

④セル範囲【B4：B9】が選択されている状態で、セル範囲右下の■(フィルハンド
ル)をセル【F9】までドラッグします。

⑤セル範囲【C4：F9】に数式がコピーされます。

	A	B	C	D	E	F	G	H	I
1	売上明細表						第2営業課		
2							単位：円		
3	分類	第1週	第2週	第3週	第4週	第5週	合計		
4	シャープペンシル	90,000	127,120	220,000	760,200	25,900	1,223,220		
5	ボールペン	39,700	11,200	12,000	13,380	6,900	83,180		
6	消しゴム	16,100	5,600	12,700	14,700	700	49,800		
7	替え芯	37,700	72,300	30,000	55,600	9,800	205,400		
8	蛍光ペン	26,500	75,580	107,580	69,280	31,640	310,580		
9	その他	123,500	67,680	96,080	140,200	62,050	489,510		
10	合計	333,500	359,480	478,360	1,053,360	136,990	2,361,690		
11									

田中　鈴木　中村　売上集計

※ブックに任意の名前を付けて保存し、ブックを閉じておきましょう。

 **グループ**

複数のシートを選択すると、「グループ」が設定されます。
グループを設定すると、複数のシートに対してまとめてデータを入力したり、書式を設定したりできます。
グループを設定する方法は、次のとおりです。

| 連続しているシート |

◆先頭のシート見出しをクリック→ Shift を押しながら最終のシート見出しをクリック

| 連続していないシート |

◆1つ目のシート見出しをクリック→ Ctrl を押しながら2つ目以降のシート見出しをクリック

 **グループの解除**

ブック内のすべてのシートがグループに設定されている場合、一番手前のシート以外のシート見出しをクリックして解除します。ブック内の一部のシートがグループに設定されている場合、グループに含まれていないシートのシート見出しをクリックして解除します。

More シートの挿入と削除

シートを挿入するには、シート見出しの右側の ⊕ （新しいシート）をクリックします。
シートを削除するには、シート見出しを右クリック→《削除》をクリックします。

More シート名の変更

初期の設定では、シートが1枚用意されていて、「Sheet1」という名前が付けられています。シートを挿入するごとに「Sheet2」「Sheet3」と名前が付きます。シート名は変更できます。
シート名を変更する方法は、次のとおりです。

◆シート見出しをダブルクリック→シート名を入力→ Enter

More シート見出しの色

シートを区別しやすくするために、シート見出しに色を付けることができます。シート見出しの色を設定する方法は、次のとおりです。

◆シート見出しを右クリック→《シート見出しの色》→色を選択

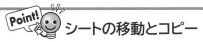 **シートの移動とコピー**

シートを移動するには、シート見出しをドラッグします。▼の表示された位置に移動されます。

| 9 | その他 | 56,000 | 12,580 | 3,600 | 48,000 | 59,800 | 179,980 | | | |
| 10 | 合計 | 112,300 | 113,280 | 238,700 | 744,300 | 85,100 | 1,293,680 | | | |

田中　鈴木　中村　売上集計　⊕

シートをコピーするには、 Ctrl を押しながらシート見出しをドラッグします。▼の表示された位置にコピーされます。

| 9 | その他 | 56,000 | 12,580 | 3,600 | 48,000 | 59,800 | 179,980 | | | |
| 10 | 合計 | 112,300 | 113,280 | 238,700 | 744,300 | 85,100 | 1,293,680 | | | |

田中　鈴木　中村　売上集計　⊕

1 作成する表の確認

次のような表を作成しましょう。

●シート「関数1」

	A	B	C	D	E	F	G	H
1		カード会員リスト						
2		現在の会員数	20					
3	〔内訳〕	一般会員	15					
4		特別会員	5					
5								
6	No.	氏名	フリガナ		住所	電話番号	会員種別	
7	1001	田辺 美夏	タナベ ミカ	北区上賀茂本町1-X	075-735-XXXX	一般会員		
8	1002	新谷 和也	アラタニ カズヤ	左京区岡崎北御所町2-X	075-443-XXXX	特別会員		
9	1003	渡部 里香	ワタナベ リカ	伏見区桃山町5-X	075-112-XXXX	一般会員		
10	1004	岡田 まゆ	オカダ マユ	東山区宮川筋2-X	075-524-XXXX	一般会員		
11	1005	片山 優奈	カタヤマ ユウナ	中京区鴨川二条3-1-X	075-428-XXXX	特別会員		
12	1006	浦上 京子	ウラガミ キョウコ	下京区四条寺町X	075-253-XXXX	一般会員		
13	1007	上島 美香	ウエシマ ミカ	左京区白川通り清水町2-3	075-587-XXXX	一般会員		
14	1008	井上 愛	イノウエ アイ	北区堀川通北大路下ル2-5	075-533-XXXX	一般会員		
15	1009	山口 純菜	ヤマグチ ジュンナ	伏見区深草西浦町3-X	075-422-XXXX	一般会員		
16	1010	宮本 さゆり	ミヤモト サユリ	下京区新町通2-3-X	075-663-XXXX	一般会員		
17	1011	木村 聡	キムラ サトシ	下京区烏丸塩小路下ル3-X	075-668-XXXX	特別会員		
18	1012	方 博美	カタ ヒロミ	東山区大和大路通9-1-X	075-731-XXXX	一般会員		
19	1013	小野田 奈々	オノダ ナナ	中京区三条木屋町1-X	075-211-XXXX	一般会員		
20	1014	岩城 真澄	イワシロ マスミ	下京区川端町X	075-153-XXXX	一般会員		
21	1015	小林 美月	コバヤシ ミズキ	伏見区向島庚申町5-X	075-987-XXXX	特別会員		
22	1016	浅野 浩之	アサノ ヒロユキ	左京区田中大久保町X	075-312-XXXX	一般会員		
23	1017	安達 亮	アダチ アキラ	中京区東木屋町4-3-X	075-424-XXXX	特別会員		
24	1018	今村 圭子	イマムラ ケイコ	東山区本町5-X	075-258-XXXX	一般会員		
25	1019	松村 加奈	マツムラ カナ	伏見区中島外山町X	075-873-XXXX	一般会員		
26	1020	村上 奈津	ムラカミ ナツ	中京区御幸町5-X	075-332-XXXX	一般会員		
27								

COUNTA関数
COUNTIF関数
PHONETIC関数

●シート「関数2」

VLOOKUP関数　　　IF関数

	A	B	C	D	E	F	G	H	I
1	従業員売上評価								
2	従業員No.	氏名	所属No.	所属名	上期（万円）	下期（万円）	合計（万円）	評価1	評価2
3	74032	島田 由紀	30	東海支店	380	400	780	A	A
4	73011	綾瀬 秀司	10	東北支店	155	260	415	B	B
5	74063	藤倉 莉緒	40	関西支店	230	470	700	A	B
6	78021	遠藤 真紀	20	関東支店	420	360	780	A	A
7	79063	京山 秋彦	30	東海支店	190	150	340	B	B
8	80031	川原 香織	50	中四国支店	390	230	620	B	B
9	81031	福田 直樹	60	九州支店	320	580	900	A	B
10	84080	斉藤 信也	10	東北支店	490	450	940	A	A
11	85012	坂本 利雄	40	関西支店	310	510	820	A	B
12	88061	山本 涼子	50	中四国支店	380	310	690	B	B
13	94083	伊藤 隆	20	関東支店	490	410	900	A	A
14	95032	浜野 陽子	60	九州支店	620	270	890	A	B
15	97590	緒城 夏江	30	東海支店	350	320	670	B	B
16	98870	白井 茜	40	関西支店	400	390	790	A	A
17	11325	梅畑 雄介	20	関東支店	230	410	640	B	B
18	10197	花岡 順	10	東北支店	340	360	700	A	B
19	10253	森下 真澄	40	関西支店	160	260	420	B	B
20			所属コード表			分布表			
21			所属No.	所属名		金額分布			分布
22			10	東北支店			～	400	1
23			20	関東支店		401	～	500	2
24			30	東海支店		501	～	600	0
25			40	関西支店		601	～	700	6
26			50	中四国支店		701	～	800	3
27			60	九州支店		801	～		5
28									

FREQUENCY関数

2 関数の入力方法

関数を入力する方法には、次のようなものがあります。

● Σ（合計）を使う

「SUM」「AVERAGE」「COUNT」「MAX」「MIN」の各関数は、《ホーム》タブ→《編集》グループの Σ▾ （合計）の ▾ を使うと、関数名やかっこが自動的に入力され、引数も簡単に指定できます。

● *fx* （関数の挿入）を使う

数式バーの *fx* （関数の挿入）を使うと、ダイアログボックス上で関数や引数の説明を確認しながら、関数を入力できます。

●キーボードから直接入力する

セルに関数を直接入力できます。関数の引数に何を指定すればよいか、わかっている場合には、直接入力した方が効率的な場合があります。

3 ふりがなの表示（PHONETIC関数）

「PHONETIC関数」を使うと、指定したセルのふりがなを表示できます。
セル【C7】に「氏名」のふりがなを表示する関数を入力しましょう。

=PHONETIC（参照）
　　　　　　　❶

❶参照
ふりがなのもととなるデータが入力されているセルを指定します。ふりがなは、セルに入力した文字列（読み）になります。例えば、「佳子」を「けいこ」と入力した場合、ふりがなは「けいこ」と表示されます。

フォルダー「表計算編」のブック「関数の利用」のシート「関数1」を開いておきましょう。

①セル【C7】を選択します。

②数式バーの *fx* （関数の挿入）をクリックします。

③セル【C7】に自動的に「＝」が入力され、《関数の挿入》ダイアログボックスが表示されます。

※セルが隠れている場合は、ダイアログボックスのタイトルバーをドラッグして移動します。

④《関数の分類》の ▾ をクリックし、一覧から《情報》を選択します。

⑤《関数名》の一覧から《PHONETIC》を選択します。

※《関数名》の一覧をクリックして、関数名の先頭のアルファベットのキーを押すと、そのアルファベットで始まる関数名にジャンプします。

⑥《OK》をクリックします。

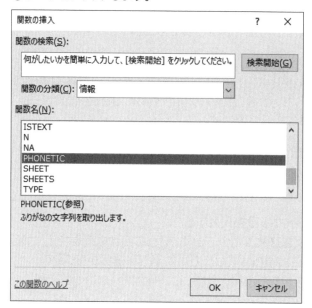

⑦《関数の引数》ダイアログボックスが表示されます。

⑧《参照》にカーソルが表示されていることを確認します。

⑨シート上のセル【B7】を選択します。

⑩《参照》に「B7」と表示されていることを確認します。

⑪数式バーに「=PHONETIC (B7)」と表示されていることを確認します。

⑫《OK》をクリックします。

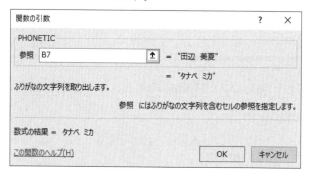

⑬セル【C7】にふりがなが表示されます。

※セル範囲【C8:C26】に関数をコピーしておきましょう。

表計算編

More ふりがなの種類の設定

PHONETIC関数の結果として表示されるふりがなの種類は、「ひらがな」「全角カタカナ」「半角カタカナ」のいずれかに設定できます。
ふりがなの種類を設定する方法は、次のとおりです。

◆漢字が入力されているセルを選択→《ホーム》タブ→《フォント》グループの [ﾌ▾] (ふりがなの表示/非表示) の
[▾]→《ふりがなの設定》→《ふりがな》タブ→《種類》を選択

More 関数ライブラリの利用

《数式》タブ→《関数ライブラリ》グループには、関数の分類ごとのボタンが用意されています。ボタンをクリックすると、該当する関数の一覧が表示されるので、すばやく関数を選択することができます。

4 データ個数のカウント（COUNTA関数）

「COUNTA関数」を使うと、数値や文字列などデータの種類に関係なく、データが入力されているセルの個数を求めることができます。
セル【C2】に「会員数」を求める関数を入力しましょう。「氏名」の列をもとに、データの個数を算出します。

=COUNTA（値1 , 値2 , ・・・）
　　　　　　　 ❶

❶値
対象のセルやセル範囲などを指定します。
※空白セルは数えられません。

---

① セル【C2】を選択します。

② 数式バーの [fx] (関数の挿入) をクリックします。

③ 《関数の挿入》ダイアログボックスが表示されます。

④ 《関数の分類》の [▾] をクリックし、一覧から《統計》を選択します。

⑤ 《関数名》の一覧から《COUNTA》を選択します。

⑥ 《OK》をクリックします。

⑦ 《関数の引数》ダイアログボックスが表示されます。

⑧ 《値1》にカーソルが表示されていることを確認します。

⑨ シート上のセル範囲【B7:B26】を選択します。

⑩ 《値1》に「B7:B26」と表示されていることを確認します。

⑪ 数式バーに「=COUNTA(B7:B26)」と表示されていることを確認します。

⑫ 《OK》をクリックします。

⑬ セル【C2】にデータの個数が表示されます。

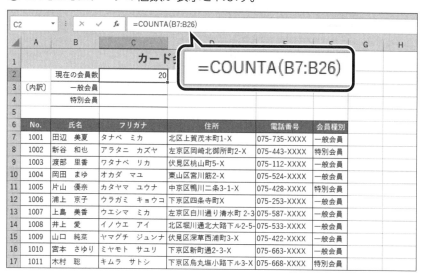

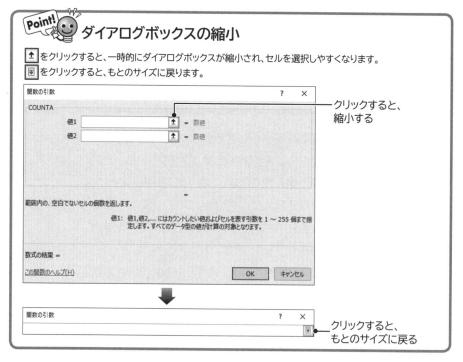

ダイアログボックスの縮小

⬆ をクリックすると、一時的にダイアログボックスが縮小され、セルを選択しやすくなります。
⬇ をクリックすると、もとのサイズに戻ります。

クリックすると、縮小する

クリックすると、もとのサイズに戻る

More COUNT関数

数値データが入力されているセルの個数を求めることができます。

=COUNT（値1, 値2, ・・・）
　　　　　　❶

❶値
対象のセルやセル範囲などを指定します。
※空白セルは数えられません。

指定した範囲内で空白セルの個数を求めることができます。

=COUNTBLANK（範囲）
　　　　　　　　　❶

❶範囲
対象のセルやセル範囲などを指定します。

---

5 条件付きのデータ個数のカウント（COUNTIF関数）

「COUNTIF関数」を使うと、指定した範囲内で条件を満たすセルの個数を求めることができます。
セル【C3】に「一般会員数」、セル【C4】に「特別会員数」を求める関数を入力しましょう。「会員種別」の列をもとに、データの個数を算出します。

=COUNTIF（範囲, 検索条件）
　　　　　　　❶　　　　❷

❶範囲
データの個数を求めるセル範囲を指定します。
❷検索条件
検索する数値または文字列、セル、数式を指定します。

---

①セル【C3】を選択します。

②数式バーの （関数の挿入）をクリックします。

③《関数の挿入》ダイアログボックスが表示されます。

④《関数の分類》の をクリックし、一覧から《統計》を選択します。

⑤《関数名》の一覧から《COUNTIF》を選択します。

⑥《OK》をクリックします。

⑦《関数の引数》ダイアログボックスが表示されます。

⑧《範囲》にカーソルが表示されていることを確認します。

⑨シート上のセル範囲【F7：F26】を選択します。

⑩ F4 を押します。

※ここで入力した数式を、セル【C4】にコピーします。セル範囲は固定なので、絶対参照にしておきます。

⑪《範囲》に「＄F＄7：＄F＄26」と表示されていることを確認します。

⑫《検索条件》にカーソルを移動します。

⑬シート上のセル【B3】を選択します。

⑭《検索条件》に「B3」と表示されていることを確認します。

⑮数式バーに「＝COUNTIF（＄F＄7：＄F＄26,B3）」と表示されていることを確認します。

表計算編

⑯《OK》をクリックします。

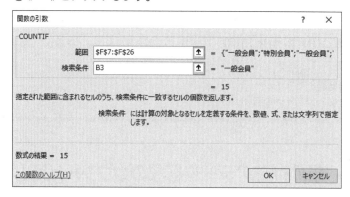

⑰ セル【C3】に「一般会員」のデータの個数が表示されます。
※セル【C4】に関数をコピーしておきましょう。

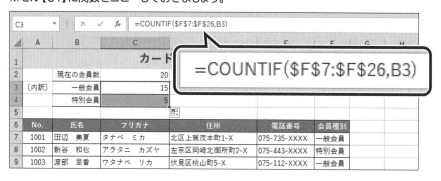

No.	氏名	フリガナ	住所	電話番号	会員種別
1001	田辺　美夏	タナベ　ミカ	北区上賀茂本町1-X	075-735-XXXX	一般会員
1002	新谷　和也	アラタニ　カズヤ	左京区岡崎北御所町2-X	075-443-XXXX	特別会員
1003	渡部　里番	ワタナベ　リカ	伏見区桃山町5-X	075-112-XXXX	一般会員

6 該当データの検索（VLOOKUP関数）

「VLOOKUP関数」を使うと、キーとなるコードや番号に該当するデータを、参照用
の表から検索し、対応する値を表示できます。
シート「関数2」のセル【D3】に「所属No.」に対応する「所属名」を表示する関数を入
力しましょう。

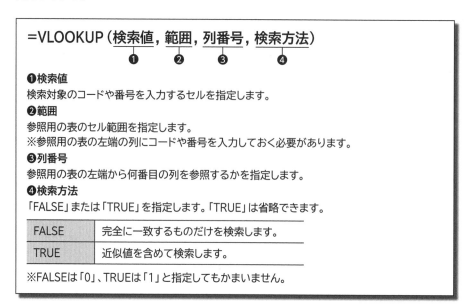

=VLOOKUP (検索値, 範囲, 列番号, 検索方法)
❶　　　　❷　　　❸　　　　❹

❶検索値
検索対象のコードや番号を入力するセルを指定します。
❷範囲
参照用の表のセル範囲を指定します。
※参照用の表の左端の列にコードや番号を入力しておく必要があります。
❸列番号
参照用の表の左端から何番目の列を参照するかを指定します。
❹検索方法
「FALSE」または「TRUE」を指定します。「TRUE」は省略できます。

FALSE	完全に一致するものだけを検索します。
TRUE	近似値を含めて検索します。

※FALSEは「0」、TRUEは「1」と指定してもかまいません。

シート「関数2」に切り替えておきましょう。

① セル【D3】を選択します。

② 数式バーの f_x （関数の挿入）をクリックします。

③《関数の挿入》ダイアログボックスが表示されます。

④《関数の分類》の ∨ をクリックし、一覧から《検索/行列》を選択します。

⑤《関数名》の一覧から《VLOOKUP》を選択します。

⑥《OK》をクリックします。

⑦《関数の引数》ダイアログボックスが表示されます。

⑧《検索値》にカーソルが表示されていることを確認します。

⑨ シート上のセル【C3】を選択します。

⑩《検索値》に「C3」と表示されていることを確認します。

⑪《範囲》にカーソルを移動します。

⑫ シート上のセル範囲【C22:D27】を選択します。

⑬ [F4] を押します。

※ここで入力した数式を、セル範囲【D4:D19】にコピーします。セル範囲は固定なので、絶対参照にしておきます。

⑭《範囲》に「$C$22:$D$27」と表示されていることを確認します。

⑮《列番号》に「2」と入力します。

⑯《検索方法》に「FALSE」と入力します。

⑰ 数式バーに「=VLOOKUP(C3,$C$22:$D$27,2,FALSE)」と表示されていることを確認します。

⑱《OK》をクリックします。

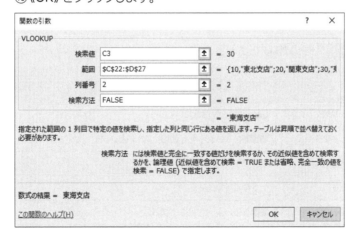

⑲セル【D3】に「所属No.」に対応する「所属名」が表示されます。
※セル範囲【D4:D19】に関数をコピーしておきましょう。

=VLOOKUP(C3,$C$22:$D$27,2,FALSE)

			D3	▼	:	×	✓	fx	=VLOOKUP(C3,$C$22:$D$27,2,FALSE)		

	A	B	C	D	E	F	G	H	I	J
1	従業員売上評価									
2	従業員No.	氏名	所属No.	所属名	上期（万円）	下期（万円）	合計（万円）	評価1	評価2	
3	74032	島田　由紀	30	東海支店	380	400	780			
4	73011	綾瀬　秀司	10	東北支店	155	260	415			
5	74063	藤倉　莉緒	40	関西支店	230	470	700			
6	78021	遠藤　真紀	20	関東支店	420	360	780			
7	79063	京山　秋彦	30	東海支店	190	150	340			
8	80031	川原　香織	50	中四国支店	390	230	620			
9	81031	福田　直樹	60	九州支店	320	580	900			
10	84080	斉藤　信也	10	東北支店	490	450	940			
11	85012	坂本　利雄	40	関西支店	310	510	820			
12	88061	山本　涼子	50	中四国支店	380	310	690			
13	94083	伊藤　隆	20	関東支店	490	410	900			
14	95032	浜野　陽子	60	九州支店	620	270	890			
15	97590	結城　夏江	30	東海支店	350	320	670			
16	98870	白井　茜	40	関西支店	400	390	790			
17	11325	梅畑　雄介	20	関東支店	230	410	640			
18	10197	花岡　順	10	東北支店	340	360	700			
19	10253	森下　真澄	40	関西支店	160	260	420			
20			所属コード表			分布表				
21			所属No.	所属名			金額分布		分布	

More　エラーの回避

VLOOKUP関数では、検索値の「所属No.」が未入力の場合、エラー値「#N/A」と［　　　　　　］（エラーインジケータ）が表示されます。これを避けるには、IF関数と組み合わせて、次のように入力します。
例：
=IF(C3="","",VLOOKUP(C3,$C$22:$D$27,2,FALSE))
セル【C3】が空白セルであれば何も表示せず、空白セルでなければVLOOKUP関数の計算結果を表示します。

More　その他のエラー値

入力した数式が正しくない場合に表示される「エラー値」には、次のようなものがあります。

エラー値	意味
#DIV/0!	0または空白を除数にしている。
#NAME?	認識できない文字列が使用されている。
#VALUE!	引数が不適切である。
#REF!	セル参照が無効である。
#N/A	必要な値が入力されていない。
#NUM!	引数が不適切であるか、計算結果が処理できない値である。
#NULL!	参照演算子（「：」（コロン）や「,」（カンマ）など）が不適切である。

7 条件の判断（IF関数）

「IF関数」を使うと、指定した条件を満たしている場合と満たしていない場合の結果を表示できます。

セル【H3】の「評価1」に、「合計」が700万円以上ならば「A」、そうでなければ「B」と表示する関数を入力しましょう。

＝IF（論理式, 値が真の場合, 値が偽の場合）
　　　　　　❶　　　　　　❷　　　　　　　　❸

❶論理式
判断の基準となる数式を指定します。
❷値が真の場合
論理式の結果が真（TRUE）の場合の処理を数値または数式、文字列で指定します。
❸値が偽の場合
論理式の結果が偽（FALSE）の場合の処理を数値または数式、文字列で指定します。

例：
=IF（F4>=250,"合格","不合格"）
セル【F4】が250以上ならば「合格」、そうでなければ「不合格」と表示します。

※引数に文字列を指定する場合、文字列を「"」（ダブルクォーテーション）で囲みます。

---

① セル【H3】を選択します。

② 数式バーの f_x （関数の挿入）をクリックします。

③《関数の挿入》ダイアログボックスが表示されます。

④《関数の分類》の $\boxed{\vee}$ をクリックし、一覧から《論理》を選択します。

⑤《関数名》の一覧から《IF》を選択します。

⑥《OK》をクリックします。

⑦《関数の引数》ダイアログボックスが表示されます。

⑧《論理式》に「G3>=700」と入力します。

⑨《値が真の場合》に「A」と入力します。

⑩《値が偽の場合》に「B」と入力します。
※ Tab を押して、入力を確定しておきましょう。

⑪ 数式バーに「=IF（G3>=700,"A","B"）」と表示されていることを確認します。
※文字列は自動的に「"」（ダブルクォーテーション）で囲まれます。

⑫《OK》をクリックします。

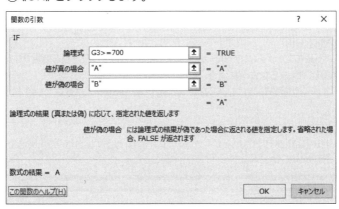

⑬セル【G3】が700万円以上なので、セル【H3】に「A」と表示されます。
※セル範囲【H4：H19】に関数をコピーしておきましょう。

| H3 | ▼ : × ✓ fx | =IF(G3>=700,"A","B") |

=IF(G3>=700,"A","B")

▲	A	B	C	D	E	F	G	H	I	J
1	従業員売上評価									
2	従業員No.	氏名					(　)	評価1	評価2	
3	74032	島田　由紀					780	A		
4	73011	綾瀬　秀司					415	B		
5	74063	藤倉　莉緒	40	関西支店	230	470	700	A		
6	78021	遠藤　真紀	20	関東支店	420	360	780	A		
7	79063	京山　秋彦	30	東海支店	190	150	340	B		
8	80031	川原　香織	50	中四国支店	390	230	620	B		
9	81031	福田　直樹	60	九州支店	320	580	900	A		
10	84080	斉藤　信也	10	東北支店	490	450	940	A		
11	85012	坂本　利雄	40	関西支店	310	510	820	A		
12	88061	山本　涼子	50	中四国支店	380	310	690	B		
13	94083	伊藤　隆	20	関東支店	490	410	900	A		
14	95032	浜野　陽子	60	九州支店	620	270	890	A		
15	97590	結城　夏江	30	東海支店	350	320	670	B		
16	98870	白井　茜	40	関西支店	400	390	790	A		
17	11325	梅畑　雄介	20	関東支店	230	410	640	B		
18	10197	花岡　順	10	東北支店	340	360	700	A		
19	10253	森下　真澄	40	関西支店	160	260	420	B		
20			所属コード表			分布表				
21			所属No.	所属名		金額分布			分布	

Point! IFS関数

「IFS関数」を使うと、複数の条件を順番に判断し、条件に応じて異なる結果を求めることができます。条件には、以上や以下などの比較演算子を使った数式も指定できます。
IFS関数は条件によって複数の処理に分岐したい場合に使います。

●IFS関数

「論理式1」が真（TRUE）の場合は「値が真の場合1」の値を返し、偽（FALSE）の場合は「論理式2」を判断します。「論理式2」が真（TRUE）の場合は「値が真の場合2」の値を返し、偽（FALSE）の場合は「論理式3」を判断します。最後の論理式にTRUEを指定すると、すべての論理式に当てはまらなかった場合の値を返すことができます。

=IFS(論理式1,値が真の場合1,論理式2,値が真の場合2,…,TRUE,当てはまらなかった場合)
　　　❶　　　　　❷　　　　　❸　　　　　❹　　　　　　❺　　　　　❻

❶論理式1
判断の基準となる1つ目の条件を式で指定します。

❷値が真の場合1
1つ目の論理式が真の場合の値を数値または数式、文字列で指定します。「論理式」と「値が真の場合」の組み合わせは、127個まで指定できます。

❸論理式2
判断の基準となる2つ目の条件を式で指定します。

❹値が真の場合2
2つ目の論理式が真の場合の値を数値または数式、文字列で指定します。

❺TRUE
TRUEを指定すると、すべての論理式に当てはまらなかった場合を指定できます。

❻当てはまらなかった場合
すべての論理式に当てはまらなかった場合の値を数値または数式、文字列で指定します。

例：
=IFS(G3>=700,"○",G3>=400,"△",TRUE,"×")
セル【G3】が「700」以上であれば「○」、「400」以上であれば「△」、そうでなければ「×」を表示します。

8 複数の条件の判断（IF関数・AND関数・OR関数）

IF関数の中で2つ以上の条件を指定する場合、「AND関数」や「OR関数」を組み合わせます。複数の関数を組み合わせることを「関数のネスト」といいます。
セル【I3】の「評価2」に、「上期」と「下期」が両方とも350万円以上ならば「A」、そうでなければ「B」と表示する関数を入力しましょう。

=AND（論理式1，論理式2，・・・）
　　　　　　　　❶

❶論理式
判断の基準となる数式を指定します。
指定した複数の論理式をすべて満たす場合は、真（TRUE）を返します。
そうでない場合は、偽（FALSE）を返します。

例：
=AND（C5>=300,D5>=300）
セル【C5】が300以上かつセル【D5】が300以上であれば「TRUE」、そうでなければ「FALSE」を返します。

=OR（論理式1，論理式2，・・・）
　　　　　　　　❶

❶論理式
判断の基準となる数式を指定します。
指定した複数の論理式のうち、どれかひとつでも満たす場合は、真（TRUE）を返します。
そうでない場合は、偽（FALSE）を返します。

例：
=OR（C5>=300,D5>=300）
セル【C5】が300以上またはセル【D5】が300以上であれば「TRUE」、そうでなければ「FALSE」を返します。

---

① セル【I3】を選択します。

② 数式バーの f_x （関数の挿入）をクリックします。

③《関数の挿入》ダイアログボックスが表示されます。

④《関数の分類》の $\vee$ をクリックし、一覧から《論理》を選択します。

⑤《関数名》の一覧から《IF》を選択します。

⑥《OK》をクリックします。

⑦《関数の引数》ダイアログボックスが表示されます。

⑧《論理式》にカーソルが表示されていることを確認します。

⑨ [IF　　　▼]（名前ボックス）の ▼ をクリックし、一覧から《その他の関数》を選択します。

⑩《関数の挿入》ダイアログボックスが表示されます。

⑪《関数の分類》の〔∨〕をクリックし、一覧から《論理》を選択します。

⑫《関数名》の一覧から《AND》を選択します。

⑬《OK》をクリックします。

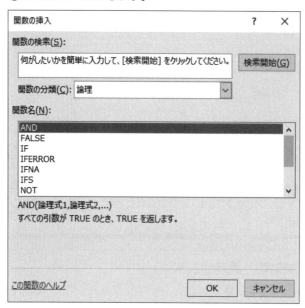

⑭AND関数の《関数の引数》ダイアログボックスが表示されます。

⑮《論理式1》に「E3>=350」と入力します。

⑯《論理式2》に「F3>=350」と入力します。

※《論理式2》にカーソルを移動すると、《論理式3》が自動的に表示されます。

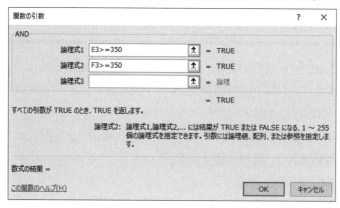

⑰数式バーに「=IF(AND(E3>=350,F3>=350))」と表示されていることを確認します。

⑱数式バーの「IF」の部分をクリックします。

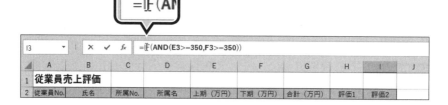

⑲ IF関数の《関数の引数》ダイアログボックスに戻ります。

⑳《論理式》に「AND（E3>=350, F3>=350）」と表示されていることを確認します。

㉑《値が真の場合》に「A」と入力します。

㉒《値が偽の場合》に「B」と入力します。

※ Tab を押して、入力を確定しておきましょう。

㉓ 数式バーに「=IF（AND（E3>=350,F3>=350）,"A","B"）」と表示されていることを確認します。

㉔《OK》をクリックします。

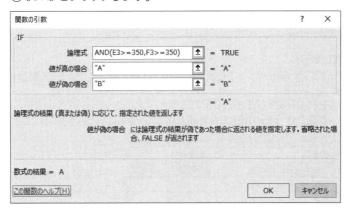

㉕ セル【E3】とセル【F3】の両方が350万円以上なので、セル【I3】に「A」と表示されます。

※ セル範囲【I4：I19】に関数をコピーしておきましょう。

$$=IF(AND(E3>=350,F3>=350),"A","B")$$

	A	B	C	D	E	F	G	H	I
1	従業員売上評価								
2	従業員No.	氏名	所属No.	所属名	上期（万円）	下期（万円）	合計（万円）	評価1	評価2
3	74032	島田　由紀	30	東海支店	380	400	780	A	A
4	73011	綾瀬　秀司	10	東北支店	155	260	415	B	B
5	74063	藤倉　莉緒	40	関西支店	230	470	700	A	B
6	78021	遠藤　真紀	20	関東支店	420	360	780	A	A
7	79063	京山　秋彦	30	東海支店	190	150	340	B	B
8	80031	川原　香織	50	中四国支店	390	230	620	B	B
9	81031	福田　直樹	60	九州支店	320	580	900	A	B
10	84080	斉藤　信也	10	東北支店	490	450	940	A	A
11	85012	坂本　利雄	40	関西支店	310	510	820	A	B
12	88061	山本　涼子	50	中四国支店	380	310	690	B	B
13	94083	伊藤　隆	20	関東支店	490	410	900	A	A
14	95032	浜野　陽子	60	九州支店	620	270	890	A	B
15	97590	結城　夏江	30	東海支店	350	320	670	B	B
16	98870	白井　茜	40	関西支店	400	390	790	A	A
17	11325	梅畑　雄介	20	関東支店	230	410	640	B	B
18	10197	花岡　順	10	東北支店	340	360	700	A	B
19	10253	森下　真澄	10	関西支店	160	260	420	B	B
20			所属コード表			分布表			
21			所属No.	所属名		金額分布			分布

数式バー: I3　=IF(AND(E3>=350,F3>=350),"A","B")

9 度数分布（FREQUENCY関数）

「FREQUENCY関数」を使うと、データの度数分布を表示できます。
セル範囲【I22:I27】に、G列に入力されている「合計（万円）」の度数分布を求める関数を入力しましょう。

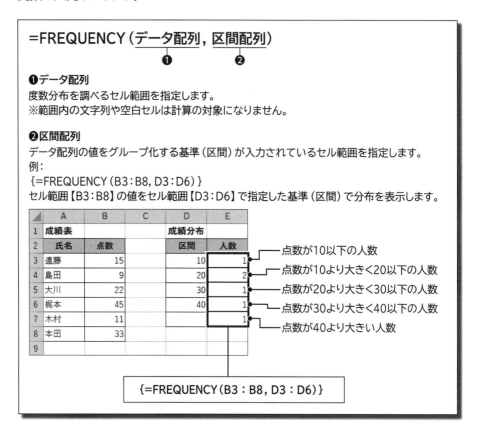

=FREQUENCY（データ配列，区間配列）
❶ ❷

❶データ配列
度数分布を調べるセル範囲を指定します。
※範囲内の文字列や空白セルは計算の対象になりません。

❷区間配列
データ配列の値をグループ化する基準（区間）が入力されているセル範囲を指定します。
例：
{=FREQUENCY（B3:B8, D3:D6）}
セル範囲【B3:B8】の値をセル範囲【D3:D6】で指定した基準（区間）で分布を表示します。

	A	B	C	D	E	
1	成績表			成績分布		
2	氏名	点数		区間	人数	
3	遠藤	15		10	1	— 点数が10以下の人数
4	島田	9		20	2	— 点数が10より大きく20以下の人数
5	大川	22		30	1	— 点数が20より大きく30以下の人数
6	梶本	45		40	1	— 点数が30より大きく40以下の人数
7	木村	11			1	— 点数が40より大きい人数
8	本田	33				
9						

{=FREQUENCY（B3:B8, D3:D6）}

① セル範囲【I22:I27】を選択します。

② 数式バーの fx （関数の挿入）をクリックします。

③ 《関数の挿入》ダイアログボックスが表示されます。

④ 《関数の分類》の ∨ をクリックし、一覧から《統計》を選択します。

⑤ 《関数名》の一覧から《FREQUENCY》を選択します。

⑥ 《OK》をクリックします。

⑦ 《関数の引数》ダイアログボックスが表示されます。

⑧ 《データ配列》にカーソルが表示されていることを確認します。

⑨ シート上のセル範囲【G3:G19】を選択します。

⑩ 《データ配列》に「G3:G19」と表示されていることを確認します。

⑪ 《区間配列》にカーソルを移動します。

⑫ シート上のセル範囲【H22:H26】を選択します。

⑬ 《区間配列》に「H22:H26」と表示されていることを確認します。

⑭数式バーに「=FREQUENCY（G3：G19,H22：H26）」と表示されていることを
　確認します。

⑮ [Ctrl] + [Shift] を押しながら《OK》をクリックします。

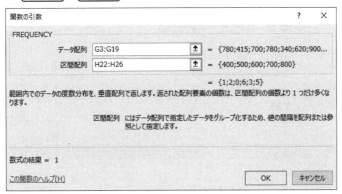

⑯度数分布の値が表示されます。
※数式が「{ }」で囲まれ、セル範囲【I22：I27】に同じ数式が入っていることを確認しておきま
　しょう。

{=FREQUENCY（G3：G19,H22：H26）}

	A	B	C	D	E	F	G	H	I
8	80031	川原　香織	50	中四国支店	390	230	620	B	B
9	81031	福田　直樹	60	九州支店	320	580	900	A	B
10	84080	斉藤　信也	10	東北支店	490	450	940	A	A
11	85012	坂本　利雄	40	関西支店	310	510	820	A	B
12	88061	山本　涼子	50	中四国支店	380	310	690	B	B
13	94083	伊藤　隆	20	関東支店	490	410	900	A	A
14	95032	浜野　陽子	60	九州支店	620	270	890	A	B
15	97590	結城　夏江	30	東海支店	350	320	670	B	B
16	98870	白井　茜	40	関西支店	400	390	790	A	A
17	11325	梅畑　雄介	20	関東支店	230	410	640	B	B
18	10197	花岡　順	10	東北支店	340	360	700	A	B
19	10253	森下　真澄	40	関西支店	160	260	420	B	B
20		所属コード表				分布表			
21			所属No.	所属名		金額分布			分布
22			10	東北支店			～	400	1
23			20	関東支店		401	～	500	2
24			30	東海支店		501	～	600	0
25			40	関西支店		601	～	700	6
26			50	中四国支店		701	～	800	3
27			60	九州支店		801	～		5
28									

※ブックに任意の名前を付けて保存し、ブックを閉じておきましょう。

 Point! 配列関数

「配列関数」とは、複数のセルや複数のセル範囲の値をまとめてひとつの数式で計算できるようにしたもので
す。複雑な計算をしたり、いくつものセルを使用したりする場合も、配列関数を使うとまとめて計算できるよ
うになります。
　配列関数を入力するには、あらかじめ答えを求めるセル範囲を選択してから数式を入力し、[Ctrl]と
[Shift]を押しながら[Enter]を押して確定します。選択したセル範囲すべてに、「{ }」で囲まれた同じ数式が
入力されます。
※FREQUENCY関数は配列関数であるため、数式全体を「{ }」で囲む必要があります。

1 作成する表の確認

次のような表を作成しましょう。

○月○日（曜日）の形式で日付を表示

	A	B	C	D	E	F	G	H	I	J
1	下期売上実績									
2							作成日：	5月11日(月)		
3							単位：	千円		
4	営業所名	10月	11月	12月	1月	2月	3月	合計		
5	北海道営業所	1,000	1,050	900	800	950	1,250	5,950		
6	東北営業所	700	850	1,000	900	700	850	5,000		
7	北陸営業所	900	1,000	700	800	950	550	4,900		
8	関東営業所	3,100	2,850	2,100	2,650	2,950	2,600	16,250		
9	東海営業所	2,500	1,850	1,900	2,050	2,000	2,300	12,600		
10	関西営業所	2,300	1,950	2,600	2,000	2,350	2,700	13,900		
11	中国営業所	1,600	1,250	950	1,450	1,650	1,050	7,950		
12	四国営業所	900	1,000	700	1,150	1,000	850	5,600		
13	九州営業所	1,800	1,200	1,050	1,750	1,350	1,750	8,900		
14	合計	14,800	13,000	11,900	13,550	13,900	13,900	81,050		
15										

「営業所」を付けて表示　　　　　　　千単位として表示

2 ユーザー定義の表示形式の設定

Excelには、よく利用する表示形式があらかじめ用意されていますが、ユーザーが独自に表示形式を定義することもできます。例えば、数値に単位を付けて表示したり、日付に曜日を付けて表示したりできます。
ユーザー定義で設定できる表示形式の例を確認しましょう。

●数値の表示形式

表示形式	入力データ	表示結果	説明
#,##0	12300	12,300	3桁ごとに「,」（カンマ）で区切って表示し、「0」の場合は「0」を表示します。
	0	0	
#,###	12300	12,300	3桁ごとに「,」（カンマ）で区切って表示し、「0」の場合は空白を表示します。
	0	空白	
0.000	9.8765	9.877	小数点以下を指定した桁数分表示します。指定した桁数を超えた場合は四捨五入し、足りない場合は「0」を表示します。
	9.8	9.800	
#.###	9.8765	9.877	小数点以下を指定した桁数分表示します。指定した桁数を超えた場合は四捨五入し、足りない場合はそのまま表示します。
	9.8	9.8	
#,##0,	12300000	12,300	百の位を四捨五入し、千単位で表示します。
#,##0"人"	12300	12,300人	入力した数値データに「人」を付けて表示します。
"第"#"会議室"	2	第2会議室	入力した数値データの左に「第」を、右に「会議室」を付けて表示します。

●日付の表示形式

表示形式	入力データ	表示結果	説明
yyyy/m/d	2020/4/1	2020/4/1	
yyyy/mm/dd	2020/4/1	2020/04/01	月日が1桁の場合、「0」を付けて表示します。
yyyy/m/d ddd	2020/4/1	2020/4/1 Wed	
yyyy/m/d(ddd)	2020/4/1	2020/4/1(Wed)	
yyyy/m/d dddd	2020/4/1	2020/4/1 Wednesday	
yyyy"年"m"月"d"日"	2020/4/1	2020年4月1日	
yyyy"年"mm"月"dd"日"	2020/4/1	2020年04月01日	月日が1桁の場合、「0」を付けて表示します。
ggge"年"m"月"d"日"	2020/4/1	令和2年4月1日	元号で表示します。
m"月"d"日"	2020/4/1	4月1日	
m"月"d"日" aaa	2020/4/1	4月1日 水	
m"月"d"日"(aaa)	2020/4/1	4月1日(水)	
m"月"d"日" aaaa	2020/4/1	4月1日 水曜日	

●文字列の表示形式

表示形式	入力データ	表示結果	説明
@"御中"	花丸商事	花丸商事御中	入力した文字列の右に「御中」を付けて表示します。
"タイトル:"@	山	タイトル:山	入力した文字列の左に「タイトル:」を付けて表示します。

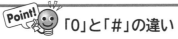 **「0」と「#」の違い**

「0」と「#」は両方とも桁数を意味します。「0」は入力する数値が「0」のとき「0」を表示し、「#」は入力する数値が「0」のときは何も表示しません。

表示形式	入力データ	表示結果
0000	123 0	0123 0000
#	123 0	123 空白
0	123 0	123 0

3 数値の表示形式の設定

「#,##0,」のように、末尾に「,」(カンマ)を付けると、数値の百の位を四捨五入して、千を単位として表示できます。セル範囲【B5:H14】の数値に3桁区切りのカンマを付け、千を単位とする表示形式を設定しましょう。

フォルダー「表計算編」のブック「ユーザー定義の表示形式」のシート「Sheet1」を開いておきましょう。

①セル範囲【B5:H14】を選択します。

②《ホーム》タブ→《数値》グループの をクリックします。

③《セルの書式設定》ダイアログボックスが表示されます。

④《表示形式》タブを選択します。

⑤《分類》の一覧から《ユーザー定義》を選択します。

⑥《種類》に「#,##0,」と入力します。

⑦《OK》をクリックします。

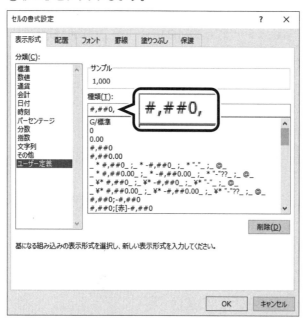

⑧表示形式が設定されます。

	A	B	C	D	E	F	G	H	I	J
1	下期売上実績									
2							作成日:	2020/5/11		
3							単位:	千円		
4	営業所名	10月	11月	12月	1月	2月	3月	合計		
5	北海道	1,000	1,050	900	800	950	1,250	5,950		
6	東北	700	850	1,000	900	700	850	5,000		
7	北陸	900	1,000	700	800	950	550	4,900		
8	関東	3,100	2,850	2,100	2,650	2,950	2,600	16,250		
9	東海	2,500	1,850	1,900	2,050	2,000	2,300	12,600		
10	関西	2,300	1,950	2,600	2,000	2,350	2,700	13,900		
11	中国	1,600	1,250	950	1,450	1,650	1,050	7,950		
12	四国	900	1,000	700	1,150	1,000	850	5,600		
13	九州	1,800	1,200	1,050	1,750	1,350	1,750	8,900		
14	合計	14,800	13,000	11,900	13,550	13,900	13,900	81,050		
15										
16										

_4_ 日付の表示形式の設定

ユーザー定義の表示形式を使うと、日付を元号で表示したり曜日を表示したりできます。
セル【H2】の日付が「5月11日(月)」と表示されるように表示形式を設定しましょう。

①セル【H2】を選択します。

②《ホーム》タブ→《数値》グループの [表示形式] (表示形式)をクリックします。

③《セルの書式設定》ダイアログボックスが表示されます。

④《表示形式》タブを選択します。

⑤《分類》の一覧から《ユーザー定義》を選択します。

⑥《種類》のテキストボックスに「m"月"d"日"(aaa)」と入力します。
※文字列は「"」(ダブルクォーテーション)で囲みます。

⑦《OK》をクリックします。

⑧表示形式が設定されます。

	A	B	C	D	E	F	G	H	I	J
1	下期売上実績									
2							作成日:	5月11日(月)		
3							単位:	千円		
4	営業所名	10月	11月	12月	1月	2月	3月	合計		
5	北海道	1,000	1,050	900	800	950	1,250	5,950		
6	東北	700	850	1,000	900	700	850	5,000		
7	北陸	900	1,000	700	800	950	550	4,900		
8	関東	3,100	2,850	2,100	2,650	2,950	2,600	16,250		
9	東海	2,500	1,850	1,900	2,050	2,000	2,300	12,600		
10	関西	2,300	1,950	2,600	2,000	2,350	2,700	13,900		
11	中国	1,600	1,250	950	1,450	1,650	1,050	7,950		
12	四国	900	1,000	700	1,150	1,000	850	5,600		
13	九州	1,800	1,200	1,050	1,750	1,350	1,750	8,900		
14	合計	14,800	13,000	11,900	13,550	13,900	13,900	81,050		
15										

H2　fx　2020/5/11

5 文字列の表示形式の設定

ユーザー定義の表示形式を使うと、入力した文字列に、別の文字列を付けて表示できます。
セル範囲【A5：A13】の文字列の後ろに「営業所」を付けて表示されるように表示形式を設定しましょう。

① セル範囲【A5：A13】を選択します。

② 《ホーム》タブ→《数値》グループの （表示形式）をクリックします。

③ 《セルの書式設定》ダイアログボックスが表示されます。

④ 《表示形式》タブを選択します。

⑤ 《分類》の一覧から《ユーザー定義》を選択します。

⑥ 《種類》のテキストボックスに「@"営業所"」と入力します。
※「@」は、セルに入力されている文字列を意味します。

⑦ 《OK》をクリックします。

⑧ 表示形式が設定されます。

						単位：	千円		
3									
4	営業所名	10月	11月	12月	1月	2月	3月	合計
5	北海道営業所	1,000	1,050	900	800	950	1,250	5,950
6	東北営業所	700	850	1,000	900	700	850	5,000
7	北陸営業所	900	1,000	700	800	950	550	4,900
8	関東営業所	3,100	2,850	2,100	2,650	2,950	2,600	16,250
9	東海営業所	2,500	1,850	1,900	2,050	2,000	2,300	12,600
10	関西営業所	2,300	1,950	2,600	2,000	2,350	2,700	13,900
11	中国営業所	1,600	1,250	950	1,450	1,650	1,050	7,950
12	四国営業所	900	1,000	700	1,150	1,000	850	5,600
13	九州営業所	1,800	1,200	1,050	1,750	1,350	1,750	8,900
14	合計	14,800	13,000	11,900	13,550	13,900	13,900	81,050
15								

※ ブックに任意の名前を付けて保存し、ブックを閉じておきましょう。

More 表示形式の解除

表示形式を「標準」に設定すると、セルの表示形式を解除できます。
◆セルを選択→《ホーム》タブ→《数値》グループの ユーザー定義 ▼ （数値の書式）の ▼ →《標準》

1 作成する表の確認

次のような表を作成しましょう。

	A	B	C	D	E	F
1	社員別売上実績					
2					単位：千円	
3	社員番号	氏名	支店	売上目標	売上実績	
4	164587	鈴木 陽太	渋谷	28,000	24,501	
5	166541	清水 サチ	横浜	29,000	30,120	
6	168111	薔谷 紗希	渋谷	28,000	28,901	
7	168251	飯田 太郎	千葉	28,000	28,830	
8	169521	古賀 正輝	横浜	29,000	29,045	
9	169524	佐藤 由美	千葉	31,000	26,834	
10	169555	笹木 進	浜松町	28,000	23,456	
11	169577	小野 清	浜松町	30,000	34,569	
12	169874	堀田 隆	横浜	28,000	23,056	
13	171203	石田 啓	横浜	25,000	21,980	
14	171210	花丘 理央	千葉	25,000	27,349	
15	171230	斎藤 華	浜松町	26,000	30,123	
16	174100	浜崎 香	渋谷	25,000	30,405	
17	174561	小池 雄大	浜松町	27,000	29,102	
18	175600	山本 啓太	横浜	25,000	27,893	
19	176521	久保 春樹	浜松町	24,000	20,102	
20	179840	大木 麻里	千葉	25,000	20,493	
21	184520	田中 千夏	千葉	24,000	24,500	
22	186540	石田 誠司	横浜	24,000	19,800	
23	186900	青山 千恵	横浜	24,000	22,010	
24	190012	高城 健一	渋谷	22,000	21,301	
25	192155	西村 孝太	横浜	22,000	29,390	
26						

売上実績が「30,000」より大きいセルに書式を設定

売上実績が売上目標以上の場合、その行に書式を設定

2 条件付き書式の設定

「条件付き書式」を使うと、ルール（条件）に基づいてセルに特定の書式を設定したり、数値の大小関係が視覚的にわかるように装飾したりできます。

▶▶1 セルの強調表示ルールの設定

「セルの強調表示ルール」を使うと、「指定の値に等しい」「指定の値より大きい」「指定の文字列を含む」などのルールに基づいて、該当するセルに特定の書式を設定できます。
「売上実績」が「30,000」より大きいセルに「赤の文字」の書式を設定しましょう。

フォルダー「表計算編」のブック「条件付き書式の設定」のシート「Sheet1」を開いておきましょう。

①セル範囲【E4:E25】を選択します。

②《ホーム》タブ→《スタイル》グループの 条件付き書式 ▾（条件付き書式）→《セルの強調表示ルール》→《指定の値より大きい》をクリックします。

③《指定の値より大きい》ダイアログボックスが表示されます。

④《次の値より大きいセルを書式設定》に「30000」と入力します。

⑤《書式》の ∨ をクリックし、一覧から《赤の文字》を選択します。

⑥《OK》をクリックします。

⑦該当するセルに指定した書式が設定されます。

※セル範囲の選択を解除し、書式を確認しましょう。

	A	B	C	D	E	F	G
1	社員別売上実績						
2					単位：千円		
3	社員番号	氏名	支店	売上目標	売上実績		
4	164587	鈴木 陽太	渋谷	28,000	24,501		
5	166541	清水 サチ	横浜	29,000	30,120		
6	168111	富谷 紗希	渋谷	28,000	28,901		
7	168251	飯田 太郎	千葉	28,000	28,830		
8	169521	古賀 正輝	横浜	29,000	29,045		
9	169524	佐藤 由美	千葉	31,000	26,834		
10	169555	笹木 進	浜松町	28,000	23,456		
11	169577	小野 清	浜松町	30,000	34,569		
12	169874	堀田 隆	横浜	28,000	23,056		
13	171203	石田 啓	横浜	25,000	21,980		
14	171210	花丘 理央	千葉	25,000	27,349		
15	171230	斎藤 華	浜松町	26,000	30,123		
16	174100	浜崎 香	渋谷	25,000	30,405		

Point! 上位/下位ルール

「上位5項目」「下位30%」「平均より上」のように、選択しているセル範囲から上位または下位のデータを判断して、該当するセルに特定の書式を設定できます。
上位ルール/下位ルールを設定する方法は、次のとおりです。

◆セル範囲を選択→《ホーム》タブ→《スタイル》グループの 条件付き書式▾（条件付き書式）→《上位/下位ルール》

More ルールのクリア

セル範囲に設定したルールをクリアする方法は、次のとおりです。

◆セル範囲を選択→《ホーム》タブ→《スタイル》グループの 条件付き書式▾（条件付き書式）→《ルールのクリア》→《選択したセルからルールをクリア》

▶▶2 ユーザー定義のルールの設定

ユーザーがルールや書式を個別に定義することもできます。
「売上実績」が「売上目標」以上の場合、表内の該当する行にオレンジの背景色を設定しましょう。

①セル範囲【A4:E25】を選択します。

②《ホーム》タブ→《スタイル》グループの 条件付き書式▾（条件付き書式）→《新しいルール》をクリックします。

③《新しい書式ルール》ダイアログボックスが表示されます。

④《ルールの種類を選択してください》の一覧から《数式を使用して、書式設定するセルを決定》を選択します。

※選択したルールの種類によって、ダイアログボックスの表示が変わります。

⑤《次の数式を満たす場合に値を書式設定》に「＝$E4>=$D4」と入力します。

※列方向は、E列とD列が常に参照されるように絶対参照にします。行方向は、4行目、5行目、6行目…と自動調整されるように相対参照にします。

⑥《書式》をクリックします。

⑦《セルの書式設定》ダイアログボックスが表示されます。

⑧《塗りつぶし》タブを選択します。

⑨《背景色》の一覧からオレンジ色を選択します。

⑩《OK》をクリックします。

⑪《新しい書式ルール》ダイアログボックスに戻ります。

⑫《OK》をクリックします。

⑬表内の該当する行に指定した書式が設定されます。
※セル範囲の選択を解除し、書式を確認しましょう。

	A	B	C	D	E
1	社員別売上実績				
2					単位：千円
3	社員番号	氏名	支店	売上目標	売上実績
4	164587	鈴木 陽太	渋谷	28,000	24,501
5	166541	清水 サチ	横浜	29,000	30,120
6	168111	富谷 紗希	渋谷	28,000	28,901
7	168251	飯田 太郎	千葉	28,000	28,830
8	169521	古賀 正輝	横浜	29,000	29,045
9	169524	佐藤 由美	千葉	31,000	26,834
10	169555	笹木 進	浜松町	28,000	23,456
11	169577	小野 清	浜松町	30,000	34,569
12	169874	堀田 隆	横浜	28,000	23,056

※ブックに任意の名前を付けて保存し、ブックを閉じておきましょう。

 様々な条件付き書式

データバー

選択したセル範囲の中で数値の大小関係を比較して、バーで表示します。
データバーを設定する方法は、次のとおりです。
◆セル範囲を選択→《ホーム》タブ→《スタイル》グループの 条件付き書式▾ （条件付き書式）→《データバー》

地区	4月	5月	6月	合計
札幌	1,000	1,050	900	2,950
仙台	700	850	1,000	2,550
東京	3,100	2,850	2,100	8,050
名古屋	2,500	1,850	1,900	6,250
大阪	2,300	1,960	2,600	6,860
髙松	1,600	1,250	950	3,800
広島	900	1,000	700	2,600
福岡	1,800	1,200	1,000	4,000
合計	13,900	12,010	11,150	37,060

カラースケール

選択したセル範囲の中で数値の大小関係を比較して、段階的に色分けして表示します。
カラースケールを設定する方法は、次のとおりです。
◆セル範囲を選択→《ホーム》タブ→《スタイル》グループの 条件付き書式▾ （条件付き書式）→《カラースケール》

地区	4月	5月	6月	合計
札幌	1,000	1,050	900	2,950
仙台	700	850	1,000	2,550
東京	3,100	2,850	2,100	8,050
名古屋	2,500	1,850	1,900	6,250
大阪	2,300	1,960	2,600	6,860
髙松	1,600	1,250	950	3,800
広島	900	1,000	700	2,600
福岡	1,800	1,200	1,000	4,000
合計	13,900	12,010	11,150	37,060

アイコンセット

選択したセル範囲の中で数値の大小関係を比較して、アイコンの図柄で表示します。
アイコンセットを設定する方法は、次のとおりです。
◆セル範囲を選択→《ホーム》タブ→《スタイル》グループの 条件付き書式▾ （条件付き書式）→《アイコンセット》

地区	4月	5月	6月	合計
札幌	1,000	1,050	900	⬇ 2,950
仙台	700	850	1,000	⬇ 2,550
東京	3,100	2,850	2,100	⬆ 8,050
名古屋	2,500	1,850	1,900	⬆ 6,250
大阪	2,300	1,960	2,600	⬆ 6,860
髙松	1,600	1,250	950	⬇ 3,800
広島	900	1,000	700	⬇ 2,600
福岡	1,800	1,200	1,000	⬇ 4,000
合計	13,900	12,010	11,150	37,060

Step12 高度なグラフを作成しよう

1 作成するグラフの確認

次のようなグラフを作成しましょう。

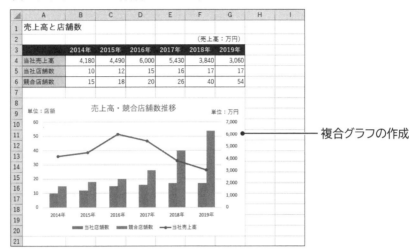

複合グラフの作成

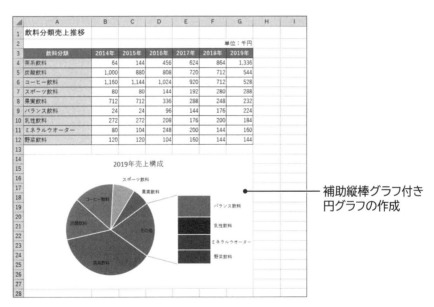

補助縦棒グラフ付き
円グラフの作成

	A	B	C	D	E	F	G	H	I	J	K	L
1	飲料分類売上推移											
2												単位：千円
3	飲料分類	2010年	2011年	2012年	2013年	2014年	2015年	2016年	2017年	2018年	2019年	傾向
4	コーヒー飲料	1,496	1,328	984	1,120	1,160	1,144	1,024	920	712	528	
5	炭酸飲料	1,160	1,144	1,104	808	1,000	880	808	720	712	544	
6	果実飲料	624	712	520	728	712	712	336	288	248	232	
7	野菜飲料	120	120	128	168	120	120	104	160	144	144	
8	乳性飲料	120	136	168	224	272	272	208	176	200	184	
9	スポーツ飲料	80	56	144	112	80	80	144	192	280	288	
10	茶系飲料	24	64	112	168	64	144	456	624	864	1,336	
11	バランス飲料	16	32	48	88	24	24	96	144	176	224	
12	ミネラルウオーター	80	104	120	168	80	104	248	200	144	160	
13												

スパークラインの作成

表計算編

2 複合グラフの作成

同一のグラフエリア内に、異なる種類のグラフを表示したものを「複合グラフ」といいます。複合グラフを使うと、種類や単位が異なるデータをわかりやすく表現できます。

▶▶1 複合グラフの作成手順

複合グラフを作成する手順は、次のとおりです。

1 グラフを作成する

グラフのもとになるデータの範囲を選択してグラフを作成します。

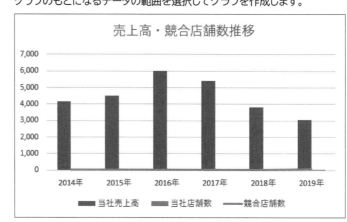

2 データ系列ごとにグラフの種類を変更する

データ系列ごとにグラフの種類を変更します。
また、データの数値に差があってグラフが見にくい場合は、第2軸を追加します。

More 複合グラフ作成の制限

2-D（平面）の縦棒グラフ・折れ線グラフ・散布図・面グラフなどは、それぞれ組み合わせて複合グラフを作成できますが、3-D（立体）のグラフは複合グラフを作成できません。
また、2-D（平面）でも円グラフは、グラフの特性上、複合グラフになりません。

▶▶2 グラフの作成

セル範囲【A3:G6】のデータをもとに複合グラフを作成しましょう。

フォルダー「表計算編」のブック「高度なグラフの作成」のシート「複合グラフ」を開いておきましょう。

① セル範囲【A3:G6】を選択します。

② 《挿入》タブ→《グラフ》グループの 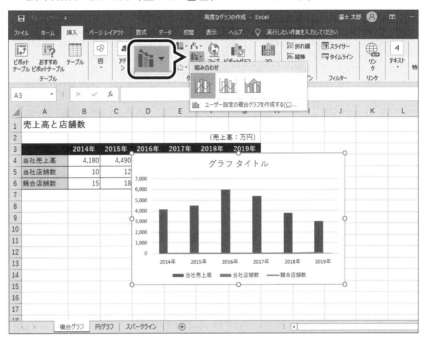（複合グラフの挿入）→《組み合わせ》の《集合縦棒-折れ線》（左から1番目）をクリックします。

③ 複合グラフが作成されます。

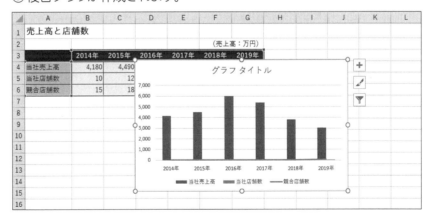

▶▶▶3 グラフの種類の変更

データ系列ごとにグラフの種類を変更したり、第2軸を追加したりできます。
現在はすべてのデータ系列が主軸を使用する設定になっているので、「当社店舗数」と「競合店舗数」のデータ系列はほとんど表示されていません。

「当社売上高」のデータ系列を第2軸を使用した折れ線グラフに、「競合店舗数」のデータ系列を棒グラフに変更しましょう。

① グラフが選択されていることを確認します。

②《デザイン》タブ→《種類》グループの（グラフの種類の変更）をクリックします。

③《グラフの種類の変更》ダイアログボックスが表示されます。

④《すべてのグラフ》タブを選択します。

⑤ 左側の一覧から《組み合わせ》が選択されていることを確認します。

⑥ 右側の「当社売上高」の ∨ をクリックし、一覧から《折れ線》の《マーカー付き折れ線》（左から4番目、上から1番目）を選択します。

⑦「当社売上高」の《第2軸》を ✔ にします。

⑧ 右側の「競合店舗数」の ∨ をクリックし、一覧から《縦棒》の《集合縦棒》（左から1番目）を選択します。

⑨《OK》をクリックします。

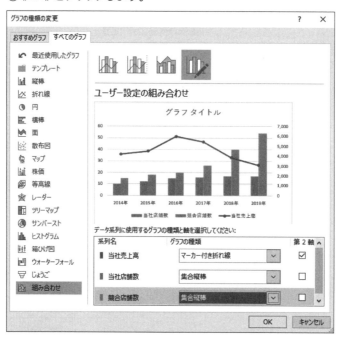

⑩「当社売上高」のデータ系列が、第2軸を使用したマーカー付き折れ線グラフ、「競合店舗数」のデータ系列が棒グラフに変更されます。

※第2軸は「当社売上高」のデータ系列に最適な目盛、主軸は「当社店舗数」「競合店舗数」のデータ系列に最適な目盛にそれぞれ自動的に調整されます。

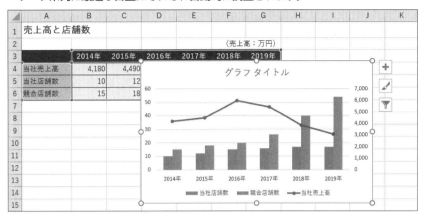

Let's Try

ためしてみよう【2】

●シート「複合グラフ」

① 作成したグラフをセル範囲【A8：G20】に配置しましょう。

② グラフタイトルを「売上高・競合店舗数推移」に変更しましょう。

③ グラフの第1縦軸に軸ラベルを追加し、「単位：店舗」と表示しましょう。

    💡Hint 《デザイン》タブ→《グラフのレイアウト》グループの（グラフ要素を追加）→《軸ラベル》を使います。

④ グラフの第2縦軸に軸ラベルを追加し、「単位：万円」と表示しましょう。

⑤ 軸ラベルの文字の方向を横向きに変更し、完成図を参考に、位置を調整しましょう。

    💡Hint 《ホーム》タブ→《配置》グループの　（方向）を使います。

⑥ 完成図を参考に、プロットエリアのサイズを調整しましょう。

3 補助縦棒グラフ付き円グラフの作成

「補助縦棒グラフ付き円グラフ」や「補助円グラフ付き円グラフ」を使うと、一部の
データを補助グラフの中に詳しく表示できます。

▶▶1 補助グラフ付き円グラフの作成手順

補助グラフ付き円グラフを作成する手順は、次のとおりです。

 **1 もとになるデータを適切に並べ替える**

初期の設定では、もとになるセル範囲の下の部分が補助グラフとして表示
されます。グラフにするデータを適切に並べ替えます。

	A	B	C	D	E	F	G	H	I
1	飲料分類売上推移								
2							単位:千円		
3	飲料分類	2014年	2015年	2016年	2017年	2018年	2019年		
4	茶系飲料	64	144	456	624	864	1,336		
5	炭酸飲料	1,000	880	808	720	712	544		
6	コーヒー飲料	1,160	1,144	1,024	920	712	528		
7	スポーツ飲料	80	80	144	192	280	288		
8	果実飲料	712	712	336	288	248	232		
9	バランス飲料	24	24	96	144	176	224		
10	乳性飲料	272	272	208	176	200	184		
11	ミネラルウオーター	80	104	248	200	144	160		
12	野菜飲料	120	120	104	160	144	144		
13									

 **2 補助グラフ付き円グラフを作成する**

もとになるセル範囲を選択して、補助グラフ付き円グラフを作成します。

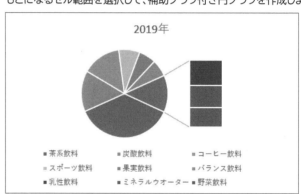

 **3 補助グラフのデータ個数を設定する**

補助グラフに表示するデータの個数を設定します。

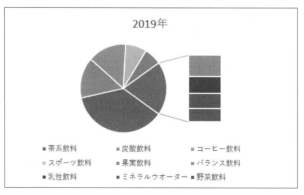

▶▶2 並べ替え

「2019年」のデータのうち、値が小さいものが補助縦棒グラフに表示されるように、「2019年」の列を基準に表を降順に並べ替えましょう。

シート「円グラフ」に切り替えておきましょう。

① セル範囲【A3：G12】を選択します。

※並べ替えるセル範囲が自動的に認識されないため、対象のセル範囲を選択しておきます。

②《データ》タブ→《並べ替えとフィルター》グループの ![並べ替え] （並べ替え）をクリックします。

③《並べ替え》ダイアログボックスが表示されます。

④《先頭行をデータの見出しとして使用する》を ☑ にします。

⑤《最優先されるキー》の ∨ をクリックし、一覧から「2019年」を選択します。

⑥《並べ替えのキー》が《セルの値》になっていることを確認します。

⑦《順序》の ∨ をクリックし、一覧から「大きい順」を選択します。

⑧《OK》をクリックします。

⑨ 表が並び替わります。

	A	B	C	D	E	F	G	H	I	J
1	飲料分類売上推移									
2							単位：千円			
3	飲料分類	2014年	2015年	2016年	2017年	2018年	2019年			
4	茶系飲料	64	144	456	624	864	1,336			
5	炭酸飲料	1,000	880	808	720	712	544			
6	コーヒー飲料	1,160	1,144	1,024	920	712	528			
7	スポーツ飲料	80	80	144	192	280	288			
8	果実飲料	712	712	336	288	248	232			
9	バランス飲料	24	24	96	144	176	224			
10	乳性飲料	272	272	208	176	200	184			
11	ミネラルウオーター	80	104	248	200	144	160			
12	野菜飲料	120	120	104	160	144	144			
13										

▶▶3 グラフの作成

並べ替え後のデータをもとに、補助縦棒グラフ付き円グラフを作成しましょう。

① セル範囲【A3：A12】を選択します。

② Ctrl を押しながら、セル範囲【G3：G12】を選択します。

③《挿入》タブ→《グラフ》グループの ![円グラフ] （円またはドーナツグラフの挿入）→《2-D円》の《補助縦棒付き円》（左から3番目）をクリックします。

④ 補助縦棒グラフ付き円グラフが作成されます。

▶▶▶4 データ要素の個数の設定

補助縦棒グラフに表示するデータ要素の個数を3個から4個に変更しましょう。

①データ系列を右クリックします。
※円の部分ならどこでもかまいません。

②《データ系列の書式設定》をクリックします。

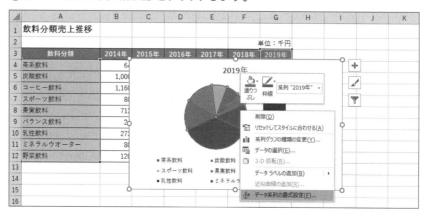

③《データ系列の書式設定》作業ウィンドウが表示されます。

④ ▮▮▮（系列のオプション）をクリックします。

⑤《系列のオプション》が展開されていることを確認します。
※《系列のオプション》が展開されていない場合は、《▷系列のオプション》をクリックして展開します。

⑥《補助プロットの値》を「4」に設定します。

⑦《データ系列の書式設定》作業ウィンドウの ✕ （閉じる）をクリックします。

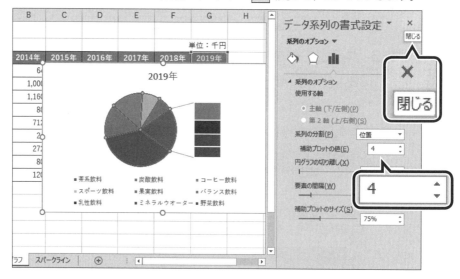

⑧補助縦棒グラフのデータ要素の個数が変わります。

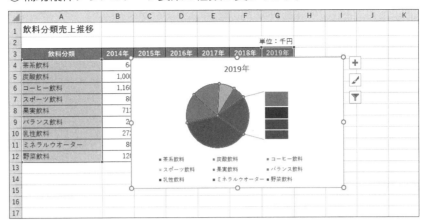

![Let's Try]

ためしてみよう【3】

●シート「円グラフ」

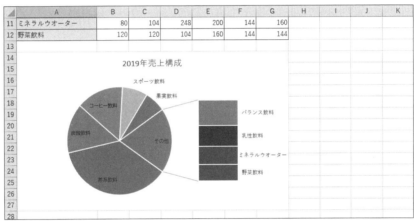

① 作成した補助縦棒グラフ付き円グラフをセル範囲【A14:G27】に配置しましょう。

② グラフにレイアウト「レイアウト5」を適用しましょう。

③ グラフタイトルを「2019年売上構成」に変更しましょう。

More 配色の変更

カラーの円グラフをモノクロで印刷すると、データ要素の区切りがわかりにくくなる場合があります。モノクロで印刷する場合には、データ要素を階調の異なる色で塗りつぶしておくとよいでしょう。「グラフクイックカラー」を使うと、データ要素の色をモノクロ印刷に適した組み合わせにすることができます。
グラフの配色を変更する方法は、次のとおりです。

◆グラフを選択→《デザイン》タブ→《グラフスタイル》グループの ![色の変更] （グラフクイックカラー）

More データ要素の塗りつぶし

データ要素の一部を強調する場合には、データ要素を目立つ色やパターン（模様）で塗りつぶすとよいでしょう。
データ要素をパターンで塗りつぶす方法は、次のとおりです。

◆データ要素を選択→データ要素を右クリック→《データ要素の書式設定》→ ◇ （塗りつぶしと線）→《塗りつぶし》→《 ● 塗りつぶし（パターン）》

※データ要素を選択するには、データ系列をクリックしてからデータ要素をクリックします。

4 スパークラインの作成

「スパークライン」とは、シート上のセル内でデータを視覚的に表現できる小さなグラフのことです。スパークラインを使うと、月ごとの増減や季節ごとの景気循環など、数値の傾向を把握できます。

スパークラインで作成できるグラフの種類は、次のとおりです。

種類	説明	例
折れ線	時間の経過によるデータの推移を、折れ線グラフで表現します。	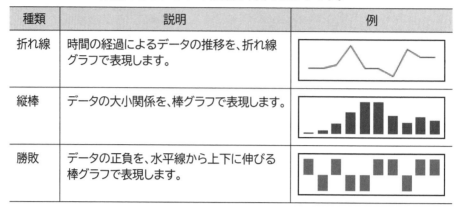
縦棒	データの大小関係を、棒グラフで表現します。	
勝敗	データの正負を、水平線から上下に伸びる棒グラフで表現します。	

飲料分類ごとに売上推移を表すスパークラインを作成しましょう。

シート「スパークライン」に切り替えておきましょう。

①セル範囲【L4:L12】を選択します。

②《挿入》タブ→《スパークライン》グループの 折れ線 (折れ線スパークライン) をクリックします。

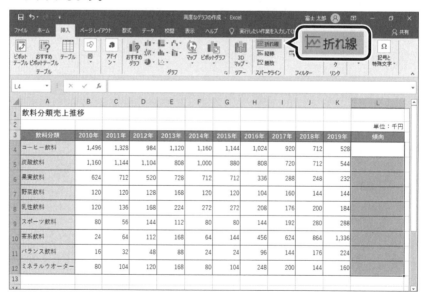

③《スパークラインの作成》ダイアログボックスが表示されます。

④《データ範囲》にカーソルが表示されていることを確認します。

⑤シート上のセル範囲【B4:K12】を選択します。

⑥《データ範囲》に「B4：K12」と表示されていることを確認します。

⑦《場所の範囲》に「$L$4：$L$12」と表示されていることを確認します。

⑧《OK》をクリックします。

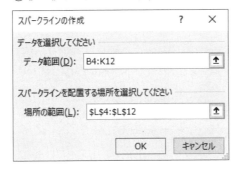

⑨ スパークラインが作成されます。

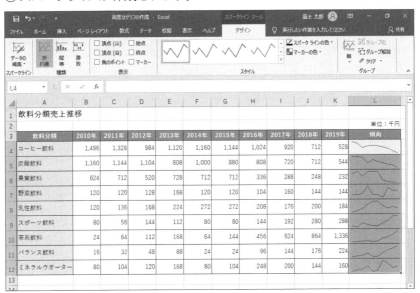

※ブックに任意の名前を付けて保存し、ブックを閉じておきましょう。

表計算編

Point! スパークラインの最大値・最小値の設定

スパークラインの縦軸の最大値と最小値は、スパークラインごとに自動的に設定されますが、ユーザーが設定することもできます。
スパークラインの最大値・最小値を設定する方法は、次のとおりです。
◆スパークラインのセルを選択→《デザイン》タブ→《グループ》グループの　　（スパークラインの軸）→《縦軸の最小値のオプション》／《縦軸の最大値のオプション》で設定

More データマーカーの強調

初期の設定では、スパークラインは、すべてのデータマーカーが同じ色で表示されますが、最大値や最小値など特定のデータマーカーだけを強調して目立たせることができます。
データマーカーを強調する方法は、次のとおりです。
◆スパークラインのセルを選択→《デザイン》タブ→《表示》グループで強調する箇所を☑にする

More スパークラインの削除

スパークラインを削除する方法は、次のとおりです。
◆スパークラインのセルを選択→《デザイン》タブ→《グループ》グループの　クリア　（選択したスパークラインのクリア）

1 ピボットテーブル

「ピボットテーブル」を使うと、大量のデータを様々な角度から集計したり分析したりできます。表の項目名をドラッグするだけで簡単に目的の集計表を作成できます。

データベース用の表から項目名を配置

配置した項目名をもとにピボットテーブルが作成される

2 ピボットテーブルの構成要素

ピボットテーブルには、次の要素があります。

列ラベルエリア

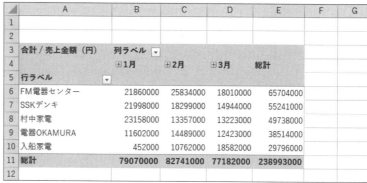

行ラベルエリア　　　　　　　　　　　値エリア

3 ピボットテーブルの作成

表のデータをもとにピボットテーブルを作成しましょう。
次のようにフィールドを配置して、取引先別・売上月別に売上金額を集計します。

```
行ラベルエリア ：取引先
列ラベルエリア ：売上月
値エリア     ：売上金額（円）
```

フォルダー「表計算編」のブック「ピボットテーブルの作成」のシート「売上明細」を開いておきましょう。

①セル【A3】を選択します。
※表内のセルであれば、どこでもかまいません。

②《挿入》タブ→《テーブル》グループの 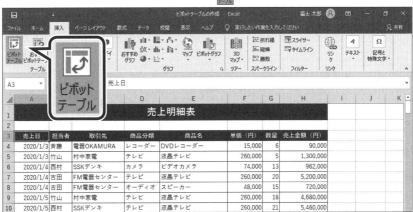 （ピボットテーブル）をクリックします。

売上日	担当者	取引先	商品分類	商品名	単価（円）	数量	売上金額（円）
2020/1/3	斉藤	電器OKAMURA	レコーダー	DVDレコーダー	15,000	6	90,000
2020/1/3	竹山	村中家電	テレビ	液晶テレビ	260,000	5	1,300,000
2020/1/4	西村	SSKデンキ	カメラ	ビデオカメラ	74,000	13	962,000
2020/1/4	吉田	FM電器センター	テレビ	液晶テレビ	260,000	20	5,200,000
2020/1/4	吉田	FM電器センター	オーディオ	スピーカー	48,000	15	720,000
2020/1/5	竹山	村中家電	テレビ	液晶テレビ	260,000	18	4,680,000
2020/1/5	西村	SSKデンキ	テレビ	液晶テレビ	260,000	21	5,460,000

③《ピボットテーブルの作成》ダイアログボックスが表示されます。

④《テーブルまたは範囲を選択》を⦿にします。

⑤《テーブル/範囲》に「売上明細!＄A＄3：＄H＄232」と表示されていることを確認します。

⑥《新規ワークシート》を⦿にします。

⑦《OK》をクリックします。

⑧シート「Sheet1」が挿入され、《ピボットテーブルのフィールド》作業ウィンドウが表示されます。

⑨《ピボットテーブルのフィールド》作業ウィンドウの「取引先」を《行》のボックスにドラッグします。

※《行》のボックスにドラッグすると、マウスポインターの形が $\leftthreetimes_{\boxplus}$ に変わります。

⑩行ラベルエリアに「取引先」が表示されます。

⑪「売上日」を《列》のボックスにドラッグします。

※《列》のボックスにドラッグすると、マウスポインターの形が $\leftthreetimes_{\boxplus}$ に変わります。

⑫列ラベルエリアに「売上日」が月単位でグループ化されて表示されます。

⑬「売上金額（円）」を《値》のボックスにドラッグします。

※《値》のボックスにドラッグすると、マウスポインターの形が $\leftthreetimes_{\boxplus}$ に変わります。

⑭値エリアに「売上金額（円）」が表示されます。

Point! 値エリアの集計方法

値エリアの集計方法は、値エリアに配置するフィールドのデータの種類によって異なります。
初期の設定では、右の表のように集計されますが、集計方法はあとから変更できます。
値エリアの集計方法を変更する方法は、次のとおりです。

◆値エリアのセルを選択→《分析》タブ→《アクティブなフィールド》グループの [フィールドの設定] （フィールドの設定）→《集計方法》タブ→《選択したフィールドのデータ》の一覧から選択

データの種類	集計方法
数値	合計
文字列	データの個数
日付	データの個数

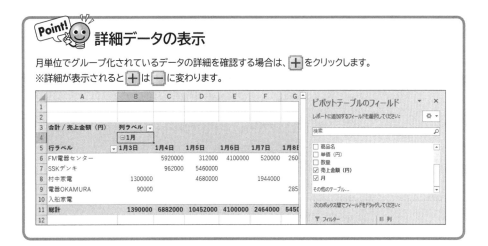

Point! 詳細データの表示

月単位でグループ化されているデータの詳細を確認する場合は、➕をクリックします。
※詳細が表示されると➕は➖に変わります。

Point! グループ化の解除

グループ化を解除する方法は、次のとおりです。

◆行ラベルエリアまたは列ラベルエリアのセルを選択→《分析》タブ→ 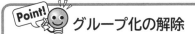（ピボットテーブルグループ）→《グループ》グループの グループ解除 （グループ解除）

More ／ タイムラインの利用

日付データを含む表から作成したピボットテーブルは、「タイムライン」を使うと、集計対象となる期間を簡単に絞り込むことができます。
タイムラインを表示する方法は、次のとおりです。

◆ピボットテーブルを選択→《分析》タブ→《フィルター》グループの タイムラインの挿入 （タイムラインの挿入）

---

4 表示形式の設定

値エリアの数値に、3桁区切りカンマを付けましょう。

①セル範囲【B6：E11】を選択します。

②《ホーム》タブ→《数値》グループの ， （桁区切りスタイル）をクリックします。

③値エリアの数値に3桁区切りカンマが付きます。

More ／ 空白セルに値を表示

初期の設定では、値エリアに表示するデータがない場合、空白セルになります。
値エリアの空白セルに「0」を表示する方法は、次のとおりです。

◆ピボットテーブル内のセルを選択→《分析》タブ→ （ピボットテーブル）→《ピボットテーブル》グループの オプション （ピボットテーブルオプション）→《レイアウトと書式》タブ→《空白セルに表示する値》を☑にし、「0」と入力

5 レイアウトの変更

ピボットテーブルは、作成後にフィールドを入れ替えたり、フィールドを追加したりして簡単にレイアウトを変更できます。

行ラベルを「取引先」から「商品分類」と「商品名」に変更しましょう。

①《ピボットテーブルのフィールド》作業ウィンドウの《行》のボックスの「取引先」をクリックします。

②《フィールドの削除》をクリックします。

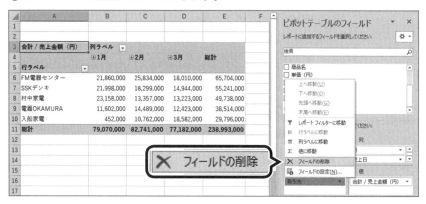

③行ラベルエリアから「取引先」が削除されます。

④「商品分類」を《行》のボックスにドラッグします。

⑤行ラベルエリアに「商品分類」が表示されます。

⑥同様に、「商品名」を《行》のボックスの「商品分類」の下にドラッグします。

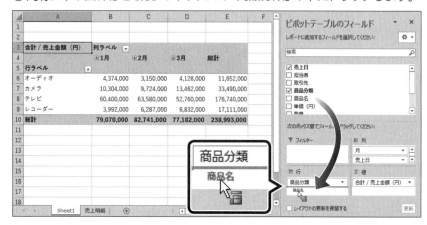

⑦行ラベルエリアに「**商品名**」が追加されます。

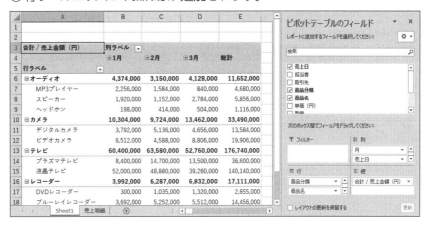

More レポートフィルター

レポートフィルターエリアにフィールドを配置すると、データを絞り込んで集計結果を表示できます。
レポートフィルターエリアを使って、データを絞り込む方法は、次のとおりです。

◆《フィルター》のボックスにフィールドをドラッグ→レポートフィルターエリアの ▼ から集計するデータを選択

---

6 データの更新

作成したピボットテーブルは、もとの表のデータと連動しています。もとの表のデータを変更した場合には、ピボットテーブルのデータを更新して、最新の集計結果を表示します。
シート「売上明細」のセル【G8】を「10」に変更し、ピボットテーブルのデータを更新しましょう。

①ピボットテーブルのセル【B6】が「4,374,000」になっていることを確認します。

②シート「売上明細」のシート見出しをクリックします。

③セル【G8】に「10」と入力します。

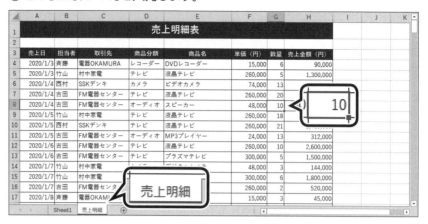

④シート「Sheet1」のシート見出しをクリックします。

⑤セル【B6】を選択します。

※ピボットテーブル内のセルであれば、どこでもかまいません。

⑥《分析》タブ→《データ》グループの　　(更新) をクリックします。

⑦セル【B6】が「4,134,000」に変更されていることを確認します。

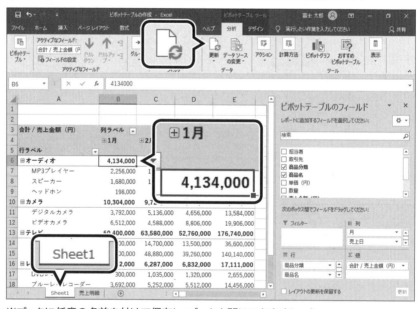

※ブックに任意の名前を付けて保存し、ブックを閉じておきましょう。

More **ピボットグラフの作成**

ピボットテーブルをもとに、「ピボットグラフ」を作成できます。ピボットグラフには、フィールドに対応したフィールドボタンが表示されており、ピボットテーブルと同様に、項目を入れ替えるだけで様々な視点でグラフを表示できます。ピボットグラフの作成方法は、次のとおりです。

◆ピボットテーブル内のセルを選択→《分析》タブ→《ツール》グループの　　(ピボットグラフ)

データベースを活用しよう

1 テーブルの利用

表を「テーブル」に変換すると、書式設定やデータベース管理が簡単に行えるようになります。

テーブルには、次のような特長があります。

●テーブルスタイルが適用される

テーブルスタイルが適用され、表全体の見栄えを簡単に整えることができます。

	A	B	C	D	E	F	G	H	I	J
1				セミナー実施状況						
2										
3	No.	開催日	開催地区	セミナー名	分野	参加費	参加者数	金額		
4	1	2020/4/1	南区	インターネット体験	パソコン	800	25	20,000		
5	2	2020/4/2	東区	手話・初級	手話	300	30	9,000		
6	3	2020/4/2	東区	手話・中級	手話	300	27	8,100		
7	4	2020/4/4	西区	パソコン入門	パソコン	500	16	8,000		

●フィルターモードになる

フィルターモードになり、先頭行に ▼ が表示されます。 ▼ をクリックし、フィルターや並べ替えを実行します。

	A	B	C	D	E	F	G	H	I	J
3	No.	開催日	開催地区	セミナー名	分野	参加費	参加者数	金額		
7	4	2020/4/4	西区	パソコン入門	パソコン	500	16	8,000		
8	5	2020/4/6	西区	手話・初級	手話	300	33	9,900		
10	7	2020/4/12	西区	手話・中級	手話	300	36	10,800		
11	8	2020/4/13	西区	成人病対策料理	健康	1,000	26	26,000		
13	10	2020/4/16	西区	Excel&Word体験	パソコン	1,000	21	21,000		
15	12	2020/4/18	西区	インターネット体験	パソコン	800	19	15,200		

●列番号が列見出しに置き換わる

シートをスクロールすると、列番号が列見出しに置き換わります。縦方向に長い表でも簡単にフィルターや並べ替えを実行できます。

	No.	開催日	開催地区	セミナー名	分野	参加費	参加者数	金額	I	J
10	7	2020/4/12	西区	手話・中級	手話	300	36	10,800		
11	8	2020/4/13	西区	成人病対策料理	健康	1,000	26	26,000		
12	9	2020/4/13	東区	手話・上級	手話	500	15	7,500		
13	10	2020/4/16	西区	Excel&Word体験	パソコン	1,000	21	21,000		
14	11	2020/4/16	北区	リラックス・ヨガ	健康	500	32	16,000		
15	12	2020/4/18	西区	インターネット体験	パソコン	800	19	15,200		

●集計行を表示できる

集計行を表示して、合計や平均などの集計ができます。

	No.	開催日	開催地区	セミナー名	分野	参加費	参加者数	金額	I	J
56	53	2020/6/17	東区	手話・初級	手話	300	31	9,300		
57	54	2020/6/17	西区	インターネット体験	パソコン	800	23	18,400		
58	55	2020/6/18	東区	手話・中級	手話	300	25	7,500		
59	56	2020/6/18	南区	リラックス・ヨガ	健康	500	38	19,000		
60	57	2020/6/20	北区	手話・中級	手話	300	30	9,000		
61	58	2020/6/21	西区	Excel&Word体験	パソコン	1,000	35	35,000		
62	59	2020/6/22	北区	成人病対策料理	健康	1,000	24	24,000		
63	60	2020/6/26	北区	インターネット体験	パソコン	800	24	19,200		
64	集計							1,005,500		
65								なし		
66								平均		
67								個数		
								数値の個数		
68								最大		
								最小		
69								合計		
								標本標準偏差		
70								標本分散		
71								その他の関数...		

▶▶1 テーブルへの変換

データベースの表をテーブルに変換すると、自動的に「テーブルスタイル」が適用されます。テーブルスタイルは罫線や塗りつぶしの色などの書式を組み合わせたもので、表全体の見栄えを整えます。
表をテーブルに変換しましょう。

フォルダー「表計算編」のブック「データベースの活用」のシート「テーブル」を開いておきましょう。

①セル【A3】を選択します。
※表内のセルであれば、どこでもかまいません。
②《挿入》タブ→《テーブル》グループの 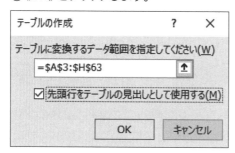 (テーブル) をクリックします。
③《テーブルの作成》ダイアログボックスが表示されます。
④《テーブルに変換するデータ範囲を指定してください》に「=$A$3:$H$63」と表示されていることを確認します。
⑤《先頭行をテーブルの見出しとして使用する》を ✔ にします。
⑥《OK》をクリックします。

⑦表がテーブルに変換され、テーブルスタイルが適用されます。
※任意のセルをクリックし、テーブルスタイルを確認しましょう。

	A	B	C	D	E	F	G	H	I	J
1				セミナー実施状況						
2										
3	No.	開催日	開催地区	セミナー名	分野	参加費	参加者数	金額		
4	1	2020/4/1	南区	インターネット体験	パソコン	800	25	20,000		
5	2	2020/4/2	東区	手話・初級	手話	300	30	9,000		
6	3	2020/4/2	東区	手話・中級	手話	300	27	8,100		
7	4	2020/4/4	西区	パソコン入門	パソコン	500	16	8,000		

※テーブル内のセルを選択→シートを下方向にスクロールし、列番号が列見出しに置き換わって ▼ が表示されることを確認しましょう。

Point! テーブルスタイルの変更

テーブルスタイルを変更する方法は、次のとおりです。
◆テーブル内のセルを選択→《デザイン》タブ→《テーブルスタイル》グループの  (テーブルクイックスタイル)

More もとのセル範囲の書式とテーブルスタイル

テーブルに変換する前に書式を設定していると、ユーザーが設定した書式とテーブルスタイルの書式が重なります。
テーブルスタイルだけを適用する場合は、テーブルに変換する前に、もとのセル範囲の書式をクリアしておきます。
テーブルスタイルを適用しない場合は、テーブル変換後にテーブルスタイルを解除することもできます。
テーブルスタイルを解除する方法は、次のとおりです。
◆テーブル内のセルを選択→《デザイン》タブ→《テーブルスタイル》グループの (テーブルクイックスタイル) → 《クリア》

More セル範囲への変換

テーブルをもとのセル範囲に戻す方法は、次のとおりです。

◆テーブル内のセルを選択→《デザイン》タブ→《ツール》グループの 📇 範囲に変換 （範囲に変換）

※セル範囲に変換しても、テーブルスタイルの書式は残ります。

▶▶2 フィルターと並べ替えの利用

テーブルに変換すると、フィルターモードになります。列見出しの ▼ を使ってレコードを並べ替えたり抽出したりできます。

並べ替え結果や抽出結果にテーブルスタイルが再適用されるので、表の見栄えが悪くなることはありません。

「開催地区」が「西区」のレコードを抽出し、「金額」が高い順に並べ替えましょう。

①「開催地区」の ▼ をクリックします。

②《（すべて選択）》を ☐ にします。

※下位の項目がすべて ☐ になります。

③「西区」を ✔ にします。

④《OK》をクリックします。

⑤「西区」のレコードが抽出されます。

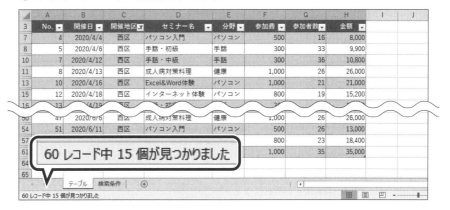

	A	B	C	D	E	F	G	H	I	J
3	No. ▼	開催日 ▼	開催地区 ▼	セミナー名 ▼	分野 ▼	参加費 ▼	参加者数 ▼	金額 ▼		
7	4	2020/4/4	西区	パソコン入門	パソコン	500	16	8,000		
8	5	2020/4/6	西区	手話・初級	手話	300	33	9,900		
10	7	2020/4/12	西区	手話・中級	手話	300	36	10,800		
11	8	2020/4/13	西区	成人病対策料理	健康	1,000	26	26,000		
13	10	2020/4/16	西区	Excel&Word体験	パソコン	1,000	21	21,000		
15	12	2020/4/18	西区	インターネット体験	パソコン	800	19	15,200		
16	13	4/19	西区	・初級						
50	47	2020/6/6	西区	成人病対策料理	健康	1,000	26	26,000		
54	51	2020/6/11	西区	パソコン入門	パソコン	500	26	13,000		
57						800	23	18,400		
61						1,000	35	35,000		
64										
65										

テーブル ／ 検索条件 ／ ⊕

60 レコード中 15 個が見つかりました

60 レコード中 15 個が見つかりました

⑥「金額」の ▼ をクリックします。

⑦《降順》をクリックします。

⑧「金額」が高い順に並び替わります。

	A	B	C	D	E	F	G	H	I	J
3	No. ▼	開催日 ▼	開催地区 ▼	セミナー名 ▼	分野 ▼	参加費 ▼	参加者数 ▼	金額 ↓		
7	58	2020/6/21	西区	Excel&Word体験	パソコン	1,000	35	35,000		
8	8	2020/4/13	西区	成人病対策料理	健康	1,000	26	26,000		
10	47	2020/6/6	西区	成人病対策料理	健康	1,000	26	26,000		
11	34	2020/5/17	西区	インターネット体験	パソコン	800	32	25,600		
13	43	2020/6/3	西区	リラックス・ヨガ	健康	500	45	22,500		
15	44	2020/6/4	西区	Excel&Word体験	パソコン	1,000	22	22,000		
16	10	2020/4/16	西区	Excel&Word体験	パソコン	1,000	21	21,000		
26	54	2020/6/17	西区	インターネット体験	パソコン	800	23	18,400		
37	12	2020/4/18	西区	インターネット体験	パソコン	800	19	15,200		
46	51	2020/6/11	西区	パソコン入門	パソコン	500	26	13,000		
47	7	2020/4/12	西区	手話・中級	手話	300	36	10,800		
50	13	2020/4/19	西区	手話・初級	手話	300	35	10,500		
54	5	2020/4/6	西区	手話・初級	手話	300	33	9,900		
57	4	2020/4/4	西区	パソコン入門	パソコン	500	16	8,000		
61	23	2020/5/5	西区	手話・初級	手話	300	25	7,500		
64										

※テーブル内のセルを選択→《データ》タブ→《並べ替えとフィルター》グループの 🗑クリア （クリア）をクリックし、もとの表示に戻しておきましょう。

※「No.」の ▼ →《昇順》をクリックし、「No.」順に並べ替えておきましょう。

▶▶3 集計行の表示

テーブルの最終行に集計行を表示して、合計や平均などの集計ができます。
テーブルの最終行に集計行を表示しましょう。

①セル【A3】を選択します。
※テーブル内のセルであれば、どこでもかまいません。
②《デザイン》タブ→《テーブルスタイルのオプション》グループの《集計行》を ✓ に
します。
③テーブルの最終行に集計行が表示されます。

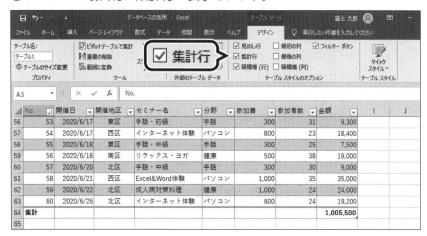

More 集計の追加

集計行を表示すると、表の右端の列の合計が表示されます。その他の列を集計する場合は、集計を求める列の集計
欄を選択→ ▼ をクリックし、一覧から集計方法を選択します。

---

2 複雑な条件によるフィルターの実行

「フィルターオプションの設定」を使うと、複雑な条件でデータベースの表からレコードを抽出できます。
フィルターオプションの設定を利用する手順は、次のとおりです。

1 検索条件範囲を作成する

シート上にデータベースの表と同じ列見出しを用意します。
これを検索条件範囲として利用します。

2 検索条件範囲に条件を入力する

検索条件範囲に条件を入力します。

3 レコードを抽出する

フィルターオプションを設定して、レコードを抽出します。

▶▶1 検索条件範囲の作成

データベースとは別の領域に、条件を入力するための「検索条件範囲」を作成します。検索条件範囲は、データベースの表と同じ列見出しと条件を入力するためのセルで構成するのが一般的です。
データベースの表の列見出しをコピーして、検索条件範囲を作成しましょう。

シート「検索条件」に切り替えておきましょう。

①セル範囲【C9:J9】を選択します。

②《ホーム》タブ→《クリップボード》グループの 📋 (コピー) をクリックします。

③セル【C3】を選択します。

④《ホーム》タブ→《クリップボード》グループの 📋 (貼り付け) をクリックします。

⑤表の列見出しがコピーされます。
※ Esc を押して、点滅する線を非表示にしておきましょう。

 検索条件範囲の作成位置

検索条件範囲は、表の上または下に作成します。表の横に作成すると、フィルターの抽出結果によっては検索条件範囲が非表示になることがあります。表の上または下に作成する際は、検索条件範囲と表の間には、1行以上の空白行が必要です。

▶▶2 条件の入力

「開催地区」が「南区」のレコード、または「セミナー」が「手話」で始まるレコードを抽出するための条件を入力しましょう。

①セル【E4】に「南区」と入力します。
②セル【F5】に「手話」と入力します。

	A	B	C	D	E	F	G	H	I	J	K
1						セミナー実施状況					
2											
3	検索条件範囲		No.	開催日	開催地区	セミナー名	分野	参加費	参加者数	金額	
4					南区						
5						手話					
6											
7											
8											
9	リスト範囲		No.	開催日	開催地区	セミナー名	分野	参加費	参加者数	金額	
10			1	2020/4/1	南区	インターネット体験	パソコン	800	25	20,000	
11			2	2020/4/2	東区	手話・初級	手話	300	30	9,000	

 AND条件とOR条件

検索条件範囲に複数の条件を指定することができます。

●AND条件
すべての条件を満たすレコードを抽出するには、1行内に条件を入力します。
例：「職業」が会社員で「住所」が東京都内

職業	住所
会社員	東京都

●OR条件
どれかひとつの条件を満たすレコードを抽出するには、行を変えて条件を入力します。
例：「職業」が会社員または「住所」が東京都内

職業	住所
会社員	
	東京都

Point! 条件の入力方法

検索条件範囲には、次のように条件を入力します。

●文字列

| 前方一致の条件 |

文字列を入力すると、その文字列で始まるレコードが抽出されます。
例:「住所」が東京都で始まる

住所

東京都

| 完全一致の条件 |

完全に一致するレコードを抽出するには、「="=文字列"」の数式を入力します。
例:「住所」が東京都

住所

="=東京都"

※「="=東京都"」と入力すると、セルには「=東京都」と表示されます。

| 部分一致の条件 |

ワイルドカード文字を使うと、部分的に一致する文字列のレコードが抽出されます。

ワイルドカード文字	説明
?(疑問符)	同じ位置にある任意の1文字
*(アスタリスク)	同じ位置にある任意の文字列

※ワイルドカード文字は半角で入力します。

例:東京都で区名が1文字の区を抽出

住所

東京都?区

※「東京都港区」「東京都北区」など

例:東京都で区の付く住所を抽出

住所

東京都*区

※「東京都港区」「東京都新宿区」「東京都千代田区」など

●数値・日付

| 完全一致の条件 |

数値を入力すると、完全に一致する数値のレコードだけが抽出されます。

例:「売上額」が5,000円のレコードを抽出する

売上額

5000

| 範囲がある条件 |

「~以上」「~未満」のような範囲を持つ数値の条件を入力するには、比較演算子を使います。

例:「売上額」が5,000円以上

売上額

>=5000

▶▶3 レコードの抽出

フィルターオプションの設定では、データベースの表を「リスト範囲」といいます。
リスト範囲から検索条件範囲に設定した条件を満たすレコードを抽出しましょう。

① セル【C9】を選択します。
※表内のセルであれば、どこでもかまいません。
② 《データ》タブ→《並べ替えとフィルター》グループの 詳細設定 (詳細設定) をクリックします。
③ 《フィルターオプションの設定》ダイアログボックスが表示されます。
④ 《抽出先》の《選択範囲内》を⦿にします。
⑤ 《リスト範囲》に「$C$9:$J$69」と表示されていることを確認します。
⑥ 《検索条件範囲》にカーソルを移動します。
⑦ シート上のセル範囲【C3:J5】を選択します。
⑧ 《検索条件範囲》に「検索条件!$C$3:$J$5」と表示されていることを確認します。

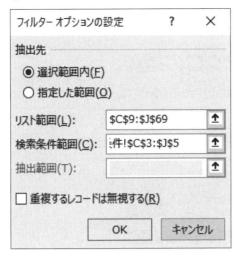

⑨《OK》をクリックします。

⑩「開催地区」が「南区」、または「セミナー名」が「手話」で始まるレコードが抽出されます。

60 レコード中 31 個が見つかりました

※リスト範囲内のセルを選択→《データ》タブ→《並べ替えとフィルター》グループの 🗙 クリア （クリア）をクリックし、すべてのレコードを表示しておきましょう。

Let's Try ためしてみよう【4】

①「開催地区」が「南区」で「参加者数」が「35」人以上のレコード、または「開催地区」が「東区」で「参加者数」が「30」人以上のレコードを抽出しましょう。
※検索条件範囲に入力されている条件を削除してから操作しましょう。
※リスト範囲内のセルを選択→《データ》タブ→《並べ替えとフィルター》グループの 🗙 クリア （クリア）をクリックし、すべてのレコードを表示しておきましょう。

※ブックに任意の名前を付けて保存し、ブックを閉じておきましょう。

1 作成するマクロの確認

次の動作をするマクロ「売上トップ5」を作成しましょう。

- ・「金額」の上位5件のレコードを抽出する
- ・抽出結果のレコードを「金額」が高い順に並べ替える

	A	B	C	D	E	F	G
1	商品売上管理（2020年2月〜）						
2							
3	注文日	販売先	商品名	単価	数量	金額	
4	2月3日	アケムラ	ガーゼ掛け布団カバー	4,200	15	63,000	
5	2月4日	フワフワランド	ガーゼ敷き布団カバー	4,200	20	84,000	
6	2月4日	大阪デパート	ガーゼパジャマ	4,000	10	40,000	
7	2月5日	フワフワランド	ガーゼ掛け布団カバー	4,200	15	63,000	
8	2月5日	京都デパート	ガーゼケット	3,800	25	95,000	
9	2月6日	アケムラ	ガーゼ敷き布団カバー	4,200	20	84,000	
10	2月7日	アケムラ	ガーゼバスタオル	3,000	15	45,000	
11	2月7日	コットンハザマ	ガーゼバスローブ	5,800	10	58,000	
12	2月10日	フワフワランド	ガーゼケット	3,800	10	38,000	
13	2月10日	近畿百貨店	ガーゼタオル	1,500	30	45,000	
14	2月11日	コットンハザマ	ガーゼパジャマ	4,000	10	40,000	
15	2月11日	ニシナかふとん	ガーゼパジャマ	4,000	10	40,000	
16	2月12日	ニシナかふとん	ガーゼケット	3,800	30	114,000	
17	2月13日	大阪デパート	ガーゼタオル	1,500	10	15,000	
18	2月13日	ユニオンコットン	ガーゼ敷き布団カバー	4,200	10	42,000	
19	2月14日	コットンハザマ	ガーゼ掛け布団カバー	4,200	35	147,000	
20	2月14日	フワフワランド	ガーゼバスタオル	3,000	50	150,000	
21	2月17日	ニシナかふとん	ガーゼバスローブ	5,800	10	58,000	
22	2月17日	京都デパート	ガーゼタオル	1,500	20	30,000	
23	2月18日	近畿百貨店	ガーゼパジャマ	4,000	5	20,000	
24	2月19日	アケムラ	ガーゼケット	3,800	20	76,000	
25	2月19日	満天デパート	ガーゼ敷き布団カバー	4,200	15	63,000	
26	2月20日	コットンハザマ	ガーゼ掛け布団カバー	4,200	20	84,000	
27	2月20日	大阪デパート	ガーゼバスタオル	3,000	30	90,000	
28	2月20日	ニシナかふとん	ガーゼ敷き布団カバー	4,200	25	105,000	
29	2月21日	アケムラ	ガーゼ掛け布団カバー	4,200	20	84,000	
30	2月21日	ユニオンコットン	ガーゼバスタオル	3,000	30	90,000	
31	2月24日	満天デパート	ガーゼパジャマ	4,000	15	60,000	
32	2月24日	アケボノ商事	ガーゼバスローブ	5,800	10	58,000	
33	2月25日	ユニオンコットン	ガーゼケット	3,800	35	133,000	
34	2月25日	近畿百貨店	ガーゼタオル	1,500	25	37,500	
35	2月25日	コットンハザマ	ガーゼ敷き布団カバー	4,200	10	42,000	
36	2月26日	京都デパート	ガーゼ掛け布団カバー	4,200	10	42,000	
37	2月27日	アケムラ	ガーゼバスタオル	3,000	30	90,000	
38	2月27日	アケボノ商事	ガーゼ掛け布団カバー	4,200	10	42,000	
39	2月28日	大阪デパート	ガーゼバスタオル	3,000	15	45,000	
40	2月28日	ニシナかふとん	ガーゼバスローブ	5,800	10	58,000	
41							

マクロを実行

	A	B	C	D	E	F	G
1	商品売上管理（2020年2月〜）						
2							
3	注文日	販売先	商品名	単価	数量	金額	
16	2月14日	フワフワランド	ガーゼバスタオル	3,000	50	150,000	
19	2月14日	コットンハザマ	ガーゼ掛け布団カバー	4,200	35	147,000	
20	2月25日	ユニオンコットン	ガーゼケット	3,800	35	133,000	
28	2月12日	ニシナかふとん	ガーゼケット	3,800	30	114,000	
33	2月20日	ニシナかふとん	ガーゼ敷き布団カバー	4,200	25	105,000	
41							

2 マクロ

「マクロ」とは、一連の操作を記録しておき、記録した操作をまとめて実行できるようにしたものです。頻繁に発生する操作はマクロに記録しておくと、同じ操作を繰り返す必要がなく、効率的に作業できます。
マクロを作成する手順は、次のとおりです。

1 マクロを記録する準備をする

マクロの操作に必要な《開発》タブをリボンに表示します。

2 マクロに記録する操作を確認する

マクロの記録を開始する前に、マクロに記録する操作を確認します。

3 マクロの記録を開始する

マクロの記録を開始します。
マクロの記録を開始すると、それ以降の操作はすべて記録されます。

4 記録する操作を行う

マクロに記録する操作を行います。
コマンドの実行やセルの選択、キーボードからの入力などが記録の対象になります。

5 マクロの記録を終了する

マクロの記録を終了します。

表計算編

3 マクロの作成

「金額」の上位5件のレコードを抽出し、降順に並べ替えるマクロ「売上トップ5」を作成しましょう。

▶▶1 記録の準備

マクロに関する操作を効率よく行うためには、リボンに《開発》タブを表示します。
《開発》タブには、マクロの記録や実行、編集などに便利なボタンが用意されています。
リボンに《開発》タブを表示しましょう。

フォルダー「表計算編」のブック「マクロの作成」のシート「Sheet1」を開いておきましょう。

①《ファイル》タブ→《オプション》をクリックします。

②《Excelのオプション》ダイアログボックスが表示されます。

③左側の一覧から《リボンのユーザー設定》を選択します。

④《リボンのユーザー設定》が《メインタブ》になっていることを確認します。

⑤《開発》を ✔ にします。

⑥《OK》をクリックします。

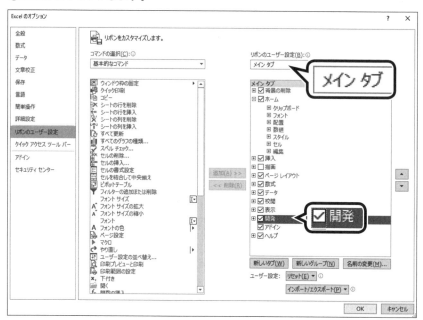

⑦《開発》タブが表示されます。

⑧《開発》タブを選択し、マクロに関するボタンが表示されていることを確認します。

▶▶2 記録するマクロの確認

マクロの記録を開始すると、記録を終了するまでに行ったすべての操作内容が記録されます。誤った操作も記録されてしまうため、あらかじめ一連の操作を確認しましょう。

●マクロ名：売上トップ5

---

1 「金額」の上位5件のレコードを抽出する

---

　　　① 表内のセルを選択
　　　②《データ》タブ→《並べ替えとフィルター》グループの ▼ (フィルター)をクリック
　　　③「金額」の ▼ →《数値フィルター》→《トップテン》をクリック
　　　④ 左側のボックスを《上位》に設定
　　　⑤ 中央のボックスを「5」に設定
　　　⑥ 右側のボックスを《項目》に設定
　　　⑦《OK》をクリック

2 抽出結果のレコードを「金額」が高い順に並べ替える

---

　　　①「金額」の ▼T →《降順》をクリック

▶▶3 マクロの記録開始

マクロ「売上トップ5」の記録を開始しましょう。

①《開発》タブ→《コード》グループの ⊞マクロの記録 (マクロの記録)をクリックします。

②《マクロの記録》ダイアログボックスが表示されます。

③《マクロ名》に「売上トップ5」と入力します。

④《マクロの保存先》が《作業中のブック》になっていることを確認します。

⑤《OK》をクリックします。

※マクロの記録が開始されます。以後の操作はすべて記録されますので、不要な操作をしないようにしましょう。

マクロ名

マクロ名の先頭は文字列を使用します。2文字目以降は、文字列、数値、「_」(アンダースコア)が使用できます。空白は使用できません。

ショートカットキー

《マクロの記録》ダイアログボックスの《ショートカットキー》を設定すると、作成したマクロをショートカットキーで実行できます。
英小文字を設定した場合は、[Ctrl]を押しながらキーを押してマクロを実行します。
英大文字を設定した場合は、[Ctrl]+[Shift]を押しながらキーを押してマクロを実行します。
[Ctrl]+[C]や[Ctrl]+[V]などExcelであらかじめ設定されているショートカットキーと重複する場合は、マクロで設定したショートカットキーが優先されます。

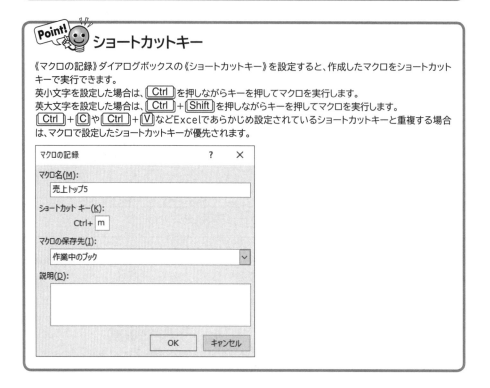

▶▶4 マクロの記録

実際に操作してマクロを記録しましょう。

①セル【A3】を選択します。
※表内のセルであれば、どこでもかまいません。

②《データ》タブ→《並べ替えとフィルター》グループの [フィルター] (フィルター) をクリックします。

③「金額」の ▼ をクリックします。

④《数値フィルター》→《トップテン》をクリックします。

⑤《トップテンオートフィルター》ダイアログボックスが表示されます。

⑥左側のボックスが《上位》になっていることを確認します。

⑦中央のボックスを「5」に設定します。

⑧右側のボックスが《項目》になっていることを確認します。

⑨《OK》をクリックします。

⑩「金額」が高いレコードの上位5件が抽出されます。

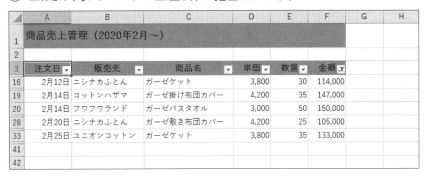

	A	B	C	D	E	F	G	H
1	商品売上管理（2020年2月～）							
2								
3	注文日 ▼	販売先 ▼	商品名 ▼	単価 ▼	数量 ▼	金額 ▼		
16	2月12日	ニシナカふとん	ガーゼケット	3,800	30	114,000		
19	2月14日	コットンハザマ	ガーゼ掛け布団カバー	4,200	35	147,000		
20	2月14日	フワフワランド	ガーゼバスタオル	3,000	50	150,000		
28	2月20日	ニシナカふとん	ガーゼ敷き布団カバー	4,200	25	105,000		
33	2月25日	ユニオンコットン	ガーゼケット	3,800	35	133,000		
41								
42								

⑪「金額」の をクリックします。

⑫《降順》をクリックします。

⑬「金額」が降順で並び替わります。

	A	B	C	D	E	F	G	H
1	商品売上管理（2020年2月～）							
2								
3	注文日 ▼	販売先 ▼	商品名 ▼	単価 ▼	数量 ▼	金額 ▼		
16	2月14日	フワフワランド	ガーゼバスタオル	3,000	50	150,000		
19	2月14日	コットンハザマ	ガーゼ掛け布団カバー	4,200	35	147,000		
20	2月25日	ユニオンコットン	ガーゼケット	3,800	35	133,000		
28	2月12日	ニシナカふとん	ガーゼケット	3,800	30	114,000		
33	2月20日	ニシナカふとん	ガーゼ敷き布団カバー	4,200	25	105,000		
41								
42								

▶▶5 マクロの記録終了

マクロの記録を終了しましょう。

①《開発》タブ→《コード》グループの ■ 記録終了 （記録終了）をクリックします。

ためしてみよう【5】

①次の動作をするマクロ「リセット」を作成しましょう。

> ・「注文日」を昇順で並べ替える
> ・フィルターモードを解除する
> ・アクティブセルをホームポジション（セル【A1】）に戻す

4 マクロの実行

作成したマクロ「売上トップ5」を実行しましょう。

①《開発》タブ→《コード》グループの <img> （マクロの表示）をクリックします。

②《マクロ》ダイアログボックスが表示されます。

③《マクロ名》の一覧から「売上トップ5」を選択します。

④《実行》をクリックします。

⑤マクロが実行され、「金額」の上位5件が抽出され、「金額」が高い順に並び替わります。

	A	B	C	D	E	F	G	H
1	商品売上管理（2020年2月～）							
2								
3	注文日	販売先	商品名	単価	数量	金額		
16	2月14日	フワフワランド	ガーゼバスタオル	3,000	50	150,000		
19	2月14日	コットンハザマ	ガーゼ掛け布団カバー	4,200	35	147,000		
20	2月25日	ユニオンコットン	ガーゼケット	3,800	35	133,000		
28	2月12日	ニシナカふとん	ガーゼケット	3,800	30	114,000		
33	2月20日	ニシナカふとん	ガーゼ敷き布団カバー	4,200	25	105,000		
41								

ためしてみよう【6】

①マクロ「リセット」を実行しましょう。

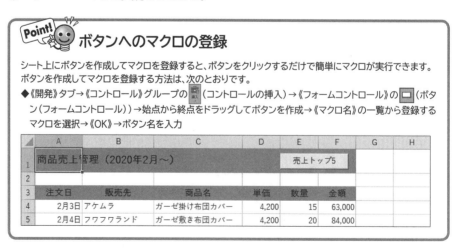

ボタンへのマクロの登録

シート上にボタンを作成してマクロを登録すると、ボタンをクリックするだけで簡単にマクロが実行できます。ボタンを作成してマクロを登録する方法は、次のとおりです。

◆《開発》タブ→《コントロール》グループの（コントロールの挿入）→《フォームコントロール》の（ボタン（フォームコントロール））→始点から終点をドラッグしてボタンを作成→《マクロ名》の一覧から登録するマクロを選択→《OK》→ボタン名を入力

	A	B	C	D	E	F	G	H
1	商品売上管理（2020年2月～）					売上トップ5		
2								
3	注文日	販売先	商品名	単価	数量	金額		
4	2月3日	アケムラ	ガーゼ掛け布団カバー	4,200	15	63,000		
5	2月4日	フワフワランド	ガーゼ敷き布団カバー	4,200	20	84,000		

More 図形へのマクロの登録

作成した図形にマクロを登録することもできます。

◆図形を右クリック→《マクロの登録》

More **《開発》タブの非表示**

《開発》タブは一度表示すると、常に表示されます。マクロに関する操作が終了したら《開発》タブを非表示にしましょう。
《開発》タブを非表示にする方法は、次のとおりです。
◆《ファイル》タブ→《オプション》→《リボンのユーザー設定》→《リボンのユーザー設定》の《メインタブ》→《☐ 開発》

More **VBA**

記録したマクロは、自動的に「VBA」(Visual Basic for Applications)というプログラミング言語で記述されます。

5 マクロ有効ブックとして保存

記録したマクロは、通常の「Excelブック」の形式で保存することができません。マクロを利用するためには、「Excelマクロ有効ブック」の形式で保存する必要があります。
ブックに「マクロの作成完成」と名前を付けて、Excelマクロ有効ブックとして保存しましょう。

①《ファイル》タブ→《エクスポート》をクリックします。

②《ファイルの種類の変更》をクリックします。

③《ブックファイルの種類》の《マクロ有効ブック》をクリックします。

④《名前を付けて保存》をクリックします。
※表示されていない場合は、スクロールして調整します。

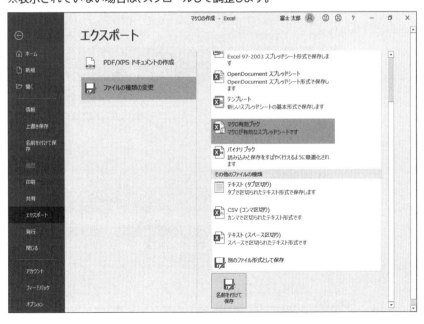

⑤《名前を付けて保存》ダイアログボックスが表示されます。

⑥保存先を選択します。

⑦《ファイル名》に「マクロの作成完成」と入力します。

⑧《ファイルの種類》が《Excelマクロ有効ブック》になっていることを確認します。

⑨《保存》をクリックします。

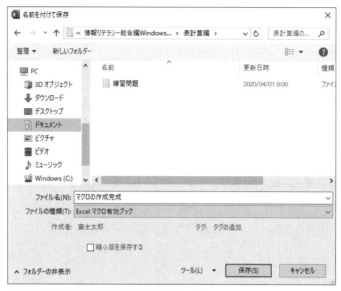

※《開発》タブを非表示にしておきましょう。
※ブックを閉じておきましょう。

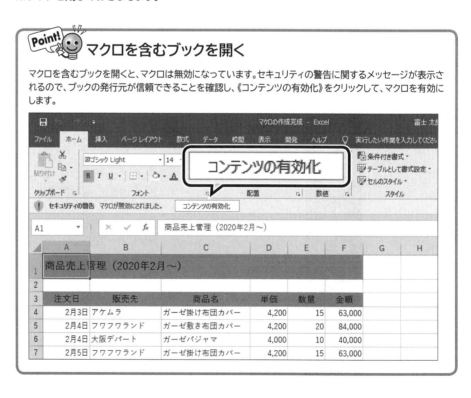

Point! マクロを含むブックを開く

マクロを含むブックを開くと、マクロは無効になっています。セキュリティの警告に関するメッセージが表示されるので、ブックの発行元が信頼できることを確認し、《コンテンツの有効化》をクリックして、マクロを有効にします。

ExcelのデータをWordに取り込もう

_1_ _Excelデータの貼り付け_

Excelの表をコピーして、Wordの文書に貼り付けることができます。
Excelのブック「販売実績および販売計画」のシート「上期販売実績」にある表を、
Wordの文書「Excelデータの利用」に貼り付けましょう。

フォルダー「表計算編」の文書「Excelデータの利用」を開いておきましょう。
フォルダー「表計算編」のブック「販売実績および販売計画」のシート「上期販売実績」を
開いておきましょう。

①Excelのウィンドウにシート「上期販売実績」が表示されていることを確認します。

②セル範囲【A3:H10】を選択します。

③《ホーム》タブ→《クリップボード》グループの 📋 (コピー) をクリックします。

④タスクバーのWordのアイコンをクリックし、Wordのウィンドウに切り替えます。

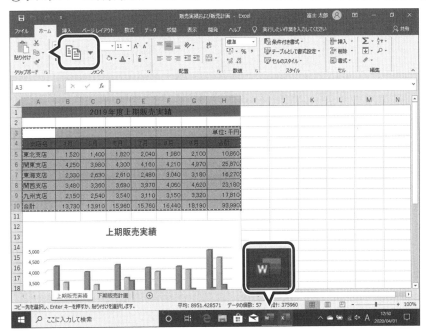

⑤「■上期販売実績」の下の行にカーソルを移動します。

⑥《ホーム》タブ→《クリップボード》グループの (貼り付け) の → 《貼り付け
のオプション》の 📋 (元の書式を保持) をクリックします。

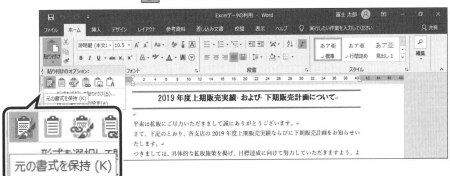

⑦Excelの表がWordの文書に貼り付けられます。

2019年度上期販売実績・および・下期販売計画について

平素は拡販にご尽力いただきまして誠にありがとうございます。

さて、下記のとおり、各支店の2019年度上期販売実績ならびに下期販売計画をお知らせいたします。

つきましては、具体的な拡販施策を掲げ、目標達成に向けて努力していただきますよう、よろしくお願いいたします。

記

■上期販売実績

単位:千円

支店名	4月	5月	6月	7月	8月	9月	合計
東北支店	1,520	1,400	1,820	2,040	1,980	2,100	10,860
関東支店	4,250	3,980	4,300	4,160	4,210	4,970	25,870
東海支店	2,330	2,630	2,610	2,480	3,040	3,180	16,270
関西支店	3,480	3,360	3,690	3,970	4,060	4,620	23,180
九州支店	2,150	2,540	3,540	3,110	3,150	3,320	17,810
合計	13,730	13,910	15,960	15,760	16,440	18,190	93,990

■下期販売計画

More Excelの表を貼り付ける

Excelの表をWordの文書に貼り付ける方法には、次のようなものがあります。

●Wordの表として貼り付ける

ボタン	ボタン名	説明
	元の書式を保持	Excelで設定した書式のまま、貼り付けます。 ※初期の設定では、（貼り付け）をクリックすると、この形式で貼り付けられます。
	貼り付け先のスタイルを使用	Wordの標準の表のスタイルで貼り付けます。

●Excelの表とリンクしたWordの表として貼り付ける

ボタン	ボタン名	説明
	リンク（元の書式を保持）	Excelで設定した書式のまま、Excelデータと連携された状態で貼り付けます。
	リンク（貼り付け先のスタイルを使用）	Wordの標準の表のスタイルで、Excelデータと連携された状態で貼り付けます。

●図として貼り付ける

ボタン	ボタン名	説明
	図	Excelで設定した書式のまま、図として貼り付けます。 ※図としての扱いになるため、入力されているデータの変更はできなくなります。

●文字だけを貼り付ける

ボタン	ボタン名	説明
	テキストのみ保持	Excelで設定した書式を削除し、文字だけを貼り付けます。 ※表の区切りは →（タブ）で表されます。

2 Excelデータのリンク貼り付け

Excelの表をWordの文書にコピーして貼り付けた場合、コピー元のデータと貼り付け先のデータはそれぞれ別のデータとなります。コピー元のExcelの表が修正されても、貼り付け先のWordの表にその修正が反映されることはありません。

コピー元のデータを修正した場合、貼り付け先のデータにもその修正が反映されるようにするには、「リンク貼り付け」を使います。

リンク貼り付けとは、あるファイルのデータ（コピー元）と別のファイル（貼り付け先）の2つの情報を関連付け、参照関係（リンク）を作ることです。

Excelのブック「販売実績および販売計画」のシート「下期販売計画」にある表を、Wordの文書「Excelデータの利用」にリンク貼り付けしましょう。

① タスクバーのExcelのアイコンをクリックし、Excelのウィンドウに切り替えます。

② シート「下期販売計画」のシート見出しをクリックします。

③ セル範囲【A3：H10】を選択します。

④ 《ホーム》タブ→《クリップボード》グループの ![copy] （コピー）をクリックします。

⑤ タスクバーのWordのアイコンをクリックし、Wordのウィンドウに切り替えます。

⑥ 「■下期販売計画」の下の行にカーソルを移動します。

⑦ 《ホーム》タブ→《クリップボード》グループの ![paste] （貼り付け）の ![paste] →《貼り付けのオプション》の ![link] （リンク（元の書式を保持））をクリックします。

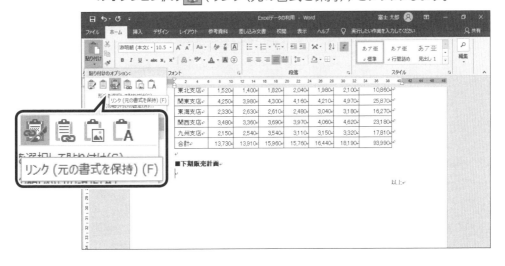

⑧Excelの表がWordの文書にリンク貼り付けされます。

※「■下期販売計画」とリンク貼り付けした表の間の空白行を削除しておきましょう。

More　図として貼り付け

Excelの表を図として貼り付けると、表の編集はできなくなりますが、枠をつけたり角度を変えたりして、デザイン効果を高めることができます。

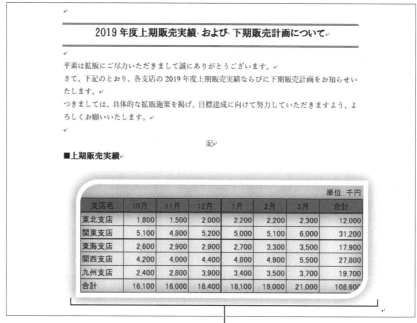

図として貼り付けた表に、図のスタイル「対角を丸めた四角形、白」を適用

3 リンクの更新

「下期販売計画」の東北支店の10月のデータを修正し、Wordの表にその修正が反映されることを確認しましょう。

①Wordの「下期販売計画」の「東北支店」の「10月」の数値が「1,700」であることを確認します。

②タスクバーのExcelのアイコンをクリックし、Excelのウィンドウに切り替えます。

③シート「下期販売計画」のセル【B5】に「1800」と入力します。

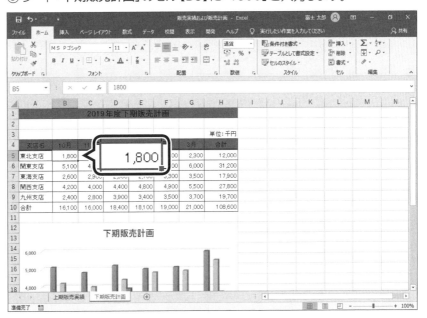

④タスクバーのWordのアイコンをクリックし、Wordのウィンドウに切り替えます。

⑤「下期販売計画」の表を右クリックします。

⑥《リンク先の更新》をクリックします。

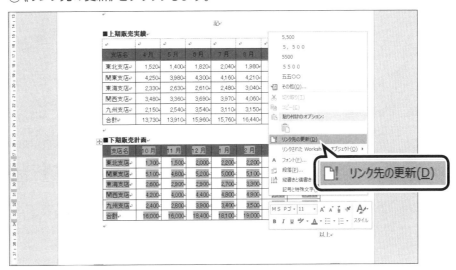

⑦リンクが更新され、修正した内容が反映されます。

※ブックを保存せずに、閉じておきましょう。
※文書に任意の名前を付けて保存し、文書を閉じておきましょう。

Point! リンクの更新

リンク貼り付けされた表やグラフのあるWord文書を開くと、次のようなメッセージが表示されます。リンク元
のファイルの修正を反映するかどうかを選択します。

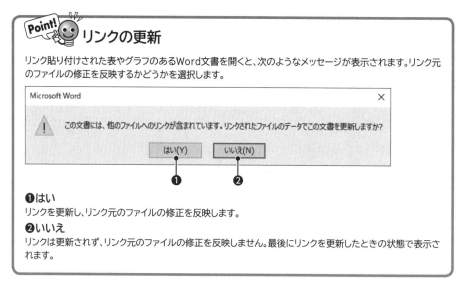

❶はい
リンクを更新し、リンク元のファイルの修正を反映します。
❷いいえ
リンクは更新されず、リンク元のファイルの修正を反映しません。最後にリンクを更新したときの状態で表示さ
れます。

More リンクの変更と解除

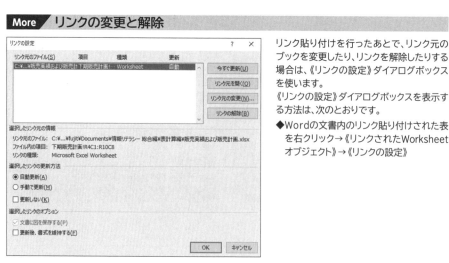

リンク貼り付けを行ったあとで、リンク元の
ブックを変更したり、リンクを解除したりする
場合は、《リンクの設定》ダイアログボックス
を使います。
《リンクの設定》ダイアログボックスを表示す
る方法は、次のとおりです。
◆Wordの文書内のリンク貼り付けされた表
　を右クリック→《リンクされたWorksheet
　オブジェクト》→《リンクの設定》

※代表的な関数を記載しています。
※[ ]は省略可能な引数を表します。

●日付/時刻の関数

関数名	書式	説明
TODAY	=TODAY()	現在の日付を表すシリアル値を返す。
DATE	=DATE(年,月,日)	指定した日付を表すシリアル値を返す。
NOW	=NOW()	現在の日付と時刻を表すシリアル値を返す。
TIME	=TIME(時,分,秒)	指定した時刻を表すシリアル値を返す。
WEEKDAY	=WEEKDAY(シリアル値,[種類])	シリアル値に対応する曜日を返す。 種類には返す値の種類を指定する。 種類の例 　1または省略：1（日曜）～7（土曜） 　2　　　　　：1（月曜）～7（日曜） 　3　　　　　：0（月曜）～6（日曜） 例=WEEKDAY(A3) 　セル【A3】の日付の曜日を1（日曜）～7（土曜）の値で返す。 　=WEEKDAY(TODAY(),2) 　今日の日付を1（月曜）～7（日曜）の値で返す。
YEAR	=YEAR(シリアル値)	シリアル値に対応する年（1900～9999）を返す。
MONTH	=MONTH(シリアル値)	シリアル値に対応する月（1～12）を返す。
DAY	=DAY(シリアル値)	シリアル値に対応する日（1～31）を返す。
HOUR	=HOUR(シリアル値)	シリアル値に対応する時刻（0～23）を返す。
MINUTE	=MINUTE(シリアル値)	シリアル値に対応する時刻の分（0～59）を返す。
SECOND	=SECOND(シリアル値)	シリアル値に対応する時刻の秒（0～59）を返す。
NETWORKDAYS	=NETWORKDAYS(開始日,終了日,[祭日])	開始日と終了日を指定し、その期間内の稼動日数（土日や祭日を除いた日数）を返す。
DAYS	=DAYS(終了日,開始日)	2つの日付の間の日数を返す。

Point! シリアル値

「シリアル値」とは、Excelで日付や時刻の計算に使用される値のことです。1900年1月1日をシリアル値の「1」として1日ごとに「1」が加算されます。
例えば、「2020年4月1日」は「1900年1月1日」から43922日目なので、シリアル値は「43922」になります。
表示形式を標準にすると、シリアル値を確認できます。

●数学/三角関数

関数名	書式	説明
CEILING.MATH	=CEILING.MATH(数値,[基準値],[モード])	数値を指定された基準値の倍数になるように切り上げる。 指定した数値が負の数値の場合、モードを省略または「0」を指定すると0に近い数値に切り上げ、0以外の数値を指定すると0から離れた数値に切り上げる。 例=CEILING.MATH(43,5) 　「43」を「5」の倍数で切り上げた数値を返す。（結果は「45」になる）
FLOOR.MATH	=FLOOR.MATH(数値,[基準値],[モード])	数値を指定された基準値の倍数になるように切り捨てる。 指定した数値が負の数値の場合、モードを省略または「0」を指定すると0から離れた数値に切り捨て、0以外の数値を指定すると0に近い数値に切り捨てる。 例=FLOOR.MATH(43,5) 　「43」を「5」の倍数で切り捨てた数値を返す。（結果は「40」になる）

関数名	書式	説明
PRODUCT	=PRODUCT(数値1,[数値2],…)	引数の積を返す。 例=PRODUCT(3,5,7) 「3」と「5」と「7」を掛けた数値を返す。(結果は「105」になる)
MOD	=MOD(数値,除数)	数値(割り算の分子となる数)を除数(割り算の分母となる数)で割った余りを返す。 例=MOD(5,2) 「5」を「2」で割った余りを返す。(結果は「1」になる)
RAND	=RAND()	0から1の間の乱数(それぞれが同じ確率で現れるランダムな数)を返す。
ROMAN	=ROMAN(数値,[書式])	数値をローマ数字を表す文字列に変換する。書式に0を指定または省略すると正式な形式、1～4を指定すると簡略化した形式になる。 例=ROMAN(6) 「6」をローマ数字「Ⅵ」に変換する。
ROUND	=ROUND(数値,桁数)	数値を四捨五入して指定された桁数にする。
ROUNDDOWN	=ROUNDDOWN(数値,桁数)	数値を指定された桁数で切り捨てる。
ROUNDUP	=ROUNDUP(数値,桁数)	数値を指定された桁数に切り上げる。
INT	=INT(数値)	数値の小数点以下を切り捨てて整数にする。
SUBTOTAL	=SUBTOTAL(集計方法,参照1,…)	指定した参照範囲の集計値を返す。集計方法は1～11または101～111の番号で指定し、番号により使用される関数が異なる。 集計方法の例 　1：AVERAGE 　4：MAX 　5：MIN 　9：SUM 例=SUBTOTAL(9,A5:A20) 　SUM関数を使用して、セル範囲【A5:A20】の集計を行う。セル範囲【A5:A20】にほかの集計(SUBTOTAL関数)が含まれる場合は、重複を防ぐために、無視される。
AGGREGATE	=AGGREGATE(集計方法,オプション,参照1,…)	指定した参照範囲の集計値を返す。集計方法は1～19の番号で指定し、番号により使用される関数が異なる。また、オプションとして非表示の行やエラー値など無視する値を0～7の番号で指定する。 集計方法の例 　1：AVERAGE 　4：MAX 　5：MIN 　9：SUM オプションの例 　5：非表示の行を無視する。 　6：エラー値を無視する。 　7：非表示の行とエラー値を無視する。 例=AGGREGATE(9,6,C5:C25) 　SUM関数を使用して、セル範囲【C5:C25】の集計を行う。セル範囲【C5:C25】にあるエラー値は無視される。
SUM	=SUM(数値1,[数値2],…)	引数の合計値を返す。
SUMIF	=SUMIF(範囲,検索条件,[合計範囲])	範囲内で検索条件に一致するセルの値を合計する。合計範囲を指定すると、範囲の検索条件を満たすセルに対応する合計範囲のセルが計算対象になる。 例=SUMIF(A3:A10,"りんご",B3:B10) 　セル範囲【A3:A10】で「りんご」のセルを検索し、セル範囲【B3:B10】で対応するセルの値を合計する。 　条件に合うのがセル【A3】とセル【A5】なら、セル【B3】とセル【B5】を合計する。
SUMIFS	=SUMIFS(合計対象範囲,条件範囲1,条件1,…)	範囲内で複数の検索条件に一致するセルの値を合計する。 例=SUMIFS(C3:C10,A3:A10,"りんご",B3:B10,"青森") 　セル範囲【A3:A10】から「りんご」、セル範囲【B3:B10】から「青森」のセルを検索し、両方に対応するセル範囲【C3:C10】の値を合計する。

●統計関数

関数名	書式	説明
AVERAGE	=AVERAGE（数値1,[数値2],···）	引数の平均値を返す。
AVERAGEIF	=AVERAGEIF（範囲,条件, [平均対象範囲]）	範囲内で条件に一致するセルの値を平均する。平均対象範囲を指定すると、範囲の条件を満たすセルに対応する平均対象範囲のセルが計算対象になる。 例=AVERAGEIF（A3：A10,"りんご",B3：B10） 　セル範囲【A3：A10】で「りんご」を検索し、セル範囲【B3：B10】で対応するセル範囲の値を平均する。 　条件に合うのがセル【A3】とセル【A5】なら、セル【B3】とセル【B5】を平均する。
AVERAGEIFS	=AVERAGEIFS（平均対象範囲, 条件範囲1,条件1,···）	範囲内で複数の条件に一致するセルの値を平均する。 例=AVERAGEIFS（C3：C10,A3：A10,"りんご",B3：B10,"青森"） 　セル範囲【A3：A10】から「りんご」、セル範囲【B3：B10】から「青森」のセルを検索し、両方に対応するセル範囲【C3：C10】の値を平均する。
COUNT	=COUNT（値1,[値2],···）	引数に含まれる数値の個数を返す。
COUNTA	=COUNTA（値1,[値2],···）	引数に含まれる空白でないセルの個数を返す。
COUNTBLANK	=COUNTBLANK（範囲）	範囲に含まれる空白セルの個数を返す。
COUNTIF	=COUNTIF（範囲,検索条件）	範囲内で検索条件に一致するセルの個数を返す。 例=COUNTIF（A5：A20,"東京"） 　セル範囲【A5：A20】で「東京」と入力されているセルの個数を返す。 　=COUNTIF（A5：A20,"<20"） 　セル範囲【A5：A20】で20より小さい値が入力されているセルの個数を返す。
COUNTIFS	=COUNTIFS（検索条件範囲1, 検索条件1,···）	範囲内で複数の検索条件に一致するセルの個数を返す。 例=COUNTIFS（A3：A10,"東京",B3：B10,"日帰り"） 　セル範囲【A3：A10】から「東京」、セル範囲【B3：B10】から「日帰り」を検索し、「東京」かつ「日帰り」のセルの個数を返す。
FREQUENCY	=FREQUENCY（データ配列, 区間配列）	データの頻度分布を縦方向の配列として返す。 FREQUENCY関数を入力する場合、あらかじめ頻度分布を表示するセル範囲を選択してから関数を入力し、[Ctrl]+[Shift]を押しながら[Enter]を押す。 FREQUENCY関数は配列数式のため、数式全体が「{ }」で囲まれる。
LARGE	=LARGE（配列,順位）	範囲内で、指定した順位にあたる値を返す。順位は大きい順（降順）で数えられる。 例=LARGE（A1：A10,2） 　セル範囲【A1：A10】で2番目に大きい値を返す。
SMALL	=SMALL（配列,順位）	範囲内で、指定した順位にあたる値を返す。順位は小さい順（昇順）で数えられる。 例=SMALL（A1：A10,3） 　セル範囲【A1：A10】で3番目に小さい値を返す。
MAX	=MAX（数値1,[数値2],···）	引数の最大値を返す。
MAXIFS	=MAXIFS（最大範囲,条件範囲1, 条件1,[条件範囲2,条件2],···）	複数の条件に一致するセルの最大値を返す。
MEDIAN	=MEDIAN（数値1,[数値2],···）	引数の中央値を返す。
MIN	=MIN（数値1,[数値2],···）	引数の最小値を返す。
MINIFS	=MINIFS（最小範囲,条件範囲1,条件1, [条件範囲2,条件2],···）	複数の条件に一致するセルの最小値を返す。
RANK.EQ	=RANK.EQ（数値,参照,[順序]）	参照範囲内で指定した数値の順位を返す。順序には、降順であれば0または省略、昇順であれば0以外の数値を指定する。同じ順位の数値が複数ある場合、最上位の順位を返す。 例=RANK.EQ（A2,A1：A10） 　セル範囲【A1：A10】の中でセル【A2】の値が何番目に大きいかを返す。範囲内にセル【A2】と同じ数値がある場合、最上位の順位を返す。
RANK.AVG	=RANK.AVG（数値,参照,[順序]）	参照範囲内で指定した数値の順位を返す。順序には、降順であれば0または省略、昇順であれば0以外の数値を指定する。同じ順位の数値が複数ある場合、順位の平均値を返す。 例=RANK.AVG（A2,A1：A10） 　セル範囲【A1：A10】の中でセル【A2】の値が何番目に大きいかを返す。範囲内にセル【A2】と同じ数値がある場合、順位の平均値を返す。 　（セル【A2】とセル【A7】が同じ数値で、並べ替えたときに順位が「2」「3」となる場合、順位の「2」と「3」を平均して、「2.5」を返す。）

●財務関数

関数名	書式	説明
FV	=FV(利率,期間,定期支払額, [現在価値],[支払期日])	貯金した場合の満期後の受取金額を返す。利率と期間は、時間的な単位を一致させる。 例=FV(5%/12,24,-5000) 　　毎月5,000円を年利5%で2年間(24回)定期的に積立貯金した場合の受取金額を返す。
PMT	=PMT(利率,期間,現在価値, [将来価値],[支払期日])	借り入れをした場合の定期的な返済金額を返す。利率と期間は、時間的な単位を一致させる。 例=PMT(9%/12,12,100000) 　　100,000円を年利9%の1年(12回)ローンで借り入れた場合の毎月の返済金額を返す。

●検索/行列関数

関数名	書式	説明
ADDRESS	=ADDRESS(行番号,列番号, [参照の種類],[参照形式], [シート名])	行番号と列番号で指定したセル参照を文字列で返す。参照の種類を省略すると絶対参照の形式になる。参照形式でTRUEを指定または省略するとA1形式で、FALSEを指定するとR1C1形式でセル参照を返す。シート名を指定するとシート参照も返す。 参照の型 　1または省略　:絶対参照 　2　　　　　　　:行は絶対参照、列は相対参照 　3　　　　　　　:行は相対参照、列は絶対参照 　4　　　　　　　:相対参照 例=ADDRESS(1,5) 　　絶対参照で1行5列目のセル参照を返す。(結果は「$E$1」になる)
CHOOSE	=CHOOSE(インデックス,値1, [値2],…)	値のリストからインデックスに指定した番号に該当する値を返す。 例=CHOOSE(3,"日","月","火","水","木","金","土") 　　「日」～「土」のリストの3番目を返す。(結果は「火」になる)
COLUMN	=COLUMN([参照])	参照範囲の列番号を返す。 参照範囲を省略すると、関数が入力されているセルの列番号を返す。
ROW	=ROW([参照])	参照範囲の行番号を返す。 参照範囲を省略すると、関数が入力されているセルの行番号を返す。
HLOOKUP	=HLOOKUP(検索値,範囲,行番号, [検索方法])	範囲の先頭行を検索値で検索し、一致した列の範囲上端から指定した行番号目のデータを返す。検索方法でTRUEを指定または省略すると検索値が見つからない場合に、検索値未満で最も大きい値を一致する値とし、FALSEを指定すると完全に一致する値だけを検索する。検索方法がTRUEまたは省略の場合は、範囲の先頭行は昇順に並んでいる必要がある。 例=HLOOKUP("名前",A3:G10,3,FALSE) 　　セル範囲【A3:G10】の先頭行から「名前」を検索し、一致した列の3番目の行の値を返す。
VLOOKUP	=VLOOKUP(検索値,範囲,列番号, [検索方法])	範囲の先頭列を検索値で検索し、一致した行の範囲の左端から指定した列番号目のデータを返す。検索方法でTRUEを指定または省略すると検索値が見つからない場合に、検索値未満で最も大きい値を一致する値とし、FALSEを指定すると完全に一致する値だけを検索する。検索方法がTRUEまたは省略の場合は、範囲の先頭列は昇順に並んでいる必要がある。 例=VLOOKUP("部署",A3:G10,5,FALSE) 　　セル範囲【A3:G10】の先頭列から「部署」を検索し、一致した行の5番目の列の値を返す。
LOOKUP	=LOOKUP(検査値,検査範囲, [対応範囲])	検査範囲(1行または1列で構成されるセル範囲)から検査値を検索し、一致したセルの次の行または列の同じ位置にあるセルの値を返す。対応範囲を指定した場合、対応範囲の同じ位置にあるセルの値を返す。 例=LOOKUP("田中",A5:A20,B5:B20) 　　セル範囲【A5:A20】で「田中」を検索し、同じ行にある列【B】の値を返す。(セル【A7】が「田中」だった場合、セル【B7】の値を返す)

関数名	書式	説明
HYPERLINK	=HYPERLINK（リンク先,［別名］）	リンク先にジャンプするショートカットを作成する。別名を省略するとリンク先がセルに表示される。 例=HYPERLINK（"https：//www.fom.fujitsu.com/goods/","FOM出版テキストのご案内"） 　セルには「FOM出版テキストのご案内」と表示され、クリックすると指定したURLのWebページが表示される。
INDIRECT	=INDIRECT（参照文字列,［参照形式］）	参照文字列に入力されている参照セルの参照値を返す。参照形式でTRUEを指定または省略するとA1形式で、FALSEを指定するとR1C1形式でセル参照を返す。 例=INDIRECT（B5） 　セル【B5】の参照セルが「C10」、セル【C10】の値が「ABC」だった場合、セル【C10】の値「ABC」を返す。
INDEX	=INDEX（参照,行番号,［列番号］,［領域番号］）	指定した範囲の行と列の交点にあるデータを返す。 例=INDEX（A1：C3,2,2） 　セル範囲【A1：C3】の中で2行目と2列目が交差するセル【B2】の値を返す。
MATCH	=MATCH（検査値,検査範囲,［照合の種類］）	検査範囲を検査値で検索し、一致するセルの相対位置を返す。照合の種類で1を指定または省略すると、検査値以下の最大の値を検索し、0を指定すると、検査値と一致する値だけを検索し、-1を指定すると検査値以上の最小の値が検索される。1の場合は昇順に、-1の場合は降順に並べ替えておく必要がある。 例=MATCH（"みかん",C3：C10,0） 　セル範囲【C3：C10】で「みかん」を検索し、一致したセルが何番目かを返す。（一致するセルがセル【C5】なら結果は「3」になる）
OFFSET	=OFFSET（参照,行数,列数,［高さ］,［幅］）	参照で指定したセルから指定した行数と列数分を移動した位置にあるセルを参照する。高さと幅を指定すると、指定した高さ（行数）、幅（列数）のセル範囲を参照する。 例=OFFSET（A1,3,5） 　セル【A1】から3行5列移動したセル【F4】を参照する。

Point! 参照形式

セル参照をA1のようにA列の1行目と指定する方式を「A1形式」といい、行・列の両方に番号を指定する形式を「R1C1形式」といいます。R1C1形式では、Rに続けて行番号を、Cに続けて列番号を指定します。

●文字列操作関数

関数名	書式	説明
ASC	=ASC（文字列）	文字列の全角英数カナ文字を半角の文字に変換する。
JIS	=JIS（文字列）	文字列の半角英数カナ文字を全角の文字に変換する。
CHAR	=CHAR（数値）	文字コード番号に対応する文字を表示する。 文字コード番号の例 　10：改行 　33：! 　65：A
CONCAT	=CONCAT（テキスト1,…）	複数の文字列を結合して返す。 例=CONCAT（"〒",A3," ",B3,C3） 　セル【A3】：「105-0022」 　セル【B3】：「東京都港区」 　セル【C3】：「海岸X-XX-XX」 　の場合、「〒105-0022 東京都港区海岸X-XX-XX」を返す。
YEN	=YEN（数値,［桁数］）	数値を指定された桁数で四捨五入し、通貨書式¥を設定した文字列にする。桁数を省略すると、0を指定したものとして計算される。
DOLLAR	=DOLLAR（数値,［桁数］）	数値を指定された桁数で四捨五入し、通貨書式$を設定した文字列にする。桁数を省略すると、2を指定したものとして計算される。
EXACT	=EXACT（文字列1,文字列2）	2つの文字列を比較し、同じならTRUEを、異なればFALSEを返す。英語の大文字小文字は区別され、書式の違いは無視される。

関数名	書式	説明
FIND	=FIND（検索文字列,対象,[開始位置]）	対象から検索文字列を検索し、検索文字列が最初に現れる位置が先頭から何番目かを返す。英字の大文字小文字は区別される。検索文字列にワイルドカード文字を使えない。開始位置で、対象の何文字目以降から検索するかを指定でき、省略すると1文字目から検索される。
SEARCH	=SEARCH（検索文字列,対象,[開始位置]）	対象から検索文字列を検索し、検索文字列が最初に現れる位置が先頭から何番目かを返す。英字の大文字小文字は区別されない。検索文字列にワイルドカード文字を使える。開始位置で、対象の何文字目以降から検索するかを指定でき、省略すると1文字目から検索される。
LEN	=LEN（文字列）	文字列の文字数を返す。全角半角に関係なく1文字を1と数える。
LEFT	=LEFT（文字列,[文字数]）	文字列の先頭から指定された数の文字を返す。文字数を省略すると1文字を返す。
RIGHT	=RIGHT（文字列,[文字数]）	文字列の末尾から指定された数の文字を返す。文字数を省略すると1文字を返す。
MID	=MID（文字列,開始位置,文字数）	文字列の指定した開始位置から指定された数の文字を返す。開始位置には取り出す文字の位置を指定する。
LOWER	=LOWER（文字列）	文字列の中のすべての英字を小文字に変換する。
UPPER	=UPPER（文字列）	文字列の中のすべての英字を大文字に変換する。
PROPER	=PROPER（文字列）	文字列の英単語の先頭を大文字に、2文字目以降を小文字に変換する。
REPT	=REPT（文字列,繰り返し回数）	文字列を指定した回数繰り返して表示する。
REPLACE	=REPLACE（文字列,開始位置,文字数,置換文字列）	文字列の指定した開始位置から指定された数の文字を置換文字列に置き換える。
SUBSTITUTE	=SUBSTITUTE（文字列,検索文字列,置換文字列,[置換対象]）	文字列中の検索文字列を置換文字列に置き換える。置換対象で、文字列に含まれる検索文字列の何番目を置き換えるかを指定する。省略するとすべてを置き換える。
TEXT	=TEXT（値,表示形式）	数値に表示形式の書式を設定し、文字列として返す。 例=TEXT（B2,"￥#,##0"） 　セル【B2】の値を3桁区切りカンマと￥記号を含む文字列にする。
TRIM	=TRIM（文字列）	文字列に空白が連続して含まれている場合、単語間の空白はひとつずつ残して不要な空白を削除する。
VALUE	=VALUE（文字列）	数値や日付、時刻を表す文字列を数値に変換する。

Point! ワイルドカード文字

検索条件を指定する場合、ワイルドカード文字を使って条件を指定すると、部分的に等しい文字列を検索できます。フィルターの条件にも指定できます。

ワイルドカード文字	検索対象		例
？（疑問符）	任意の1文字	み？ん	「みかん」「みりん」は検索されるが、「みんかん」は検索されない。
＊（アスタリスク）	任意の数の文字	東京都＊	「東京都」の後ろに何文字続いても検索される。
～（チルダ）	ワイルドカード文字「？」（疑問符）、「＊」（アスタリスク）、「～」（チルダ）	～＊	「＊」が検索される。

●データベース関数

関数名	書式	説明
DAVERAGE	=DAVERAGE（データベース,フィールド,条件）	データベースを条件で検索し、条件に一致したレコードの指定したフィールドのセルの平均値を返す。フィールドには、列見出しまたは何番目の列かを指定する。
DCOUNT	=DCOUNT（データベース,フィールド,条件）	データベースを条件で検索し、条件に一致したレコードの指定したフィールドのセルのうち、数値が入力されているセルの個数を返す。フィールドには、列見出しまたは何番目の列かを指定する。
DCOUNTA	=DCOUNTA（データベース,フィールド,条件）	データベースを条件で検索し、条件に一致したレコードの指定したフィールドのセルのうち、空白でないセルの個数を返す。フィールドには、列見出しまたは何番目の列かを指定する。

関数名	書式	説明
DMAX	=DMAX（データベース,フィールド,条件）	データベースを条件で検索し、条件に一致したレコードの指定したフィールドのセルの最大値を返す。フィールドには、列見出しまたは何番目の列かを指定する。
DMIN	=DMIN（データベース,フィールド,条件）	データベースを条件で検索し、条件に一致したレコードの指定したフィールドのセルの最小値を返す。フィールドには、列見出しまたは何番目の列かを指定する。
DSUM	=DSUM（データベース,フィールド,条件）	データベースを条件で検索し、条件に一致したレコードの指定したフィールドのセルの合計値を返す。フィールドには、列見出しまたは何番目の列かを指定する。

●論理関数

関数名	書式	説明
IF	=IF（論理式,[値が真の場合],[値が偽の場合]）	論理式の値に応じて、真の場合・偽の場合の値を返す。 例=IF（A3=30,"人間ドック","健康診断"） 　　セル【A3】が「30」と等しければ「人間ドック」、等しくなければ「健康診断」という結果になる。
IFS	=IFS（論理式1,値が真の場合1,[論理式2,値が真の場合2],・・・,TRUE,当てはまらなかった場合）	複数の条件を順番に判断し、条件に応じて異なる結果を返す。
IFERROR	=IFERROR（値,エラーの場合の値）	値で指定した数式の結果がエラーの場合は、エラーの場合の値を返す。 例=IFERROR（10/0,"エラーです"） 　　10÷0の結果はエラーになるため、「エラーです」という結果になる。
IFNA	=IFNA（値, NAの場合の値）	数式がエラー（＃N/A）の場合は指定の値を返し、エラー（＃N/A）でない場合は数式の結果を返す。
AND	=AND（論理式1,[論理式2],・・・）	すべての論理式がTRUEの場合、TRUEを返す。
OR	=OR（論理式1,[論理式2],・・・）	論理式にひとつでもTRUEがあれば、TRUEを返す。
NOT	=NOT（論理式）	論理式がTRUEの場合はFALSEを、FALSEの場合はTRUEを返す。
FALSE	=FALSE（）	FALSEを返す。
TRUE	=TRUE（）	TRUEを返す。
SWITCH	=SWITCH（検索値,値1,結果1,[値2,結果2],・・・,既定の結果）	複数の値を検索し、一致した値に対応する結果を返す。

●情報関数

関数名	書式	説明
ISBLANK	=ISBLANK（テストの対象）	テストの対象（セル）が空白セルの場合、TRUEを返す。
ISERR	=ISERR（テストの対象）	テストの対象（セル）が＃N/A以外のエラー値の場合、TRUEを返す。
ISERROR	=ISERROR（テストの対象）	テストの対象（セル）がエラー値の場合、TRUEを返す。
ISNA	=ISNA（テストの対象）	テストの対象（セル）が＃N/Aのエラー値の場合、TRUEを返す。
ISTEXT	=ISTEXT（テストの対象）	テストの対象（セル）が文字列の場合、TRUEを返す。
ISNONTEXT	=ISNONTEXT（テストの対象）	テストの対象（セル）が文字列以外の場合、TRUEを返す。
ISNUMBER	=ISNUMBER（テストの対象）	テストの対象（セル）が数値の場合、TRUEを返す。
PHONETIC	=PHONETIC（参照）	参照範囲のふりがなの文字列を取り出して返す。
TYPE	=TYPE（値）	値のデータ型を返す。 データ型の例 　　数値　　：1 　　テキスト：2 　　論理値　：4
ERROR.TYPE	=ERROR.TYPE（エラー値）	エラー値に対応するエラー値の種類を数値で返す。エラーがない場合は、＃N/Aを返す。 エラー値の例 　　#NULL!　：1 　　#NAME?　：5 　　#N/A　　：7

練習問題 1

次のようなブックを作成しましょう。
※設定する項目名が一覧にない場合は、任意の項目を選択してください。

フォルダー「表計算編」のフォルダー「練習問題」のブック「練習問題1」のシート「世界の
年間気温」を開いておきましょう。

●シート「世界の年間気温」

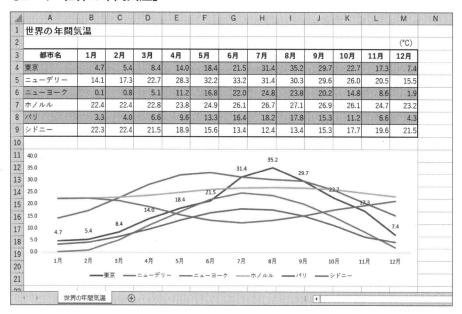

①セル範囲【B3：M3】に「1月」から「12月」までのデータを入力しましょう。

②表全体に格子の罫線を引きましょう。

③表の周囲に太い罫線を引きましょう。

④セル範囲【A3：M3】の項目名に、次のような書式を設定しましょう。

> **太字**
> 中央揃え

⑤完成図を参考に、表内を1行おきに「白、背景1、黒＋基本色15％」で塗りつぶしま
しょう。

⑥セル範囲【B4：M9】の数値がすべて小数点第1位まで表示されるように表示形
式を設定しましょう。

 小数点以下の表示桁数がそろっていないデータの場合は、《セルの書式設
定》ダイアログボックスの《表示形式》タブで設定すると効率的です。

⑦ 表のデータをもとに、年間気温の変化を表す2-D折れ線グラフを作成しましょう。

⑧ 作成したグラフをセル範囲【A11：M21】に配置しましょう。

⑨ グラフにレイアウト「**レイアウト4**」を適用しましょう。

⑩ 「東京」のデータ系列の上に、データラベルを表示しましょう。

> 💡**Hint** 《デザイン》タブ→《グラフのレイアウト》グループの 📊 (グラフ要素を追加)を使います。

⑪ シート「世界の年間気温」の余白を「広い」に変更し、A4用紙の横方向に印刷されるようにページを設定しましょう。

> 💡**Hint** 《ページレイアウト》タブ→《ページ設定》グループを使います。

⑫ シート「世界の年間気温」の印刷イメージを確認し、印刷を実行しましょう。

※ブックに任意の名前を付けて保存し、ブックを閉じておきましょう。

練習問題 2

次のようなブックを作成しましょう。
※設定する項目名が一覧にない場合は、任意の項目を選択してください。

フォルダー「表計算編」のフォルダー「練習問題」のブック「練習問題2」のシート「Sheet1」
を開いておきましょう。

●シート「東京会場」

	A	B	C	D	E	F	G
1	サマーフェスタ・アンケート集計結果						
2	東京会場						
3							
4	年代	満足	まあ満足	やや不満	不満	合計	
5	20～29歳	1,830	2,684	741	454	5,709	
6	30～39歳	1,603	2,486	1,202	891	6,182	
7	40～49歳	1,268	2,360	1,368	1,054	6,050	
8	50～59歳	1,115	2,331	1,486	1,124	6,056	
9	60歳以上	1,429	2,548	1,028	575	5,580	
10	合計	7,245	12,409	5,825	4,098	29,577	
11							
12							

東京会場 | 大阪会場 | 福岡会場 | 札幌会場 | 全会場 | ⊕

●シート「大阪会場」

	A	B	C	D	E	F	G
1	サマーフェスタ・アンケート集計結果						
2	大阪会場						
3							
4	年代	満足	まあ満足	やや不満	不満	合計	
5	20～29歳	986	1,985	1,489	986	5,446	
6	30～39歳	1,168	2,286	1,202	791	5,447	
7	40～49歳	1,486	2,456	986	549	5,477	
8	50～59歳	1,560	2,561	896	465	5,482	
9	60歳以上	2,056	2,345	796	485	5,682	
10	合計	7,256	11,633	5,369	3,276	27,534	
11							
12							

東京会場 | 大阪会場 | 福岡会場 | 札幌会場 | 全会場 | ⊕

●シート「福岡会場」

	A	B	C	D	E	F	G
1	サマーフェスタ・アンケート集計結果						
2	福岡会場						
3							
4	年代	満足	まあ満足	やや不満	不満	合計	
5	20～29歳	1,603	2,797	915	401	5,716	
6	30～39歳	2,241	2,786	564	216	5,807	
7	40～49歳	1,922	2,792	740	309	5,763	
8	50～59歳	1,258	1,872	684	120	3,934	
9	60歳以上	978	1,482	578	99	3,137	
10	合計	8,002	11,729	3,481	1,145	24,357	
11							
12							

東京会場 | 大阪会場 | 福岡会場 | 札幌会場 | 全会場 | ⊕

●シート「札幌会場」

	A	B	C	D	E	F	G
1	サマーフェスタ・アンケート集計結果						
2	札幌会場						
3							
4	年代	満足	まあ満足	やや不満	不満	合計	
5	20～29歳	1,408	2,335	1,115	720	5,578	
6	30～39歳	1,386	2,285	1,202	841	5,714	
7	40～49歳	1,377	2,313	1,177	802	5,669	
8	50～59歳	1,338	2,513	1,191	795	5,837	
9	60歳以上	1,743	2,447	912	530	5,632	
10	合計	7,252	11,893	5,597	3,688	28,430	
11							
12							

東京会場　大阪会場　福岡会場　札幌会場　全会場

●シート「全会場」

	A	B	C	D	E	F	G
1	サマーフェスタ・アンケート集計結果						
2	全会場						
3							
4	年代	満足	まあ満足	やや不満	不満	合計	年代別構成比率
5	20～29歳	5,827	9,801	4,260	2,561	22,449	20.4%
6	30～39歳	6,398	9,843	4,170	2,739	23,150	21.1%
7	40～49歳	6,053	9,921	4,271	2,714	22,959	20.9%
8	50～59歳	5,271	9,277	4,257	2,504	21,309	19.4%
9	60歳以上	6,206	8,822	3,314	1,689	20,031	18.2%
10	合計	29,755	47,664	20,272	12,207	109,898	100.0%
11	満足度別構成比率	27.1%	43.4%	18.4%	11.1%	100.0%	
12							

東京会場　大阪会場　福岡会場　札幌会場　全会場

① シート名を次のように変更しましょう。

変更前のシート名	変更後のシート名
Sheet1	東京会場
Sheet2	大阪会場
Sheet3	福岡会場
Sheet4	札幌会場
Sheet5	全会場

② シート「全会場」のセル【B5】に、シート「東京会場」「大阪会場」「福岡会場」「札幌会場」のセル【B5】の合計を求めましょう。
次に、シート「全会場」のセル【B5】の数式をセル範囲【B6：B9】とセル範囲【C5：E9】にコピーしましょう。

③ シート「東京会場」「大阪会場」「福岡会場」「札幌会場」「全会場」をグループに設定しましょう。

④グループとして設定した5枚のシートに、次の操作を一括して行いましょう。

> ・セル【A1】のフォントサイズを「18」ポイントに設定する
> ・セル範囲【B10：E10】とセル範囲【F5：F10】に合計を求める数式を入力する

 Hint 合計する数値が入力されているセル範囲と、計算結果を表示する空白セルを同時に選択し、Σ（合計）をクリックすると、空白セルに合計を求めることができます。

⑤グループを解除しましょう。

⑥完成図を参考に、シート「全会場」のG列の列幅を広くしましょう。

⑦シート「全会場」のセル【A11】の文字列を縮小して全体を表示しましょう。

⑧シート「全会場」のセル【B11】に、「満足」の「構成比率」を求める数式を入力しましょう。
　次に、セル【B11】の数式を、セル範囲【C11：F11】にコピーしましょう。

 Hint 「構成比率」は「各満足度の人数合計÷全体の人数合計」で求めます。

⑨シート「全会場」のセル【G5】に、「20～29歳」の「構成比率」を求める数式を入力しましょう。
　次に、セル【G5】の数式を、セル範囲【G6：G10】にコピーしましょう。

 Hint 「構成比率」は「各年代の人数合計÷全体の人数合計」で求めます。

⑩セル範囲【B11：F11】とセル範囲【G5：G10】を小数点第1位までのパーセントで表示しましょう。

 Hint 《ホーム》タブ→《数値》グループの %（パーセントスタイル）を使います。

⑪完成図を参考に、シート「全会場」のセル【G11】に斜線を引きましょう。

 Hint 《ホーム》タブ→《フォント》グループの（フォントの設定）→《罫線》タブで設定します。

※ブックに任意の名前を付けて保存し、ブックを閉じておきましょう。

練習問題 3

次のようなブックを作成しましょう。
※設定する項目名が一覧にない場合は、任意の項目を選択してください。

 フォルダー「表計算編」のフォルダー「練習問題」のブック「練習問題3」のシート「会員名簿」を開いておきましょう。

●シート「会員名簿」

	A	B	C	D	E	F	G	H	I	J	K	L
1	会員名簿											
2	会員総数	30										
3	DM発送人数	6										
4												
5	会員番号	名前	フリガナ	郵便番号	住所	電話番号	会員種別	生年月日	誕生月	獲得ポイント数	DM発送	
6	10001	浜口ふみ	ハマグチフミ	105-0022	東京都港区海岸1-5-X	03-5401-XXXX	一般	1980/8/11	8	1592		
7	10002	大原友香	オオハラトモカ	222-0022	神奈川県横浜市港北区篠原東1-8-X	045-331-XXXX	一般	1990/3/21	3	3452		
8	10003	住吉奈々	スミヨシナナ	220-0011	神奈川県横浜市西区高島2-16-X	045-535-XXXX	ゴールド	1968/3/3	3	1290		
9	10004	紀藤江里	キトウエリ	160-0004	東京都新宿区四谷3-4-X	03-3355-XXXX	一般	1983/10/2	10	3610	○	
10	10005	斉藤賢治	サイトウケンジ	101-0021	東京都千代田区外神田8-9-X	03-3425-XXXX	一般	1983/6/17	6	9719		
11	10006	富田優	トミタユウ	241-0835	神奈川県横浜市旭区柏町1-4-X	045-821-XXXX	一般	1988/1/25	1	8129		
12	10007	大木紗枝	オオキサエ	231-0868	神奈川県横浜市中区石川町6-4-X	045-213-XXXX	一般	1993/7/15	7	891		
13	10008	影山真子	カゲヤママコ	231-0028	神奈川県横浜市中区翁町1-2-X	045-355-XXXX	一般	1985/10/6	10	2521	○	
14	10009	保井忍	ヤスイシノブ	150-0012	東京都渋谷区広尾5-14-X	03-5563-XXXX	一般	1989/1/3	1	4001		
15	10010	吉岡まり	ヨシオカマリ	251-0015	神奈川県藤沢市川名1-5-X	0466-33-XXXX	一般	1978/2/27	2	278		
16	10011	桜田美弥	サクラダミヤ	249-0006	神奈川県逗子市逗子5-4-X	046-866-XXXX	プラチナ	1988/12/25	12	6710		
17	10012	北村博久	キタムラヒロヒサ	107-0062	東京都港区南青山2-4-X	03-5487-XXXX	一般	1994/7/10	7	6729		
18	10013	田嶋あかね	タジマアカネ	106-0045	東京都港区麻布十番3-3-X	03-5644-XXXX	一般	1996/5/12	5	125		
19	10014	佐々木京香	ササキキョウカ	223-0061	神奈川県横浜市港北区日吉1-8-X	045-232-XXXX	一般	1986/11/5	11	3802		
20	10015	黒田英華	クロダヒデカ	113-0031	東京都文京区根津2-5-X	03-3443-XXXX	ゴールド	1968/2/8	2	3461		
21	10016	田中浩二	タナカコウジ	100-0004	東京都千代田区大手町3-1-X	03-3351-XXXX	一般	1975/10/30	10	5192	○	
22	10017	髙木沙耶香	タカギサヤカ	220-0012	神奈川県横浜市西区みなとみらい2-1-X	045-544-XXXX	ゴールド	1989/12/3	12	11129		
23	10018	遠藤正晴	エンドウマサハル	160-0023	東京都新宿区西新宿2-5-X	03-5635-XXXX	一般	1984/10/5	10	8670		
24	10019	菊池倫子	キクチトモコ	231-0062	神奈川県横浜市中区桜木町1-4-X	045-254-XXXX	プラチナ	1990/2/3	2	12501		
25	10020	前原美智子	マエハラミチコ	230-0051	神奈川県横浜市鶴見区鶴見中央5-1-X	045-443-XXXX	一般	19753/9/7	9	1082		
26	10021	吉田成俊	ヨシダナルトシ	236-0042	神奈川県横浜市金沢区釜利谷東2-2-X	045-983-XXXX	一般	1990/12/5	12	3017		
27	10022	赤井義男	アカイヨシオ	150-0013	東京都渋谷区恵比寿4-6-X	03-3554-XXXX	一般	1986/6/1	6	6890		
28	10023	野村博信	ノムラヒロノブ	249-0007	神奈川県逗子市新宿3-4-X	046-861-XXXX	プラチナ	1997/4/17	4	6678		
29	10024	沖野隆	オキノタカシ	100-0005	東京都千代田区丸の内6-2-X	03-3311-XXXX	一般	1988/10/26	10	4392	○	
30	10025	星乃恭子	ホシノキョウコ	166-0004	東京都杉並区阿佐谷南2-6-X	03-3312-XXXX	ゴールド	1988/7/30	7	2390		
31	10026	花田亜希子	ハナダアキコ	101-0047	東京都千代田区内神田4-3-X	03-3425-XXXX	一般	1967/9/8	9	6784		
32	10027	近藤正人	コンドウマサト	231-0023	神奈川県横浜市中区山下町2-5-X	045-832-XXXX	一般	1973/8/1	8	4210		
33	10028	西村玲子	ニシムラレイコ	236-0028	神奈川県横浜市金沢区洲崎町3-4-X	045-772-XXXX	一般	1988/12/6	12	3790		
34	10029	河野愛美	コウノメグミ	251-0047	神奈川県藤沢市辻堂1-3-X	0466-45-XXXX	ゴールド	1985/10/6	10	4819	○	
35	10030	白石一成	シライシカズナリ	105-0011	東京都港区芝公園1-1-X	03-3455-XXXX	一般	1985/9/10	9	4201		
36												

●シート「特別会員」

	A	B	C	D	E	F	G	H	I	J	K	L
1	特別会員											
2												
3	会員番号	名前	フリガナ	郵便番号	住所	電話番号	会員種別	生年月日	誕生月	獲得ポイント数	DM発送	
4	10001	浜口ふみ	ハマグチフミ	105-0022	東京都港区海岸1-5-X	03-5401-XXXX	ゴールド	1980/8/11	8	1592		
5	10003	住吉奈々	スミヨシナナ	220-0011	神奈川県横浜市西区高島2-16-X	045-535-XXXX	ゴールド	1968/3/3	3	1290		
6	10011	桜田美弥	サクラダミヤ	249-0006	神奈川県逗子市逗子5-4-X	046-866-XXXX	プラチナ	1988/12/25	12	6710		
7	10015	黒田英華	クロダヒデカ	113-0031	東京都文京区根津2-5-X	03-3443-XXXX	ゴールド	1968/2/8	2	3461		
8	10017	髙木沙耶香	タカギサヤカ	220-0012	神奈川県横浜市西区みなとみらい2-1-X	045-544-XXXX	ゴールド	1989/12/3	12	11129		
9	10019	菊池倫子	キクチトモコ	231-0062	神奈川県横浜市中区桜木町1-4-X	045-254-XXXX	プラチナ	1990/2/3	2	12501		
10	10023	野村博信	ノムラヒロノブ	249-0007	神奈川県逗子市新宿3-4-X	046-861-XXXX	プラチナ	1997/4/17	4	6678		
11	10025	星乃恭子	ホシノキョウコ	166-0004	東京都杉並区阿佐谷南2-6-X	03-3312-XXXX	ゴールド	1988/7/30	7	2390		
12	10029	河野愛美	コウノメグミ	251-0047	神奈川県藤沢市辻堂1-3-X	0466-45-XXXX	ゴールド	1985/10/6	10	4819	○	
13												

●シート「ポイント獲得」

	A	B	C	D	E	F	G
1	ポイント獲得状況						
2							
3		獲得ポイント数				分布	
4			～	500	以下	2	
5	501	以上	～	2,500	以下	5	
6	2,501	以上	～	5,000	以下	12	
7	5,001	以上	～	7,500	以下	6	
8	7,501	以上	～	10,000	以下	3	
9	10,001	以上	～			2	
10							

①セル【C6】にセル【B6】のふりがなを表示する数式を入力しましょう。
次に、セル【C6】の数式をセル範囲【C7：C35】にコピーしましょう。

②セル範囲【J6：J35】で、「獲得ポイント数」が「7500」より大きいセルに「濃い緑の文字、緑の背景」の書式を設定しましょう。

③「会員種別」を昇順で並べ替え、さらに「会員種別」が同じ場合は、「生年月日」を古い順で並べ替えましょう。

④「会員番号」順に並べ替えましょう。

⑤「生年月日」が1983年以降のレコードを抽出しましょう。

Hint 日付フィルターを使って抽出します。

※抽出できたら、《データ》タブ→《並べ替えとフィルター》グループの クリア （クリア）をクリックし、フィルターの条件をクリアしておきましょう。

⑥「誕生月」が「10」のレコードを抽出しましょう。
次に、抽出結果の「DM発送」のセルに「〇」を入力しましょう。
※抽出できたら、《データ》タブ→《並べ替えとフィルター》グループの クリア （クリア）をクリックし、フィルターの条件をクリアしておきましょう。

⑦「会員種別」が「プラチナ」または「ゴールド」のレコードを抽出しましょう。
次に、抽出結果のレコードをシート「特別会員」のセル【A4】を開始位置としてコピーしましょう。
※コピーできたら、シート「会員名簿」に切り替え、《データ》タブ→《並べ替えとフィルター》グループの フィルター （フィルター）をクリックし、フィルターモードを解除しておきましょう。

⑧シート「会員名簿」のセル【B2】に「会員総数」を求める数式を入力しましょう。

Hint 「名前」の列を使ってカウントします。

⑨シート「会員名簿」のセル【B3】に「DM発送人数」を求める数式を入力しましょう。

Hint 「DM発送」の列を使ってカウントします。

⑩シート「会員名簿」の「獲得ポイント数」の度数分布を求める数式を、シート「ポイント獲得」のセル範囲【F4：F9】に入力しましょう。

※ブックに任意の名前を付けて保存し、ブックを閉じておきましょう。

練習問題 4

次のようなブックを作成しましょう。
※設定する項目名が一覧にない場合は、任意の項目を選択してください。

フォルダー「表計算編」のフォルダー「練習問題」のブック「練習問題4」のシート「売上一覧」を開いておきましょう。

●シート「売上集計」

	A	B	C	D	E	F	G	H
1	商品分類	食品 ▼						
2								
3	合計 / 売上合計（円）	列ラベル ▼						
4		⊞4月	⊞5月	⊞6月	⊞7月	⊞8月	総計	
5	行ラベル ▼							
6	かつおパックセット	16,000	0	12,000	24,000	0	52,000	
7	クッキーセット	0	12,000	0	0	5,000	17,000	
8	コーヒーセット	0	20,000	0	0	20,000	40,000	
9	シュガーセット	0	8,000	0	0	5,000	13,000	
10	海苔セット	20,000	2,000	0	20,000	0	42,000	
11	紅茶セット	7,500	0	0	0	67,500	75,000	
12	総計	43,500	42,000	12,000	44,000	97,500	239,000	
13								

① 表のデータをもとにピボットテーブルを作成しましょう。
次のようにフィールドを配置して、種別・日付別に売上金額を集計します。

> 行ラベルエリア ：種別
> 列ラベルエリア ：日付
> 値エリア ：売上合計（円）

② 値エリアの空白セルに、「0」を表示しましょう。

 Hint 《分析》タブ → 📊 （ピボットテーブル）→《ピボットテーブル》グループの 🗂️オプション （ピボットテーブルオプション）を使います。

③ 売上合計（円）と総計の数値に3桁区切りカンマを付けましょう。

④ 行ラベルを「種別」から「商品名」に変更しましょう。

⑤ ピボットテーブルにスタイル「薄い青, ピボットスタイル（中間）2」を適用しましょう。

Hint 《デザイン》タブ→《ピボットテーブルスタイル》グループを使います。

⑥ シート「売上一覧」のセル【F8】を「10」に変更し、ピボットテーブルを更新しましょう。

⑦ レポートフィルターに「商品分類」を追加し、「食品」のデータに絞り込んで集計しましょう。

⑧ シート「Sheet1」のシート名を「売上集計」に変更しましょう。

※ブックに任意の名前を付けて保存し、ブックを閉じておきましょう。

練習問題 5

次のようなブックを作成しましょう。
※設定する項目名が一覧にない場合は、任意の項目を選択してください。

フォルダー「表計算編」のフォルダー「練習問題」のブック「練習問題5」のシート「個人打撃成績」を開いておきましょう。

●シート「個人打撃成績」

	A	B	C	D	E	F	G	H	I	J	K	L	M	N	O
1	個人打撃成績		2020年2月1日(土曜日) 現在												
2															
3	選手名	チームID	チーム名	打率	試合数	打席数	打数	安打	本塁打	三振	四球	死球	犠打犠飛	打率表彰	本塁打表彰
10	大野幸助	SB	渋谷ブラザーズ	0.353	65	289	246	87	16	47	38	3	2	◎	－
11	東山弘毅	KR	川崎レインボー	0.337	72	338	293	99	6	39	34	8	3	◎	－
19	町田準之助	SS	品川スニーカーズ	0.335	71	296	259	87	20	63	28	5	4	◎	◎
23	鳥山武	IN	池袋ナイン	0.324	64	248	223	67	5	38	18	4	3	－	－
27	岩田裕樹	OP	御茶ノ水ブレイメーツ	0.314	72	308	270	85	16	63	35	1	2	－	－
32															

個人打撃成績　チーム一覧

①セル【C1】の日付が「2020年2月1日（土曜日）」の形式で表示されるように表示形式を設定しましょう。

②セル【C4】に、セル【B4】の「チームID」に対応する「チーム名」を表示する数式を入力しましょう。シート「チーム一覧」の表を参照します。
次に、セル【C4】の数式をセル範囲【C5：C31】にコピーしましょう。

③セル【N4】に、「打率表彰」の有無を表示する数式を入力しましょう。「打率」が3割3分3厘（0.333）以上であれば「◎」、そうでなければ「－」を返すようにします。
次に、セル【N4】の数式をセル範囲【N5：N31】にコピーしましょう。
※「◎」は「まる」と入力して変換します。

④セル【O4】に、「本塁打表彰」の有無を表示する数式を入力しましょう。「本塁打」が20本以上あれば「◎」、そうでなければ「－」を返すようにします。
次に、セル【O4】の数式をセル範囲【O5：O31】にコピーしましょう。

⑤表をテーブルに変換しましょう。

⑥打率が高いレコード5件を抽出し、打率の高い順に並べ替えましょう。

※ブックに任意の名前を付けて保存し、ブックを閉じておきましょう。

■プレゼンテーション編■

プレゼンテーションソフトを活用しよう

PowerPoint 2019

Power Point

1 PowerPointの特長

研究や調査の発表、企画や商品の説明など、様々な場面でプレゼンテーションは行われています。プレゼンテーションの内容を聞き手にわかりやすく伝えるためには、口頭で説明するだけでなく、スライドを見てもらいながら説明するのが一般的です。PowerPointは、訴求力の高いスライドを簡単に作成し、効果的なプレゼンテーションを行うためのプレゼンテーションソフトです。
PowerPointには、主に次のような特長があります。

●本格的なプレゼンテーションを実現

あらかじめデザインされたスライドに文字を入力するだけの簡単な操作で、本格的なプレゼンテーション資料を作成できます。

●訴求力の高いスライド作成をサポート

スライドには、文字だけでなく、表やグラフ、写真、イラスト、図形、装飾文字など、様々なオブジェクトを配置できます。

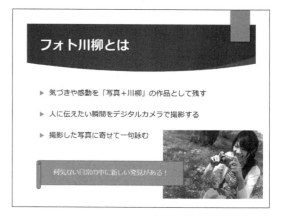

●表現力豊かな特殊効果の設定

スライド再生時に画面切り替え効果を設定したり、スライド上のオブジェクトにアニメーション効果を設定したりして、動きを出すことができます。

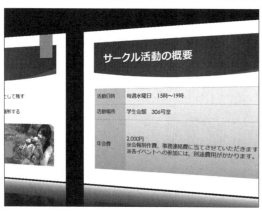

●発表者用ノートや配布資料の作成

プレゼンテーションを行う際の補足説明を記入した発表者用ノートや、聞き手に配布する配布資料を印刷できます。

2 PowerPointの画面構成

PowerPointの各部の名称と役割は、次のとおりです。

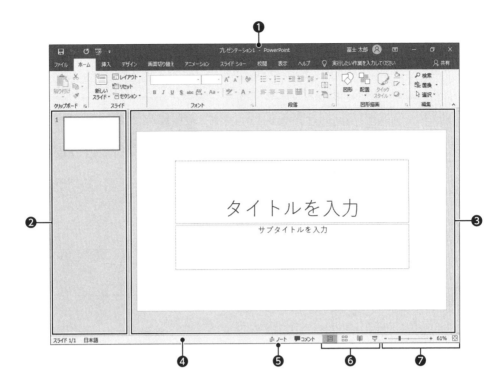

❶ タイトルバー

プレゼンテーション名とアプリ名が表示されます。

❷ サムネイルペイン

スライドのサムネイル（縮小版）が表示されます。スライドの選択や移動、コピーなど
を行う場合に使います。

❸ スライドペイン

作業中のスライドが1枚ずつ表示されます。スライドのレイアウトを変更したり、オブ
ジェクトを挿入したりする場合に使います。

❹ ステータスバー

スライド番号や選択されている言語などが表示されます。

❺ ノート

ノートペイン（スライドに補足説明を書き込む領域）の表示・非表示を切り替えます。

❻ 表示選択ショートカット

画面の表示モードを切り替えるときに使います。

❼ ズーム

スライドの表示倍率を変更するときに使います。

More 表示モードの切り替え

PowerPointには、次のような表示モードが用意されています。

●標準

スライドに文字を入力したり、レイアウトを変更したりする場合に使います。通常、標準表示モードでプレゼンテーションを作成します。
標準表示モードは、「ペイン」と呼ばれる複数の領域で構成されています。
標準表示モードに切り替えるには、ステータスバーの (標準)をクリックします。
また、左側のペインをサムネイルペインとアウトラインペインで切り替えることができます。サムネイルペインとアウトラインペインを切り替えるには、ステータスバーの (標準)をクリックします。

サムネイルペイン

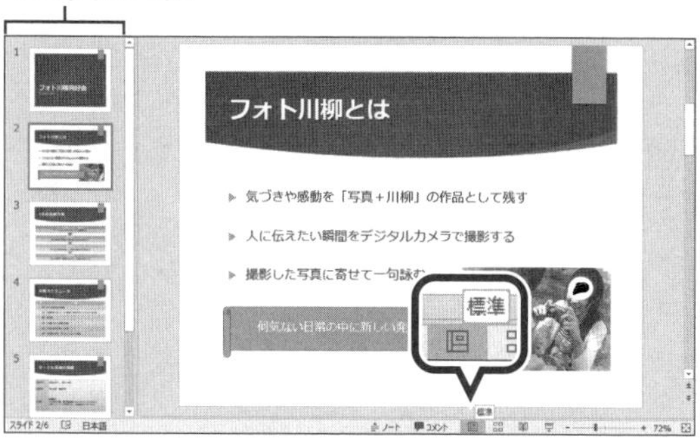

アウトラインペイン
すべてのスライドのタイトルと箇条書きが表示されます。プレゼンテーションの構成を考えながら文字を編集する場合などに使います。

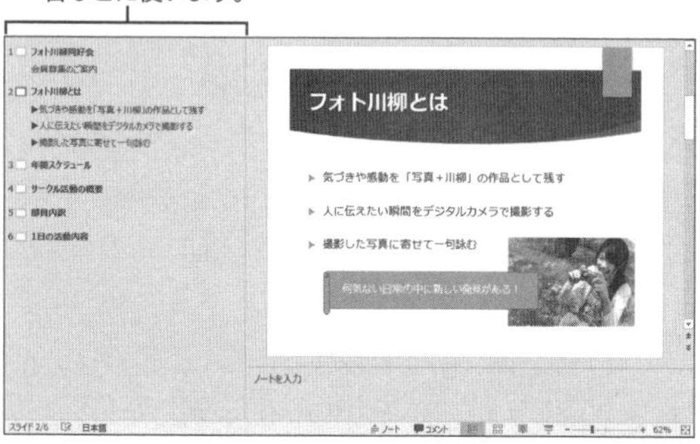

●スライド一覧

すべてのスライドのサムネイルが一覧で表示されます。プレゼンテーション全体の構成やバランスなどを確認できます。スライドの削除や移動、コピーなどに適しています。
スライド一覧表示モードと標準表示モードを切り替えるには、ステータスバーの (スライド一覧)をクリックします。

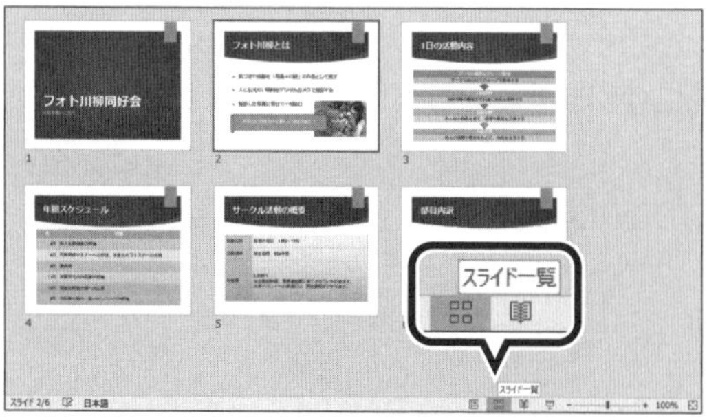

●スライドショー

スライド1枚だけが画面全体に表示され、ステータスバーやタスクバーは表示されません。設定しているアニメーションや画面切り替え効果などを確認できます。
スライドショーにするには、ステータスバーの (スライドショー)をクリックします。
※スライドショーからもとの画面に戻るには、Escを押します。

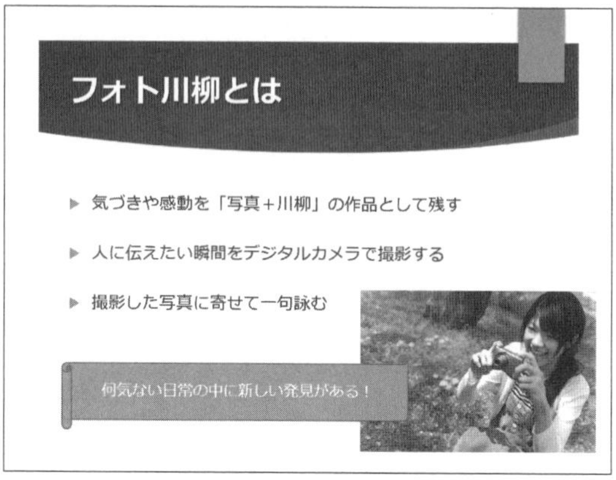

●閲覧表示

スライドが1枚ずつ画面に大きく表示されます。ステータスバーやタスクバーも表示されるので、ウィンドウを操作することもできます。設定しているアニメーションや画面切り替え効果などを確認できます。
閲覧表示モードにするには、ステータスバーの (閲覧表示)をクリックします。

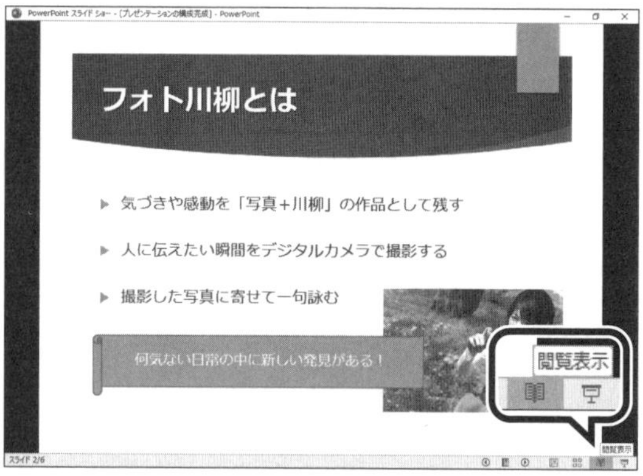

1　作成するプレゼンテーションの確認

次のようなプレゼンテーションを作成しましょう。

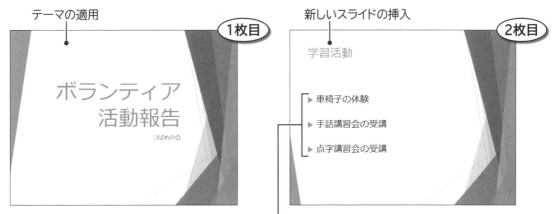

テーマの適用　　　　　　　　　1枚目

新しいスライドの挿入　　　　　2枚目

フォントサイズ・行間の設定

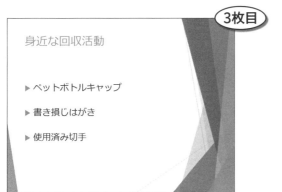

3枚目

箇条書きテキストのレベルの変更

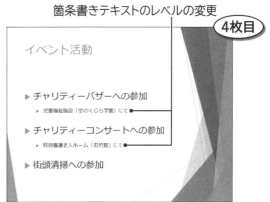

4枚目

2　プレゼンテーションの新規作成

PowerPointを起動し、《新しいプレゼンテーション》を選択すると、新しいプレゼンテーション「プレゼンテーション1」が開かれ、1枚目の「スライド」が表示されます。1枚目のタイトル用のスライドを「タイトルスライド」といいます。

PowerPointを起動して、新しいプレゼンテーションを作成しておきましょう。

① タイトルバーに「プレゼンテーション1」と表示され、タイトルスライドが表示されていることを確認します。

※《デザインアイデア》作業ウィンドウが表示された場合は閉じておきましょう。

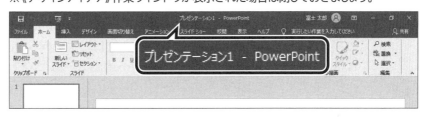

3 スライドの縦横比の設定

スライドのサイズには、「標準（4:3）」と「ワイド画面（16:9）」があります。プレゼン
テーションを表示する画面解像度の比率があらかじめわかっている場合は、その
比率に合わせるとよいでしょう。
スライドのサイズを「標準（4:3）」に変更しましょう。

①《デザイン》タブ→《ユーザー設定》グループの ▢（スライドのサイズ）→《標準
（4:3）》をクリックします。

②スライドの縦横比が変更されます。

4 テーマの適用

「テーマ」とは、配色・フォント・効果などのデザインを組み合わせたものです。テー
マを適用すると、プレゼンテーション全体のデザインを一括して変更できます。スラ
イドごとにひとつずつ書式を設定する手間を省くことができ、統一感のある洗練さ
れたプレゼンテーションを簡単に作成できます。

初期の設定では、プレゼンテーションにはテーマ「Officeテーマ」が適用されています。
プレゼンテーションにテーマ「ファセット」を適用しましょう。

①《デザイン》タブ→《テーマ》グループの ▼ (その他) →《Office》の《ファセット》
をクリックします。

② プレゼンテーションにテーマが適用されます。

それぞれのテーマには、いくつかのバリエーションが用意されており、デザインを簡単にアレンジできます。また、「配色」「フォント」「効果」「背景のスタイル」を個別に設定することもできます。
「配色」「フォント」「効果」「背景のスタイル」を変更する方法は、次のとおりです。
◆《デザイン》タブ→《バリエーション》グループの ▼ (その他) →《配色》/《フォント》/《効果》/《背景のスタイル》

5　プレースホルダー

スライドには、様々なオブジェクトを配置するための「プレースホルダー」と呼ばれる枠が用意されています。タイトルを入力するプレースホルダーのほかに、箇条書きや表、グラフ、イラスト、写真などのコンテンツを配置するプレースホルダーもあります。プレースホルダーには、フォントやフォントサイズなどの書式があらかじめ設定されています。書式はあとから変更できます。

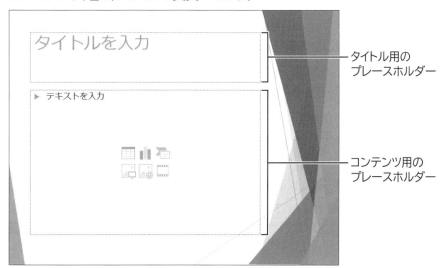

タイトル用の
プレースホルダー

コンテンツ用の
プレースホルダー

プレゼンテーション編

6 タイトルの入力

タイトルスライドには、タイトルとサブタイトルを入力するためのプレースホルダーが
用意されています。
タイトルスライドのプレースホルダーに、タイトルとサブタイトルを入力しましょう。

①《タイトルを入力》をクリックします。

② プレースホルダー内にカーソルが表示されます。

③「ボランティア活動報告」と入力します。

④ プレースホルダー以外の場所をクリックし、タイトルを確定します。

⑤《サブタイトルを入力》をクリックし、「つばめの会」と入力します。

⑥ プレースホルダー以外の場所をクリックし、サブタイトルを確定します。

7 新しいスライドの挿入

スライドには、様々な種類のレイアウトが用意されており、スライドを挿入するとき
に選択できます。スライドを挿入するときは、作成するスライドのイメージに近いレ
イアウトを選択すると効率的です。
スライド1の後ろに新しいスライドを挿入しましょう。

① スライド1が選択されていることを確認します。

※新しいスライドは、選択されているスライドの後ろに挿入されます。

②《ホーム》タブ→《スライド》グループの  (新しいスライド) の 新しいスライド→《タイトルと
コンテンツ》をクリックします。

③ タイトル用のプレースホルダーとコンテンツ用のプレースホルダーが配置された
スライドが2枚目に挿入されます。

Point! スライドのレイアウトの変更

スライドのレイアウトは、スライドを挿入するときに選択しますが、あとから変更することもできます。
スライドのレイアウトを変更する方法は、次のとおりです。

◆《ホーム》タブ→《スライド》グループの 🔲 レイアウト▾ (スライドのレイアウト)

---

8 箇条書きテキストの入力

PowerPointでは、箇条書きの文字のことを「箇条書きテキスト」といいます。
挿入したスライドにタイトルと箇条書きテキストを入力しましょう。

①《タイトルを入力》をクリックし、「学習活動」と入力します。

②《テキストを入力》をクリックし、「車椅子の体験」と入力します。

③ [Enter] を押して改行します。

※行頭文字が自動的に表示されます。

④図のように箇条書きテキストを入力します。

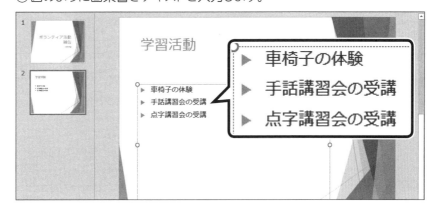

9 箇条書きテキストの書式設定

適用するテーマによってプレースホルダー内の書式は決まっていますが、自由に変更できます。プレースホルダー内のすべての文字をまとめて変更する場合は、プレースホルダーを選択してからコマンドを実行します。プレースホルダー内の文字を部分的に変更する場合は、対象の文字を選択してからコマンドを実行します。
すべての箇条書きテキストに次のような書式を設定しましょう。

フォントサイズ ：28ポイント
行間　　　　　：2.0

---

①入力した箇条書きテキストの文字のあたりをクリックします。
※マウスポインターの形が I に変わります。

②カーソルが表示され、プレースホルダーの枠線が点線に変わります。

③プレースホルダーの枠線をポイントし、マウスポインターの形が 🔧 に変わったら、クリックします。

④プレースホルダー全体が選択されます。

⑤《ホーム》タブ→《フォント》グループの 18 ▼ （フォントサイズ）の ▼ →《28》をクリックします。

⑥プレースホルダー内のすべての文字のフォントサイズが設定されます。

⑦《ホーム》タブ→《段落》グループの ↕≡▼ （行間）→《2.0》をクリックします。

⑧プレースホルダー内の箇条書きテキストの行間が設定されます。

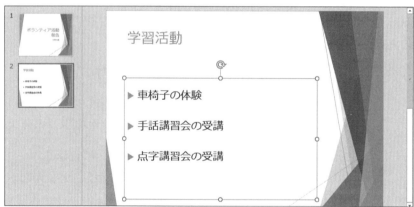

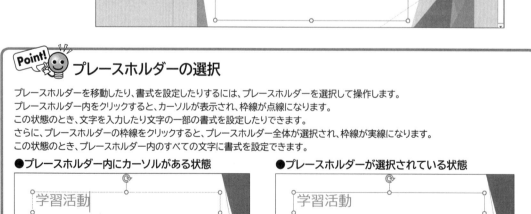

Point! プレースホルダーの選択

プレースホルダーを移動したり、書式を設定したりするには、プレースホルダーを選択して操作します。
プレースホルダー内をクリックすると、カーソルが表示され、枠線が点線になります。
この状態のとき、文字を入力したり文字の一部の書式を設定したりできます。
さらに、プレースホルダーの枠線をクリックすると、プレースホルダー全体が選択され、枠線が実線になります。
この状態のとき、プレースホルダー内のすべての文字に書式を設定できます。

●プレースホルダー内にカーソルがある状態　　　●プレースホルダーが選択されている状態

プレースホルダーの移動とサイズ変更

プレースホルダーを移動するには、プレースホルダーの枠線をドラッグします。
プレースホルダーのサイズを変更するには、プレースホルダーを選択し、周囲に表示される○（ハンドル）をドラッグします。

 行頭文字の変更

箇条書きテキストの行頭文字は、種類・サイズ・色などを変更できます。
箇条書きテキストの行頭文字を変更する方法は、次のとおりです。

◆プレースホルダーを選択→《ホーム》タブ→《段落》グループの 　 （箇条書き）の 　 →《箇条書きと段落番号》

More　プレースホルダーの削除

文字が入力されているプレースホルダーを選択し、 Delete を押すと、プレースホルダーが初期の状態（《タイトルを入力》など）に戻ります。
初期の状態のプレースホルダーを選択して、 Delete を押すと、プレースホルダーそのものが削除されます。

 ためしてみよう【1】

① スライド1のタイトルのフォントサイズを66ポイントに設定しましょう。

ためしてみよう【2】

① スライド2の後ろに新しいスライドを挿入しましょう。スライドのレイアウトは「タイトルとコンテンツ」にします。

② 次のようにタイトルと箇条書きテキストを入力しましょう。

タイトル	： 身近な回収活動
箇条書きテキスト	： ペットボトルキャップ
	書き損じはがき
	使用済み切手

③ すべての箇条書きテキストに次のような書式を設定しましょう。

フォントサイズ	：28ポイント
行間	：2.0

<u>10</u>　箇条書きテキストのレベル下げ

スライド3の後ろに新しいスライドを挿入し、箇条書きテキストを入力しましょう。次に、入力した箇条書きのレベルを1段階下げましょう。

①スライド3を選択します。

②《ホーム》タブ→《スライド》グループの ▦ （新しいスライド）の ▦ →《タイトルとコンテンツ》をクリックします。

③スライド3の後ろに新しいスライドが挿入されます。

④図のようにタイトルと箇条書きテキストを入力します。

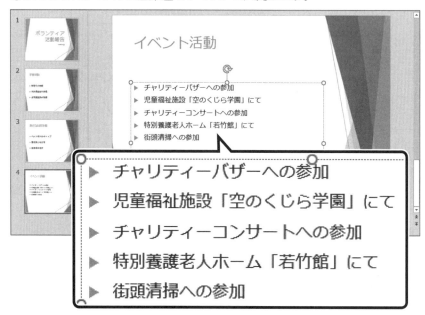

⑤2行目の行頭文字をポイントし、マウスポインターの形が ✛ に変わったらクリックします。

⑥ [Ctrl] を押しながら、4行目の行頭文字をクリックします。

⑦《ホーム》タブ→《段落》グループの ▤ （インデントを増やす）をクリックします。

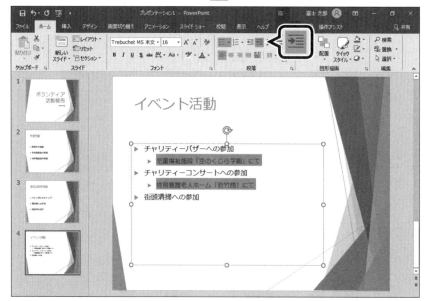

◆レベルを下げる箇条書きテキストの行頭にカーソルを移動→ Tab

 ためしてみよう【3】

① スライド4の1行目・3行目・5行目の箇条書きテキストに次のような書式を設定しましょう。

フォントサイズ：28ポイント	
行間 　　　　：2.0	

💡 **Hint** ここでは、1行目と3行目に下位レベルの箇条書きテキストが含まれるため、文字列をドラッグして範囲選択します。

11 スライドショーの実行

プレゼンテーションを行う際に、スライドを画面全体に表示して、順番に閲覧していくことを「スライドショー」といいます。
スライド1からスライドショーを実行し、作成したプレゼンテーションを確認しましょう。

① スライド1を選択します。

② ステータスバーの 🖵 （スライドショー）をクリックします。

③ スライドショーが実行され、スライド1が画面全体に表示されます。

④ クリックして、次のスライドを表示します。
※ Enter を押してもかまいません。

⑤ 同様に、最後のスライドまで表示します。

⑥最後のスライドでクリックすると、「スライドショーの最後です。クリックすると終了します。」というメッセージが表示されます。

スライド ショーの最後です。クリックすると終了します。

⑦クリックして、スライドショーを終了します。

> **Point!**  **スライドショーの中断**
>
> スライドショーを途中で終了するには、Escを押します。

More その他の方法（スライドショーの実行）

最初のスライドから実行する場合
◆《スライドショー》タブ→《スライドショーの開始》グループの（先頭から開始）
◆F5

選択しているスライドから実行する場合
◆《スライドショー》タブ→《スライドショーの開始》グループの（このスライドから開始）
◆Shift＋F5

12　プレゼンテーションの保存

作成したプレゼンテーションを残しておきたいときは、プレゼンテーションに名前を付けて保存します。
作成したプレゼンテーションに「プレゼンテーションの作成完成」と名前を付けて保存しましょう。

①《ファイル》タブ→《名前を付けて保存》→《参照》をクリックします。

②《名前を付けて保存》ダイアログボックスが表示されます。

③保存先を選択します。

④《ファイル名》に「プレゼンテーションの作成完成」と入力します。

⑤《保存》をクリックします。

⑥タイトルバーにプレゼンテーションの名前が表示されていることを確認します。
※プレゼンテーションを閉じておきましょう。

1 作成するプレゼンテーションの確認

次のようなプレゼンテーションを作成しましょう。

画像の挿入

1枚目

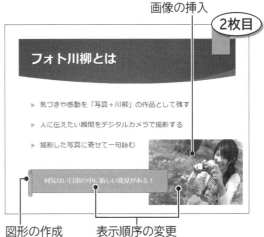

2枚目

図形の作成　　表示順序の変更

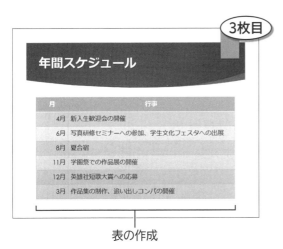

3枚目

表の作成

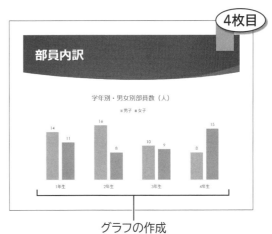

4枚目

グラフの作成

5枚目

箇条書きテキストをSmartArtグラフィックに変換

プレゼンテーション編

2 図形の作成

スライドには様々な形状の「図形」を配置できます。図形を効果的に使うことによって、特定の情報を強調したり、情報の相互関係を示したりできます。図形は、形状によって「線」「基本図形」「ブロック矢印」「フローチャート」「吹き出し」などに分類されています。

▶▶1 図形の作成

スライド2に図形「スクロール：横」を作成しましょう。

フォルダー「プレゼンテーション編」のプレゼンテーション「オブジェクトの挿入」を開いておきましょう。

① スライド2を選択します。

② 《挿入》タブ→《図》グループの ![図] （図形）→《星とリボン》の ![スクロール] （スクロール：横）（左から6番目、上から2番目）をクリックします。

③ マウスポインターの形が ＋ に変わったら、図のようにドラッグします。

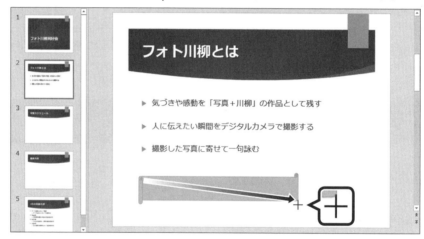

④ 図形が作成されます。

※図形の周囲に○（ハンドル）が表示され、選択されていることを確認しておきましょう。

※図形には、あらかじめスタイルが適用されています。

Point! 🙂 図形の変更

スライドに作成した図形は、あとから変更できます。

図形を変更する方法は、次のとおりです。

◆図形を選択→《書式》タブ→《図形の挿入》グループの ![編集] （図形の編集）→《図形の変更》

Point! 🙂 図形の移動とサイズ変更

図形を移動するには、図形の枠線をドラッグします。

図形のサイズを変更するには、図形を選択し、周囲に表示される○（ハンドル）をドラッグします。

▶▶2 図形への文字の追加

「線」以外の図形には、図形内に文字を追加できます。
作成した図形に文字を追加しましょう。

①図形が選択されていることを確認します。

②「何気ない日常の中に新しい発見がある!」と入力します。

※図形以外の場所をクリックし、入力した文字を確定しておきましょう。

▶▶3 図形のスタイルの適用

「図形のスタイル」とは、図形を装飾するための書式の組み合わせです。塗りつぶし・枠線・効果などがあらかじめ設定されており、図形の体裁を瞬時に整えることができます。作成した図形には、自動的にスタイルが適用されますが、あとからスタイルの種類を変更できます。
図形にスタイル「塗りつぶし-オレンジ、アクセント2」を適用しましょう。

①図形を選択します。

②《書式》タブ→《図形のスタイル》グループの ▽ (その他) →《テーマスタイル》の《塗りつぶし-オレンジ、アクセント2》(左から3番目、上から2番目) をクリックします。

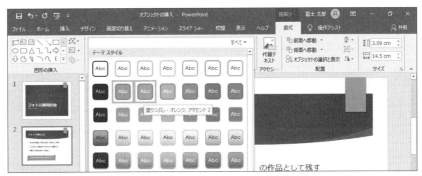

③図形にスタイルが適用されます。
※図形以外の場所をクリックし、選択を解除しておきましょう。

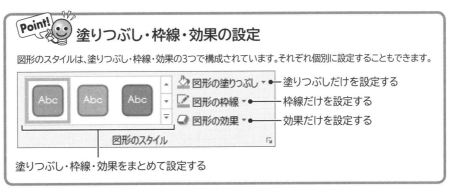

Point! 塗りつぶし・枠線・効果の設定

図形のスタイルは、塗りつぶし・枠線・効果の3つで構成されています。それぞれ個別に設定することもできます。

- 塗りつぶしだけを設定する
- 枠線だけを設定する
- 効果だけを設定する

塗りつぶし・枠線・効果をまとめて設定する

3 画像の挿入

パソコンに保存している写真やイラストをスライドに取り込むことができます。

▶▶1 画像の挿入

スライド2にフォルダー「プレゼンテーション編」の画像「フォト川柳」を挿入しましょう。

①スライド2を選択します。

②《挿入》タブ→《画像》グループの 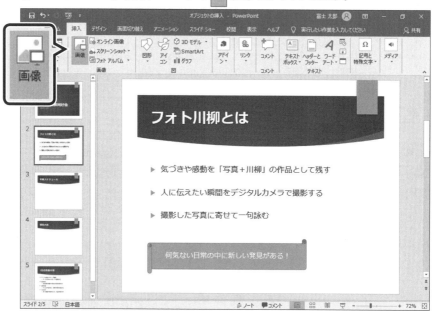 （図）をクリックします。

③《図の挿入》ダイアログボックスが表示されます。

④ファイルの場所を選択します。

⑤一覧から「フォト川柳」を選択します。

⑥《挿入》をクリックします。

⑦画像が挿入されます。
※《デザインアイデア》作業ウィンドウが表示された場合は閉じておきましょう。

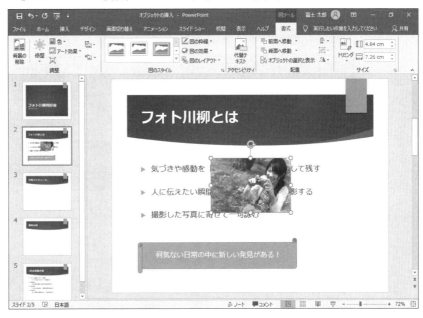

▶▶2 画像の移動とサイズ変更

画像を移動するには、画像を選択してドラッグします。また、画像のサイズを変更するには、画像を選択して表示される○(ハンドル)をドラッグします。
画像の位置とサイズを調整しましょう。

①画像が選択されていることを確認します。

②画像をポイントします。

③マウスポインターの形が 🔾 に変わったら、図のようにドラッグします。
※ドラッグ中、マウスポインターの形が ✛ に変わります。

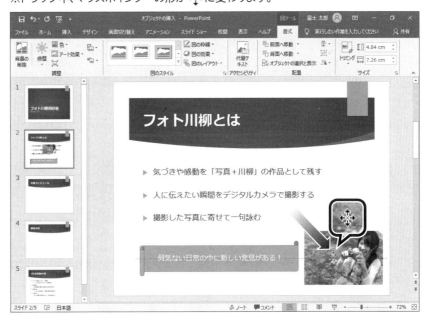

④画像が移動します。

⑤画像の左上の○（ハンドル）をポイントします。

⑥マウスポインターの形が ⬉ に変わったら、図のようにドラッグします。
※ドラッグ中、マウスポインターの形が ＋ に変わります。

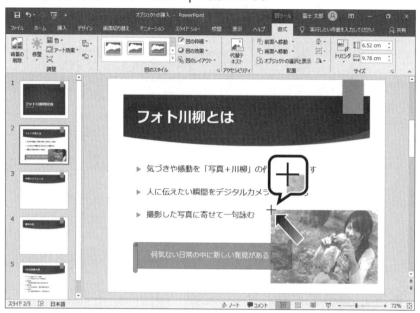

⑦画像のサイズが変更されます。

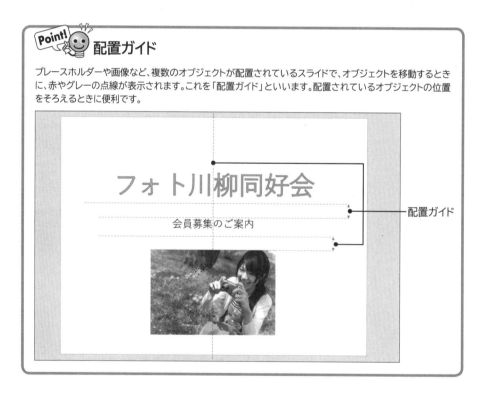

4 オブジェクトの表示順序の変更

画像や図形などのオブジェクトをスライドに複数挿入すると、あとから挿入したオブジェクトが前面に表示されます。オブジェクトの表示順序は変更できます。
画像が図形の背面に表示されるように表示順序を変更しましょう。

①画像が選択されていることを確認します。
※画像と図形が重なっていない場合は、画像を移動して重ねておきましょう。
②《書式》タブ→《配置》グループの ■ 背面へ移動 （背面へ移動）をクリックします。
③画像が図形の背面に移動します。

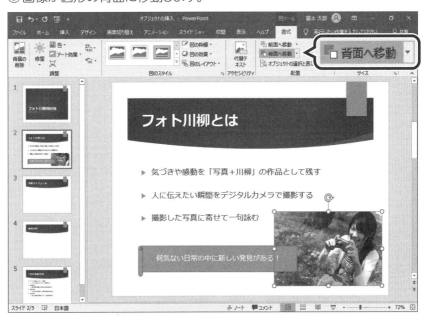

プレゼンテーション編

More その他の方法（表示順序の変更）

◆オブジェクトを右クリック→《最前面へ移動》/《最背面へ移動》

Point! 表示順序の変更

表示順序の変更には、次の4つのコマンドが用意されています。

コマンド	説明
最前面へ移動	選択しているオブジェクトが一番前に表示されます。
前面へ移動	選択しているオブジェクトがひとつ前に表示されます。
最背面へ移動	選択しているオブジェクトが一番後ろに表示されます。
背面へ移動	選択しているオブジェクトがひとつ後ろに表示されます。

5 表の作成

スライドには表を配置できます。表を使うと、項目ごとにデータが並ぶので、読み取りやすくなります。

▶▶1 表の挿入

スライド3に2列7行の表を作成しましょう。

① スライド3を選択します。

② コンテンツ用のプレースホルダーの 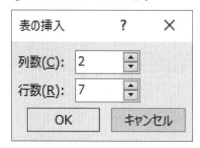（表の挿入）をクリックします。

③《表の挿入》ダイアログボックスが表示されます。

④《列数》を「2」、《行数》を「7」に設定します。

⑤《OK》をクリックします。

表の挿入	?	×
列数(C):	2	
行数(R):	7	
OK	キャンセル	

⑥ 表が作成されます。

※表の周囲に枠が表示され、選択されていることを確認しておきましょう。

※表には、あらかじめスタイルが適用されています。

⑦ 図のように表に文字を入力します。

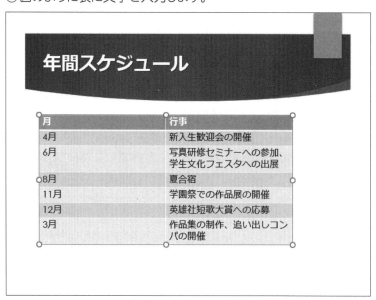

More その他の方法（表の挿入）

◆《挿入》タブ→《表》グループの（表の追加）

▶▶2 表のスタイルの適用

「表のスタイル」とは、表を装飾するための書式の組み合わせです。罫線や塗りつぶしなどがあらかじめ設定されており、表の体裁を瞬時に整えることができます。作成した表には、自動的にスタイルが適用されますが、あとからスタイルの種類を変更できます。

表にスタイル「テーマ スタイル1-アクセント3」を適用しましょう。

①表を選択します。

②《表ツール》の《デザイン》タブ→《表のスタイル》グループの ▼ (その他) →《ドキュメントに最適なスタイル》の《テーマ スタイル1-アクセント3》(左から4番目、上から1番目) をクリックします。

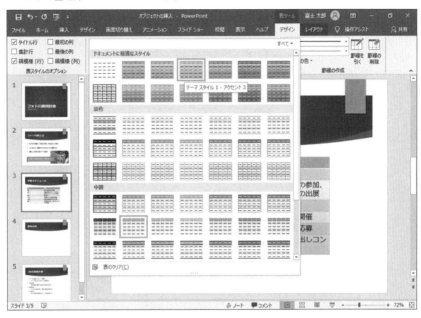

③表にスタイルが適用されます。

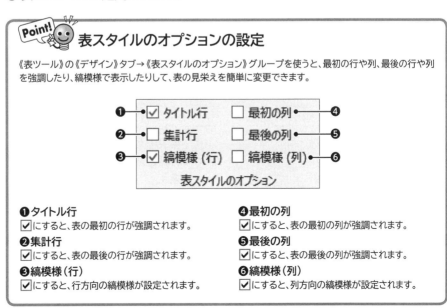

表に適用されているスタイルをクリアして、罫線だけの表にする方法は、次のとおりです。
◆表を選択→《表ツール》の《デザイン》タブ→《表のスタイル》グループの □ (その他)→《表のクリア》

ためしてみよう【4】

●スライド3

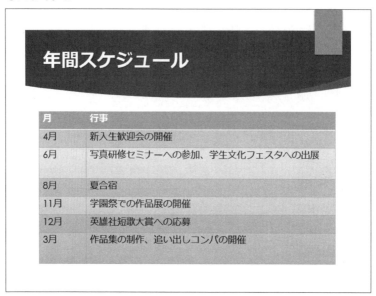

①完成図を参考に、表のサイズを調整しましょう。

Hint 表のサイズ変更は、表を選択して表示される○(ハンドル)をドラッグします。

②完成図を参考に、1列目の列幅を調整しましょう。

Hint 列幅の変更は、列の境界線をポイントし、マウスポインターの形が ←‖→ の状態
でドラッグします。

▶▶3 セル内の文字の配置

セル内の文字は、水平方向および垂直方向でそれぞれ配置を変更できます。
初期の設定では、水平方向は左揃え、垂直方向は上揃えになっています。
次のように表内の文字の配置を変更しましょう。

表全体	：**上下中央揃え**
	セルの高さを揃える
1行目	：**中央揃え**
月が入力されているセル	：**右揃え**

①表を選択します。
②《レイアウト》タブ→《配置》グループの □ (上下中央揃え)をクリックします。
③《レイアウト》タブ→《セルのサイズ》グループの □ (高さを揃える)をクリックします。

④1行目の左側をポイントします。

⑤マウスポインターの形が➡に変わったら、クリックします。

⑥1行目が選択されます。

⑦《レイアウト》タブ→《配置》グループの 三 （中央揃え）をクリックします。

⑧「4月」のセルから「3月」のセルまでドラッグして選択します。

⑨《レイアウト》タブ→《配置》グループの 三 （右揃え）をクリックします。

⑩表内の文字の配置が変更されます。

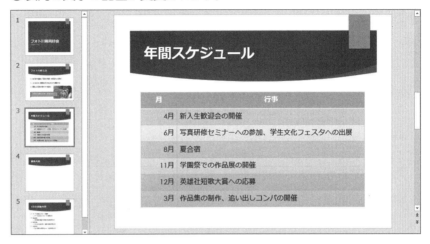

 **表の選択**

表の各部を選択する方法は、次のとおりです。

選択対象	操作方法
表全体	表内をクリック→表の周囲の枠線をクリック
セル	セル内の左端をマウスポインターの形が ⬆ の状態でクリック
隣接する複数のセル範囲	開始セルから終了セルまでドラッグ
行	行の左側をマウスポインターの形が➡の状態でクリック
列	列の上側をマウスポインターの形が⬇の状態でクリック

<u>6</u> グラフの作成

スライドにはグラフを配置できます。PowerPointでグラフを作成すると、専用の
ワークシートが表示されます。このワークシートにグラフに必要なデータを入力する
と、スライド上にグラフが作成されます。

スライド4に学年別の部員数を表す棒グラフを作成しましょう。

①スライド4を選択します。

②コンテンツ用のプレースホルダーの ▮▮（グラフの挿入）をクリックします。

③《グラフの挿入》ダイアログボックスが表示されます。

④左側の一覧から《縦棒》を選択します。

⑤右側の一覧から ▮▮（集合縦棒）を選択します。

⑥《OK》をクリックします。

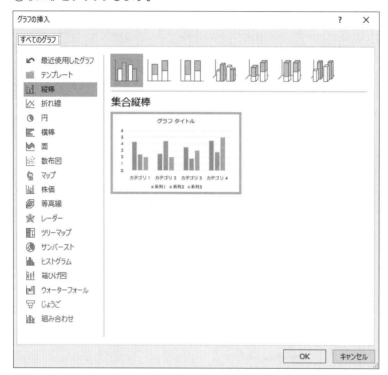

⑦ワークシートが表示され、仮データでグラフが作成されます。

※グラフには、あらかじめスタイルが適用されています。

⑧ワークシートに入力されている仮データと、PowerPointのグラフが対応していることを確認します。

⑨図のようにデータを入力します。

※あらかじめ入力されているデータを上書きします。

※セル範囲【D1:D5】のデータはクリアしておきましょう。データをクリアするには、セル範囲を選択して Delete を押します。

	A	B	C	D	E	F	G	H	I
1		男子	女子	列1					
2	1年生	14	11						
3	2年生	16	8						
4	3年生	10	9						
5	4年生	8	15						
6									

⑩ 入力したデータに応じて、グラフが更新されます。

⑪ ワークシートのウィンドウのセル【D5】の右下の■（ハンドル）をポイントします。

⑫ マウスポインターの形が⬉に変わったら、セル【C5】までドラッグします。

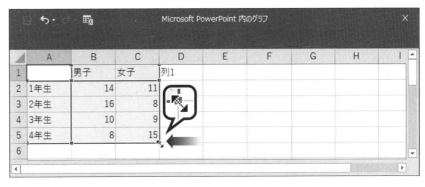

⑬ グラフのもとになるデータ範囲が変更されます。

⑭ ワークシートのウィンドウの ［×］（閉じる）をクリックし、ワークシートを閉じます。

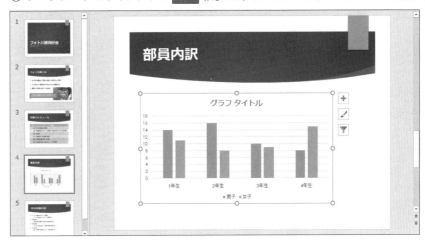

More その他の方法（グラフの挿入）

◆《挿入》タブ→《図》グループの ［グラフ］（グラフの追加）

Point!  グラフのもとになるデータの修正

作成したグラフのもとのデータは、ワークシートまたはExcelウィンドウで修正できます。
作成したグラフのもとのデータを修正する方法は、次のとおりです。

[ワークシートで修正する]

◆グラフを選択→《グラフツール》の《デザイン》タブ→《データ》グループの ［図］（データを編集します）

[Excelウィンドウで修正する]

◆グラフを選択→《グラフツール》の《デザイン》タブ→《データ》グループの ［図］（データを編集します）の ［データの編集・］→《Excelでデータを編集》

Point! グラフのデータ範囲の調整

グラフのもとになるデータ範囲が意図するとおりに表示されない場合は、Excelウィンドウでデータ範囲を設定し直す必要があります。Excelウィンドウの■をドラッグして、データ範囲の終了位置を正確に設定します。

ためしてみよう【5】

●スライド4

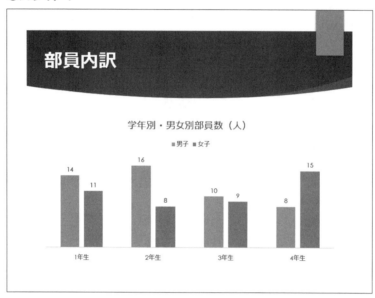

① グラフにレイアウト「レイアウト2」を適用しましょう。

 《グラフツール》の《デザイン》タブ→《グラフのレイアウト》グループの （クイックレイアウト）を使います。

② グラフに「学年別・男女別部員数（人）」というタイトルを設定しましょう。

③ グラフの配色を「カラフルなパレット3」に変更しましょう。

 《グラフツール》の《デザイン》タブ→《グラフスタイル》グループの （グラフクイックカラー）を使います。

④ 完成図を参考に、グラフのサイズを調整しましょう。

7 箇条書きテキストをSmartArtグラフィックに変換

スライドに入力済みの箇条書きテキストを、SmartArtグラフィックに変換できます。
変換すると、箇条書きテキストの文字がテキストウィンドウにそのまま反映されます。
スライド5の箇条書きテキストをSmartArtグラフィックに変換しましょう。

①スライド5を選択します。

②箇条書きテキストのプレースホルダーを選択します。

③《ホーム》タブ→《段落》グループの →《その他のSmartArtグラフィック》をクリックします。

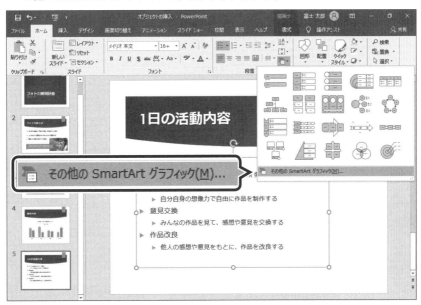

④《SmartArtグラフィックの選択》ダイアログボックスが表示されます。

⑤左側の一覧から《手順》を選択します。

⑥中央の一覧から《分割ステップ》を選択します。

⑦《OK》をクリックします。

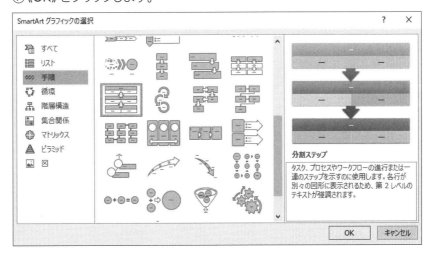

⑧箇条書きテキストがSmartArtグラフィックに変換されます。

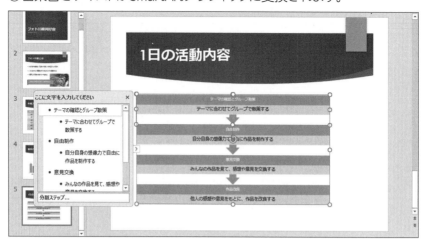

More | **SmartArtグラフィックの変換**

SmartArtグラフィックを箇条書きテキストに変換してもとに戻したり、図形に変換して個々に分割したりできます。
SmartArtグラフィックを箇条書きテキストや図形に変換する方法は、次のとおりです。
◆SmartArtグラフィックを選択→《SmartArtツール》の《デザイン》タブ→《リセット》グループの（SmartArtを図形またはテキストに変換）

Let's Try　ためしてみよう【6】

●スライド5

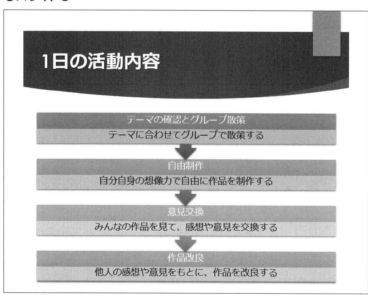

①SmartArtグラフィックに色「カラフル-全アクセント」とスタイル「グラデーション」を適用しましょう。

②SmartArtグラフィック内のすべての文字のフォントサイズを「18」ポイントに設定しましょう。

③完成図を参考に、SmartArtグラフィックのサイズを調整しておきましょう。
※プレゼンテーションに任意の名前を付けて保存し、プレゼンテーションを閉じておきましょう。

Step4 プレゼンテーションの構成を変更しよう

1 スライド一覧表示への切り替え

スライドの入れ替え、コピー、削除などの操作を行う場合は、プレゼンテーション全体のスライドが一覧で表示される「スライド一覧表示」に切り替えて行うと効率的です。
スライド一覧表示に切り替えましょう。

フォルダー「プレゼンテーション編」のプレゼンテーション「プレゼンテーションの構成」を
開いておきましょう。

①ステータスバーの 田 (スライド一覧)をクリックします。
②スライド一覧表示に切り替わります。

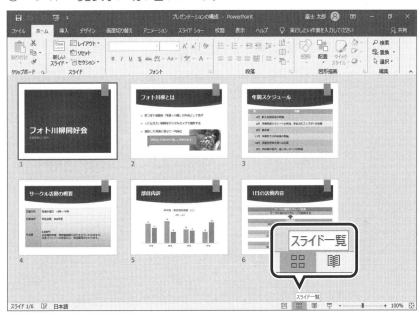

プレゼンテーション編

More その他の方法（スライド一覧への切り替え）

◆《表示》タブ→《プレゼンテーションの表示》グループの (スライド一覧表示)

More 表示倍率の変更

標準表示だけでなく、スライド一覧表示でもスライドの表示倍率を変更できます。画面にたくさんのスライドを表示したい場合には、表示倍率を縮小しましょう。スライドの文字を大きくして確認したい場合には、表示倍率を拡大しましょう。
表示倍率を変更する方法は、次のとおりです。
◆ステータスバーのズームの - (縮小)または + (拡大)をクリック

2 スライドの移動

スライド3をスライド6の後ろに移動し、スライドの順番を入れ替えましょう。

①スライド3を選択します。

②スライド3をスライド6の位置にドラッグします。
※ドラッグ中、マウスポインターの形が ⇱ に変わります。

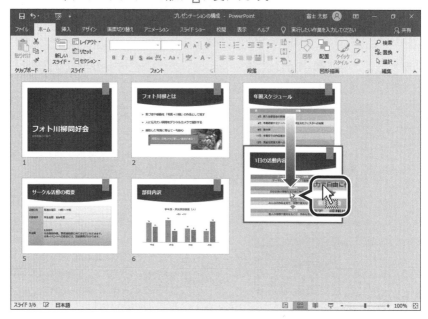

③スライドが移動します。
※移動後の結果に合わせて、スライド左下の番号が変更されます。

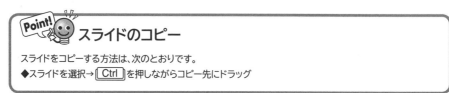

Point! スライドのコピー

スライドをコピーする方法は、次のとおりです。
◆スライドを選択→ Ctrl を押しながらコピー先にドラッグ

Point! スライドの削除

スライドを削除する方法は、次のとおりです。
◆スライドを選択→ Delete

3 標準表示に戻す

表示モードをスライド一覧から標準に戻す方法には、ステータスバーのボタンを使うほかに、スライドをダブルクリックする方法があります。
ダブルクリックしたスライドがスライドペインに表示されます。
表示モードをスライド一覧から標準に戻しましょう。

①スライド1をダブルクリックします。

②表示モードが標準に戻り、スライド1がスライドペインに表示されます。
※プレゼンテーションに任意の名前を付けて保存し、プレゼンテーションを閉じておきましょう。

1 画面切り替え効果の設定

「**画面切り替え効果**」を設定すると、スライドショーでスライドが切り替わるときに変化を付けることができます。モザイク状に徐々に切り替える、扉が中央から開くように切り替える、回転しながら切り替えるなど、様々な切り替えが可能です。画面切り替え効果は、スライドごとに異なる効果を設定したり、すべてのスライドに同じ効果を設定したりできます。

スライド1に「ギャラリー」の画面切り替え効果を設定しましょう。次に、同じ画面切り替え効果をすべてのスライドに適用しましょう。

フォルダー「プレゼンテーション編」のプレゼンテーション「特殊効果の設定」を開いておきましょう。

① スライド1を選択します。

② 《**画面切り替え**》タブ→《**画面切り替え**》グループの ▽ （その他）→《**はなやか**》の《**ギャラリー**》をクリックします。

③ スライド1に画面切り替え効果が設定されます。
※サムネイルペインのスライド1に ★ が表示されていることを確認しておきましょう。

④ 《**画面切り替え**》タブ→《**タイミング**》グループの 🖫 すべてに適用 （すべてに適用）をクリックします。

⑤ すべてのスライドに画面切り替え効果が設定されます。
※サムネイルペインのすべてのスライドに ★ が表示されていることを確認しておきましょう。
※スライドショーを実行して、画面切り替え効果を確認しておきましょう。

2 アニメーションの設定

「アニメーション」とは、スライド上のタイトルや箇条書きテキスト、画像などのオブ
ジェクトに対して、動きを付ける効果のことです。波を打つように揺らす、ピカピカ
と点滅させる、徐々に拡大するなど、様々なアニメーションが用意されています。ア
ニメーションを使うと、重要な箇所が強調され、見る人の注目を集めることができ
ます。

▶▶1 アニメーションの設定

アニメーションは、対象のオブジェクトを選択してから設定します。
スライド2に作成した図形が表示されるときのアニメーションとして、「ワイプ」を設
定しましょう。

①スライド2を選択します。

②図形を選択します。

③《アニメーション》タブ→《アニメーション》グループの [その他]（その他）→《開始》の《ワ
　イプ》をクリックします。

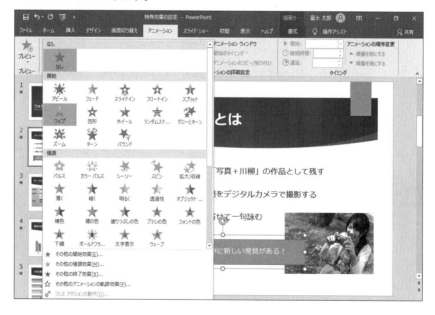

④アニメーションが設定されます。

⑤図形の左側に「1」が表示されていることを確認します。

※この番号は、アニメーションの再生順序を表します。

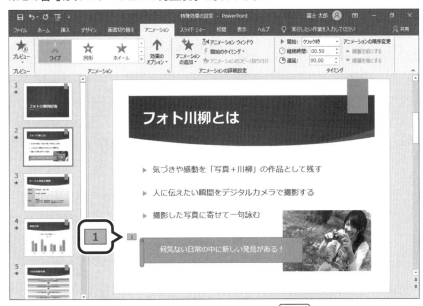

※アニメーションはスライドショー実行中にクリックまたは[Enter]で再生されます。
※スライドショーを実行して、アニメーションの動きを確認しておきましょう。

More アニメーションの解除

設定したアニメーションを解除する方法は、次のとおりです。
◆オブジェクトを選択→《アニメーション》タブ→《アニメーション》グループの ▼ (その他)→《なし》の《なし》

More アニメーションの種類

アニメーションの種類には、次の4つがあります。

種類	説明
開始	オブジェクトが表示されるときのアニメーションです。
強調	オブジェクトが表示されてからのアニメーションです。
終了	オブジェクトを非表示にするときのアニメーションです。
アニメーションの軌跡	オブジェクトがスライド上を移動するアニメーションです。

More アニメーションの再生順序の変更

アニメーションを設定すると表示される「1」や「2」の番号は、アニメーションが再生される順番を示しています。この番号は、アニメーションを設定した順番に振られますが、あとから入れ替えることができます。
アニメーションの再生順序を変更する方法は、次のとおりです。
◆オブジェクトを選択→《アニメーション》タブ→《タイミング》グループの ▲ 順番を前にする (順番を前にする)／
▼ 順番を後にする (順番を後にする)

▶▶2 効果のオプションの設定

アニメーションの種類によっては、動きをアレンジできるものがあります。例えば、上からの動きを下からの動きに変更したり、中央からの動きを外側からの動きに変更したりできます。
「ワイプ」のアニメーションに効果のオプションを設定して、「下から」表示される動きを「左から」表示される動きに変更しましょう。

①図形を選択します。

②《アニメーション》タブ→《アニメーション》グループの （効果のオプション）→《左から》をクリックします。

※スライドショーを実行して、アニメーションの動きの変化を確認しておきましょう。

More アニメーションの開始のタイミング

初期の設定では、アニメーションはスライドショー実行中にクリックまたは Enter で再生されますが、ほかのアニメーションの動きに合わせて自動的に再生させることもできます。
アニメーションを再生するタイミングは、《アニメーション》タブ→《タイミング》グループの《開始》で設定します。

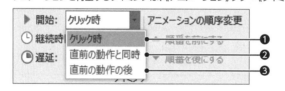

❶ クリック時
スライドショー実行中、マウスをクリックすると再生します。

❷ 直前の動作と同時
直前のアニメーションが再生されるのと同時に再生します。

❸ 直前の動作の後
直前のアニメーションが再生されたあと、すぐに再生します。

ためしてみよう【7】

①スライド2の画像が表示されるときのアニメーションとして、「ホイール」を設定しましょう。

②「ホイール」のアニメーションに効果のオプションを設定して、「1スポーク」から「8スポーク」に動きを変更しましょう。

③スライド5のSmartArtグラフィックが表示されるときのアニメーションとして、「フロートイン」を設定しましょう。

④「フロートイン」のアニメーションに効果のオプションを設定して、「1つのオブジェクトとして」から「レベル（個別）」に動きを変更しましょう。

※プレゼンテーションに任意の名前を付けて保存し、プレゼンテーションを閉じておきましょう。

Step6 プレゼンテーションを印刷しよう

1 印刷のレイアウト

作成したプレゼンテーションは、「**配布資料**」として1枚の用紙に複数のスライドを入れて印刷したり、発表者用の「**ノート**」として発表内容を含めて印刷したりできます。印刷のレイアウトには、次のようなものがあります。

●フルページサイズのスライド
1枚の用紙全面にスライドを1枚ずつ印刷します。

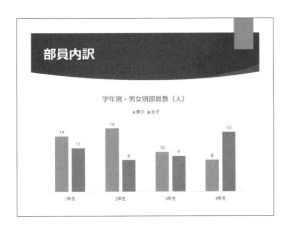

●ノート
スライドとノートペインに入力した内容をまとめて印刷します。

●アウトライン
スライド番号と文字が印刷され、画像や表、グラフは印刷されません。

●配布資料
1枚の用紙にスライドの枚数を指定して印刷します。1枚の用紙に3枚のスライドを指定した場合は、用紙の右半分にメモを書き込む部分が配置されます。

プレゼンテーション編

2 印刷の実行

ノートペインに発表時の補足説明を入力し、ノートの形式で印刷しましょう。

▶▶1 ノートペインへの入力

「ノートペイン」とは、スライドに補足説明を書きこむ領域のことです。ノートペインの表示・非表示を切り替えるには、ステータスバーの ≜ ノート （ノート）をクリックします。ノートペインを表示し、スライド4に補足説明を入力しましょう。

フォルダー「プレゼンテーション編」のプレゼンテーション「プレゼンテーションの印刷」を開いておきましょう。

① ステータスバーの ≜ ノート （ノート）をクリックします。

② ノートペインが表示されます。

③ スライドペインとノートペインの境界線をポイントします。

④ マウスポインターの形が ↕ に変わったら、上方向にドラッグします。

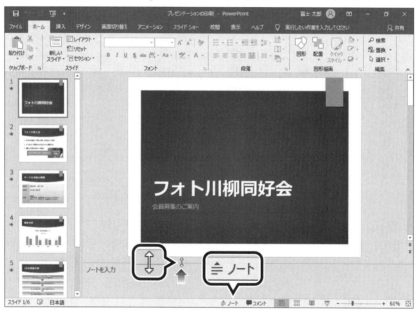

⑤ ノートペインのサイズが変更されます。

⑥ スライド4を選択します。

⑦ ノートペインの《ノートを入力》をクリックします。

⑧ 図のように文字を入力します。

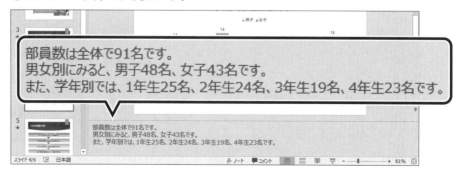

部員数は全体で91名です。
男女別にみると、男子48名、女子43名です。
また、学年別では、1年生25名、2年生24名、3年生19名、4年生23名です。

▶▶2 ノートの印刷

すべてのスライドをノートの形式で印刷しましょう。

① スライド1を選択します。

②《ファイル》タブ→《印刷》をクリックします。

③《設定》の《フルページサイズのスライド》→《印刷レイアウト》の《ノート》をクリックします。

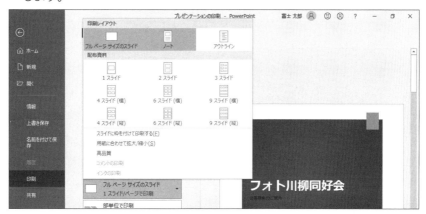

④ 印刷イメージが変更されます。

⑤ ▶ (次のページ) を3回クリックして4ページ目を表示します。

⑥ ノートペインに入力した文字が表示されていることを確認します。

⑦《印刷》の《部数》が「1」になっていることを確認します。

⑧《印刷》をクリックします。

プレゼンテーション編

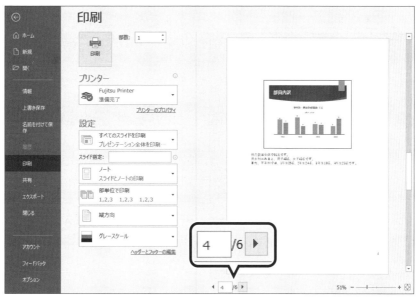

※ノートペインを非表示にしておきましょう。

※プレゼンテーションに任意の名前を付けて保存し、プレゼンテーションを閉じておきましょう。

More スライドのグレースケールまたは白黒表示

カラーで作成したスライドをモノクロプリンターで印刷すると、色の組み合わせによってはデータが見にくくなる場合があります。印刷を実行する前に色の濃淡を確認し、見にくい部分があった場合は調整します。

スライドをグレースケールまたは白黒で表示する方法は、次のとおりです。

◆《表示》タブ→《カラー/グレースケール》グループの グレースケール (グレースケール) / 白黒 (白黒)

_1_ 作成するプレゼンテーションの確認

次のようなプレゼンテーションを作成しましょう。

2 *Word文書の利用*

Wordの文書を挿入して、PowerPointのスライドを作成できます。
Wordで「見出し1」を設定している段落は「タイトル」、「見出し2」から「見出し4」を設定している段落は「箇条書きテキスト」としてそれぞれ挿入されます。

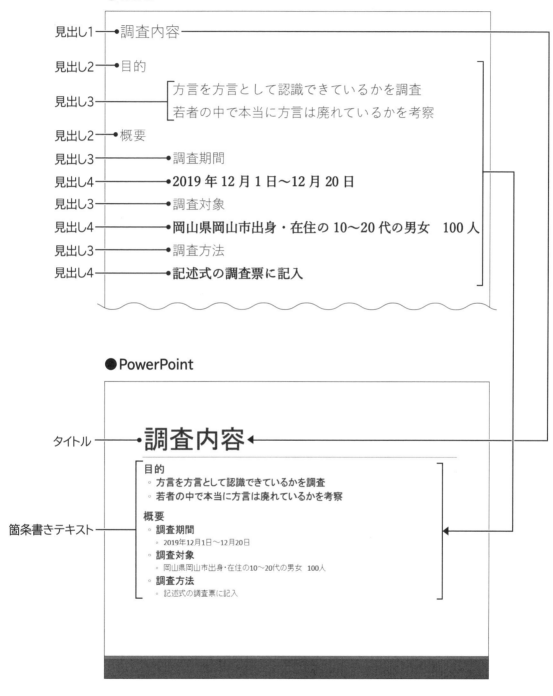

▶▶1 Word文書の挿入

スライド1の続きに、フォルダー「プレゼンテーション編」のWordの文書「レポート要点」を挿入しましょう。

※文書「レポート要点」には、あらかじめ「見出し1」から「見出し4」までのスタイルが設定されています。

 フォルダー「プレゼンテーション編」のプレゼンテーション「別のアプリのデータの利用」を開いておきましょう。

① スライド1が選択されていることを確認します。

②《ホーム》タブ→《スライド》グループの <img> （新しいスライド）の <img> →《アウトラインからスライド》をクリックします。

③《アウトラインの挿入》ダイアログボックスが表示されます。

④ ファイルの場所を選択します。

⑤ 一覧から「レポート要点」を選択します。

⑥《挿入》をクリックします。

⑦ スライド2以降に文書「レポート要点」が挿入されます。

⑧ スライド2以降のタイトルと箇条書きテキストを確認します。

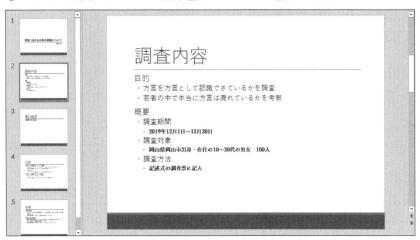

▶▶2 スライドのリセット

Wordの文書をPowerPointに挿入すると、Wordの文字だけでなく、書式の一部が一緒に取り込まれます。「リセット」を使うと、文字に設定されている書式や、スライドのプレースホルダーの位置、サイズも初期の状態に戻ります。

スライド2以降をリセットしましょう。

① スライド2を選択します。

②[Shift]を押しながらスライド5を選択します。

③ スライド2からスライド5がまとめて選択されます。

④《ホーム》タブ→《スライド》グループの ⬚リセット （リセット）をクリックします。

⑤スライドがリセットされます。

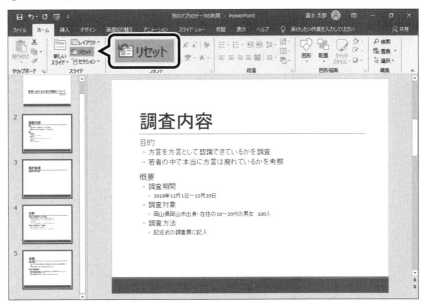

※サムネイルペインの任意のスライドをクリックし、複数のスライドの選択を解除しておきましょう。

| **More** 複数のスライドの選択 |

複数のスライドを選択すると、まとめて操作対象にできます。

選択対象	操作方法
離れたスライドの選択	1枚目のスライドをクリック→ Ctrl を押しながら2枚目以降のスライドをクリック
連続するスライドの選択	最初のスライドをクリック→ Shift を押しながら最後のスライドをクリック
すべてのスライド	スライドを選択→ Ctrl + A

3 Excelブックの利用

Excelで作成した表やグラフをPowerPointのスライドにコピーして、貼り付けたり埋め込んだりできます。「埋め込み」を行うと、Excelで編集できるオブジェクトとしてスライドに配置されます。複数のシートから構成されるExcelのブックを埋め込むと、スライドにはアクティブシートの内容が表示されます。

▶▶1 Excelブックの埋め込み

スライド3にフォルダー「プレゼンテーション編」のExcelのブック「レポート調査結果」を埋め込みましょう。

①スライド3を選択します。

②《挿入》タブ→《テキスト》グループの ⬚ （オブジェクト）をクリックします。

③《オブジェクトの挿入》ダイアログボックスが表示されます。

④《ファイルから》を◉にします。

⑤《参照》をクリックします。

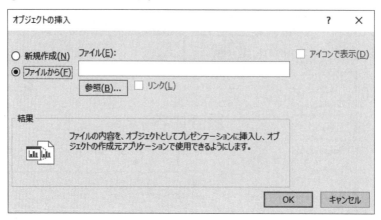

⑥《参照》ダイアログボックスが表示されます。

⑦ ファイルの場所を選択します。

⑧一覧から「レポート調査結果」を選択します。

⑨《OK》をクリックします。

⑩《オブジェクトの挿入》ダイアログボックスに戻ります。

⑪《OK》をクリックします。

⑫Excelのブック「レポート調査結果」が挿入されます。

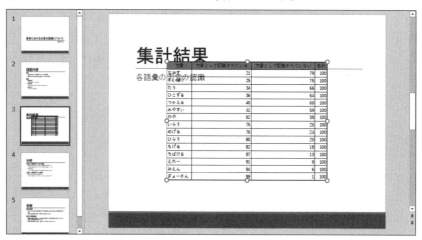

▶▶2 Excelブックの編集

埋め込んだExcelブックのシートを、別のシートに切り替えましょう。埋め込んだブックをダブルクリックすると、Excelのウィンドウで修正するような感覚で編集できます。

①表をダブルクリックします。

②周囲に斜線の枠線が表示され、枠内がExcelのシートになります。

※PowerPointのリボンがExcelのリボンに切り替わっていることを確認しておきましょう。

③シート「集計グラフ」のシート見出しをクリックします。

※シート「集計グラフ」のシート見出しが表示されていない場合は、見出しスクロールボタンの ▶ をクリックします。

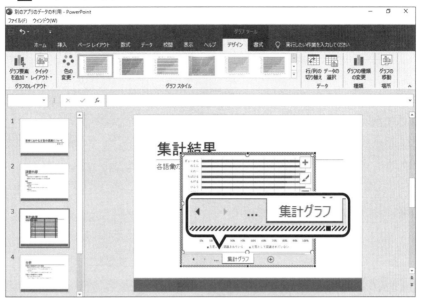

④シートが切り替わり、グラフが表示されます。

⑤グラフ以外の場所をクリックして、編集を終了します。

※グラフの位置やサイズを調整しておきましょう。

※プレゼンテーションに任意の名前を付けて保存し、プレゼンテーションを閉じておきましょう。

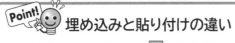

Point! 埋め込みと貼り付けの違い

《挿入》タブ→《テキスト》グループの ▢ (オブジェクト)でExcelのブックを埋め込んだ場合は、表やグラフを ダブルクリックするとExcelで編集できます。
《ホーム》タブ→《クリップボード》グループの 🔲 (貼り付け)で貼り付けた場合は、表やグラフをダブルクリックしてもExcelで編集できる状態にはなりません。

Step8 スライド共通のデザインを設定しよう

1 作成するスライドの確認

次のようなプレゼンテーションを作成しましょう。

2 スライドマスターの編集

「スライドマスター」は、プレゼンテーション内のすべてのスライドのデザインをまとめて管理するものです。すべてのスライドで共通して、タイトルのフォントサイズや箇条書きテキストの行頭文字などを変更したい場合は、スライドマスターを編集します。スライドマスターを編集すると、プレゼンテーション内のスライドのデザインをまとめて変更できます。
次のようにスライドマスターを編集しましょう。

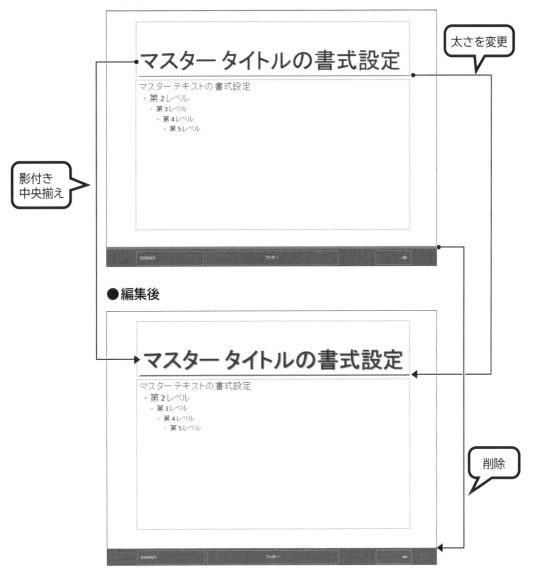

 フォルダー「プレゼンテーション編」のプレゼンテーション「共通デザインの設定」を開いておきましょう。

① スライド1が選択されていることを確認します。

②《表示》タブ→《マスター表示》グループの ▦ スライド マスター （スライドマスター表示）をクリックします。

③スライドマスター表示モードに切り替わります。

④サムネイルペインの一番上に表示されているスライドマスターを選択します。

⑤タイトル用のプレースホルダーの下側の直線を選択します。

⑥《書式》タブ→《図形のスタイル》グループの 図形の枠線▼ （図形の枠線）→《太さ》
→《3pt》をクリックします。

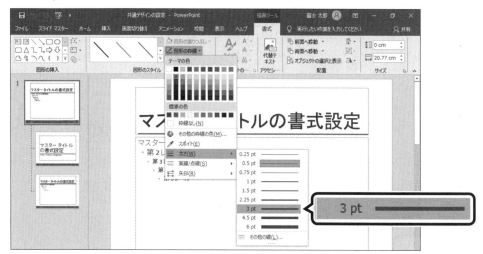

⑦直線の太さが変更されます。

⑧タイトル用のプレースホルダーの枠線をクリックして、プレースホルダーを選択します。

⑨《ホーム》タブ→《フォント》グループの S （文字の影）をクリックします。

⑩《ホーム》タブ→《段落》グループの ≡ （中央揃え）をクリックします。

⑪タイトル用のプレースホルダーに文字の影と中央揃えが設定されます。

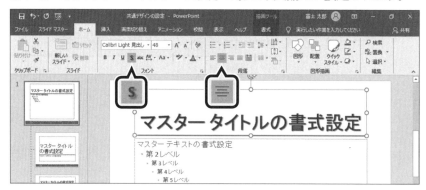

⑫スライドの下側の直線を選択します。

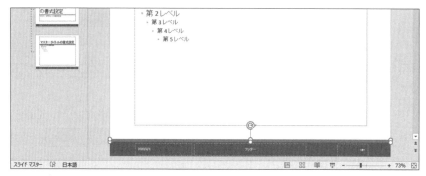

⑬ Delete を押します。

⑭ 直線が削除されます。

⑮《スライドマスター》タブ→《閉じる》グループの 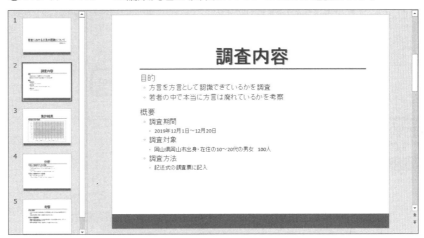 （マスター表示を閉じる）をクリックします。

⑯ 標準表示モードに戻ります。

⑰ スライド2を選択します。

⑱ スライドマスターの編集内容が反映されていることを確認します。

Point! スライドマスターの種類

スライドマスターには、すべてのスライドを共通で管理するマスターと、レイアウトごとに管理するマスターがあります。

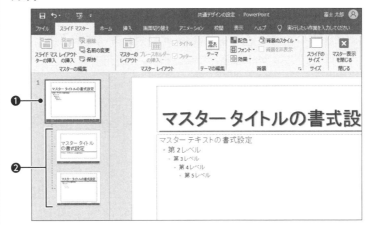

❶共通のマスター
サムネイルの一番上に表示されます。
共通のマスターを変更すると、基本的にプレゼンテーション内のすべてのレイアウトのマスターに変更が反映されます。
※適用しているテーマによっては、共通のマスターの変更が各レイアウトのマスターに反映されない場合があります。

❷各レイアウトのマスター
各レイアウトのマスターを変更すると、そのレイアウトが適用されているスライドだけに変更が反映されます。

More 書式設定の優先順位
スライドマスターの書式設定と各スライドの書式設定では、各スライドの書式設定が優先されます。

3 ヘッダーとフッターの設定

スライドには、テーマに応じて「日付領域」「数字領域」「フッター領域」の各領域があらかじめ配置されています。すべてのスライドに共通した内容を表示する場合に利用します。
※テーマによって領域の位置は異なります。

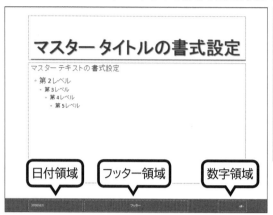 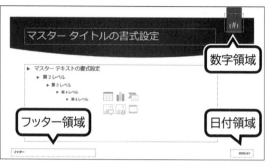

《ヘッダーとフッター》ダイアログボックスを使って、タイトルスライドを除くすべてのスライドのフッター領域に、「若者における方言の認識について」という文字を表示しましょう。

① スライド2を選択します。

②《挿入》タブ→《テキスト》グループの（ヘッダーとフッター）をクリックします。

③《ヘッダーとフッター》ダイアログボックスが表示されます。

④《スライド》タブを選択します。

⑤《フッター》を☑にし、「若者における方言の認識について」と入力します。

⑥《タイトルスライドに表示しない》を☑にします。

⑦《すべてに適用》をクリックします。

⑧ タイトルスライド以外のスライドのフッター領域に文字が表示されます。

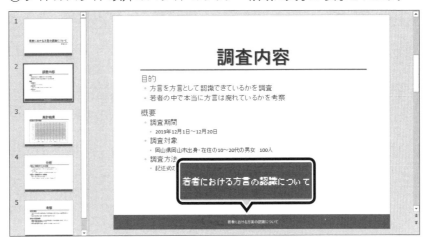

 ためしてみよう【8】

●スライドマスター

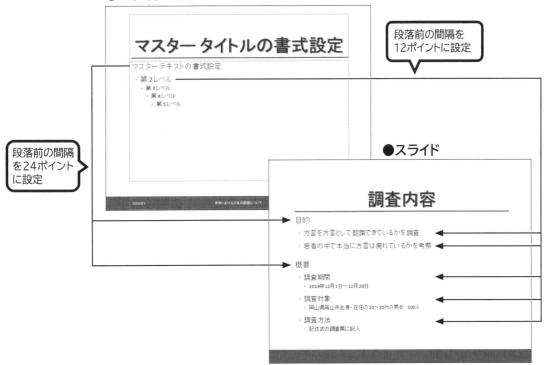

① スライドマスターを表示して、「マスターテキストの書式設定」の段落前の間隔を「24」ポイント、「第2レベル」の段落前の間隔を「12」ポイントに設定しましょう。

💡Hint 段落前の間隔を設定するには、《ホーム》タブ→《段落》グループの 🔲 （段落）を使います。

※プレゼンテーションに任意の名前を付けて保存し、プレゼンテーションを閉じておきましょう。

1 スライドの効率的な切り替え

プレゼンテーションを行うときには、内容に合わせてタイミングよくスライドを切り替えることが重要です。また、質疑応答のときには、質問された内容のスライドにすばやく切り替える必要があります。
スライドショー実行中にスライドを切り替える方法を確認しましょう。

移動先	操作方法
次のスライドに進む	・スライドをクリック ・[＿＿＿＿＿]（スペース）または[Enter] ・[→]または[↓] ・スライドを右クリック→《次へ》 ・マウスを動かす→スライドの左下の ▷
前のスライドに戻る	・[Back Space] ・[←]または[↑] ・スライドを右クリック→《前へ》 ・マウスを動かす→スライドの左下の ◁
直前に表示したスライドに戻る	・スライドを右クリック→《最後の表示》 ・マウスを動かす→スライドの左下の ⋯ →《最後の表示》
スライド番号を指定して移動する	・スライド番号を入力→[Enter] ※例えば、「4」と入力して[Enter]を押すと、スライド4が表示されます。

More **画面の自動切り替え**

初期の設定では、スライドショーの実行中にマウスをクリックまたは[Enter]を押すと、画面が切り替わります。クリックしたり、[Enter]を押したりしなくても、指定した時間で自動的に画面が切り替わるように設定できます。
画面の自動切り替えを設定する方法は、次のとおりです。

◆《画面切り替え》タブ→《タイミング》グループの《☑自動的に切り替え》→切り替え時間を設定

※すべてのスライドに自動切り替えを設定するには、切り替え時間を設定後《画面切り替え》タブ→《タイミング》グループの[🖫すべてに適用]（すべてに適用）をクリックする必要があります。

More **画面切り替えのタイミング**

《画面切り替え》タブ→《タイミング》グループの《クリック時》と《自動的に切り替え》を組み合わせて、次のように画面切り替えのタイミングを設定できます。

設定	説明
☑クリック時 ☑自動的に切り替え	クリックまたは[Enter]を押したときや指定時間が経過したときに、画面が切り替わります。
☑クリック時 ☐自動的に切り替え	クリックまたは[Enter]を押したときに、画面が切り替わります。
☐クリック時 ☑自動的に切り替え	[Enter]を押したときや指定時間が経過したときに、画面が切り替わります。
☐クリック時 ☐自動的に切り替え	[Enter]を押したときに、画面が切り替わります。

Point! オブジェクトの動作設定

スライド上のオブジェクトをクリックまたはポイントした時点で、特定のスライドに切り替わるように設定できます。
◆オブジェクトを選択→《挿入》タブ→《リンク》グループの ★ (動作)→《マウスのクリック》タブまたは《マウスの通過》タブ→《⦿ハイパーリンク》→一覧から移動先を選択

2 非表示スライドの設定

特定のスライドを非表示に設定して、スライドショーから除外できます。
非表示に設定しても、標準表示モードでスライドを編集できます。
スライド6を非表示スライドに設定しましょう。

 フォルダー「プレゼンテーション編」のプレゼンテーション「役立つ機能」を開いておきましょう。

① スライド6を選択します。
②《スライドショー》タブ→《設定》グループの 非表示スライドに設定 (非表示スライドに設定)をクリックします。
③ 非表示スライドに設定されます。
④ サムネイルペインのスライド番号が 🔗 になっていることを確認します。

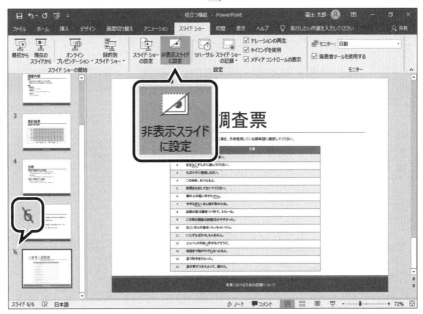

※スライド1からスライドショーを実行して、スライド6が表示されないことを確認しておきましょう。
※非表示に設定したスライド6からスライドショーを実行すると、スライド6は表示されます。

More 非表示スライドの印刷

初期の設定では、非表示スライドが印刷される設定になっています。
非表示スライドを印刷しないように設定する方法は、次のとおりです。
◆《ファイル》タブ→《印刷》→《設定》の《すべてのスライドを印刷》の · →《非表示スライドを印刷する》をオフにする

_3_ ペンの利用

スライドショーの実行中にスライド上の強調したい部分を「ペン」で囲んだり、「蛍光ペン」で塗ったりできます。
スライドショーを実行して、スライド2の「**方言として認識できているか**」をペンで囲みましょう。また、「**10〜20代**」を蛍光ペンで塗りましょう。

①スライドショーを実行し、スライド2に切り替えます。

②マウスを動かします。

③スライドの左下の →《ペン》をクリックします。

※マウスポインターの形が ✚ に変わります。

④図のようにドラッグします。

⑤スライドの左下をポイントします。

⑥ → 《蛍光ペン》をクリックします。

※マウスポインターの形が に変わります。

⑦図のようにドラッグします。

⑧ Esc を押して、ペンを解除します。

⑨ Esc を押して、スライドショーを終了します。

⑩ 図のようなメッセージが表示されたら、《破棄》をクリックします。

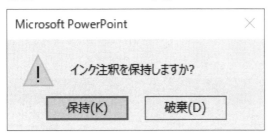

※《保持》をクリックすると、ペンや蛍光ペンの内容がスライドにオブジェクトとして配置されます。

More ペンで書き込んだ内容の消去

スライドにペンで書き込んだ内容を部分的に消去する方法は、次のとおりです。

◆スライドショー実行中にスライドの左下をポイント→ 🖊 →《消しゴム》→消去する部分をクリック

※消しゴムを解除するには、Esc を押します。

スライドにペンで書き込んだ内容をすべて消去する方法は、次のとおりです。

◆スライドショー実行中にスライドの左下をポイント→ 🖊 →《スライド上のインクをすべて消去》

4 発表者ツールの利用

「発表者ツール」とは、スライドショーの実行中に発表者だけに表示される画面のことです。パソコンにプロジェクターや外付けモニターを接続して、プレゼンテーションを実施するような場合に使用します。

発表者ツールを使うと、ノートペインの補足説明やスライドショーの経過時間などを、出席者には見せずに、発表者だけが確認できる状態になります。出席者が見るプロジェクターには通常のスライドショーが表示され、発表者が見るパソコンのディスプレイには発表者ツールが表示されるという仕組みです。

ノートパソコンにプロジェクターを接続して、ノートパソコンのディスプレイに発表者ツール、プロジェクターにスライドショーを表示しましょう。

① パソコンにプロジェクターを接続します。

② 《スライドショー》タブ→《モニター》グループの《モニター》の 自動 （プレゼンテーションの表示先）が《自動》になっていることを確認します。

③ 《モニター》グループの《発表者ツールを使用する》を ☑ にします。

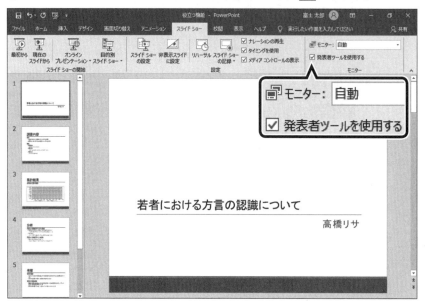

④ スライド1を選択します。

⑤ ステータスバーの 🖵 （スライドショー）をクリックします。

⑥ プロジェクターにはスライドショーが表示されます。

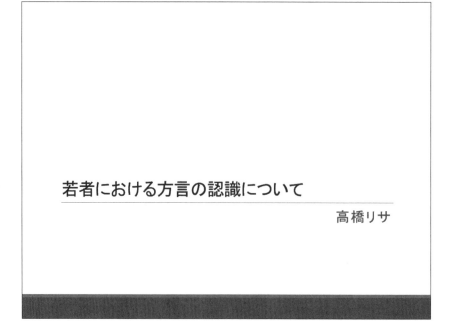

⑦ パソコンのディスプレイには発表者ツールが表示されます。

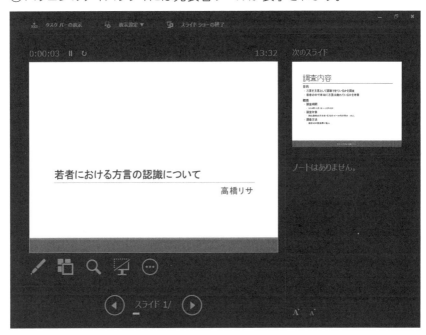

⑧ 発表者ツールの画面の ▶ (次のアニメーションまたはスライドに進む) をクリックします。

※スライド上をクリックするか、または、Enter を押してもかまいません。

⑨ スライド2が表示されます。

⑩ 同様に、最後のスライドまで表示します。

⑪ スライドショーが終了すると、「**スライドショーの最後です。クリックすると終了します。**」というメッセージが表示されます。

⑫ 発表者ツールの画面の ▶ (次のアニメーションまたはスライドに進む) をクリックします。

※スライド上をクリックするか、または、Enter を押してもかまいません。

⑬ スライドショーが終了し、標準表示モードに戻ります。

More　発表時間の管理

発表者ツールでは、スライドの左上にタイマー、右上には現在の時刻が表示されるので、経過時間や残り時間を把握しやすくなります。

More　発表者ツールの便利な機能

発表者ツールには、プレゼンテーションをするときに便利な機能が用意されています。

🔳 (すべてのスライドを表示します)
プロジェクターの表示は変えずに、発表者ツールにすべてのスライドを一覧で表示します。
※一覧からもとの表示に戻るには、Esc を押します。

🔍 (スライドを拡大します)
プロジェクターにスライドの一部を拡大して表示します。
※もとの表示に戻るには、Esc を押します。

📐 (スライドをカットアウト/カットイン (ブラック) します)
プロジェクターの表示を黒くして、表示中のスライドを一時的に非表示にします。
※もとの表示に戻るには、Esc を押します。

More　プロジェクターを接続せずに発表者ツールを表示する

プロジェクターや外付けモニターを接続しなくても、パソコンのディスプレイに発表者ツールを表示できます。本番前の練習に便利です。
プロジェクターを接続せずに発表者ツールを表示する方法は、次のとおりです。

◆スライドショーを実行→スライドを右クリック→《発表者ツールを表示》

5 リハーサルの実行

「リハーサル」を使うと、プレゼンテーションの内容に合わせて、スライドショー全体の所要時間と各スライドの表示時間を記録できます。

発表者は、原稿を準備して本番と同じようにプレゼンテーションを行い、必要な時間を確認したり、時間配分を確認したりすることができます。

リハーサルを実行し、各スライドの切り替え時間を記録しましょう。

①スライド1を選択します。

②《スライドショー》タブ→《設定》グループの (リハーサル) をクリックします。

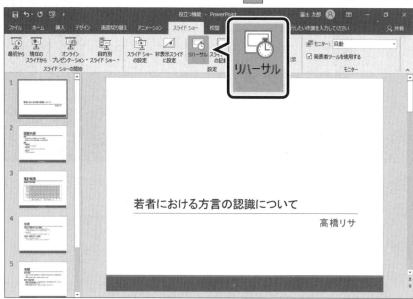

③リハーサルが開始され、画面左上に《記録中》ツールバーが表示されます。

④スライド上をクリックして、次のスライドを表示します。

※本来は、表示されているスライドに対する発表原稿を読んでから、次のスライドを表示します。

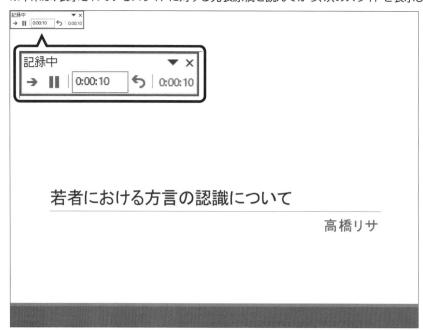

⑤同様に、最後のスライドまで進めます。

⑥リハーサルが終了して、図のようなメッセージが表示されたら、《はい》をクリックします。

⑦ステータスバーの　□□　(スライド一覧)をクリックします。

⑧スライド一覧表示モードに切り替わります。

⑨各スライドの右下に記録した時間が表示されていることを確認します。

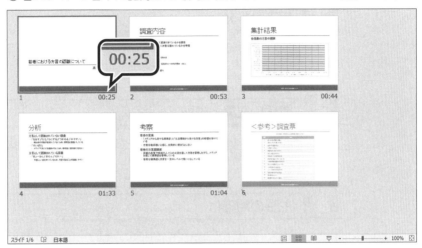

※スライドショーを実行し、記録した時間で自動的にスライドが切り替わることを確認しておきましょう。

※プレゼンテーションに任意の名前を付けて保存し、プレゼンテーションを閉じておきましょう。

プレゼンテーション編

More　切り替え時間の変更

リハーサルで記録した切り替え時間を変更する方法は、次のとおりです。

◆スライドを選択→《画面切り替え》タブ→《タイミング》グループの《自動的に切り替え》で設定

More　切り替え時間のクリア

リハーサルで記録したすべての切り替え時間をクリアする方法は、次のとおりです。

◆《スライドショー》タブ→《設定》グループの　（現在のスライドから記録）の　→《クリア》→《すべてのスライドのタイミングをクリア》

　プレゼンテーションの流れ

1　プレゼンテーションの流れ

プレゼンテーションを成功させるためには、入念な準備が必要です。
プレゼンテーションを設計して実施するまでの基本的な流れを確認しましょう。

 目的の明確化

プレゼンテーションを実施することによって、どのような成果を得たいのか
を考えます。

 聞き手の分析

聞き手に関する情報を収集し、興味や知識レベルなどを把握します。

 情報の収集と整理

プレゼンテーションの内容に関する情報を多角的に収集し、必要な情報を
取捨選択します。

 主張の明確化

最も伝えたい内容を明確にします。

 ストーリーの組み立て

整理した情報を組み合わせて、プレゼンテーション全体の構成を決定します。
主張したい内容をわかりやすく伝えるための工夫をします。

 プレゼンテーション資料の作成

決定した構成にそって、プレゼンテーション資料を作成します。

 シナリオの作成

せりふや強調すべきポイントなどを検討しながら、発表者用のシナリオを作
成します。

 リハーサル

本番を想定したリハーサルを行い、全体の構成や話し方、時間配分などを
チェックし、問題点を改善します。

9 最終確認

使用する資料や機器などを事前に確認し、必要なものを準備します。

10 プレゼンテーションの実施

プレゼンテーションの目的を再確認し、時間配分に注意しながら発表を行います。
発表後は質疑応答の時間を設けます。

11 フォロー

プレゼンテーションを評価してもらいます。
聞き手に対してアプローチを開始し、次の展開につなげます。

2 プレゼンテーションの基本

▶▶1 目的の明確化

プレゼンテーションを実施する際は、まず最初にその目的を明確にします。
目的を正しく認識することにより、何に焦点を当てて話を展開すればよいのかが見えてきます。
プレゼンテーションの目的には、次のようなものがあります。

●聞き手に理解してもらう

聞き手の理解を促すために、要点を抑えて簡潔に説明します。聞き手の知識レベルに配慮することも大切です。

●聞き手に納得してもらう

聞き手に納得してもらうためには、聞き手の反応を見ながら興味が持続するように話します。単なる自慢話で終わらないように注意する必要があります。

●聞き手に行動を起こしてもらう

行動を起こした場合のメリットや起こさなかった場合のデメリットを提示して、聞き手の意思決定を促します。

▶▶2 聞き手の分析

発表者は「話をしてあげる」のではなく、聞き手に「話を聞いてもらう」という意識を持って、プレゼンテーションの設計から実施まで行います。プレゼンテーションの内容を聞き手が理解できないとしたら、それは聞き手の能力に問題があるのではなく、発表者が話す内容、見せる資料に問題があるということを自覚しておきましょう。
聞き手にどの程度の専門知識があるのか、聞き手を十分に分析して、聞き手のレベルに合わせて最適な言葉で表現する必要があります。

プレゼンテーション編

聞き手に関して、次のような内容を事前に確認しておきましょう。

- 年齢、性別
- 所属する会社・団体
- プレゼンテーションを聞く人数
- プレゼンテーションの内容について知識があるか？
- 何のためにプレゼンテーションを聞くのか？
- 何を求めているのか？　何を得たいのか？

▶▶3　情報の収集と整理

プレゼンテーションの目的が明確になり、聞き手の分析ができたら、内容に応じて必要な情報を収集・整理します。

関係者へのヒアリングやアンケート調査などを行って情報を収集します。

また、収集した情報を整理して、情報不足の場合はさらに収集を重ね、情報過多の場合は必要な情報だけを選別します。

これらの収集・整理した情報は、プレゼンテーションを実施するうえで、具体的な裏付けデータとして力を発揮します。

▶▶4　主張の明確化

収集・整理した情報を多角的に分析し、さらにアイディアや問題解決策などを加えて、自分が主張し、相手に伝えたい内容を明確にします。

発表者の主張が曖昧なものでは、聞き手に理解してもらったり、納得してもらったりすることは不可能です。

▶▶5　ストーリーの組み立て

限られた時間の中で、自分の主張をわかりやすく伝えるには、話の組み立てがとても重要になります。話の組み立てがしっかりしていて、話の展開に合理性があれば、たとえ発表者の主張が複雑で難解なものであっても、聞き手にはすっきりと伝わります。また、聞き手の興味や集中を持続することも可能です。

一般的には、序論（導入）→本論（展開）→結論（まとめ）の3部構成で話を組み立てます。

序論
- 目的を明確に示す
- 内容が、聞き手にとってどれくらい重要か、どのような利益を生むかを説明する
- 本論にスムーズに入るために必要な前提知識を提供する

本論
- 序論を受けて、主張したい内容の理由付けを順序立てて行う
- アイディア・問題解決策などを論理的に説明する
- 客観的事実・過去の実績・統計結果など具体的な裏付けデータを提示する

結論
- 本論で展開した内容を要約する
- 主張したい内容を繰り返し、聞き手の行動を促す

**結論を最初に述べる**

プレゼンテーションの内容によっては、序論で先に結論を述べる方が効果的な場合もあります。最初に注意を引きつけて、聞き手になぜその結論に達したのか興味を抱いてもらい、話を最後まで聞いてもらう手法です。

▶▶6　プレゼンテーション資料の作成

発表者の話だけでは理解しにくいことも、資料があると理解しやすくなります。
伝えたい内容が端的に示されていて、それだけですべてを語る資料には、聞き手
の興味を引きつけ、発表者の主張をより強固にする力があります。
プレゼンテーション資料は、長々とした文章にするのではなく、箇条書きや図解にし
ます。
また、スライドの切り替えは、2〜3分に1枚が最適です。スライド枚数が多すぎて、す
ぐにスライドが切り替わると、慌しい印象を与えます。逆に、スライド枚数が少なす
ぎて、なかなかスライドが切り替わらないと、退屈な印象を与えます。

▶▶7　シナリオの作成

「シナリオ」とは、発表者がプレゼンテーション資料の内容を説明する際に参考にす
る台本のようなものです。プレゼンテーション資料を読み上げるだけでは、聞き手
は退屈してしまいます。平面的な資料に肉付けをして、立体的にストーリーを組み
立てて聞き手に語りかけることが重要です。プレゼンテーション資料に書かれてい
ない事例や補足説明を加えながら、ときにはユーモアを交えながら、聞き手を引き
つける工夫をしましょう。
作成するシナリオには、実際に話す内容をすべて書き出す必要はなく、要点をまと
めておく程度でかまいません。

Point!　スピーチ原稿

発表する内容をすべて書き下ろす場合は、次の点に注意します。
・自分自身の言葉で書く
・書き言葉ではなく、話し言葉で書く
・原稿はできるだけ覚えて、原稿に目を落とす頻度を少なくする

▶▶8　リハーサル

プレゼンテーションの前には、必ずリハーサルを行いましょう。リハーサルは本番同
様、緊張感を持って行います。個人で練習するだけでなく、第三者に立ち会っても
らうとよいでしょう。本番と同じ制限時間で、話の内容・話し方・時間配分などにつ
いて総合的にチェックしてもらい、問題点を改善しましょう。
リハーサルを十分に行っておくと、自信を持って本番に臨むことができます。

▶▶9　最終確認

プレゼンテーションの当日に慌てないように、前日までに会場や機器、備品、配布
資料などを確認しておきましょう。

▶▶10 プレゼンテーションの実施

プレゼンテーションには、自信を持って堂々と臨まなければなりません。主張したい内容がすばらしいものであっても、自信がなさそうに発表すると、聞き手は大した内容ではないのだろうと思ってしまいます。自分の主張に確信を持って発表することにより、聞き手を自分の世界に引き込むことができるのです。
次のような点に留意して発表しましょう。

●大きな声でメリハリを付ける

聞き手全員にはっきりと聞こえるように、大きな声で発表しましょう。単に大きな声で発表するのではなく、抑揚を付けたり、強調したい内容を繰り返したりして、メリハリを付けて発表しましょう。

●聞き手全員に語りかける

原稿だけに視線を向けて、発表してはいけません。聞き手全員の表情を見ながら、語りかけるように発表しましょう。

●断定的に表現する

「・・・と思います。」のような曖昧な表現は避け、「・・・です。」のように断定的に言い切りましょう。

 質疑応答

通常、発表後に質疑応答の時間を設けます。質疑応答で聞き手が抱いている疑問を解決することにより、プレゼンテーション全体がより説得力のあるものになります。あらかじめ予想される質問とその回答を準備しておくと、スムーズに対応できます。
また、発表の途中にその都度、質問が出ると、話の腰を折られる形になり、聞き手の集中力も散漫になりがちです。このようなことを避けるには、質疑応答の時間を最後に設けていることをあらかじめ宣言しておきましょう。

 制限時間の厳守

通常、プレゼンテーションの時間はあらかじめ決められています。時間内に、発表と質疑応答を終えなければなりません。発表中に何らかの問題が生じても、臨機応変に対応し、時間がオーバーしないように注意しましょう。
重点的に強調したいスライドとそうでないスライドをあらかじめ選別しておくと、いざというときの時間調整に役立ちます。

▶▶11 フォロー

プレゼンテーション実施後は、聞き手にタイミングよくアプローチし、プレゼンテーションの効果を確認します。
聞き手によっては、プレゼンテーションの内容を評価してもらうのもよいでしょう。

練習問題

練習問題 1

次のようなプレゼンテーションを作成しましょう。
※設定する項目名が一覧にない場合は、任意の項目を選択してください。

 OPEN PowerPointを起動し、新しいプレゼンテーションを作成しておきましょう。

1枚目

入学説明会
FOMアカデミックスクール

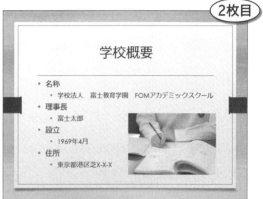

2枚目

学校概要

- 名称
  - 学校法人　富士教育学園　FOMアカデミックスクール
- 理事長
  - 富士太郎
- 設立
  - 1969年4月
- 住所
  - 東京都港区芝X-X-X

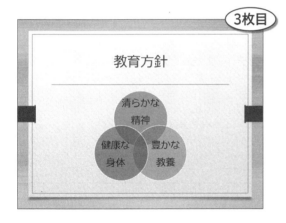

3枚目

教育方針

清らかな精神
健康な身体
豊かな教養

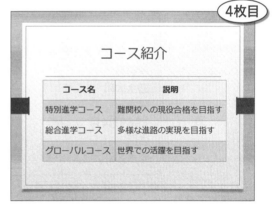

4枚目

コース紹介

コース名	説明
特別進学コース	難関校への現役合格を目指す
総合進学コース	多様な進路の実現を目指す
グローバルコース	世界での活躍を目指す

① スライドのサイズを「標準（4：3）」にしましょう。
次に、プレゼンテーションにテーマ「オーガニック」を適用し、フォントを「Century Gothic　メイリオ　メイリオ」に変更しましょう。

② スライド1に次のようなタイトルとサブタイトルを入力しましょう。

●タイトル

入学説明会

●サブタイトル

FOMアカデミックスクール

※英字は半角で入力します。

③ タイトル「入学説明会」のフォントサイズを「66」ポイント、サブタイトル「FOMアカデミックスクール」のフォントサイズを「32」ポイントに設定しましょう。

④ スライド1の後ろに新しいスライドを挿入しましょう。スライドのレイアウトは「タイトルとコンテンツ」にします。

⑤ スライド2に次のようなタイトルと箇条書きテキストを入力しましょう。

●タイトル

学校概要

●箇条書きテキスト

名称
学校法人□富士教育学園□FOMアカデミックスクール
理事長
富士太郎
設立
1969年4月
住所
東京都港区芝X-X-X

※□は全角の空白を表します。
※英数字・記号は半角で入力します。

⑥ 箇条書きテキストの2行目・4行目・6行目・8行目のレベルを1段階下げましょう。

⑦ スライド2に、フォルダー「プレゼンテーション編」のフォルダー「練習問題」の画像「学生」を挿入しましょう。

⑧ 完成図を参考に、画像の位置とサイズを調整しましょう。

⑨ スライド2の後ろに新しいスライドを挿入しましょう。スライドのレイアウトは「タイトルとコンテンツ」にします。

⑩ スライド3に次のようなタイトルと箇条書きテキストを入力しましょう。

●タイトル

教育方針

●箇条書きテキスト

清らかな精神 豊かな教養 健康な身体

⑪ スライド3の箇条書きテキストをSmartArtグラフィックの「**基本ベン図**」に変換しましょう。

⑫ SmartArtグラフィックの色を「**カラフル-アクセント3から4**」に変更しましょう。
次に、SmartArtグラフィックのフォントサイズを「**28**」ポイントに設定しましょう。

⑬ スライド3の後ろに新しいスライドを挿入しましょう。スライドのレイアウトは「**タイトルとコンテンツ**」にします。

⑭ スライド4にタイトル「**コース紹介**」を入力しましょう。

⑮ スライド4に4行2列の表を作成し、次のように文字を入力しましょう。

コース名	説明
特別進学コース	難関校への現役合格を目指す
総合進学コース	多様な進路の実現を目指す
グローバルコース	世界での活躍を目指す

⑯ 表にスタイル「**中間スタイル4-アクセント1**」を適用しましょう。

⑰ 表内のすべての文字のフォントサイズを「**24**」ポイントに設定しましょう。

⑱ 完成図を参考に、表の位置とサイズを調整しましょう。また、列幅と行の高さも調整しましょう。

⑲ 完成図を参考に、表内の文字の配置を調整しましょう。

🔔**Hint** 水平方向、垂直方向の配置をそれぞれ調整します。

⑳ すべてのスライドに「**観覧車**」の画面切り替え効果を設定しましょう。

㉑ スライド1からスライドショーを実行しましょう。

㉒ プレゼンテーションを配布資料の形式で印刷しましょう。配布資料には、1ページに2枚のスライドを印刷します。

※プレゼンテーションに任意の名前を付けて保存し、プレゼンテーションを閉じておきましょう。

練習問題 *2*

次のようなプレゼンテーションを作成しましょう。
※設定する項目名が一覧にない場合は、任意の項目を選択してください。

フォルダー「プレゼンテーション編」のフォルダー「練習問題」のプレゼンテーション「練習問題2」を開いておきましょう。

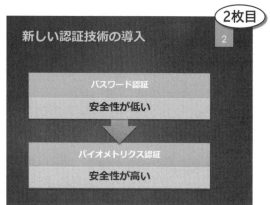

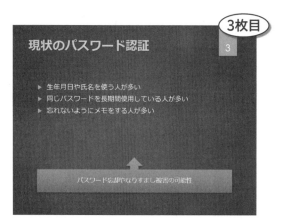

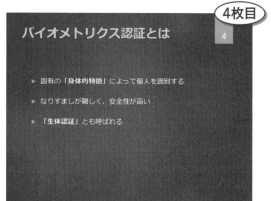

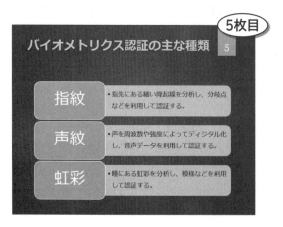

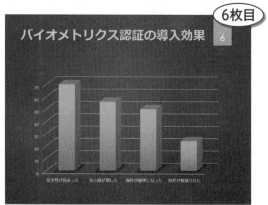

①スライド2の後ろに、Wordの文書「バイオメトリクス認証」を挿入しましょう。

②スライド3からスライド6をリセットし、レイアウトを「タイトルとコンテンツ」に変更しましょう。

③完成図を参考に、スライド3に「吹き出し：上矢印」の図形を作成しましょう。
　次に、図形内に「パスワード忘却やなりすまし被害の可能性」と入力しましょう。

④図形にスタイル「光沢-緑、アクセント3」を適用しましょう。

⑤図形内のすべての文字に次のような書式を設定しましょう。

```
フォント　　　：MS Pゴシック
フォントサイズ：28ポイント
文字の影
```

⑥図形に次のようなアニメーションを設定しましょう。

```
種類　　　：開始　フロートイン
継続時間：3秒
```

Hint 継続時間は《アニメーション》タブ→《タイミング》グループの《継続時間》で設定します。

⑦スライド4のコンテンツ用のプレースホルダーの行間を「2.0」に設定しましょう。

⑧箇条書きテキスト内の「「身体的特徴」」と「「生体認証」」に次のような書式を設定しましょう。

```
フォントの色：黄
太字
```

⑨スライド5の箇条書きテキストをSmartArtグラフィック「縦方向ボックスリスト」に変換し、完成図を参考にサイズを調整しましょう。

⑩SmartArtグラフィックに次のようなアニメーションを設定しましょう。

```
種類　　　　　：開始　スライドイン
効果のオプション：方向　左から
```

⑪スライド6にバイオメトリクス認証の導入効果を表す3Dの集合縦棒グラフを作成しましょう。次のデータをもとに作成します。

	バイオメトリクス認証の導入効果
安全性が高まった	70
安心感が増した	56
操作が簡単になった	50
負担が軽減された	24

⑫ グラフにスタイル「スタイル11」を適用しましょう。

⑬ グラフのタイトルと凡例を非表示にしましょう。

　　　Hint《グラフツール》の《デザイン》タブ→《グラフのレイアウト》グループの〔グラフ要素を追加〕
　　　（グラフ要素を追加）を使います。

⑭ 完成図を参考に、グラフの位置とサイズを調整しましょう。

⑮ タイトルスライドを除くすべてのスライドにスライド番号を表示しましょう。

⑯ スライドマスターを表示して、マスタータイトルに次のような書式を設定しましょう。

フォントサイズ：36ポイント
太字
文字の影

---

⑰ スライド1からスライドショーを実行し、スライド4にジャンプしましょう。

　　　Hint スライド番号を入力して［Enter］を押すと効率的です。

⑱ スライドショー実行中のスライド4で、「安全性が高い」を緑のペンで強調しましょう。次に、ペンの内容を破棄して、スライドショーを終了しましょう。

⑲ スライド1からリハーサルを実行し、最後のスライドまで確認しましょう。
　確認できたら、スライドが切り替わるタイミングを保持せずに、リハーサルを終了しましょう。

※プレゼンテーションに任意の名前を付けて保存し、プレゼンテーションを閉じておきましょう。

■データベース編■

データベースソフトを
活用しよう

Access 2019

Step 1 Accessについて

1 Accessの概要

Accessは、大量のデータをデータベースとして蓄積し、必要に応じてデータを抽出したり集計したりできるリレーショナル・データベースソフトです。

例えば、「取引高10万円以上の得意先を抽出する」「売上に関するデータを月別・支店別に集計する」といったことができます。

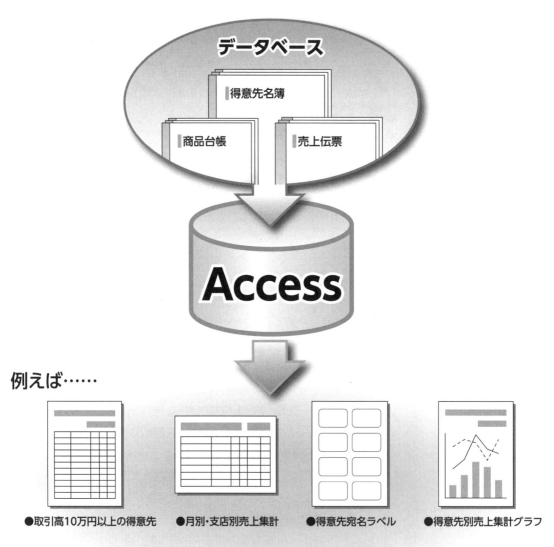

データベース

得意先名簿

商品台帳　　売上伝票

Access

例えば……

●取引高10万円以上の得意先　●月別・支店別売上集計　●得意先宛名ラベル　●得意先別売上集計グラフ

目的に応じて欲しいデータが得られます

▶▶1 データベース

「データベース」とは、特定のテーマや目的に沿って集められたデータの集まりです。例えば、「商品台帳」「得意先名簿」「売上伝票」のように関連する情報をひとまとめにした帳簿などがデータベースです。

▶▶2 データベースソフト

「データベースソフト」とは、データベースを作成し、管理するためのソフトウェアです。帳簿などの紙面で管理していたデータをコンピューターで管理すると、より有効に活用できるようになります。

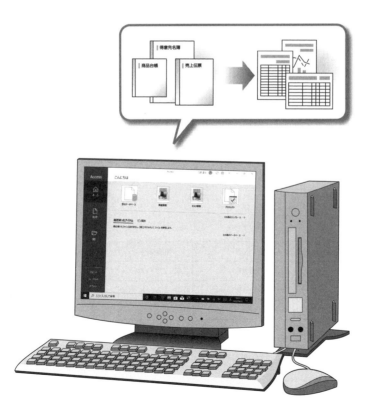

▶▶3 リレーショナル・データベース

「リレーショナル・データベース」とは、データを目的ごとに分類した表で管理し、それ
ぞれの表を相互に関連付けたデータベースのことです。

例えば、「売上伝票」を作成する場合、データを「売上データ」「得意先」「商品」の3つ
の表に分類し、それぞれに該当するデータを蓄積します。その際、得意先コードや
商品コードなどを利用してそれぞれの表を関連付けると、効率よくデータの入力や
更新ができるだけでなく、ディスク容量を節約できるという利点もあります。

リレーショナル・データベースを作成し、管理するソフトウェアを「リレーショナル・
データベースソフト」といいます。Accessは、リレーショナル・データベースソフトに
分類されます。

●売上伝票

受注番号	売上日	得意先コード	得意先名	商品コード	商品名	単価	数量	金額
1	2020/03/03	120	みらいデパート	1003	シュガー入れ	¥3,800	6	¥22,800
2	2020/03/03	130	ガラスの花田	1001	コーヒーカップ	¥2,500	10	¥25,000
3	2020/03/04	140	ヨコハマ販売	1001	コーヒーカップ	¥2,500	8	¥20,000
4	2020/03/05	110	富士工芸	1004	ディナー皿	¥2,800	5	¥14,000
5	2020/03/05	110	ふじ工芸	1001	コーヒーカップ	¥2,500	15	¥37,500

データの入力ミスが
発生しやすい

データが重複するため、
ディスク容量に無駄が増える

リレーショナル・データベース
を作成すると

●売上データ

受注番号	売上日	得意先コード	商品コード	数量	金額
1	2020/03/03	120	1003	6	¥22,800
2	2020/03/03	130	1001	10	¥25,000
3	2020/03/04	140	1001	8	¥20,000
4	2020/03/05	110	1004	5	¥14,000
5	2020/03/05	110	1001	15	¥37,500

得意先名や商品名を
入力する必要がない

関連付け

関連付け

●得意先

得意先コード	得意先名	〒	住所	電話番号
110	富士工芸	231-0051	神奈川県横浜市中区	045-227-XXXX
120	みらいデパート	230-0001	神奈川県横浜市鶴見区	045-551-XXXX
130	ガラスの花田	169-0071	東京都新宿区	03-3456-XXXX
140	ヨコハマ販売	227-0062	神奈川県横浜市青葉区	045-981-XXXX

●商品

商品コード	商品名	単価
1001	コーヒーカップ	¥2,500
1002	ポット	¥6,000
1003	シュガー入れ	¥3,800
1004	ディナー皿	¥2,800

2 Accessの画面構成

Accessの画面構成を確認しましょう。

▶▶1 Accessの画面構成

Accessの各部の名称と役割は、次のとおりです。

❶ タイトルバー

データベース名やアプリ名が表示されます。

❷ リボンを折りたたむ

クリックすると、リボンが折りたたまれて、タブ名だけが表示されます。

※リボンのタブをクリックすると、リボンが展開され、
🔲 (リボンの固定)が表示されます。クリックすると、リボンが展開されてもとの表示に戻ります。

❸ ナビゲーションウィンドウ

オブジェクトの一覧が表示されます。

❹ タブ

オブジェクトの表示を切り替えるときに使います。

❺ オブジェクトウィンドウ

ナビゲーションウィンドウで選択したオブジェクトを表示したり、編集したりするときに使います。

❻ ステータスバー

ビューの名前や現在の作業状況、処理手順などが表示されます。

❼ ビュー切り替えボタン

ビューを切り替えるときに使います。

▶▶2 ナビゲーションウィンドウ

新規にデータベースを作成したり、既存のデータベースを開いたりするとナビゲーションウィンドウが表示されます。

各部の名称と役割は、次のとおりです。

❶メニュー

ナビゲーションウィンドウに表示されるオブジェクトのカテゴリやグループを変更できます。表示されるオブジェクトのカテゴリやグループを変更するには、メニューをクリックして一覧から選択します。

❷ « （シャッターバーを開く/閉じるボタン）

ナビゲーションウィンドウが一時的に非表示になります。

※ « をクリックすると、 » に切り替わり、ナビゲーションウィンドウが非表示になります。

バーの » をクリックすると、ナビゲーションウィンドウが表示されます。

❸検索バー

ナビゲーションウィンドウに表示されているオブジェクトを検索することができます。

※表示されていない場合は、メニューを右クリックし、《検索バー》をクリックすると表示されます。

❹グループ

初期の設定で、オブジェクトの種類ごとにバーが表示されます。

※バーの ⊼ をクリックすると、 ⊻ に切り替わり、グループのオブジェクトが非表示になります。

⊻ をクリックすると、グループのオブジェクトが表示されます。

❺データベースオブジェクト

テーブルやクエリ、フォーム、レポートなど、データベース内のオブジェクトが表示されます。

3 データベースの構成要素

データベースの構成要素を確認しましょう。

▶▶1 データベースオブジェクト

Accessで作成したデータベースは、複数の「データベースオブジェクト」で構成されています。
データベースオブジェクトは「オブジェクト」ともいい、次のような種類があります。

●テーブル　　　　　　　●レポート
●クエリ　　　　　　　　●マクロ
●フォーム　　　　　　　●モジュール

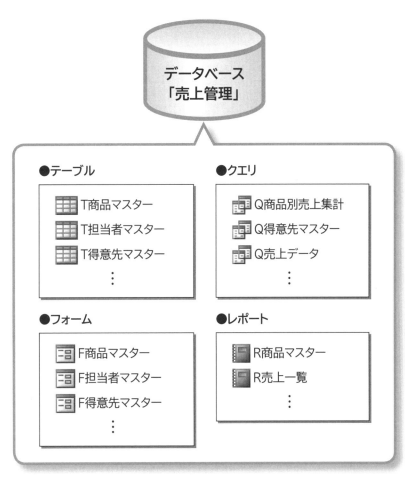

More **Access 2019のファイル形式**

Access 2019でデータベースを作成・保存すると、自動的に拡張子「.accdb」が付きます。Access 2003以前の
バージョンで作成・保存されているデータベースの拡張子は「.mdb」で、ファイル形式が異なります。

オブジェクトにはそれぞれ役割があります。その役割を理解することがデータベースを構築する上で重要です。

●テーブル

データを「格納」するためのオブジェクトです。

T得意先マスター

得意先コード	得意先名	フリガナ	〒	住所1	住所2	TEL	担当者コード	DM
10010	丸の内商事	マルノウチショウジ	100-0005	東京都千代田区丸の内2-X-X	第3千代田ビル	03-3211-XXXX	110	☑
10020	富士光スポーツ	フジミツスポーツ	100-0005	東京都千代田区丸の内1-X-X	東京ビル	03-3213-XXXX	140	☑
10030	さくらテニス	サクラテニス	111-0031	東京都台東区千束1-X-X	大手町フラワービル7F	03-3244-XXXX	110	☐
10040	マイスター広告社	マイスターコウコクシャ	176-0002	東京都練馬区桜台3-X-X		03-3286-XXXX	130	☐
10050	足立スポーツ	アダチスポーツ	131-0033	東京都墨田区向島1-X-X	足立ビル11F	03-3588-XXXX	150	☑
10060	関西販売	カンサイハンバイ	108-0075	東京都港区港南4-X-X	江戸ビル	03-5000-XXXX	150	☑
10070	山岡ゴルフ	ヤマオカゴルフ	100-0004	東京都千代田区大手町1-X-X	大手町第一ビル	03-3262-XXXX	110	☑
10080	日高販売店	ヒダカハンバイテン	100-0005	東京都千代田区丸の内2-X-X	平ビル	03-5252-XXXX	140	☐
10090	大江戸販売	オオエドハンバイ	100-0013	東京都千代田区霞が関2-X-X	大江戸ビル6F	03-5522-XXXX	110	☐
10100	山の手スポーツ用品	ヤマノテスポーツヨウヒン	103-0027	東京都中央区日本橋1-X-X	日本橋ビル	03-3297-XXXX	120	☐
10110	海山商事	ウミヤマショウジ	102-0083	東京都千代田区麹町3-X-X	NHビル	03-3299-XXXX	120	☑
10120	山猫スポーツ	ヤマネコスポーツ	102-0082	東京都千代田区一番町5-XX	ヤマネコガーデン4F	03-3388-XXXX	150	☑
10130	西郷スポーツ	サイゴウスポーツ	105-0001	東京都港区虎ノ門4-X-X	虎ノ門ビル17F	03-5555-XXXX	140	☑
10140	富士山物産	フジヤマブッサン	106-0031	東京都港区西麻布4-X-X		03-3330-XXXX	120	☐
10150	長治クラブ	チョウジクラブ	104-0032	東京都中央区八丁堀3-X-X	長治ビル	03-3766-XXXX	150	☑
10160	みどりテニス	ミドリテニス	150-0047	東京都渋谷区神山町1-XX		03-5688-XXXX	150	☑
10170	東京富士販売	トウキョウフジハンバイ	150-0046	東京都渋谷区松濤1-X-X	渋谷第2ビル	03-3888-XXXX	120	☐
10180	いろは通信販売	イロハツウシンハンバイ	151-0063	東京都渋谷区富ヶ谷2-X-X		03-5553-XXXX	130	☑
10190	目黒野球用品	メグロヤキュウヨウヒン	169-0071	東京都新宿区戸塚町1-X-X	目黒野球用品本社ビル	03-3532-XXXX	130	☑
10200	ミズホ販売	ミズホハンバイ	162-0811	東京都新宿区水道町5-X-X	水道橋大通ビル	03-3111-XXXX	150	☐
10210	富士デパート	フジデパート	160-0001	東京都新宿区片町1-X-X	片町第6ビル	03-3203-XXXX	130	☑
10220	桜富士スポーツクラブ	サクラフジスポーツクラブ	135-0063	東京都江東区有明1-X-X	有明ISSビル7F	03-3367-XXXX	130	☑
10230	スポーツスクエア鳥居	スポーツスクエアトリイ	142-0053	東京都品川区中延5-X-X		03-3389-XXXX	120	☑
10240	東販売サービス	ヒガシハンバイサービス	143-0013	東京都大田区大森南3-X-X	大森ビル11F	03-3145-XXXX	150	☐
10250	富士通信販売	フジツウシンハンバイ	175-0093	東京都板橋区赤塚新町3-X-X	富士通信ビル	03-3212-XXXX	120	☑
20010	スポーツ富士	スポーツフジ	236-0021	神奈川県横浜市金沢区泥亀2-X-X		045-788-XXXX	140	☑
20020	つるたスポーツ	ツルタスポーツ	231-0051	神奈川県横浜市中区赤門町2-X-X		045-242-XXXX	110	☑
20030	富士スポーツ用品	フジスポーツヨウヒン	231-0045	神奈川県横浜市中区伊勢佐木町3-X-X	伊勢佐木モール	045-261-XXXX	150	☐
20040	浜辺スポーツ	ハマベスポーツ	221-0012	神奈川県横浜市神奈川区子安台1-X-X	子安局フルハートビル	045-421-XXXX	140	☑
30010	富士販売センター	フジハンバイセンター	264-0031	千葉県千葉市若葉区愛生町5-XX		043-228-XXXX	120	☑
30020	テニスショップ富士	テニスショップフジ	261-0012	千葉県千葉市美浜区磯辺4-X-X		043-278-XXXX	120	☑
40010	こあらスポーツ	コアラスポーツ	358-0002	埼玉県入間市東町1-X-X		04-2900-XXXX	110	☑
40020	草場スポーツ	クサバスポーツ	350-0001	埼玉県川越市古谷上1-X-X	川越ガーデンビル	049-233-XXXX	140	☑

レコード: 1 / 33　フィルターなし　検索

●クエリ

データを「加工」するためのオブジェクトです。
データの抽出、集計、分析などができます。

Q得意先電話帳

フリガナ	得意先名	TEL
アダチスポーツ	足立スポーツ	03-3588-XXXX
イロハツウシンハンバイ	いろは通信販売	03-5553-XXXX
ウミヤマショウジ	海山商事	03-3299-XXXX
オオエドハンバイ	大江戸販売	03-5522-XXXX
カンサイハンバイ	関西販売	03-5000-XXXX
クサバスポーツ	草場スポーツ	049-233-XXXX
コアラスポーツ	こあらスポーツ	04-2900-XXXX
サイゴウスポーツ	西郷スポーツ	03-5555-XXXX
サクラテニス	さくらテニス	03-3244-XXXX
サクラフジスポーツクラブ	桜富士スポーツクラブ	03-3367-XXXX
スポーツスクエアトリイ	スポーツスクエア鳥居	03-3389-XXXX
スポーツフジ	スポーツ富士	045-788-XXXX
チョウジクラブ	長治クラブ	03-3766-XXXX
ツルタスポーツ	つるたスポーツ	045-242-XXXX
テニスショップフジ	テニスショップ富士	043-278-XXXX
トウキョウフジハンバイ	東京富士販売	03-3888-XXXX
ハマベスポーツテン	浜辺スポーツ店	045-421-XXXX
ヒガシハンバイサービス	東販売サービス	03-3145-XXXX
ヒダカハンバイテン	日高販売店	03-5252-XXXX
フジスポーツヨウヒン	富士スポーツ用品	045-261-XXXX
フジツウシンハンバイ	富士通信販売	03-3212-XXXX
フジデパート	富士デパート	03-3203-XXXX
フジハンバイセンター	富士販売センター	043-228-XXXX
フジミツスポーツ	富士光スポーツ	03-3213-XXXX
フジヤマブッサン	富士山物産	03-3330-XXXX
マイスターコウコクシャ	マイスター広告社	03-3286-XXXX
マルノウチショウジ	丸の内商事	03-3211-XXXX
ミズホハンバイ	ミズホ販売	03-3111-XXXX
ミドリテニス	みどりテニス	03-5688-XXXX
メグロヤキュウヨウヒン	目黒野球用品	03-3532-XXXX
ヤマオカゴルフ	山岡ゴルフ	03-3262-XXXX
ヤマネコスポーツ	山猫スポーツ	03-3388-XXXX
ヤマノテスポーツヨウヒン	山の手スポーツ用品	03-3297-XXXX

レコード: 1 / 33　フィルターなし　検索

●フォーム
データを「入力」したり、「更新」したりするためのオブジェクトです。

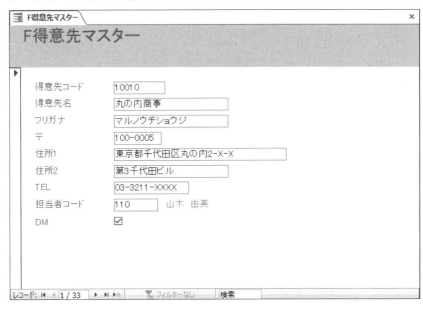

●レポート
データを「印刷」するためのオブジェクトです。
データを一覧で印刷する以外に、宛名ラベルや伝票、はがきなど様々な形式で印刷できます。

フリガナ	得意先名	〒	住所	TEL	担当者コード	担当者名
アダチスポーツ	足立スポーツ	131-0033	東京都墨田区向島1-X-X 足立ビル11F	03-3588-XXXX	150	福田 進
イロハツウシンハンバイ	いろは通信販売	151-0063	東京都渋谷区富ヶ谷2-X-X	03-5553-XXXX	130	安藤 百合子
ウミヤマショウジ	海山商事	102-0083	東京都千代田区麹町3-X-X NHビル	03-3299-XXXX	120	佐伯 浩太
オオエドハンバイ	大江戸販売	100-0013	東京都千代田区霞が関2-X-X 大江戸ビル6F	03-5522-XXXX	110	山木 由美
カンサイハンバイ	関西販売	108-0075	東京都港区港南5-X-X 江戸ビル	03-5000-XXXX	150	福田 進
クサバスポーツ	草場スポーツ	350-0001	埼玉県川越市古谷上1-X-X 川越ガーデンビル	049-233-XXXX	140	吉岡 雄介
コアラスポーツ	こあらスポーツ	358-0002	埼玉県入間市宮寺1-X-X	04-2900-XXXX	110	山木 由美
サイゴウスポーツ	西郷スポーツ	105-0001	東京都港区虎ノ門4-X-X 虎ノ門ビル17F	03-5555-XXXX	140	吉岡 雄介
サクラテニス	さくらテニス	111-0031	東京都台東区千束1-X-X 大手町フラワービル7F	03-3244-XXXX	110	山木 由美
サクラフジスポーツクラブ	桜富士スポーツクラブ	135-0063	東京都江東区有明1-X-X 有明ISSビル7F	03-3367-XXXX	130	安藤 百合子
スポーツスクエアトリイ	スポーツスクエア鳥居	142-0053	東京都品川区中延5-X-X	03-3389-XXXX	150	福田 進
スポーツフジ	スポーツ富士	236-0021	神奈川県横浜市金沢区泥亀2-X-X	045-788-XXXX	140	吉岡 雄介
チョウジクラブ	長治クラブ	104-0032	東京都中央区八丁堀3-X-X 長治ビル	03-3766-XXXX	150	福田 進
ツルタスポーツ	つるたスポーツ	231-0051	神奈川県横浜市中区赤門町2-X-X	045-242-XXXX	110	山木 由美

得意先マスター（五十音順）

2020年4月1日　　　　　　　　　　　　　　　　　　　　　　　1/3 ページ

●マクロ
複雑な操作や繰り返し行う操作を自動化するためのオブジェクトです。

●モジュール
マクロでは作成できない複雑かつ高度な処理を行うためのオブジェクトです。

4 テーブルの概要

「テーブル」とは、特定のテーマに関するデータを格納するためのオブジェクトです。Accessで作成するデータベースのデータは、すべてテーブルに格納されます。特定のテーマごとに個々のテーブルを作成し、データを分類して蓄積することにより、データベースを効率よく構築できます。

▶▶1 レコード

「レコード」とは、テーブルに格納する1件分のデータのことです。
※レコードは行単位で管理します。

▶▶2 フィールド

「フィールド」とは、レコードの中のひとつの項目で、「商品コード」や「商品名」など特定の種類のデータのことです。
※フィールドは列単位で管理します。

フィールド

⊞ T商品マスター			
商品コード ▾	商品名 ▾	単価 ▾	🔗
⊞ 1010	バット（木製）	¥18,000	🔗(1)
⊞ 1020	バット（金属製）	¥15,000	🔗(1)
⊞ 1030	野球グローブ	¥19,800	🔗(1)
⊞ 2010	ゴルフクラブ	¥68,000	🔗(1)
⊞ 2020	ゴルフボール	¥1,200	🔗(1)
⊞ 2030	ゴルフシューズ	¥28,000	🔗(1)
⊞ 3010	スキー板	¥55,000	🔗(1)
⊞ 3020	スキーブーツ	¥23,000	🔗(1)
⊞ 4010	テニスラケット	¥16,000	🔗(1)
⊞ 4020	テニスボール	¥1,500	🔗(1)
⊞ 5010	トレーナー	¥9,800	🔗(1)
⊞ 5020	ポロシャツ	¥5,500	🔗(1)

レコード

▶▶3 主キー

「主キー」とは、「商品コード」や「従業員番号」のように各レコードを固有のものとして認識するためのフィールドです。主キーを設定することで、レコードの抽出や検索を高速に行うことができます。主キーが設定されたフィールドには、重複するデータを入力することはできません。

例：同姓同名の社員がいた場合

主キーを設定

名前	部署
田中　一郎	人事部
田中　一郎	営業部
⋮	⋮

従業員番号	名前	部署
1001	田中　一郎	人事部
2010	田中　一郎	営業部
⋮	⋮	⋮

名前だけではどちらかわからない
探すのに時間がかかる

従業員番号で識別し、高速に検索

▶▶4 テーブルのビュー

テーブルにはいくつかのビューがあります。
基本となるのは、次の2つです。

●データシートビュー

データシートビューは、データを入力したり、表示したりするビューです。
データをExcelのようなワークシート形式で表示します。

商品コード ▾	商品名 ▾	単価 ▾	🔗
⊞ 1010	バット（木製）	¥18,000	🔗(1)
⊞ 1020	バット（金属製）	¥15,000	🔗(1)
⊞ 1030	野球グローブ	¥19,800	🔗(1)
⊞ 2010	ゴルフクラブ	¥68,000	🔗(1)
⊞ 2020	ゴルフボール	¥1,200	🔗(1)
⊞ 2030	ゴルフシューズ	¥28,000	🔗(1)
⊞ 3010	スキー板	¥55,000	🔗(1)
⊞ 3020	スキーブーツ	¥23,000	🔗(1)
⊞ 4010	テニスラケット	¥16,000	🔗(1)
⊞ 4020	テニスボール	¥1,500	🔗(1)
⊞ 5010	トレーナー	¥9,800	🔗(1)
⊞ 5020	ポロシャツ	¥5,500	🔗(1)
＊		¥0	🔗(0)

レコード: ◄ ◄ 1 / 12 ► ►► ►＊ 🔽フィルターなし ｜検索｜

●デザインビュー

デザインビューは、テーブルの構造を定義するビューです。
データを入力したり、編集したりすることはできません。

データベース編

▶▶5　デザインビューの画面構成

デザインビューの各部の名称と役割は、次のとおりです。

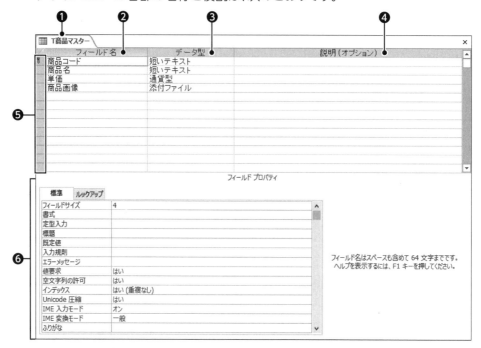

❶ タブ
テーブル名が表示されます。

❷ フィールド名
フィールドの名前を設定します。

❸ データ型
フィールドに格納するデータの種類を設定します。

❹ 説明（オプション）
フィールドに対する説明を入力するときに使います。

❺ 行セレクター
フィールドを選択するときに使います。

❻ フィールドプロパティ
フィールドサイズ（フィールドに入力できる最大文字数）や書式（データを表示する形式）などフィールドの属性を設定します。データ型によって、設定できる属性は異なります。

Point! データシートビューの画面構成

データシートビューの各部の名称と役割は、次のとおりです。

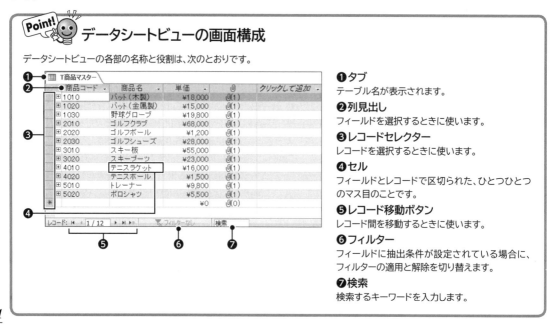

❶ タブ
テーブル名が表示されます。

❷ 列見出し
フィールドを選択するときに使います。

❸ レコードセレクター
レコードを選択するときに使います。

❹ セル
フィールドとレコードで区切られた、ひとつひとつのマス目のことです。

❺ レコード移動ボタン
レコード間を移動するときに使います。

❻ フィルター
フィールドに抽出条件が設定されている場合に、フィルターの適用と解除を切り替えます。

❼ 検索
検索するキーワードを入力します。

▶▶6 フィールドの設定

フィールドを設定するには、「フィールド名」と「データ型」を指定します。

●フィールド名

フィールドを区別するために、フィールドの名前を指定します。

●データ型

フィールドに格納するデータの種類を指定します。
データに合わせて適切なデータ型を指定すると、データを正確に入力できるだけでなく、検索や並べ替えの速度が向上します。
データ型には、次のような種類があります。

データ型	説明
短いテキスト	文字（計算対象にならない郵便番号などの数値を含む）に使用します。
長いテキスト	長文、または書式を設定している文字列に使用します。
数値型	数値（整数、小数を含む）に使用します。
大きい数値	大きい数値に使用します。
日付/時刻型	日付と時刻に使用します。 （データには日付と時刻の両方が含まれます）
通貨型	金額に使用します。
オートナンバー型	自動的に連番を付ける場合に使用します。
Yes/No型	二者択一の場合に使用します。
OLEオブジェクト型	ExcelワークシートやWord文書、音声、画像などのWindowsオブジェクトに使用します。
ハイパーリンク型	ホームページのアドレス、メールのアドレス、ファイルへのリンクに使用します。
添付ファイル	画像やOffice製品で作成したファイルなどを添付する場合に使用します。
集計	同じテーブル内のほかのフィールドをもとに集計する場合に使用します。
ルックアップウィザード	別のテーブルに格納されている値を参照する場合に使用します。

●フィールドサイズ

データ型が「短いテキスト」または「数値型」の場合、フィールドサイズを設定します。データに合わせて適切なサイズを設定すると、ディスク容量が節約でき、無駄のないテーブルが作成できます。

5 リレーションシップ

Accessでは、複数に分けたテーブル間の共通のフィールドを関連付けることができます。この関連付けを「リレーションシップ」といいます。
リレーションシップが作成された複数のテーブルを結合すると、あたかもひとつのテーブルであるかのようにデータを扱うことができます。

▶▶1 主キーと外部キー

2つのテーブル間にリレーションシップを作成するには、2つのテーブルに共通のフィールドが必要です。
共通のフィールドの「主キー」のフィールドに対して、もう一方のフィールドを「外部キー」といいます。また、主キーを含むテーブルを「主テーブル」、外部キーを含むテーブルを「関連テーブル」または「リレーションテーブル」といいます。

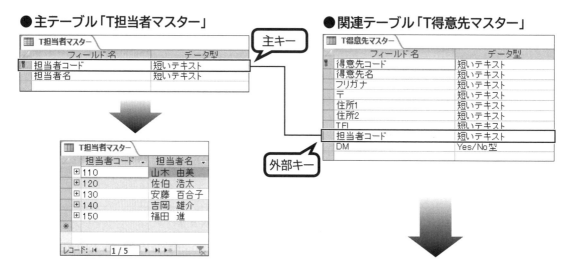

●主テーブル「T担当者マスター」　　　●関連テーブル「T得意先マスター」

▶▶2 参照整合性

リレーションシップが作成されたテーブル間に「**参照整合性**」を設定できます。参照整合性とは、矛盾のないデータ管理をするための規則のことです。

例えば、「T担当者マスター」（主テーブル）側に存在しない「担当者コード」を「T得意先マスター」（関連テーブル）側に入力してしまうといったデータの矛盾を制御します。

●参照整合性

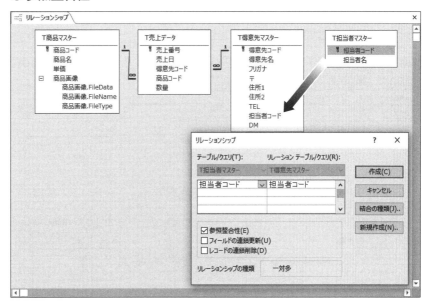

●リレーションシップの完成イメージ

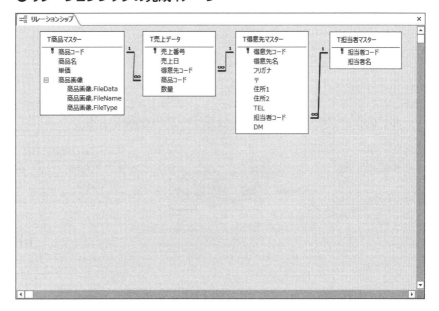

6 クエリの概要

「クエリ」とは、テーブルに格納されたデータを加工するためのオブジェクトです。
クエリを使うと、フィールドやレコードを次のように加工できます。

▶▶1 フィールドの加工

必要なフィールドを組み合わせて仮想テーブルを編成できます。

●あるテーブルから必要なフィールドを選択し、仮想テーブルを編成する

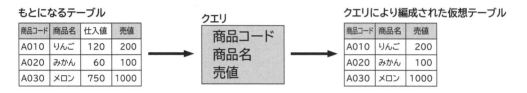

●複数のテーブルを結合し、仮想テーブルを編成する

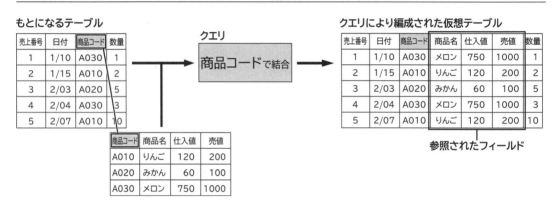

●フィールドのデータをもとに計算し、仮想テーブルを編成する

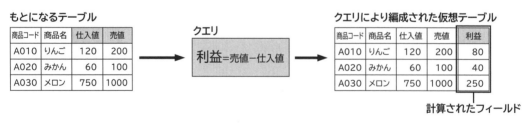

▶▶2 レコードの加工

レコードの抽出、集計、並べ替えができます。

●抽出条件を設定してレコードを抽出する

もとになるテーブル

売上番号	日付	商品コード	商品名	売値	数量	金額
1	1/10	A030	メロン	1000	1	1000
2	1/15	A010	りんご	200	2	400
3	2/03	A020	みかん	100	5	500
4	2/04	A030	メロン	1000	3	3000
5	2/07	A010	りんご	200	10	2000

クエリ

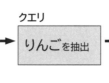
りんごを抽出

クエリにより編成された仮想テーブル

売上番号	日付	商品コード	商品名	売値	数量	金額
2	1/15	A010	りんご	200	2	400
5	2/07	A010	りんご	200	10	2000

抽出されたレコード

●レコードをグループ化して集計する

もとになるテーブル

売上番号	日付	商品コード	商品名	売値	数量	金額
1	1/10	A030	メロン	1000	1	1000
2	1/15	A010	りんご	200	2	400
3	2/03	A020	みかん	100	5	500
4	2/04	A030	メロン	1000	3	3000
5	2/07	A010	りんご	200	10	2000

クエリ

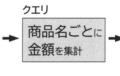
商品名ごとに金額を集計

クエリにより編成された仮想テーブル

商品名	金額
りんご	2400
みかん	500
メロン	4000

集計されたフィールド

●レコードを並べ替える

もとになるテーブル

売上番号	日付	商品コード	商品名	売値	数量	金額
1	1/10	A030	メロン	1000	1	1000
2	1/15	A010	りんご	200	2	400
3	2/03	A020	みかん	100	5	500
4	2/04	A030	メロン	1000	3	3000
5	2/07	A010	りんご	200	10	2000

クエリ

商品コードを基準に昇順に並べ替え

クエリで並べ替えたレコード

売上番号	日付	商品コード	商品名	売値	数量	金額
2	1/15	A010	りんご	200	2	400
5	2/07	A010	りんご	200	10	2000
3	2/03	A020	みかん	100	5	500
1	1/10	A030	メロン	1000	1	1000
4	2/04	A030	メロン	1000	3	3000

並べ替えの基準にしたフィールド

データベース編

▶▶3 クエリのビュー

クエリには、いくつかのビューがあります。
基本となるのは、次の2つです。

●データシートビュー

データシートビューは、クエリで作成した仮想テーブルを表形式で表示するビューです。データを入力したり、編集したりすることもできます。

●デザインビュー

デザインビューは、テーブルから必要なフィールドを選択したり、レコードを抽出するための条件を設定したりするビューです。
データを入力したり、表示したりすることはできません。

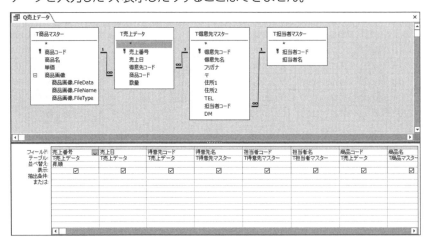

More その他のビュー

クエリにはデータシートビューとデザインビューのほかに、次のビューがあります。

●SQLビュー

クエリをSQL文で表示するビューです。
クエリを作成すると、SQLビューにSQL文が自動的に生成されます。
※Accessの内部では、SQL（Structured Query Language）と呼ばれる言語が使われています。

▶▶4 デザインビューの画面構成

デザインビューの各部の名称と役割は、次のとおりです。

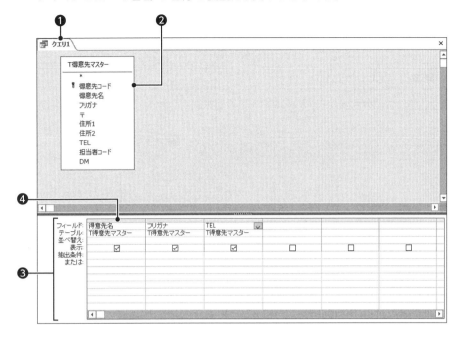

❶ タブ
クエリ名が表示されます。

❷ フィールドリスト
クエリのもとになるテーブルのフィールド名が一覧で表示されます。
デザイングリッドにフィールドを登録するときに使います。

❸ デザイングリッド
データシートビューで表示するフィールドを登録し、並べ替えや抽出条件などを設定できます。
デザイングリッドのひとつひとつのます目を「セル」といいます。

❹ フィールドセレクター
デザイングリッドのフィールドを選択するときに使います。

7 フォームの概要

「フォーム」とは、効率よくデータを入力したり、更新したりするためのオブジェクトです。フォームを利用すると、1レコードを1画面に表示したり、帳票形式で表示したりできるので、データの入力が容易になります。

▶▶1 フォームのビュー

フォームには、次のビューがあります。

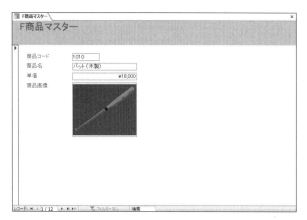

●フォームビュー

フォームビューは、データ入力用のビューです。データを入力したり、更新したりします。フォームのレイアウトを変更したり、構造を定義したりすることはできません。

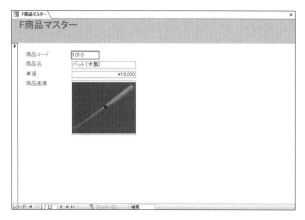

●レイアウトビュー

レイアウトビューは、フォームの基本的なレイアウトを変更するビューです。データを表示した状態で、データに合わせてサイズや位置を調整できます。
データを入力することはできません。

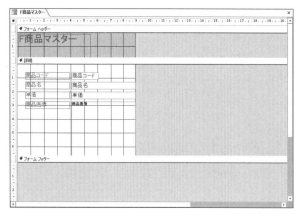

●デザインビュー

デザインビューは、フォームの構造の詳細を変更するビューです。実際のデータは表示できませんが、レイアウトビューよりもより細かくデザインを変更することができます。
データを入力することはできません。

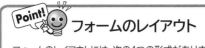 フォームのレイアウト

フォームのレイアウトには、次の4つの形式があります。

●単票形式
1件のレコードを1枚のカードのように表示します。

●表形式
レコードを一覧で表示します。

●データシート
レコードを一覧で表示します。表形式より多くのデータを表示できます。

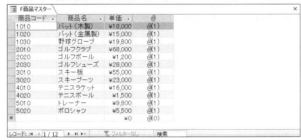

●帳票形式
1件のレコードを1枚の帳票のように表示します。

データベース編

▶▶2 フォームビューの画面構成

フォームビューの各部の名称と役割は、次のとおりです。

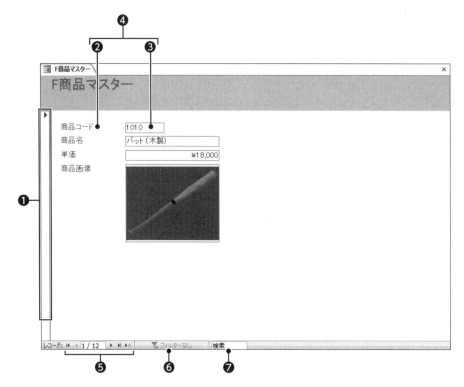

❶ レコードセレクター

レコードを選択するときに使います。

❷ ラベル

タイトルやフィールド名を表示します。

❸ テキストボックス

文字列や数値などのデータを表示したり入力したりします。

❹ コントロール

ラベルやテキストボックスなどの各要素の総称です。

❺ レコード移動ボタン

レコード間でカーソルを移動するときに使います。

ボタン	説明
◄ （先頭レコード）	先頭レコードへ移動します。
◄ （前のレコード）	前のレコードへ移動します。
1 / 11 （カレントレコード）	現在選択されているレコードの番号と全レコード数を表示します。
► （次のレコード）	次のレコードへ移動します。
►❘ （最終レコード）	最終レコードへ移動します。
►＊ （新しい（空の）レコード）	最終レコードの次の新規レコードへ移動します。

❻ フィルター

フィールドに抽出条件が設定されている場合に、フィルターの適用と解除を切り替えます。

❼ 検索

検索するキーワードを入力します。

▶▶3 デザインビューの画面構成

デザインビューの各部の名称と役割は、次のとおりです。

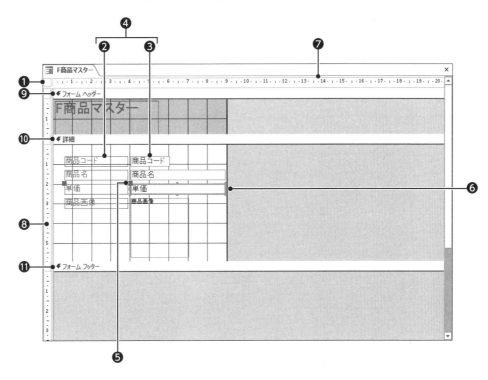

❶ フォームセレクター

フォーム全体を選択するときに使います。

❷ ラベル

タイトルやフィールド名を表示します。

❸ テキストボックス

文字列や数値などのデータを表示したり、入力したりします。

❹ コントロール

ラベルやテキストボックスなどの各要素の総称です。

❺ 移動ハンドル

コントロールを移動するときに使います。

❻ サイズハンドル

コントロールのサイズを変更するときに使います。

❼ 水平ルーラー

コントロールの配置や幅の目安にします。

❽ 垂直ルーラー

コントロールの配置や高さの目安にします。

❾《フォームヘッダー》セクション

フォームの上部に表示される領域です。

❿《詳細》セクション

各レコードが表示される領域です。

⓫《フォームフッター》セクション

フォームの下部に表示される領域です。

8 レポートの概要

「レポート」とは、データを印刷するためのオブジェクトです。
蓄積したデータをそのまま印刷するだけでなく、並べ替えて印刷したり、グループ分けして小計や総計を追加して印刷したりできます。
また、宛名ラベル、はがき、伝票、グラフなど様々な形式で出力できます。

得意先マスター（五十音順）

フリガナ	得意先名	〒	住所	TEL	担当者コード	担当者名
アダチスポーツ	足立スポーツ	131-0033	東京都墨田区向島1-X-X 足立ビル11F	03-3588-XXXX	150	福田 進
イロハツウシンハンバイ	いろは通信販売	151-0063	東京都渋谷区富ヶ谷2-X-X	03-5553-XXXX	130	安藤 百合子
ウミヤマショウジ	海山商事	102-0083	東京都千代田区麹町3-X-X NHビル	03-3299-XXXX	120	佐伯 浩太
オオエドハンバイ	大江戸販売	100-0013	東京都千代田区霞が関2-X-X 大江戸ビル6F	03-5522-XXXX	110	山木 由美
カンサイハンバイ	関西販売	108-0075	東京都港区港南5-X-X 江戸ビル	03-5000-XXXX	150	福田 進
クサバスポーツ	草場スポーツ	350-0001	埼玉県川越市古谷上1-X-X 川越ガーデンビル	049-233-XXXX	140	吉岡 雄介
コアラスポーツ	こあらスポーツ	358-0002	埼玉県入間市東町1-X-X	04-2900-XXXX	110	山木 由美
サイゴウスポーツ	西郷スポーツ	105-0001	東京都港区虎ノ門4-X-X 虎ノ門ビル17F	03-5555-XXXX	140	吉岡 雄介
サクラテニス	さくらテニス	111-0031	東京都台東区千束1-X-X 大手町フラワービル7F	03-3244-XXXX	110	山木 由美
サクラフジスポーツクラブ	桜富士スポーツクラブ	135-0063	東京都江東区有明1-X-X 有明ISSビル7F	03-3367-XXXX	130	安藤 百合子
スポーツスクエアトリイ	スポーツスクエア鳥居	142-0053	東京都品川区中延5-X-X	03-3389-XXXX	150	福田 進
スポーツフジ	スポーツ富士	236-0021	神奈川県横浜市金沢区泥亀2-X-X	045-788-XXXX	140	吉岡 雄介
チョウジクラブ	長治クラブ	104-0032	東京都中央区八丁堀3-X-X 長治ビル	03-3766-XXXX	150	福田 進
ツルタスポーツ	つるたスポーツ	231-0051	神奈川県横浜市中区赤門町2-X-X	045-242-XXXX	110	山木 由美

2020年4月1日

〒100-0005
東京都千代田区丸の内2-X-X
第3千代田ビル

丸の内商事　御中
110

〒100-0005
東京都千代田区丸の内1-X-X
東京ビル

富士光スポーツ　御中
140

〒131-0033
東京都墨田区向島1-X-X
足立ビル11F

足立スポーツ　御中
150

〒108-0075
東京都港区港南5-X-X
江戸ビル

関西販売　御中
150

〒100-0004
東京都千代田区大手町1-X-X
大手町第一ビル

山岡ゴルフ　御中
110

〒100-0013
東京都千代田区霞が関2-X-X
大江戸ビル6F

大江戸販売　御中
110

〒102-0083
東京都千代田区麹町3-X-X
NHビル

海山商事　御中
120

〒102-0082
東京都千代田区一番町5-XX
ヤマネコガーデン4F

山猫スポーツ　御中
150

〒105-0001
東京都港区虎ノ門4-X-X
虎ノ門ビル17F

西郷スポーツ　御中
140

〒104-0032
東京都中央区八丁堀3-X-X
長治ビル

長治クラブ　御中
150

〒150-0047
東京都渋谷区神山町1-XX

みどりテニス　御中
150

〒151-0063
東京都渋谷区富ヶ谷2-X-X

いろは通信販売　御中
130

▶▶1 レポートのビュー

レポートには、次のビューがあります。

●印刷プレビュー

印刷プレビューは、印刷結果のイメージを表示するビューです。

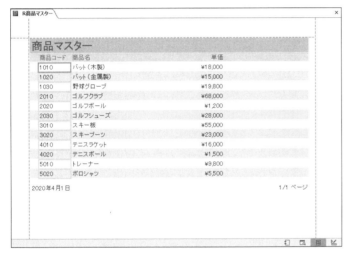

●レイアウトビュー

レイアウトビューは、レポートのレイアウトを変更するビューです。実際のデータを表示した状態で、データに合わせてサイズや位置を調整できます。

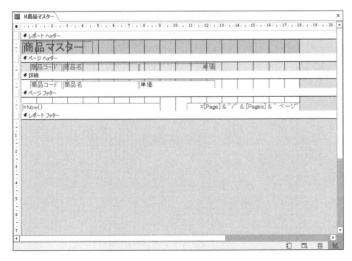

●デザインビュー

デザインビューは、レポートの構造の詳細を定義するビューです。
印刷結果のイメージを表示することはできません。

データベース編

More その他のビュー

レポートにはほかに、レポートビューがあります。

●レポートビュー

レポートビューは印刷データを表示するビューです。フィルターを適用して、印刷データを一時的に抽出したり、データをコピーしたりできます。

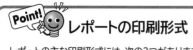

レポートの印刷形式

レポートの主な印刷形式には、次の3つがあります。

●単票形式

1件のレコードをカードのように印刷します。

●帳票形式

1件のレコードを帳票のように印刷します。

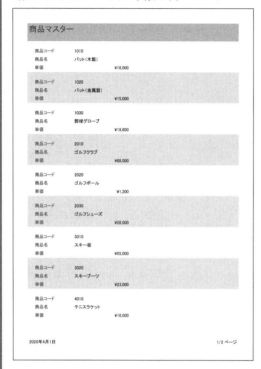

●表形式

レコードを一覧で印刷します。

商品コード	商品名	単価
1010	バット（木製）	¥18,000
1020	バット（金属製）	¥15,000
1030	野球グローブ	¥19,800
2010	ゴルフクラブ	¥68,000
2020	ゴルフボール	¥1,200
2030	ゴルフシューズ	¥28,000
3010	スキー板	¥55,000
3020	スキーブーツ	¥23,000
4010	テニスラケット	¥16,000
4020	テニスボール	¥1,500
5010	トレーナー	¥9,800
5020	ポロシャツ	¥5,500

デザインビューの各部の名称と役割は、次のとおりです。

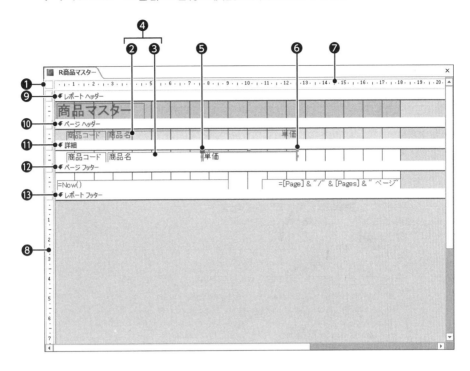

❶ **レポートセレクター**
レポート全体を選択するときに使います。

❷ **ラベル**
タイトルやフィールド名を表示します。

❸ **テキストボックス**
文字列や数値などのデータを表示します。

❹ **コントロール**
ラベルやテキストボックスなどの各要素の総称です。

❺ **移動ハンドル**
コントロールを移動するときに使います。

❻ **サイズハンドル**
コントロールのサイズを変更するときに使います。

❼ **水平ルーラー**
コントロールの配置や幅の目安にします。

❽ **垂直ルーラー**
コントロールの配置や高さの目安にします。

❾ **《レポートヘッダー》セクション**
レポートを印刷したときに、最初のページの先頭に印字される領域です。

❿ **《ページヘッダー》セクション**
レポートを印刷したときに、各ページの上部に印字される領域です。サブタイトルや小見出しなどを配置します。

⓫ **《詳細》セクション**
各レコードが印字される領域です。

⓬ **《ページフッター》セクション**
レポートを印刷したときに、各ページの下部に印字される領域です。日付やページ番号などを配置します。

⓭ **《レポートフッター》セクション**
レポートを印刷したときに、最終ページのページフッターの上に印字されます。

データベース編

1 データベース構築の流れ

Accessでデータベースを構築する基本的な手順は、次のとおりです。

1 データベースを設計する

❶ 目的を明確にする

業務の流れを分析し、売上管理、顧客管理など、データベースの目的を明確にします。

❷ 印刷結果や項目を考える

最終的に必要な印刷結果と項目を決定します。

●印刷結果

売上一覧表

売上番号	売上日	得意先コード	得意先名	商品コード	商品名	単価	数量	金額
1	2020/04/01	10010	丸の内商事	1020	バット(金属製)	¥15,000	5	¥75,000
2	2020/04/01	10220	富士スポーツクラブ	2030	ゴルフシューズ	¥28,000	3	¥84,000
3	2020/04/02	20020	つるたスポーツ	3020	スキーブーツ	¥23,000	5	¥115,000
4	2020/04/02	10240	東販売サービス	1010	バット(木製)	¥18,000	4	¥72,000
5	2020/04/03	10020	富士スポーツ	3010	スキー板	¥55,000	10	¥550,000
—	—	—	—	—	—	—	—	—

❸ テーブルや入力フォームを設計する

印刷結果をもとに、テーブルや入力フォームを設計します。テーブル間は共通の項目で関連付け、必要に応じてデータを参照させることができます。各入力項目を分類してテーブルを分けることで、重複するデータの入力を避け、ディスク容量の無駄や入力ミスなどが起こりにくいデータベースを構築できます。

●売上伝票

売上番号	売上日	得意先コード	得意先名	商品コード	商品名	単価	数量	金額
1	2020/04/01	10010	丸の内商事	1020	バット(金属製)	¥15,000	5	¥75,000
2	2020/04/01	10220	富士スポーツクラブ	2030	ゴルフシューズ	¥28,000	3	¥84,000
3	2020/04/02	20020	つるたスポーツ	3020	スキーブーツ	¥23,000	5	¥115,000
4	2020/04/02	10240	東販売サービス	1010	バット(木製)	¥18,000	4	¥72,000
5	2020/04/03	10020	富士スポーツ	3010	スキー板	¥55,000	10	¥550,000

分類して別のテーブルに分け、参照する

分類して別のテーブルに分け、参照する

●得意先マスター

得意先コード	得意先名
10010	丸の内商事
10020	富士スポーツ
10030	さくらテニス
10040	スター広告社
10050	足立スポーツ

●売上データ

売上番号	売上日	得意先コード	商品コード	数量
1	2020/04/01	10010	1020	5
2	2020/04/01	10220	2030	3
3	2020/04/02	20020	3020	5
4	2020/04/02	10240	1010	4
5	2020/04/03	10020	3010	10

●商品マスター

商品コード	商品名	単価
1010	バット(木製)	¥18,000
1020	バット(金属製)	¥15,000
1030	野球グローブ	¥19,800
2010	ゴルフクラブ	¥68,000
2020	ゴルフボール	¥1,200

関連付け

関連付け

●入力フォーム

得意先コード	10010
得意先名	丸の内商事

●入力フォーム

商品コード	1020
商品名	バット(金属製)
単価	¥15,000

データベースを新規に作成する

各オブジェクトをまとめて格納するためのデータベースを作成します。
※「売上管理」「商品管理」など関連業務ごとにデータベースを作成します。

 テーブルを作成する

テーマごとにデータを分類して格納します。

4 **リレーションシップを作成する**

複数に分けたテーブル間の共通フィールドを関連付けます。

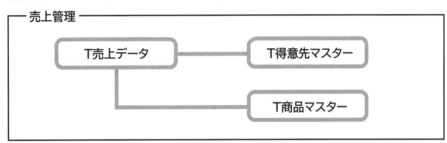

5 **クエリを作成する**

必要なフィールドを組み合わせて仮想テーブルを編成します。
テーブルから条件に合うデータを抽出したり、データを集計したりします。

 フォームを作成する

データを入力するための画面を作成します。

 レポートを作成する

データを印刷します。データを並べ替えて印刷したり、宛名ラベルとして印刷したりします。

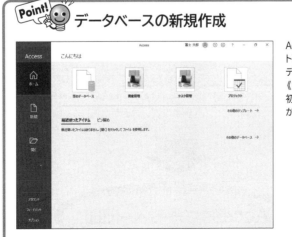

データベースの新規作成

Accessを起動するとAccessのスタート画面が表示されます。
データベースを新規作成する場合は、《空のデータベース》をクリックし、最初に保存場所とファイル名を指定してから作成します。

1 データベースの全体像をつかむ

作成するデータベースの目的、必要な印刷結果や入力項目、テーブルの構成などを把握しましょう。

▶▶1 データベースの目的

データベースの利用目的を確認しましょう。

> 衣料品や台所用品などの日用生活品を商社から仕入れて小売店に卸している会社で、商品管理データベースの構築を検討しています。
> これまでは、Excelで商品および仕入先の一覧表を作成し、その都度、並べ替えや抽出を行って必要な形式に加工して出力していました。
> これからは、商品データおよび仕入先データをAccessでデータベース化して、必要なときに必要な形式で出力できるようにしたいと考えています。

Excelワークシート

	A	B	C	D	E	F	G	H	I	J	K
1	商品コード	商品名	商品分類コード	商品分類名	仕入先コード	仕入先名	仕入原価	販売価格	利益	利益率	備考
2	10001	トレイ（花）	B	台所用品	103	アルテ株式会社	¥350	¥700	¥350	50.0%	
3	10002	トレイ（動物）	B	台所用品	103	アルテ株式会社	¥350	¥700	¥350	50.0%	
4	10003	トレイ（海）	B	台所用品	103	アルテ株式会社	¥350	¥700	¥350	50.0%	
5	10004	シルクスカーフ（りんご）	A	衣料品	101	株式会社富田貿易	¥1,574	¥2,600	¥1,026	39.5%	
6	10005	シルクスカーフ（キウイ）	A	衣料品	101	株式会社富田貿易	¥1,574	¥2,600	¥1,026	39.5%	
7	10006	シルクスカーフ（レモン）	A	衣料品	101	株式会社富田貿易	¥1,574	¥2,600	¥1,026	39.5%	
8	10007	鍋敷き（大）	B	台所用品	101	株式会社富田貿易	¥650	¥1,000	¥350	35.0%	
9	10008	鍋敷き（小）	B	台所用品	101	株式会社富田貿易	¥430	¥700	¥270	38.6%	
10	10009	ヘアースプレー（大）	E	化粧品	104	浜田総合産業株式会社	¥615	¥900	¥285	31.7%	
11	10010	ヘアースプレー（小）	E	化粧品	104	浜田総合産業株式会社	¥310	¥600	¥290	48.3%	
12	10011	ヘアースプレー（携帯用）	E	化粧品	104	浜田総合産業株式会社	¥250	¥400	¥150	37.5%	
13	10012	ファッションシャツ	A	衣料品	102	宇宙商事株式会社	¥2,160	¥3,000	¥840	28.0%	
14	10013	シングルジャケット	A	衣料品	102	宇宙商事株式会社	¥5,640	¥9,800	¥4,160	42.4%	
15	10014	ダブルジャケット	A	衣料品	102	宇宙商事株式会社	¥5,640	¥9,800	¥4,160	42.4%	
16	10015	ビジネスシャツ	A	衣料品	102	宇宙商事株式会社	¥2,760	¥4,000	¥1,240	31.0%	
17	10016	ビジネスソックス（3足組）	A	衣料品	102	宇宙商事株式会社	¥680	¥1,000	¥320	32.0%	
18	10017	素焼き植木鉢（特大）	C	園芸用品	103	アルテ株式会社	¥540	¥960	¥420	43.8%	
19	10018	素焼き植木鉢（大）	C	園芸用品	103	アルテ株式会社	¥280	¥480	¥200	41.7%	
20	10019	素焼き植木鉢（中）	C	園芸用品	103	アルテ株式会社	¥220	¥360	¥140	38.9%	
21	10020	素焼き植木鉢（小）	C	園芸用品	103	アルテ株式会社	¥160	¥240	¥80	33.3%	
22	10021	移植ゴテ	C	園芸用品	103	アルテ株式会社	¥230	¥420	¥190	45.2%	
23	10022	腐葉土	C	園芸用品	103	アルテ株式会社	¥440	¥800	¥360	45.0%	
24	10023	赤土	C	園芸用品	103	アルテ株式会社	¥440	¥800	¥360	45.0%	
25	10024	黒土	C	園芸用品	103	アルテ株式会社	¥440	¥800	¥360	45.0%	
26	10025	小型液晶テレビ	D	電化製品	105	有限会社吉野物産	¥3,600	¥7,500	¥3,900	52.0%	
27	10026	携帯ラジオ	D	電化製品	105	有限会社吉野物産	¥990	¥1,600	¥610	38.1%	
28	10027	卓上ランプ（大）	D	電化製品	105	有限会社吉野物産	¥1,360	¥1,980	¥620	31.3%	
29	10028	卓上ランプ（小）	D	電化製品	105	有限会社吉野物産	¥780	¥1,200	¥420	35.0%	
30	10029	カセットコンロ	B	台所用品	104	浜田総合産業株式会社	¥860	¥2,000	¥1,140	57.0%	
31	10030	包丁立て	B	台所用品	104	浜田総合産業株式会社	¥630	¥900	¥270	30.0%	
32	10031	パスタ鍋（大）	B	台所用品	104	浜田総合産業株式会社	¥2,860	¥4,700	¥1,840	39.1%	終息品につき、在庫限り。商品コード「10033」に切り替え。
33	10032	パスタ鍋（中）	B	台所用品	104	浜田総合産業株式会社	¥1,560	¥2,600	¥1,040	40.0%	終息品につき、在庫限り。商品コード「10034」に切り替え。

Accessでデータベース化!!

▶▶2 印刷結果と必要項目

必要な印刷結果や項目を確認しましょう。
必要な印刷結果は次の3つです。

「仕入先マスター」

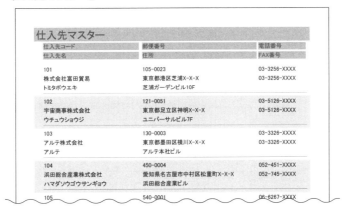

「分類別商品マスター」

「仕入先別商品マスター」

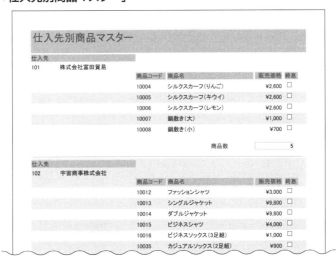

次の3つのテーブルに分類して、データを格納します。

商品分類と仕入先は繰り返し発生するデータなので、個別にテーブルを作成します。

●テーブル

「T仕入先マスター」

仕入先コード	仕入先名	フリガナ	郵便番号	住所1	住所2	電話番号	FAX番号	担当者名	メールアドレス
101	株式会社富田貿易	トミタボウエキ	105-0023	東京都港区芝浦X-X-X	芝浦ガーデンビル10F	03-3256-XXXX	03-3256-XXXX	吉田 順子	yoshida@xx.xx
102	宇宙商事株式会社	ウチュウショウジ	121-0051	東京都足立区神明X-X-X	ユニバーサルビル7F	03-5126-XXXX	03-5126-XXXX	青木 大輔	aoki@xx.xx
103	アルテ株式会社	アルテ	130-0003	東京都墨田区横川X-X-X	アルテ本社ビル	03-3326-XXXX	03-3326-XXXX	垣内 雅子	kakiuchi@xx.xx
104	浜田総合産業株式会社	ハマダソウゴウサンギョウ	450-0004	愛知県名古屋市中村区松重町X-X-X	浜田総合産業ビル	052-451-XXXX	052-745-XXXX	福富 隆一	fukutomi@xx.xx
105	有限会社吉野物産	ヨシノブッサン	540-0001	大阪府大阪市中央区城見X-X-X	なにわロイヤルビル7F	06-6267-XXXX	06-6112-XXXX	林田 純太郎	hayashida@xx.xx
106	博多香港株式会社	ハカタホンコン	812-0891	福岡県福岡市博多区雀居X-X-X	博多香港ビル	092-417-XXXX	092-417-XXXX	大石 麗華	ohishi@xx.xx

レコード: 1/6　フィルターなし　検索

「T商品マスター」

商品コード	商品名	商品分類コード	仕入先コード	仕入原価	販売価格	終息	備考
10001	トレイ（花）	B	103	¥350	¥700	☐	
10002	トレイ（動物）	B	103	¥350	¥700	☐	
10003	トレイ（海）	B	103	¥350	¥700	☐	
10004	シルクスカーフ（りんご）	A	101	¥1,574	¥2,600	☐	
10005	シルクスカーフ（キウイ）	A	101	¥1,574	¥2,600	☐	
10006	シルクスカーフ（レモン）	A	101	¥1,574	¥2,600	☐	
10007	鍋敷き（大）	B	101	¥650	¥1,000	☐	
10008	鍋敷き（小）	B	101	¥430	¥700	☐	
10009	ヘアースプレー（大）	E	104	¥615	¥900	☐	
10010	ヘアースプレー（小）	E	104	¥310	¥600	☐	
10011	ヘアースプレー（携帯用）	E	104	¥250	¥400	☐	
10012	ファッションシャツ	A	102	¥2,160	¥3,000	☐	
10013	シングルジャケット	A	102	¥5,640	¥9,800	☐	
10014	ダブルジャケット	A	102	¥5,640	¥9,800	☐	
10015	ビジネスシャツ	A	102	¥2,760	¥4,000	☐	
10016	ビジネスソックス（3足組）	A	102	¥680	¥1,000	☐	
10017	素焼き植木鉢（特大）	C	103	¥540	¥960	☐	
10018	素焼き植木鉢（大）	C	103	¥280	¥480	☐	
10019	素焼き植木鉢（中）	C	103	¥220	¥360	☐	
10020	素焼き植木鉢（小）	C	103	¥160	¥240	☐	
10021	移植ゴテ	C	103	¥230	¥420	☐	
10022	腐葉土	C	103	¥440	¥800	☐	
10023	赤土	C	103	¥440	¥800	☐	
10024	黒土	C	103	¥440	¥800	☐	
10025	小型液晶テレビ	D	105	¥3,600	¥7,500	☐	
10026	携帯ラジオ	D	105	¥990	¥1,600	☐	
10027	卓上ランプ（大）	D	105	¥1,360	¥1,980	☐	
10028	卓上ランプ（小）	D	105	¥780	¥1,200	☐	
10029	カセットコンロ	B	104	¥860	¥2,000	☐	
10030	包丁立て	B	104	¥630	¥900	☐	
10031	パスタ鍋（大）	B	104	¥2,860	¥4,700	☑	終息品につき、在庫限り。商品コード「10033」に切り替え。
10032	パスタ鍋（中）	B	104	¥1,560	¥2,600	☑	終息品につき、在庫限り。商品コード「10034」に切り替え。
10033	パスタ鍋（大）	B	104	¥2,560	¥4,500	☐	商品コード「10031」の後継。
10034	パスタ鍋（中）	B	104	¥1,460	¥2,400	☐	商品コード「10032」の後継。
10035	カジュアルソックス（2足組）	A	102	¥580	¥900	☐	

レコード: 1/35　フィルターなし　検索

「T商品分類マスター」

商品分類コード	商品分類名
A	衣料品
B	台所用品
C	園芸用品
D	家電製品
E	化粧品

レコード: 1/5　フィル

●フォーム

「F仕入先マスター」

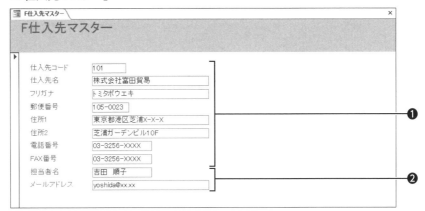

❶仕入先名、郵便番号、住所、電話番号、FAX番号などの基本的な仕入先情報を登録します。

❷仕入先の担当者名とメールアドレスを登録します。

「F商品マスター」

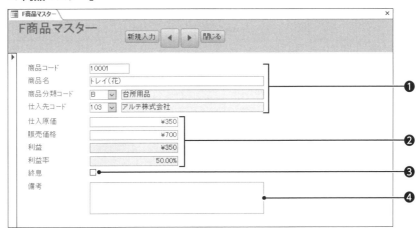

❶商品コード、商品名、商品分類、仕入先などの基本的な商品情報を登録します。

❷仕入原価と販売価格を登録し、それをもとに利益や利益率を表示します。

❸商品が終息しているかどうかを登録します。

❹特記事項を登録します。

▶▶4 データベースを開く

フォルダー「データベース編」のデータベース「商品管理」を開いて、既存のオブジェクトを確認しましょう。

①Accessを起動します。

②《開く》→《参照》をクリックします。

※《開く》が表示されていない場合は、《他のファイルを開く》→《参照》をクリックします。

③《ファイルを開く》ダイアログボックスが表示されます。

④ファイルの場所を選択します。

⑤一覧から「商品管理」を選択します。

⑥《開く》をクリックします。

⑦《セキュリティの警告》メッセージバーの《コンテンツの有効化》をクリックします。

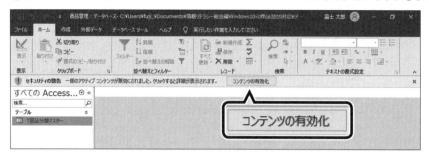

⑧ナビゲーションウィンドウにテーブル「T商品分類マスター」が表示されていることを確認します。

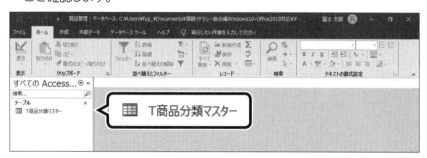

⑨ナビゲーションウィンドウの「T商品分類マスター」をダブルクリックします。

⑩テーブル「T商品分類マスター」がデータシートビューで開かれます。

⑪テーブルウィンドウの × ('T商品分類マスター'を閉じる)をクリックします。

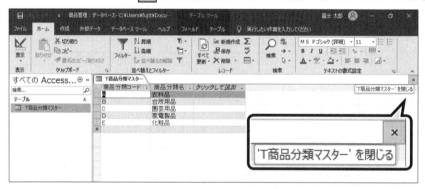

⑫テーブルが閉じられます。

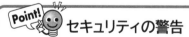
Point! セキュリティの警告

ウイルスを含むデータベースを開くと、パソコンがウイルスに感染し、システムが正常に動作しなくなったり、データベースが破壊されたりすることがあります。
Accessではデータベースを開くと、メッセージバーにセキュリティに関する警告が表示されます。データベースの発行元が信頼できるなど、安全であることがわかっている場合は、《セキュリティの警告》メッセージバーの《コンテンツの有効化》をクリックします。インターネットからダウンロードしたデータベースなど、作成者の不明なデータベースは、ウイルスの危険が否定できないため《コンテンツの有効化》をクリックしない方がよいでしょう。

Step4 テーブル「T仕入先マスター」を作成しよう

1 作成するテーブルの確認

テーブル「T仕入先マスター」を作成しましょう。
Excelで使用していたブックのシートをAccessにインポートします。
また、フィールドプロパティを設定して、データを正確かつ効率的に入力できるようにします。

Excelデータをインポートする　　　　　　　　一定の形式に従って入力する

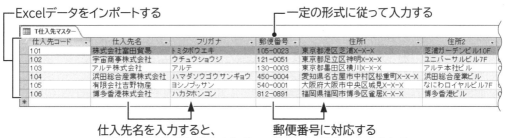

仕入先名を入力すると、
フリガナが自動的に入力される

郵便番号に対応する
住所が自動的に入力される

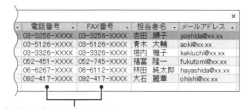

市外局番を入力しないと、
エラーメッセージが表示される

2 Excelデータのインポート

既存のブック「商品データ」を確認し、Accessのテーブルとしてインポートしましょう。

▶▶1 Excelデータの確認

Excelを起動し、インポートするブック「商品データ」のシート「仕入先一覧表」を確認しましょう。

フォルダー「データベース編」のブック「商品データ」を開いておきましょう。

①シート「仕入先一覧表」のシート見出しをクリックします。

②データを確認します。

	A	B	C	D	E	F
1	仕入先コード	仕入先名	フリガナ	郵便番号	住所1	住所2
2	101	株式会社富田貿易	トミタボウエキ	105-0023	東京都港区芝浦X-X-X	芝浦ガーデンビル10F
3	102	宇宙商事株式会社	ウチュウショウジ	121-0051	東京都足立区神明X-X-X	ユニバーサルビル7F
4	103	アルテ株式会社	アルテ	130-0003	東京都墨田区横川X-X-X	アルテ本社ビル
5	104	浜田総合産業株式会社	ハマダソウゴウサンギョウ	450-0004	愛知県名古屋市中村区松重町X-X-X	浜田総合産業ビル
6	105	有限会社吉野物産	ヨシノブッサン		X-X-X	なにわロイヤルビル7F
7						
8						

商品一覧表　商品分類一覧表　仕入先一覧表

仕入先一覧表

※Excelを終了しておきましょう。

▶▶2 Excelデータのインポート

フォルダー「データベース編」のブック「商品データ」のシート「仕入先一覧表」を
Accessのテーブルとしてインポートしましょう。

① データベース「商品管理」が開かれていることを確認します。

② 《外部データ》タブ→《インポートとリンク》グループの 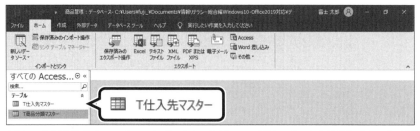（新しいデータソース）
→《ファイルから》→《Excel》をクリックします。

③ 《外部データの取り込み-Excelスプレッドシート》ダイアログボックスが表示されます。

④ 《参照》をクリックします。

⑤ 《ファイルを開く》ダイアログボックスが表示されます。

⑥ ファイルの場所を選択します。

⑦ 一覧から「商品データ」を選択します。

⑧ 《開く》をクリックします。

⑨ 《外部データの取り込み-Excelスプレッドシート》ダイアログボックスに戻ります。

⑩ 《現在のデータベースの新しいテーブルにソースデータをインポートする》を ⦿ に
します。

⑪ 《OK》をクリックします。

⑫ 《スプレッドシートインポートウィザード》が表示されます。

⑬ 《ワークシート》を ⦿ にします。

⑭ 一覧から「仕入先一覧表」を選択します。

⑮ 《次へ》をクリックします。

⑯ 《先頭行をフィールド名として使う》を ☑ にします。

⑰ 《次へ》をクリックします。

⑱ 《次へ》をクリックします。

⑲ 《次のフィールドに主キーを設定する》を ⦿ にし、☑ をクリックして一覧から「仕
入先コード」を選択します。

⑳ 《次へ》をクリックします。

㉑ 《インポート先のテーブル》に「T仕入先マスター」と入力します。

㉒ 《完了》をクリックします。

㉓ 《外部データの取り込み-Excelスプレッドシート》ダイアログボックスに戻ります。

㉔ 《閉じる》をクリックします。

㉕ ナビゲーションウィンドウにテーブル「T仕入先マスター」が作成されていること
を確認します。

※テーブル「T仕入先マスター」をデータシートビューで開き、データを確認しましょう。確認後、
テーブル「T仕入先マスター」を閉じておきましょう。

3 フィールドのデータ型の設定

データをインポートすると、Accessがフィールドのデータ型を自動的に判別して設定します。
テーブル「T仕入先マスター」をデザインビューで開き、フィールドのデータ型を変更しましょう。

① ナビゲーションウィンドウのテーブル「T仕入先マスター」を右クリックします。

②《デザインビュー》をクリックします。

③「仕入先コード」の《データ型》にカーソルを移動し、をクリックして一覧から《短いテキスト》を選択します。

※「仕入先コード」フィールドは、計算対象にしないので《短いテキスト》にします。

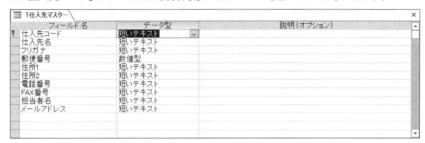

④ 同様に、「郵便番号」フィールドのデータ型を《短いテキスト》に変更します。

Point! デザインビューへの切り替え

オブジェクトを開いたあとでビューを切り替えることができます。テーブルをデータシートビューからデザインビューに切り替える方法は、次のとおりです。

◆《ホーム》タブ→《表示》グループの (表示)の →《デザインビュー》

More フィールドの説明

デザインビューの《説明（オプション）》には、フィールドに対する説明を入力します。入力した説明は、フォームでのデータ入力時にステータスバーに表示されます。

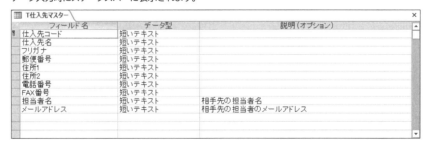

More テーブルの保存

テーブルのフィールドやプロパティの設定は、ビューを切り替えたり、テーブルを閉じたりするタイミングで上書き保存の確認メッセージが表示されます。このほか任意のタイミングで保存する方法は、次のとおりです。

◆クイックアクセスツールバーの （上書き保存）

4 《フィールドサイズ》プロパティの設定

「フィールドプロパティ」を設定すると、フィールドの動作や外観を細かく指定できます。
《フィールドサイズ》プロパティを設定すると、フィールドに入力できる最大文字数
（最大サイズ）を指定できます。フィールドサイズは格納するデータに合わせて設定
しておくと、処理速度が向上し、メモリも節約できます。
各フィールドに入力できる最大文字数を設定しましょう。

①「仕入先コード」フィールドの行セレクターをクリックします。

②《フィールドプロパティ》の《標準》タブを選択します。

③《フィールドサイズ》プロパティに「3」と入力します。

④同様に、その他のフィールドの《フィールドサイズ》プロパティを次のように設定
します。

フィールド名	フィールドサイズ
仕入先名	30
フリガナ	50
郵便番号	8
住所1	50
住所2	50

フィールド名	フィールドサイズ
電話番号	13
FAX番号	12
担当者名	20
メールアドレス	40

 Point! フィールドサイズを小さくする場合の注意

フィールドサイズを小さくしてテーブルを保存しようとすると、フィールドサイズの変更に関するメッセージが
表示されます。保存後に失われた部分を復元することはできないため注意しましょう。

5 《ふりがな》プロパティの設定

《ふりがな》プロパティを設定すると、入力した文字のふりがなをほかのフィールドに自動的に入力できます。
「仕入先名」フィールドに名前を入力すると、「フリガナ」フィールドにふりがなが自動的に入力されるように設定しましょう。

①「仕入先名」フィールドの行セレクターをクリックします。

②《フィールドプロパティ》の《標準》タブを選択します。

③《ふりがな》プロパティにカーソルを移動し、 ... をクリックします。
※《ふりがな》プロパティが表示されていない場合は、スクロールして調整します。

④テーブルの保存に関するメッセージが表示されたら、《はい》をクリックします。

⑤フィールドサイズの変更に関するメッセージが表示されたら、《はい》をクリックします。

⑥《ふりがなウィザード》が表示されます。

⑦《ふりがなの入力先》の《既存のフィールドを使用する》を●にし、 ∨ をクリックして一覧から「フリガナ」を選択します。

⑧《ふりがなの文字種》の ∨ をクリックし、一覧から《全角カタカナ》を選択します。

⑨《完了》をクリックします。

⑩フィールドプロパティの変更に関するメッセージが表示されたら、《OK》をクリックします。

⑪「仕入先名」フィールドの行セレクターをクリックします。

⑫《フィールドプロパティ》の《標準》タブを選択します。

⑬《ふりがな》プロパティが「フリガナ」になっていることを確認します。
※「仕入先名」フィールドに仕入先名を入力すると、「フリガナ」フィールドに対応するふりがなが自動的に入力されるという意味です。

⑭「フリガナ」フィールドの行セレクターをクリックします。

⑮《フィールドプロパティ》の《標準》タブを選択します。

⑯《IME入力モード》プロパティが《全角カタカナ》、《IME変換モード》プロパティが《無変換》になっていることを確認します。

6 《住所入力支援》プロパティの設定

《住所入力支援》プロパティを設定すると、入力した郵便番号に対応する住所を入力したり、入力した住所に対応する郵便番号を入力したりすることができます。
「郵便番号」フィールドに郵便番号を入力すると、対応する住所が「住所1」フィールドに入力されるように設定しましょう。

①「郵便番号」フィールドの行セレクターをクリックします。

②《フィールドプロパティ》の《標準》タブを選択します。

③《住所入力支援》プロパティにカーソルを移動し、 … をクリックします。
※《住所入力支援》プロパティが表示されていない場合は、スクロールして調整します。

④《住所入力支援ウィザード》が表示されます。

⑤《郵便番号》の ∨ をクリックし、一覧から「郵便番号」を選択します。

⑥《次へ》をクリックします。

⑦《住所の構成》の《住所と建物名の2分割》を ◉ にします。

⑧《住所》の ∨ をクリックし、一覧から「住所1」を選択します。

⑨《建物名》の ∨ をクリックし、一覧から「住所2」を選択します。

⑩《次へ》をクリックします。

⑪《郵便番号》に任意の郵便番号を入力し、《住所1》に対応する住所が表示されることを確認します。
※入力したデータは確認のために表示されるだけで、テーブルには反映されません。

⑫《完了》をクリックします。

⑬ フィールドプロパティの変更に関するメッセージが表示されたら、《OK》をクリックします。

⑭「郵便番号」フィールドの行セレクターをクリックします。

⑮《フィールドプロパティ》の《標準》タブを選択します。

⑯《住所入力支援》プロパティが「住所1」になっていることを確認します。

※《住所入力支援》プロパティが表示されていない場合は、スクロールして調整します。

※「郵便番号」フィールドに郵便番号を入力すると、「住所1」フィールドに対応する住所が自動的に入力されるという意味です。

⑰《定型入力》プロパティが「000¥-0000;;_」になっていることを確認します。

※住所入力支援ウィザードを使って、《住所入力支援》プロパティを設定すると、《定型入力》プロパティが自動的に設定されます。

⑱「住所1」フィールドの行セレクターをクリックします。

⑲《フィールドプロパティ》の《標準》タブを選択します。

⑳《住所入力支援》プロパティが「郵便番号;;;」になっていることを確認します。

※一覧に表示されていない場合は、スクロールして調整します。

※「住所1」フィールドに住所を入力すると、「郵便番号」フィールドに対応する郵便番号が自動的に表示されるという意味です。

7 《定型入力》プロパティの設定

《定型入力》プロパティを設定すると、データを入力する際の形式を指定できます。
入力する形式を指定しておくと、データの入力ミスを防ぐのに役立ちます。
「郵便番号」フィールドに郵便番号を入力する際、「___-____」という形式を表示し、
入力したデータに区切り文字「-」(ハイフン)を付けて保存されるように設定しま
しょう。

①「郵便番号」フィールドの行セレクターをクリックします。

②《フィールドプロパティ》の《標準》タブを選択します。

③《定型入力》プロパティにカーソルを移動し、　　　をクリックします。

④《定型入力ウィザード》が表示されます。

⑤一覧から《郵便番号》を選択します。

⑥《次へ》をクリックします。

⑦《定型入力》が「000¥-0000」になっていることを確認します。

⑧《代替文字》が「_」になっていることを確認します。
※データを入力する際に、入力領域に「_」を表示するという意味です。

⑨《次へ》をクリックします。

⑩《定型入力中の文字を含めて保存する》を ⦿ にします。

⑪《次へ》をクリックします。

⑫《完了》をクリックします。

⑬「郵便番号」フィールドの行セレクターをクリックします。

⑭《フィールドプロパティ》の《標準》タブを選択します。

⑮《定型入力》プロパティが「000¥-0000;0;_」になっていることを確認します。

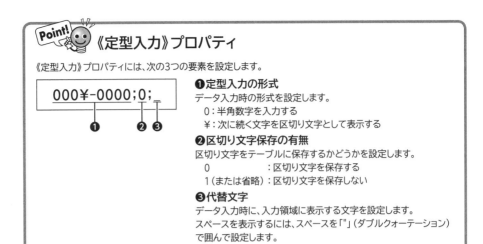

Point! 《定型入力》プロパティ

《定型入力》プロパティには、次の3つの要素を設定します。

000¥-0000;0;

❶ ❷ ❸

❶**定型入力の形式**
データ入力時の形式を設定します。
　0：半角数字を入力する
　¥：次に続く文字を区切り文字として表示する

❷**区切り文字保存の有無**
区切り文字をテーブルに保存するかどうかを設定します。
　0　　　　　　　：区切り文字を保存する
　1（または省略）：区切り文字を保存しない

❸**代替文字**
データ入力時に、入力領域に表示する文字を設定します。
スペースを表示するには、スペースを「"」（ダブルクォーテーション）
で囲んで設定します。

8 《入力規則》プロパティの設定

《入力規則》プロパティを設定すると、入力できるデータを制限したり、入力規則に
違反した場合にエラーメッセージを表示したりできます。
「電話番号」フィールドと「FAX番号」フィールドに番号を入力する際、必ず「0」から
文字列が始まるように入力規則を設定しましょう。また、入力規則に反するデータ
を入力した場合に、「**市外局番から入力してください。**」というエラーメッセージを表
示するように設定しましょう。

①「**電話番号**」フィールドの行セレクターをクリックします。

②《フィールドプロパティ》の《標準》タブを選択します。

③《入力規則》プロパティに「**"0***"」と入力します。
※半角で入力します。
※「0」から始まる文字列という意味です。
※入力確定後、「Like "0*"」と表示されます。

④《エラーメッセージ》プロパティに「**市外局番から入力してください。**」と入力します。

| 入力規則 | Like "0*" |
| エラーメッセージ | 市外局番から入力してください。 |

⑤同様に、「FAX番号」フィールドの《入力規則》プロパティと《エラーメッセージ》プロパティを設定します。

入力規則の設定例

入力規則は、次のように設定します。

設定例	意味
>0	0より大きい数値を入力します。
<=#2020/3/31#	2020年3月31日以前の日付を入力します。
Between 1 And 10	1から10の間の数値を入力します。
Like "東京都*"	「東京都」から始まる文字列を入力します。

9 データの入力

データシートビューに切り替えて、次のデータを入力しましょう。

仕入先コード	仕入先名	フリガナ	郵便番号	住所1
106	博多香港株式会社	ハカタホンコン	812-0891	福岡県福岡市博多区雀居X-X-X

住所2	電話番号	FAX番号	担当者名	メールアドレス
博多香港ビル	092-417-XXXX	092-417-XXXX	大石　麗華	ohishi@xx.xx

①《デザイン》タブ→《表示》グループの　(表示)をクリックして、データシートビューに切り替えます。

②テーブルの保存に関するメッセージが表示されたら、《はい》をクリックします。

③入力規則に関するメッセージが表示されたら、《はい》をクリックします。

④レコード移動ボタンの　(新しい(空の)レコード)をクリックします。

⑤新規レコードの「仕入先コード」にカーソルが表示されます。

⑥「仕入先コード」に「106」と入力します。

⑦「仕入先名」に「博多香港株式会社」と入力します。

※「フリガナ」が自動的に入力されます。

⑧「フリガナ」の「ハカタホンコンカブシキガイシャ」の「カブシキガイシャ」を削除します。

※並べ替えを行う際、「カブシキガイシャ」や「ユウゲンガイシャ」などの文字列を対象から外す場合は、削除しておきます。

⑨「郵便番号」に「8120891」と入力します。

※入力中、「＿＿＿-＿＿＿＿」の形式が表示されます。

⑩「住所1」に「福岡県福岡市博多区雀居」と表示されていることを確認し、続けて「X-X-X」と入力します。

⑪「住所2」に「博多香港ビル」と入力します。

⑫「電話番号」に「092-417-XXXX」と入力します。

※先頭に「0」以外の文字を入力し、確定すると、エラーメッセージが表示されることを確認しておきましょう。

⑬「FAX番号」に「092-417-XXXX」と入力します。

⑭「担当者名」に「大石　麗華」と入力します。

⑮「メールアドレス」に「ohishi@xx.xx」と入力します。

※別のレコードにカーソルを移動すると、レコードが保存されます。

仕入先コード	仕入先名	フリガナ	郵便番号	住所1	住所2
101	株式会社富田貿易	トミタボウエキ	105-0023	東京都港区芝浦X-X-X	芝浦ガーデンビル10F
102	宇宙商事株式会社	ウチュウショウジ	121-0051	東京都足立区神明X-X-X	ユニバーサルビル7F
103	アルテ株式会社	アルテ	130-0003	東京都墨田区横川X-X-X	アルテ本社ビル
104	浜田総合産業株式会社	ハマダソウゴウサンギョウ	450-0004	愛知県名古屋市中村区松重町X-X-X	浜田総合産業ビル
105	有限会社吉野物産	ヨシノブッサン	540-0001	大阪府大阪市中央区城見X-X-X	なにわロイヤルビル7F
106	博多香港株式会社	ハカタホンコン	812-0891	福岡県福岡市博多区雀居X-X-X	博多香港ビル

※列幅は適宜調整しておきましょう。列幅の調整は、フィールドの列見出しの右側の境界線をポイントし、マウスポインターの形が ✛ に変わったらダブルクリックします。

※テーブル「T仕入先マスター」を上書き保存し、閉じておきましょう。

Point! レコードの保存

入力中のレコードがテーブルに格納され、データベースに保存されるタイミングは、次のとおりです。

● 別のレコードにカーソルを移動する
● テーブルを閉じる
● データベースを閉じる
● Accessを終了する

※自動的にレコードが保存される前に、入力をキャンセルしたいときは、Escを押します。

More IME入力モード

データ型が短いテキストや長いテキストのフィールドに、半角の英数字を入力したい場合は、日本語入力をオフにするとよいでしょう。

◆日本語入力をオフにするフィールドの行セレクターを選択→《フィールドプロパティ》の《標準》タブ→《IME入力モード》の ∨ →一覧から《コントロールなし》／《オフ》

1　作成するテーブルの確認

テーブル「T商品マスター」を作成しましょう。
Excelで使用していたブックのシートをAccessにインポートします。

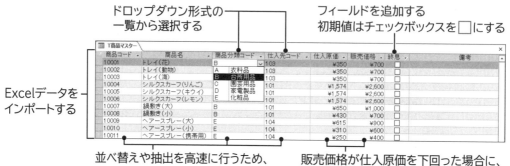

ドロップダウン形式の
一覧から選択する

フィールドを追加する
初期値はチェックボックスを□にする

Excelデータを
インポートする

並べ替えや抽出を高速に行うため、
インデックスを設定する

販売価格が仕入原価を下回った場合に、
エラーメッセージを表示する

2　Excelデータのインポート

既存のブック「商品データ」から必要なフィールドだけをAccessのテーブルとして
インポートしましょう。

▶▶1　Excelデータの確認

インポートするブック「商品データ」のシート「商品一覧表」を確認しましょう。

OPEN フォルダー「データベース編」のブック「商品データ」のシート「商品一覧表」を開いておき
ましょう。

①データを確認します。

別のテーブルから
参照するので、インポートしない

クエリで演算フィールドとして
作成するので、インポートしない

	A	B	C	D	E	F	G	H	I	J	K	L
1	商品コード	商品名	商品分類コード	商品分類名	仕入先コード	仕入先名	仕入原価	販売価格	利益	利益率	備考	
2	10001	トレイ（花）	B	台所用品	10	アルテ株式会社	¥350	¥700	¥350	50.0%		
3	10002	トレイ（動物）	B	台所用品	10	アルテ株式会社	¥350	¥700	¥350	50.0%		
4	10003	トレイ（海）	B	台所用品	10	アルテ株式会社	¥350	¥700	¥350	50.0%		
5	10004	シルクスカーフ（りんご）	A	衣料品	10	株式会社富田貿易	¥1,574	¥2,600	¥1,026	39.5%		
6	10005	シルクスカーフ（キウイ）	A	衣料品	10	株式会社富田貿易	¥1,574	¥2,600	¥1,026	39.5%		
7	10006	シルクスカーフ（レモン）	A	衣料品	10	株式会社富田貿易	¥1,574	¥2,600	¥1,026	39.5%		
8	10007	鍋敷き（大）	B	台所用品	10	株式会社富田貿易	¥650	¥1,000	¥350	35.0%		
9	10008	鍋敷き（小）	B	台所用品	10	株式会社富田貿易	¥430	¥700	¥270	38.6%		
10	10009	ヘアースプレー（大）	E	化粧品	10	浜田総合産業株式会社	¥615	¥900	¥285	31.7%		
11	10010	ヘアースプレー（小）	E	化粧品	10	浜田総合産業株式会社	¥310	¥600	¥290	48.3%		
12	10011	ヘアースプレー（携帯用）	E	化粧品	10	浜田総合産業株式会社	¥250	¥400	¥150	37.5%		
13	10012	ファッションシャツ	A	衣料品	10	宇宙商事株式会社	¥2,160	¥3,000	¥840	28.0%		
14	10013	シングルジャケット	A	衣料品	10	宇宙商事株式会社	¥5,640	¥9,800	¥4,160	42.4%		
15	10014	ダブルジャケット	A	衣料品	10	宇宙商事株式会社	¥5,640	¥9,800	¥4,160	42.4%		
16	10015	ビジネスシャツ	A	衣料品	10	宇宙商事株式会社	¥2,760	¥4,000	¥1,240	31.0%		
17	10016	ビジネスソックス（3足組）	A	衣料品	10	宇宙商事株式会社	¥680	¥1,000	¥320	32.0%		
18	10017	素焼き植木鉢（特大）	C	園芸用品	10	アルテ株式会社	¥540	¥960	¥420	43.8%		
19	10018	素焼き植木鉢（大）	C	園芸用品	10	アルテ株式会社	¥280	¥480	¥200	41.7%		
20	10019	素焼き植木鉢（中）	C	園芸用品	10	アルテ株式会社	¥220	¥360	¥140	38.9%		
21	10020	素焼き植木鉢（小）	C	園芸用品	10	アルテ株式会社	¥160	¥240		33.3%		
30	10029	カセットコンロ	B	台所用品	10	浜田総合産業株式会社	¥850	¥2,000	¥1,140	57.0%		
31	10030	包丁立て	B	台所用品	10	浜田総合産業株式会社	¥630	¥900	¥270	30.0%		
32	10031	パスタ鍋（大）	B	台所用品	10	浜田総合産業株式会社	¥2,860	¥4,700	¥1,840	39.1%	生産終了につき、在庫限り。商品コード「10033」に切り替え。	
33	10032	パスタ鍋（中）	B	台所用品	10	浜田総合産業株式会社	¥1,560	¥2,600	¥1,040	40.0%	生産終了につき、在庫限り。商品コード「10034」に切り替え。	

商品一覧表　商品分類一覧表　仕入先一覧表

※Excelを終了しておきましょう。

▶▶2 Excelデータのインポート

フォルダー「データベース編」のブック「商品データ」のシート「商品一覧表」を
Accessのテーブルとしてインポートしましょう。

① データベース「商品管理」が開かれていることを確認します。

② 《外部データ》タブ→《インポートとリンク》グループの 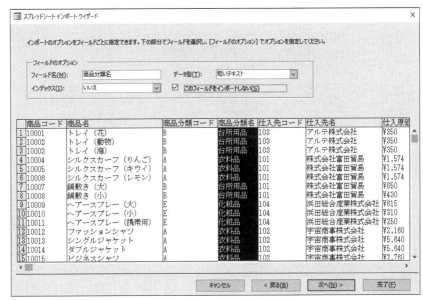（新しいデータソース）
→《ファイルから》→《Excel》をクリックします。

③ 《外部データの取り込み-Excelスプレッドシート》ダイアログボックスが表示されます。

④ 《参照》をクリックします。

⑤ 《ファイルを開く》ダイアログボックスが表示されます。

⑥ ファイルの場所を選択します。

⑦ 一覧から「商品データ」を選択します。

⑧ 《開く》をクリックします。

⑨ 《外部データの取り込み-Excelスプレッドシート》ダイアログボックスに戻ります。

⑩ 《現在のデータベースの新しいテーブルにソースデータをインポートする》を◉に
します。

⑪ 《OK》をクリックします。

⑫ 《スプレッドシートインポートウィザード》が表示されます。

⑬ 《ワークシート》を◉にします。

⑭ 一覧から「商品一覧表」を選択します。

⑮ 《次へ》をクリックします。

⑯ 《先頭行をフィールド名として使う》を☑にします。

⑰ 《次へ》をクリックします。

⑱ 「商品分類名」フィールドを選択し、《このフィールドをインポートしない》を☑にし
ます。

⑲ 同様に、「仕入先名」「利益」「利益率」の各フィールドの《このフィールドをインポートしない》を ✔ にします。

※フィールドが表示されていない場合は、スクロールして調整します。

⑳《次へ》をクリックします。

㉑《次のフィールドに主キーを設定する》を ⦿ にし、 ∨ をクリックして一覧から「商品コード」を選択します。

㉒《次へ》をクリックします。

㉓《インポート先のテーブル》に「T商品マスター」と入力します。

㉔《完了》をクリックします。

㉕《外部データの取り込み-Excelスプレッドシート》ダイアログボックスに戻ります。

㉖《閉じる》をクリックします。

㉗ ナビゲーションウィンドウにテーブル「T商品マスター」が作成されていることを確認します。

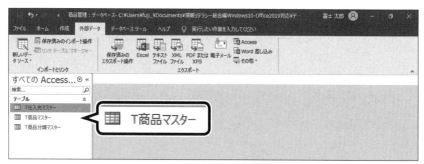

※テーブル「T商品マスター」をデータシートビューで開き、データを確認しましょう。列幅を適宜調整し、上書き保存して閉じておきましょう。

 ためしてみよう【1】

① テーブル「T商品マスター」をデザインビューで開きましょう。

② データ型の設定を次のように変更しましょう。

フィールド名	データ型
商品コード	短いテキスト
仕入先コード	短いテキスト
備考	長いテキスト

③ フィールドサイズの設定を次のように変更しましょう。

フィールド名	フィールドサイズ
商品コード	5
商品名	50
商品分類コード	1
仕入先コード	3

※テーブル「T商品マスター」を上書き保存し、閉じておきましょう。

3 フィールドの追加

「販売価格」フィールドと「備考」フィールドの間に行を挿入して、「終息」フィールド
を追加しましょう。
次に、商品コードが「10031」と「10032」のレコードの終息を☑にしましょう。

① ナビゲーションウィンドウのテーブル「T商品マスター」を右クリックします。

②《デザインビュー》をクリックします。

③「備考」フィールドの行セレクターをクリックします。

④《デザイン》タブ→《ツール》グループの [行の挿入] （行の挿入）をクリックします。

⑤ 挿入された行の《フィールド名》に「終息」と入力します。

⑥《データ型》にカーソルを移動し、 をクリックして一覧から《Yes/No型》を選
択します。

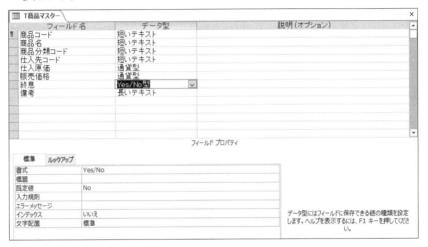

⑦《デザイン》タブ→《表示》グループの （表示）をクリックして、データシート
ビューに切り替えます。

⑧ テーブルの保存に関するメッセージが表示されたら、《はい》をクリックします。

⑨「終息」フィールドが追加されていることを確認します。

⑩「商品コード」が「10031」の「終息」を☑にします。

⑪「商品コード」が「10032」の「終息」を☑にします。

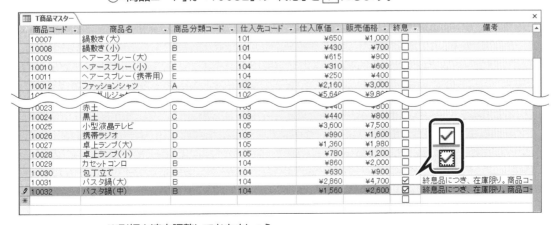

※列幅を適宜調整しておきましょう。

4 並べ替え・抽出の高速化

フィールドにインデックスを設定すると、並べ替えや抽出を高速に処理できます。「商品コード」「商品分類コード」「仕入先コード」の各フィールドのインデックスを確認しましょう。

①《ホーム》タブ→《表示》グループの （表示）をクリックして、デザインビューに切り替えます。

②「商品コード」フィールドの行セレクターをクリックします。

③《インデックス》プロパティが《はい（重複なし）》になっていることを確認します。
※主キーを設定したフィールドには、自動的に《はい（重複なし）》が設定されます。

④「商品分類コード」フィールドと「仕入先コード」フィールドの《インデックス》プロパティが《はい（重複あり）》になっていることを確認します。
※フィールド名が「コード」で始まる、または「コード」で終わるフィールドには、自動的に《はい（重複あり）》が設定されます。

More インデックスの一括設定

テーブル内の複数のフィールドにまとめてインデックスを設定できます。

◆《デザイン》タブ→《表示/非表示》グループの （インデックス）

※デザインビューで操作します。

5 《既定値》プロパティの設定

《既定値》プロパティを設定しておくと、新しいレコードを追加するときに、その値が
自動的に入力されます。
「終息」フィールドのチェックボックスの既定値を □ に設定しましょう。

①「終息」フィールドの行セレクターをクリックします。

②《フィールドプロパティ》の《標準》タブを選択します。

③《既定値》プロパティに「No」と入力されていることを確認します。
※「False」または「Off」「0」と入力してもかまいません。

6 ルックアップフィールドの作成

「ルックアップフィールド」とは、ほかのテーブル（またはクエリ）のデータをドロップ
ダウンリストの一覧で表示し、その一覧から選択してテーブルにデータを格納する
フィールドです。
「商品分類コード」フィールドをルックアップフィールドに設定しましょう。

①「商品分類コード」フィールドの行セレクターをクリックします。

②《フィールドプロパティ》の《ルックアップ》タブを選択します。

③《表示コントロール》プロパティにカーソルを移動し、🔽 をクリックして一覧から
　《コンボボックス》を選択します。

④《値集合タイプ》プロパティが《テーブル/クエリ》になっていることを確認します。

⑤《値集合ソース》プロパティにカーソルを移動し、🔽 をクリックして一覧から「T
　商品分類マスター」を選択します。

⑥《連結列》プロパティが「1」になっていることを確認します。

⑦《列数》プロパティに「2」と入力します。

⑧《列見出し》プロパティが《いいえ》になっていることを確認します。

⑨《列幅》プロパティに「1;2」と入力します。

※半角で入力します。

※入力確定後、「1cm;2cm」と表示されます。

⑩《リスト行数》プロパティに「8」と入力します。

⑪《リスト幅》プロパティに「3」と入力します。

※半角で入力します。

※入力確定後、「3cm」と表示されます。

⑫《入力チェック》プロパティにカーソルを移動し、 ▼ をクリックして一覧から《はい》を選択します。

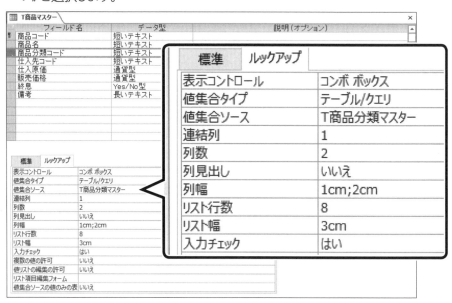

ルックアップフィールドのプロパティ

各フィールドプロパティの役割は、次のとおりです。

フィールドプロパティ	説明
表示コントロール	コントロールの種類を設定します。
値集合タイプ	コントロールのデータソースの種類を設定します。
値集合ソース	データソースとしてテーブルやクエリ、または値リストを設定します。
連結列	データとしてテーブルに保存される列を設定します。《列数》プロパティで設定した列を左から「1」「2」…と数えて設定します。
列数	表示する一覧の列数を設定します。
列見出し	表示する一覧の上にフィールド名を表示するかどうかを設定します。フィールド名を表示する場合、《はい》にします。
列幅	表示する列幅を設定します。《列数》プロパティで設定した列数が複数の場合、「;」(セミコロン)で値を区切って設定します。
リスト行数	表示する一覧の行数を設定します。
リスト幅	表示する一覧の列幅の合計を設定します。《列幅》プロパティで設定した値を合計して設定します。
入力チェック	表示する一覧にない値を入力するかどうかを設定します。一覧の値だけを入力可能にする場合、《はい》にします。
複数の値の許可	複数の値を選択可能にするかどうかを設定します。《はい》にすると、一覧にある値にチェックボックスが表示されます。
値リストの編集の許可	ルックアップフィールドの項目を編集可能にするかどうかを設定します。
リスト項目編集フォーム	ルックアップフィールドを編集するときに使用するフォームを設定します。
値集合ソースの値のみの表示	《複数の値の許可》プロパティが《はい》の場合、《値集合ソース》プロパティで設定した項目だけを表示するかどうかを設定します。

ためしてみよう【2】

①「仕入先コード」フィールドを、次のようにルックアップフィールドに設定しましょう。

プロパティ	設定値
表示コントロール	コンボボックス
値集合タイプ	テーブル/クエリ
値集合ソース	T仕入先マスター
連結列	1
列数	2
列見出し	いいえ
列幅	1cm；5cm
リスト行数	8
リスト幅	6cm
入力チェック	はい

7 データの入力

データシートビューに切り替えて、次のデータを入力しましょう。

商品コード	商品名	商品分類コード	仕入先コード	仕入原価	販売価格	終息	備考
10033	パスタ鍋(大)	B	104	¥2,560	¥4,500	☐	商品コード「10031」の後継。
10034	パスタ鍋(中)	B	104	¥1,460	¥2,400	☐	商品コード「10032」の後継。

①《デザイン》タブ→《表示》グループの ▦ (表示)をクリックして、データシートビューに切り替えます。

②テーブルの保存に関するメッセージが表示されたら、《はい》をクリックします。

③レコード移動ボタンの ▶✳ (新しい(空の)レコード)をクリックします。

④新規レコードの「商品コード」にカーソルが表示されます。

⑤「商品コード」に「10033」と入力します。

⑥「商品名」に「パスタ鍋(大)」と入力します。

⑦「商品分類コード」にカーソルを移動し、☑ をクリックして一覧から「B」を選択します。

商品コード	商品名	商品分類コード	仕入先コード	仕入原価	販売価格	終息	備考
10028	卓上ランプ(小)	D	105	¥780	¥1,200	☐	
10029	カセットコンロ	B	104	¥860	¥2,000	☐	
10030	包丁立て	B	104	¥630	¥900	☐	
10031	パスタ鍋(大)	B	104	¥2,860	¥4,700	☑	終息品につき、在庫限り。商品コード「10
10032	パスタ鍋(中)	B	104	¥1,560	¥2,600	☑	終息品につき、在庫限り。商品コード「10
10033	パスタ鍋(大)					☐	

A	衣料品
B	台所用品
C	園芸用品
D	家電製品
E	化粧品

レコード: ◄ ◀ 33 / 33 ▶ ▶✳

⑧「仕入先コード」にカーソルを移動し、  をクリックして一覧から「104」を選択します。

⑨「仕入原価」に「2560」と入力します。
※入力確定後、「¥2,560」と表示されます。

⑩「販売価格」に「4500」と入力します。
※入力確定後、「¥4,500」と表示されます。

⑪「終息」が □ になっていることを確認します。

⑫「備考」に「商品コード「10031」の後継。」と入力します。

⑬同様に、もう1件のレコードを入力します。

商品コード	商品名	商品分類コード	仕入先コード	仕入原価	販売価格	終息	備考
10028	卓上ランプ（小）	D	105	¥780	¥1,200	□	
10029	カセットコンロ	B	104	¥860	¥2,000	□	
10030	包丁立て	B	104	¥630	¥900	□	
10031	パスタ鍋（大）	B	104	¥2,860	¥4,700	☑	終息品につき、在庫限り。商品コード「10
10032	パスタ鍋（中）	B	104	¥1,560	¥2,600	☑	終息品につき、在庫限り。商品コード「10
10033	パスタ鍋（大）	B	104	¥2,560	¥4,500	□	商品コード「10031」の後継。
10034	パスタ鍋（中）	B	104	¥1,460	¥2,400	□	商品コード「10032」の後継。
*						□	

レコード: ⁅ ⁅ 34 / 34 ▶ ▶⁆ ▶⁆ フィルターなし　検索

Point! 前レコードのコピー

前レコードの同じフィールドのデータをコピーするには、Ctrl ＋ ⁅ふや⁆ を押します。

8 《入力規則》プロパティの設定

「販売価格」フィールドの値が「仕入原価」フィールドの値を下回った場合に、エラーメッセージを表示するように設定しましょう。
複数のフィールドの値を比較する場合は、テーブルプロパティの《入力規則》プロパティを使います。

①《ホーム》タブ→《表示》グループの ⁅表示⁆ （表示）をクリックして、デザインビューに切り替えます。

②《デザイン》タブ→《表示/非表示》グループの ⁅プロパティシート⁆ （プロパティシート）をクリックします。

③《プロパティシート》が表示されます。

④《入力規則》プロパティに「 [販売価格] > [仕入原価] 」と入力します。
※フィールドを指定する場合は、フィールド名を「[ ]」で囲みます。
※記号は半角で入力します。
※《プロパティシート》のサイズを調整するには、左側の境界線をポイントして、マウスポインターの形が ⟺ に変わったらドラッグします。

⑤《エラーメッセージ》プロパティに「販売価格が仕入原価を下回っています。それぞれの価格を確認してください。」と入力します。

| 入力規則 | [販売価格]>[仕入原価] |
| エラーメッセージ | 販売価格が仕入原価を下回っています。それぞれの価格を確認してください。 |

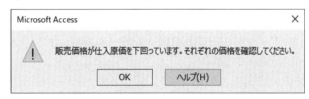

※《プロパティシート》の幅を戻しておきましょう。

⑥《プロパティシート》の ✕ (閉じる) をクリックして、《プロパティシート》を閉じます。

⑦《デザイン》タブ→《表示》グループの ▦ (表示) をクリックして、データシートビューに切り替えます。

⑧ テーブルの保存に関するメッセージが表示されたら、《はい》をクリックします。

⑨ 入力規則に関するメッセージが表示されたら、《はい》をクリックします。

⑩「商品コード」が「10004」の「販売価格」を「1000」に修正します。

⑪ カーソルを別のレコードに移動します。

⑫ エラーメッセージが表示されます。

⑬《OK》をクリックします。

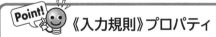

⑭ [Esc] を押して、データの入力を中止します。
※テーブル「T商品マスター」を閉じておきましょう。

Point! 《入力規則》プロパティ

フィールドプロパティの入力規則とテーブルプロパティの入力規則の違いは、次のとおりです。

●フィールドプロパティの入力規則
ほかのフィールドの値と比較できません。

●テーブルプロパティの入力規則
複数のフィールド間で値を比較できます。

Step6 | リレーションシップを作成しよう

_1_ リレーションシップの作成と参照整合性の設定

テーブル「T商品分類マスター」「T仕入先マスター」「T商品マスター」の間にリレーションシップを作成し、参照整合性を設定しましょう。

①《データベースツール》タブ→《リレーションシップ》グループの 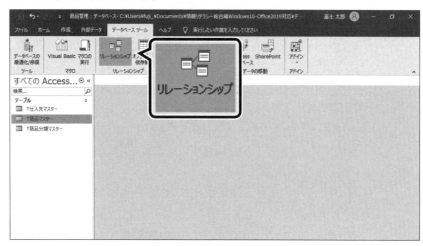 (リレーションシップ) をクリックします。

②リレーションシップウィンドウと《テーブルの表示》ダイアログボックスが表示されます。

③《テーブル》タブを選択します。

④一覧から「T仕入先マスター」を選択します。

⑤ [Shift] を押しながら、「T商品分類マスター」を選択します。
※3つのテーブルが選択されます。

⑥《追加》をクリックします。

⑦《閉じる》をクリックします。

⑧図のように、フィールドリストのサイズを調整します。
※フィールドリストのサイズを調整するには、下側の境界線をポイントして、マウスポインターの形が↕に変わったらドラッグします。

⑨「T仕入先マスター」の「仕入先コード」を「T商品マスター」の「仕入先コード」までドラッグします。
※ドラッグ中、フィールドリスト内でマウスポインターの形が↖に変わります。
※ドラッグ元のフィールドとドラッグ先のフィールドは入れ替わってもかまいません。

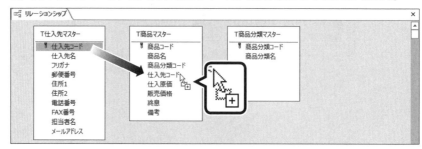

⑩《リレーションシップ》ダイアログボックスが表示されます。

⑪《参照整合性》を☑にします。

⑫《作成》をクリックします。

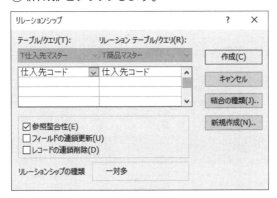

⑬ テーブル間に結合線が表示されます。

⑭ 結合線の「T仕入先マスター」側に**1**、「T商品マスター」側に **∞** が表示されていることを確認します。

※**1**は主キーを、**∞** は外部キーを表します。

⑮「T商品分類マスター」の「商品分類コード」を「T商品マスター」の「商品分類コード」までドラッグします。

※ドラッグ中、フィールドリスト内でマウスポインターの形が に変わります。
※ドラッグ元のフィールドとドラッグ先のフィールドは入れ替わってもかまいません。

⑯《リレーションシップ》ダイアログボックスが表示されます。

⑰《参照整合性》を☑にします。

⑱《作成》をクリックします。

⑲ テーブル間に結合線が表示されます。

⑳ 結合線の「T商品分類マスター」側に**1**、「T商品マスター」側に **∞** が表示されていることを確認します。

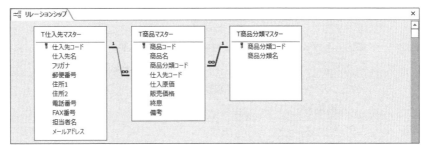

※リレーションシップウィンドウを上書き保存し、閉じておきましょう。

More　参照整合性のチェック

参照整合性を設定すると、入力済みのデータもチェックされます。入力済みのレコードに矛盾があった場合は、メッセージが表示され、参照整合性を設定できません。このような場合は、入力済みのデータを修正してから参照整合性を設定します。

More　リレーションシップの削除と参照整合性の解除

リレーションシップを削除すると参照整合性も解除されます。リレーションシップを削除し、参照整合性を解除する方法は次のとおりです。

◆結合線をクリック→ Delete

1　作成するクエリの確認

クエリ「Q商品マスター」を作成しましょう。

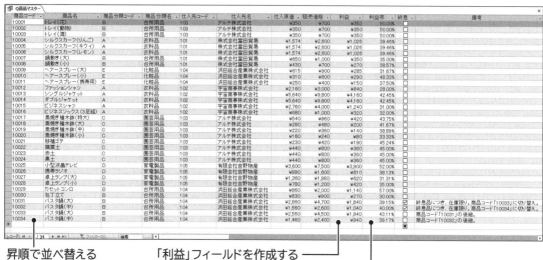

昇順で並べ替える

「利益」フィールドを作成する

「利益率」フィールドを作成する

2　デザインビューを使ったクエリの作成

テーブル「T商品分類マスター」「T仕入先マスター」「T商品マスター」をもとに、クエリ「Q商品マスター」を作成しましょう。

①《作成》タブ→《クエリ》グループの 📋（クエリデザイン）をクリックします。

② クエリウィンドウと《テーブルの表示》ダイアログボックスが表示されます。

③《テーブル》タブを選択します。

④ 一覧から「T仕入先マスター」を選択します。

⑤ [Shift] を押しながら、「T商品分類マスター」を選択します。
※3つのテーブルが選択されます。

⑥《追加》をクリックします。

⑦《閉じる》をクリックします。

⑧ 図のように、フィールドリストのサイズを調整します。

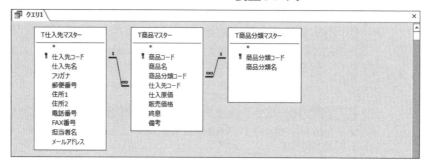

⑨次の順番でフィールドをデザイングリッドに登録します。

※フィールドリストのフィールド名をダブルクリックします。

テーブル	フィールド
T商品マスター	商品コード
〃	商品名
〃	商品分類コード
T商品分類マスター	商品分類名
T商品マスター	仕入先コード
T仕入先マスター	仕入先名
T商品マスター	仕入原価
〃	販売価格
〃	終息
〃	備考

⑩「商品コード」フィールドの《並べ替え》セルにカーソルを移動し、☑をクリックして一覧から《昇順》を選択します。

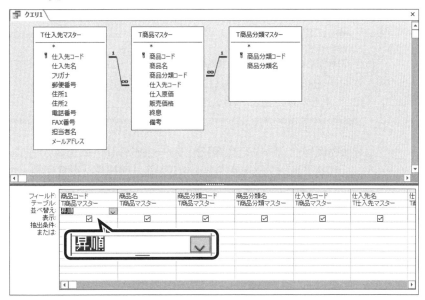

⑪《デザイン》タブ→《結果》グループの🔳(表示)をクリックして、データシートビューに切り替えます。

※《デザイン》タブ→《結果》グループの(実行)をクリックしてもかまいません。

⑫「商品コード」順に表示されます。

⑬ [F12] を押します。

⑭《名前を付けて保存》ダイアログボックスが表示されます。

⑮《'クエリ1'の保存先》に「Q商品マスター」と入力します。

⑯《OK》をクリックします。

⑰ クエリウィンドウのタブに「Q商品マスター」と表示されていることを確認します。

_3_ 演算フィールドの作成

「演算フィールド」とは、既存のフィールドをもとに数式を入力し、その演算結果を表示するフィールドです。

演算フィールドは数式だけを定義したフィールドです。演算結果はテーブルに保存されないので、ディスク容量を節約できます。もとのフィールドの値が変化すると、演算結果も自動的に再計算されます。

フィールド名：計算式
    ❶   ❷ ❸

❶フィールド名
作成するフィールド名を入力します。省略すると、自動的に「式1」「式2」・・・となります。

❷：(コロン)

❸計算式
計算式には、フィールド名や数値、算術演算子（＋ － ＊ / ＾）を使用します。

例：「販売価格」から「仕入原価」を引いて、「利益」フィールドを作成する
    利益：[販売価格] － [仕入原価]

「販売価格」フィールドと「終息」フィールドの間に列を挿入して、「利益」フィールドと「利益率」フィールドを作成しましょう。「利益」は「販売価格－仕入原価」で求めます。「利益率」は「利益÷販売価格」で求め、パーセント表示になるように《書式》プロパティを設定しましょう。

①《ホーム》タブ→《表示》グループの  （表示）をクリックして、デザインビューに切り替えます。

②「終息」フィールドのフィールドセレクターをクリックします。

※「終息」フィールドが表示されていない場合は、スクロールして調整します。

※フィールドセレクターをポイントし、マウスポインターの形が ➡ に変わったらクリックします。

③《デザイン》タブ→《クエリ設定》グループの 📋列の挿入 （列の挿入）をクリックします。

④挿入した列の《フィールド》セルに「利益：[販売価格]－[仕入原価]」と入力します。
※記号は半角で入力します。入力の際、[ ]は省略できます。
※列幅を調整して、フィールドを確認しておきましょう。列幅の調整は、フィールドセレクターの
　右側の境界線をポイントし、マウスポインターの形が ╂ に変わったらダブルクリックします。

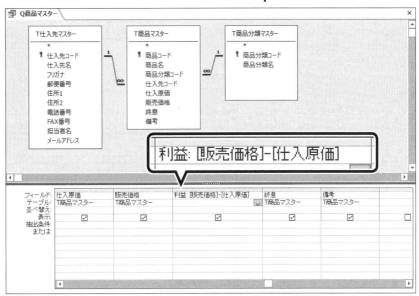

⑤《デザイン》タブ→《結果》グループの ▦ （表示）をクリックして、データシート
　ビューに切り替えます。

⑥「利益」フィールドが作成されていることを確認します。

⑦《ホーム》タブ→《表示》グループの ▨ （表示）をクリックして、デザインビューに
　切り替えます。

⑧「終息」フィールドのフィールドセレクターをクリックします。

⑨《デザイン》タブ→《クエリ設定》グループの ⚏ 列の挿入 （列の挿入）をクリックします。

⑩挿入した列の《フィールド》セルに「利益率：[利益]／[販売価格]」と入力します。
※記号は半角で入力します。入力の際、[ ]は省略できます。
※列幅を調整して、フィールドを確認しておきましょう。

⑪「利益率」フィールドのフィールドセレクターをクリックします。

⑫《デザイン》タブ→《表示/非表示》グループの （プロパティシート）をクリックします。

⑬《プロパティシート》が表示されます。

⑭《標準》タブを選択します。

⑮《書式》プロパティにカーソルを移動し、 ∨ をクリックして一覧から《パーセント》を選択します。

⑯《プロパティシート》の ✕ （閉じる）をクリックして、《プロパティシート》を閉じます。

⑰《結果》グループの ▦ （表示）をクリックして、データシートビューに切り替えます。

⑱「利益率」フィールドが作成され、パーセント表示になっていることを確認します。

※クエリ「Q商品マスター」を上書き保存し、閉じておきましょう。

Point! クエリの保存

クエリを保存すると、データそのものではなく、表示するフィールドや並べ替え、計算式などの情報が保存されます。クエリはデータシートビューでデータを表示するときに、テーブルに格納されたデータをもとに表示します。そのため、テーブルでデータが変更されると、クエリのデータに自動的に反映されます。

1 条件を指定したレコードの抽出

クエリのデザインビューの《抽出条件》セルに条件を入力し、クエリを実行すると、レコードを抽出できます。
「Q商品マスター」から、「商品分類コード」が「A」のレコードを抽出しましょう。

① ナビゲーションウィンドウのクエリ「Q商品マスター」を右クリックします。

②《デザインビュー》をクリックします。

③「商品分類コード」フィールドの《抽出条件》セルに「"A"」と入力します。
※入力の際、「"」は省略できます。

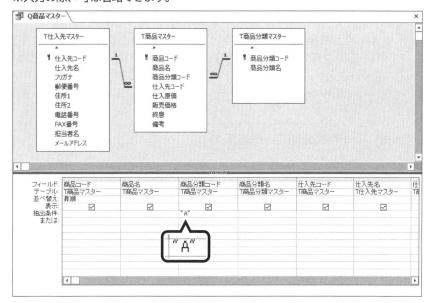

④《デザイン》タブ→《結果》グループの ▦ (表示) をクリックして、データシートビューに切り替えます。

⑤「商品分類コード」が「A」のレコードが抽出されていることを確認します。

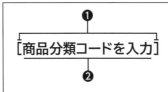

Point! AND条件とOR条件

《抽出条件》セルに複数の条件を指定する方法は、次のとおりです。

●AND条件

すべての条件を満たすレコードを抽出するには、1行内に条件を入力します。

例：「商品分類コード」が「A」で、「仕入先コード」が「101」

フィールド:	商品分類コード	商品分類名	仕入先コード
テーブル:	T商品マスター	T商品分類マスター	T商品マスター
並べ替え:			
表示:	☑	☑	☑
抽出条件:	"A"		"101"
または:			

●OR条件

どれかひとつの条件を満たすレコードを抽出するには、行を変えて条件を入力します。

例：「商品分類コード」が「A」または「仕入先コード」が「101」

フィールド:	商品分類コード	商品分類名	仕入先コード
テーブル:	T商品マスター	T商品分類マスター	T商品マスター
並べ替え:			
表示:	☑	☑	☑
抽出条件:	"A"		
または:			"101"

2 パラメーターを指定したレコードの抽出

クエリを実行するたびにダイアログボックスを表示させ、特定のフィールドに対する条件を指定することができます。このクエリを「パラメータークエリ」といいます。パラメータークエリを作成すると、毎回違う条件でレコードを抽出できます。

❶
[商品分類コードを入力]
❷

❶[ ] （角カッコ）
❷《パラメーターの入力》ダイアログボックスに表示されるメッセージ
※フィールド名と完全に一致する言葉は使用できません。

クエリを実行するたびに、「商品分類コード」を指定してレコードが抽出されるようにパラメーターを設定しましょう。

①《ホーム》タブ→《表示》グループの ☑ （表示）をクリックして、デザインビューに切り替えます。

②「商品分類コード」フィールドの《抽出条件》セルを「[商品分類コードを入力]」に修正します。
※記号は半角で入力します。
※列幅を調整して、フィールドを確認しておきましょう。

③《デザイン》タブ→《結果》グループの 🔲 （表示）をクリックして、データシートビューに切り替えます。

④《パラメーターの入力》ダイアログボックスが表示されます。

⑤「商品分類コードを入力」に「A」と入力します。

⑥《OK》をクリックします。

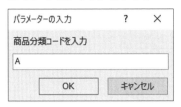

⑦「商品分類コード」が「A」のレコードが抽出されていることを確認します。

⑧ [F12]を押します。

⑨《名前を付けて保存》ダイアログボックスが表示されます。

⑩《'Q商品マスター'の保存先》に「Q商品マスター（商品分類別）」と入力します。

⑪《OK》をクリックします。

※クエリ「Q商品マスター（商品分類別）」を閉じておきましょう。

3 上限と下限を指定したレコードの抽出

「Between And 演算子」を使うと、レコードを抽出する範囲に上限と下限を指定できます。

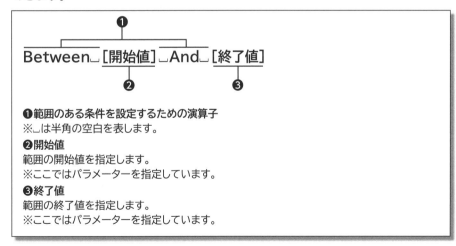

クエリを実行するたびに、「販売価格」の下限値と上限値を指定してレコードが抽出されるようにパラメーターを設定しましょう。

①ナビゲーションウィンドウのクエリ「Q商品マスター」を右クリックします。

②《デザインビュー》をクリックします。

③「販売価格」フィールドの《抽出条件》セルに「Between␣[抽出する販売価格の下限値を入力]␣And␣[抽出する販売価格の上限値を入力]」と入力します。

※英字、記号は半角で入力します。

※␣は半角の空白を表します。

※列幅を調整して、フィールドを確認しておきましょう。

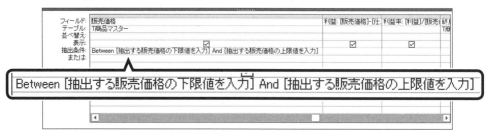

④《デザイン》タブ→《結果》グループの 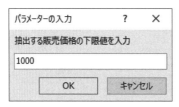 (表示) をクリックして、データシートビューに切り替えます。

④《デザイン》タブ→《結果》グループの （表示）をクリックして、データシートビューに切り替えます。

⑤《パラメーターの入力》ダイアログボックスが表示されます。

⑥「抽出する販売価格の下限値を入力」に「1000」と入力します。

⑦《OK》をクリックします。

⑧「抽出する販売価格の上限値を入力」に「1999」と入力します。

⑨《OK》をクリックします。

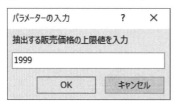

⑩「販売価格」が1,000円台のレコードが抽出されていることを確認します。

⑪ [F12] を押します。

⑫《名前を付けて保存》ダイアログボックスが表示されます。

⑬《'Q商品マスター'の保存先》に「Q商品マスター（販売価格範囲指定）」と入力します。

⑭《OK》をクリックします。

※クエリ「Q商品マスター（販売価格範囲指定）」を閉じておきましょう。

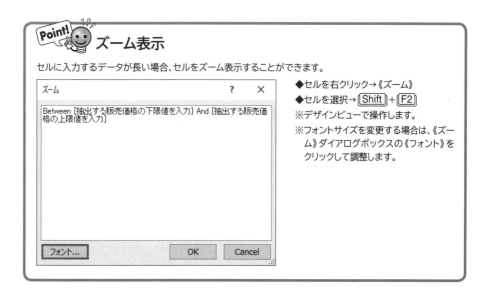

Point! ズーム表示

セルに入力するデータが長い場合、セルをズーム表示することができます。

```
ズーム                                    ?    ×

Between [抽出する販売価格の下限値を入力] And [抽出する販売価
格の上限値を入力]




フォント...              OK        Cancel
```

◆セルを右クリック→《ズーム》
◆セルを選択→ Shift + F2

※デザインビューで操作します。
※フォントサイズを変更する場合は、《ズーム》ダイアログボックスの《フォント》をクリックして調整します。

---

4 あいまいな条件を指定したレコードの抽出

「ワイルドカード」を使うと、文字列の一部分しかわからないデータや特定の文字列で始まるレコードなどを抽出できます。よく利用されるワイルドカードには、「*」(アスタリスク)があり、任意の文字列を表します。

クエリを実行するたびに、「商品名」の最初の何文字かを指定してレコードが抽出されるようにパラメーターを設定しましょう。

①ナビゲーションウィンドウのクエリ「Q商品マスター」を右クリックします。

②《デザインビュー》をクリックします。

③「商品名」フィールドの《抽出条件》セルに「Like␣[商品名の最初の何文字かを入力]␣&␣"*"」と入力します。

※英字、記号は半角で入力します。
※␣は半角の空白を表します。
※列幅を調整して、フィールドを確認しておきましょう。

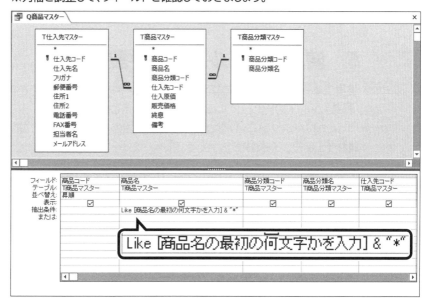

データベース編

④《デザイン》タブ→《結果》グループの 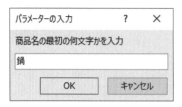 （表示）をクリックして、データシート
ビューに切り替えます。

⑤《パラメーターの入力》ダイアログボックスが表示されます。

⑥「商品名の最初の何文字かを入力」に「鍋」と入力します。

⑦《OK》をクリックします。

⑧「商品名」が「鍋」で始まるレコードが抽出されていることを確認します。

商品コード	商品名	商品分類コード	商品分類名	仕入先コード	仕入先名	仕入原価	販売価格
10007	鍋敷き（大）	B	台所用品	101	株式会社富田貿易	¥650	¥1,000
10008	鍋敷き（小）	B	台所用品	101	株式会社富田貿易	¥430	¥700

⑨ F12 を押します。

⑩《名前を付けて保存》ダイアログボックスが表示されます。

⑪《'Q商品マスター'の保存先》に「Q商品マスター（商品名別）」と入力します。

⑫《OK》をクリックします。

※クエリ「Q商品マスター（商品名別）」を閉じておきましょう。

Point! あいまいな条件

指定した文字列を含む「商品名」を抽出するには、条件の前後に「＊」（アスタリスク）を設定します。

Like␣"＊"␣&␣[商品名の何文字かを入力]␣&␣"＊"

※␣は半角の空白を表します。

---

5 演算フィールドの条件設定

演算フィールドに条件を設定してレコードを抽出することもできます。
「利益」が4,000円以上のレコードを抽出しましょう。
「～以上」「～より小さい」などのように、範囲のあるレコードを抽出する場合、「比較
演算子」を使って条件を設定します。

① ナビゲーションウィンドウのクエリ「Q商品マスター」を右クリックします。

②《デザインビュー》をクリックします。

③「利益」フィールドの《抽出条件》セルに「>=4000」と入力します。
※半角で入力します。

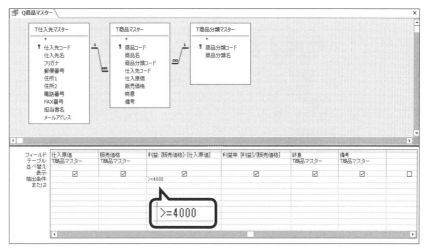

④《デザイン》タブ→《結果》グループの ▦（表示）をクリックして、データシート
　ビューに切り替えます。

⑤「利益」が4,000円以上のレコードが抽出されていることを確認します。

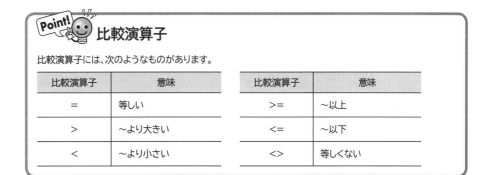

⑥ F12 を押します。

⑦《名前を付けて保存》ダイアログボックスが表示されます。

⑧《'Q商品マスター'の保存先》に「Q商品マスター（利益範囲指定）」と入力します。

⑨《OK》をクリックします。

※クエリ「Q商品マスター（利益範囲指定）」を閉じておきましょう。

Point! 比較演算子

比較演算子には、次のようなものがあります。

比較演算子	意味	比較演算子	意味
=	等しい	>=	～以上
>	～より大きい	<=	～以下
<	～より小さい	<>	等しくない

More　演算フィールドの条件設定

演算フィールドに条件を設定しても、正しく抽出されない場合があります。そのようなときは、演算フィールドを含む
既存のクエリをもとに新しいクエリを作成し、新しいクエリの《抽出条件》セルで条件を設定します。
既存のクエリをもとに新しいクエリを作成する方法は、次のとおりです。

◆《作成》タブ→《クエリ》グループの ▦（クエリデザイン）→《クエリ》タブ→一覧からクエリを選択→《追加》

フォーム「F仕入先マスター」を作成しよう

_1_ 作成するフォームの確認

フォーム「F仕入先マスター」を作成しましょう。
テーブル「T仕入先マスター」をもとに、仕入先を1件1画面で表示するフォームを作成し、見やすくなるようにコントロールのサイズを調整します。

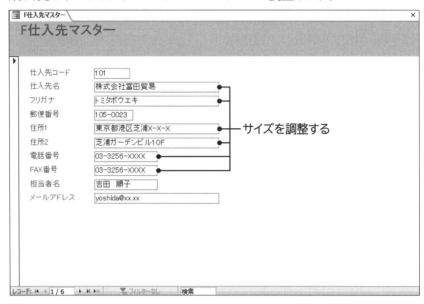

_2_ フォームウィザードを使ったフォームの作成

フォームウィザードを使って、フォーム「F仕入先マスター」を作成しましょう。

①《作成》タブ→《フォーム》グループの [フォーム ウィザード] （フォームウィザード）をクリックします。

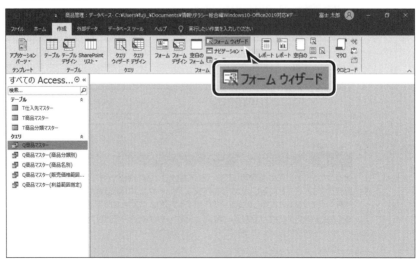

②《フォームウィザード》が表示されます。

③《テーブル/クエリ》の ⌄ をクリックし、一覧から「テーブル：T仕入先マスター」を選択します。

④ >> をクリックします。

※《選択したフィールド》にすべてのフィールドが移動します。

⑤《次へ》をクリックします。

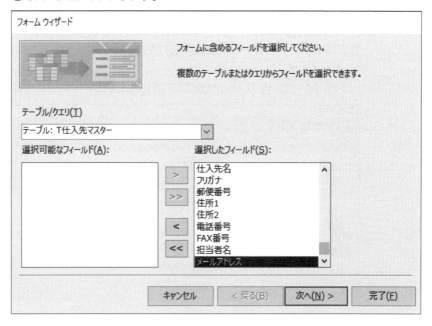

⑥《単票形式》を ◉ にします。

⑦《次へ》をクリックします。

⑧《フォーム名を指定してください。》に「F仕入先マスター」と入力します。

⑨《フォームを開いてデータを入力する》を ◉ にします。

⑩《完了》をクリックします。

⑪ フォーム「F仕入先マスター」が作成されます。

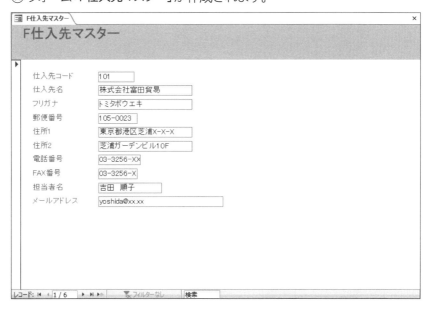

_3_ コントロールのサイズの調整

レイアウトビューに切り替えて、コントロールのサイズを調整しましょう。

①《ホーム》タブ→《表示》グループの ▦ （表示）をクリックして、レイアウトビューに切り替えます。

※《フィールドリスト》が表示された場合は、《フィールドリスト》の ✕ （閉じる）をクリックして、閉じておきましょう。

②「仕入先名」「フリガナ」の各テキストボックスを選択します。

※2つ目以降のテキストボックスは、Shift を押しながらクリックします。

③テキストボックスの右端をポイントし、マウスポインターの形が ↔ に変わったらドラッグして、図のようにサイズを調整します。

④同様に、「住所1」「住所2」「電話番号」「FAX番号」のコントロールのサイズを調整します。

⑤《デザイン》タブ→《表示》グループの ▦ （表示）をクリックして、フォームビューに切り替えます。

⑥レコード移動ボタンの ▶ （次のレコード）をクリックして、データを確認します。

※フォーム「F仕入先マスター」を上書き保存し、閉じておきましょう。

1 作成するフォームの確認

フォーム「F商品マスター」を作成しましょう。

クエリ「Q商品マスター」をもとに、商品を1件1画面で表示するフォームを作成し、コントロールの配置やサイズを調整します。また、誤ってデータを書き換えないように設定します。

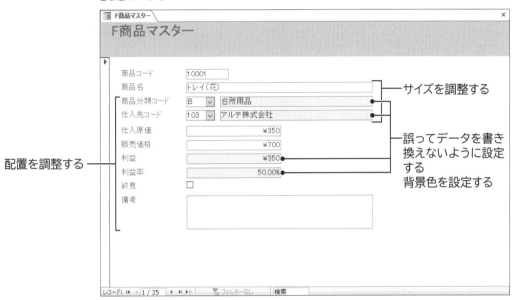

2 フォームウィザードを使ったフォームの作成

フォームウィザードを使って、フォーム「F商品マスター」を作成しましょう。

①《作成》タブ→《フォーム》グループの フォーム ウィザード（フォームウィザード）をクリックします。

②《フォームウィザード》が表示されます。

③《テーブル/クエリ》の をクリックし、一覧から「クエリ：Q商品マスター」を選択します。

④ >> をクリックします。

※《選択したフィールド》にすべてのフィールドが移動します。

⑤《次へ》をクリックします。

⑥《単票形式》を にします。

⑦《次へ》をクリックします。

⑧《フォーム名を指定してください。》に「F商品マスター」と入力します。

⑨《フォームを開いてデータを入力する》を にします。

⑩《完了》をクリックします。

データベース編

⑪ フォーム「F商品マスター」が作成されます。

⑫ テーブルでルックアップフィールドを設定した「商品分類コード」と「仕入先コード」がコンボボックスとして配置されていることを確認します。

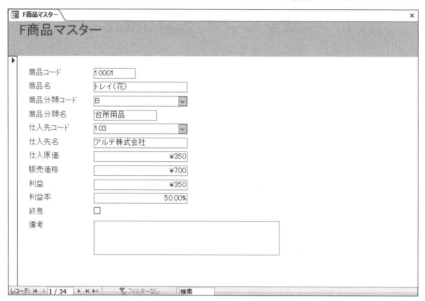

 ためしてみよう【3】

●フォーム「F商品マスター」

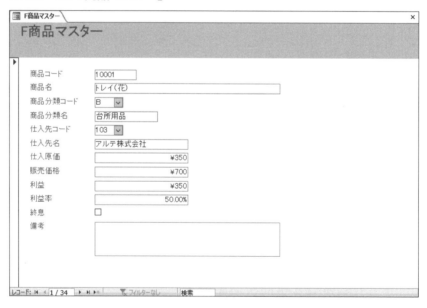

① 完成図を参考に、レイアウトビューに切り替えて「商品名」「商品分類コード」「仕入先コード」の各コントロールのサイズを調整しましょう。

※フォームビューに切り替えておきましょう。

3 コントロールの配置の調整

不要なラベルを削除して、コントロールの配置を調整しましょう。

①《デザイン》タブ→《表示》グループの ▤ (表示) をクリックして、レイアウトビューに切り替えます。

②「商品分類名」「仕入先名」の各ラベルを選択します。
※2つ目以降のラベルは、[Shift]を押しながらクリックします。

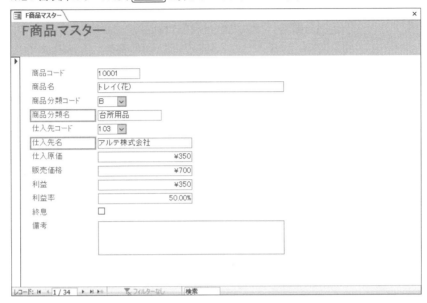

③[Delete]を押します。

④「商品分類名」のテキストボックスを選択します。

⑤「商品分類名」のテキストボックスの枠内をポイントし、マウスポインターの形が ⟨‡⟩に変わったらドラッグして、図のように配置を調整します。

⑥「商品分類名」テキストボックスのサイズを、図のように調整します。

⑦同様に、その他のコントロールのサイズや配置を調整します。

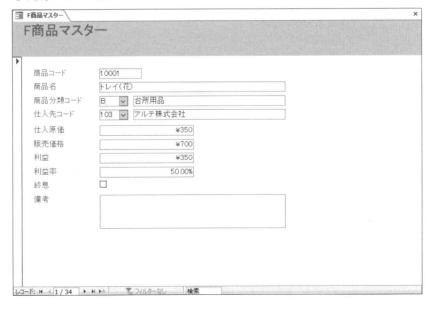

4 コントロールのプロパティの設定

プロパティを設定すると、コントロールの外観や動作を細かく指定できます。
「商品分類名」「仕入先名」「利益」「利益率」の各テキストボックスは、自動的に参照・計算されるので、フォームでデータを入力したり、編集したりすることはありません。各テキストボックスのデータを誤って編集しないように設定し、さらにカーソルが移動しないように設定します。
コントロールのプロパティを設定しましょう。

①「商品分類名」「仕入先名」「利益」「利益率」の各テキストボックスを選択します。
※2つ目以降のテキストボックスは、[Shift]を押しながらクリックします。

②《デザイン》タブ→《ツール》グループの 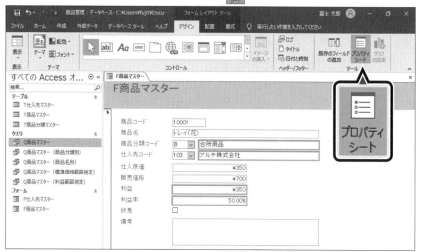 (プロパティシート) をクリックします。

③《プロパティシート》が表示されます。

④《データ》タブを選択します。

⑤《使用可能》プロパティにカーソルを移動し、▽をクリックして一覧から《いいえ》を選択します。

⑥《編集ロック》プロパティにカーソルを移動し、▽をクリックして一覧から《はい》を選択します。

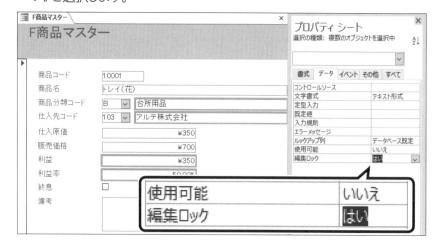

⑦《プロパティシート》の ✕ (閉じる) をクリックして、《プロパティシート》を閉じます。

《使用可能》プロパティ

《使用可能》プロパティは、コントロールにカーソルを移動させるかどうかを指定します。「いいえ」を設定すると、コントロールにカーソルが移動しなくなります。

 《編集ロック》プロパティ

《編集ロック》プロパティは、コントロールのデータを編集可能な状態にするかどうかを指定します。「はい」を設定すると、コントロールのデータは編集できません。

5 コントロールの書式設定

データを入力する際に見分けがつくように、入力する必要のないテキストボックスの書式を変更しましょう。

①「商品分類名」「仕入先名」「利益」「利益率」の各テキストボックスを選択します。
※2つ目以降のテキストボックスは、[Shift]を押しながらクリックします。
②《書式》タブ→《フォント》グループの 🎨▾ (背景色) の ▾ →《テーマの色》の《白、背景1、黒+基本色5%》(左から1番目、上から2番目) をクリックします。

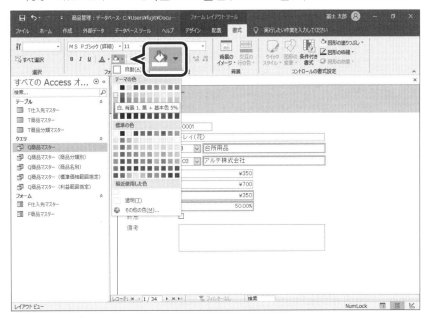

More テーマの色とテーマの適用

「テーマの色」とは、あらかじめ用意されている背景の色・文字の色・アクセントになる色の組み合わせのことです。テーマの色は、適用するテーマによって、異なります。
Accessでテーマを適用すると、フォームやレポートなどデータベース全体の配色やフォントを一括して変更できます。テーマを変更する方法は、次のとおりです。
◆《デザイン》タブ→《テーマ》グループの 🎨 (テーマ)

6 データの入力

フォーム「F商品マスター」に次のデータを入力しましょう。

商品コード	商品名	商品分類コード	仕入先コード	仕入原価	販売価格	終息	備考
10035	カジュアルソックス（2足組）	A	102	580	900	☐	

①《デザイン》タブ→《表示》グループの 🔲 （表示）をクリックして、フォームビューに切り替えます。

②レコード移動ボタンの 🔘 （新しい（空の）レコード）をクリックします。

③新規レコードを入力する画面が表示されます。

④「商品コード」に「10035」と入力します。

⑤「商品名」に「カジュアルソックス（2足組）」と入力します。

⑥「商品分類コード」の ☑ をクリックし、一覧から「A」を選択します。
※「商品分類名」が自動的に参照されます。

⑦「仕入先コード」の ☑ をクリックし、一覧から「102」を選択します。
※「仕入先名」が自動的に参照されます。

⑧「仕入原価」に「580」と入力します。

⑨「販売価格」に「900」と入力します。
※「備考」など、ほかのフィールドにカーソルを移動すると、「利益」と「利益率」が自動的に計算されます。

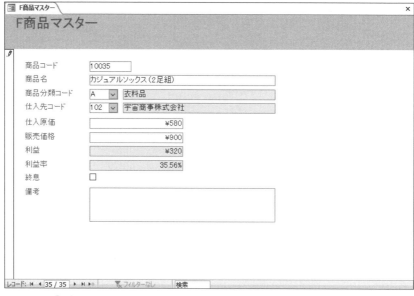

※フォーム「F商品マスター」を上書き保存し、閉じておきましょう。

1 作成するフォームの確認

フォーム「F商品マスター」にコマンドボタンを配置しましょう。

コマンドボタンを
配置する

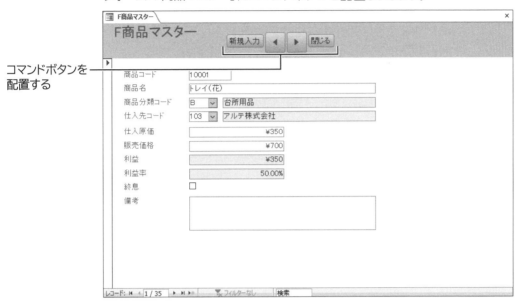

2 コマンドボタンの配置

「コントロールウィザード」を使って、フォームにコマンドボタンを配置しましょう。

▶▶1 文字列のコマンドボタンの配置

レコードの新規入力画面を表示するためのコマンドボタンを配置しましょう。
コントロールを追加するなど、フォームのデザインに関する詳細な設定は、デザイン
ビューで操作します。

① ナビゲーションウィンドウのフォーム「**F商品マスター**」を右クリックします。

②《**デザインビュー**》をクリックします。

③《**デザイン**》タブ→《**コントロール**》グループの ▼ (その他) をクリックします。

④《**コントロールウィザードの使用**》をオン (🔧 が濃い灰色の状態) にします。

⑤《**デザイン**》タブ→《**コントロール**》グループの ▧ (ボタン) をクリックします。

⑥《**フォームヘッダー**》セクションの図の位置でクリックします。

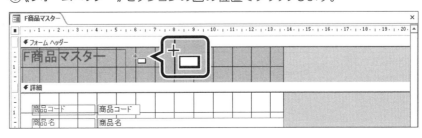

データベース編

⑦《コマンドボタンウィザード》が表示されます。

⑧《種類》の一覧から《レコードの操作》を選択します。

⑨《ボタンの動作》の一覧から《新しいレコードの追加》を選択します。

⑩《次へ》をクリックします。

⑪《文字列》を◉にし、「新規入力」と入力します。

⑫《次へ》をクリックします。

⑬《ボタン名を指定してください。》に「新規入力」と入力します。

⑭《完了》をクリックします。

⑮ コマンドボタンが作成されます。

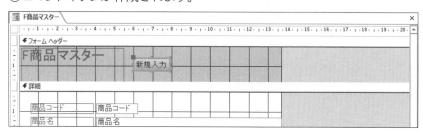

▶▶2 ピクチャのコマンドボタンの配置

前のレコードを表示するためのコマンドボタンを配置しましょう。

①《デザイン》タブ→《コントロール》グループの ▾ (その他) をクリックします。

②《コントロールウィザードの使用》がオン (が濃い灰色の状態) になっていることを確認します。

③《デザイン》タブ→《コントロール》グループの xxxx (ボタン) をクリックします。

④《フォームヘッダー》セクション内でクリックします。

⑤《コマンドボタンウィザード》が表示されます。

⑥《種類》の一覧から《レコードの移動》を選択します。

⑦《ボタンの動作》の一覧から《前のレコードに移動》を選択します。

⑧《次へ》をクリックします。

⑨《ピクチャ》を◉にし、一覧から《前へ》を選択します。

⑩《次へ》をクリックします。

⑪《ボタン名を指定してください。》に「前へ」と入力します。

⑫《完了》をクリックします。

⑬ コマンドボタンが作成されます。

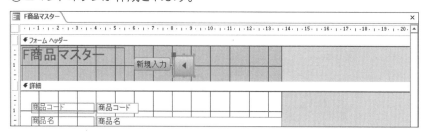

ためしてみよう【4】

●フォーム「F商品マスター」

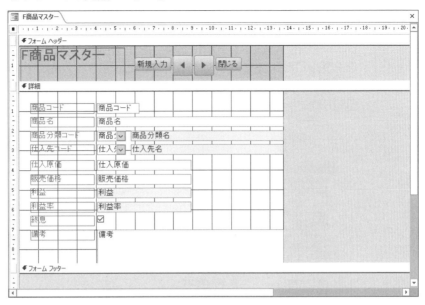

① 次のレコードを表示するためのコマンドボタンを配置しましょう。
コマンドボタンウィザードで次のように設定します。

種類	レコードの移動
ボタンの動作	次のレコードに移動
表示するピクチャ	次へ
ボタン名	次へ

② フォームを閉じるためのコマンドボタンを配置しましょう。
コマンドボタンウィザードで次のように設定します。

種類	フォームの操作
ボタンの動作	フォームを閉じる
表示する文字列	閉じる
ボタン名	閉じる

③ 完成図を参考に、各コマンドボタンの配置を調整しましょう。

※フォームビューに切り替えて、コマンドボタンの動作を確認しておきましょう。
※フォーム「F商品マスター」を上書き保存し、閉じておきましょう。

データベース編

1　作成するレポートの確認

レポート「R仕入先マスター（コード順）」を作成しましょう。
テーブル「T仕入先マスター」をもとに、レコードを仕入先コード順に並べ替えてレポートを作成します。また、コントロールのサイズや配置を調整し複数行にしたり、区切り線を引いたりすることで、1件ずつのレコードを読みやすくします。

仕入先コードを昇順に並べ替える

区切り線を引く

_2_ レポートウィザードを使ったレポートの作成

レポートウィザードを使って、レポート「R仕入先マスター（コード順）」を作成しましょう。
レポートウィザードの中で、レコードの並べ替えを指定します。

①《作成》タブ→《レポート》グループの 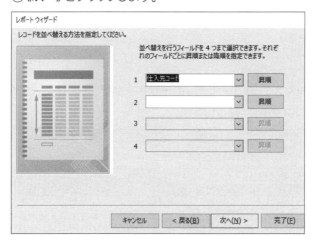（レポートウィザード）をクリックします。

②《レポートウィザード》が表示されます。

③《テーブル/クエリ》の ∨ をクリックし、一覧から「テーブル：T仕入先マスター」を選択します。

④ >> をクリックします。

※《選択したフィールド》にすべてのフィールドが移動します。

⑤《選択したフィールド》の一覧から「担当者名」を選択します。

⑥ < をクリックします。

※「担当者名」が《選択したフィールド》から除かれます。

⑦《選択したフィールド》の一覧から「メールアドレス」を選択します。

⑧ < をクリックします。

※「メールアドレス」が《選択したフィールド》から除かれます。

⑨《次へ》をクリックします。

⑩ グループレベルは指定せずに、《次へ》をクリックします。

⑪《1》の ∨ をクリックし、一覧から「仕入先コード」を選択します。

⑫《昇順》になっていることを確認します。

⑬《次へ》をクリックします。

⑭《レイアウト》の《表形式》を ⦿ にします。

⑮《印刷の向き》の《縦》を ⦿ にします。

⑯《すべてのフィールドを1ページ内に収める》を ✔ にします。

⑰《次へ》をクリックします。

⑱《レポート名を指定してください。》に「R仕入先マスター（コード順）」と入力します。

⑲《レポートをプレビューする》を ⦿ にします。

⑳《完了》をクリックします。

㉑ レポート「R仕入先マスター（コード順）」が作成されます。

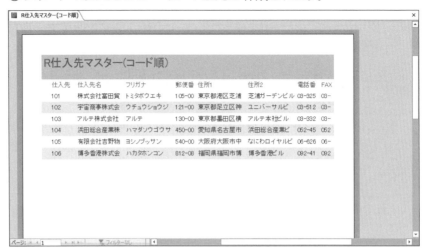

_3_　レポートの編集

レポートの見栄えを整えましょう。

▶▶1　レポートヘッダーの書式設定

《レポートヘッダー》セクションのラベルを「仕入先マスター」に変更しましょう。

① タスクバーの <kbd>目</kbd>（レイアウトビュー）をクリックして、レイアウトビューに切り替えます。

※《フィールドリスト》が表示された場合は、《フィールドリスト》の <kbd>×</kbd>（閉じる）をクリックして、閉じておきましょう。

②「R仕入先マスター（コード順）」のラベルをダブルクリックします。

③「仕入先マスター」に修正します。

▶▶2 ページヘッダーの書式設定

《ページヘッダー》セクションのラベルの配置を調整し、背景色を設定しましょう。

①《デザイン》タブ→《表示》グループの の 表示 →《デザインビュー》をクリックして、デザインビューに切り替えます。

②《ページヘッダー》セクションと《詳細》セクションの境界をポイントし、マウスポインターの形が ✛ に変わったら、下方向にドラッグします。
（目安：垂直ルーラー1.5cm）

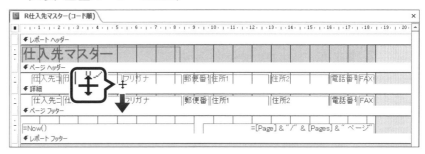

③《ページヘッダー》セクションの「フリガナ」「住所2」の各ラベルを削除します。

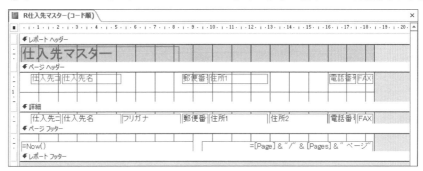

④《ページヘッダー》セクションの「住所1」のラベルを「住所」に修正します。

⑤図のように、各ラベルのサイズと配置を調整します。

⑥「仕入先コード」「仕入先名」「郵便番号」「住所」「電話番号」「FAX番号」の各ラベルを選択します。

※2つ目以降のラベルは、Shift を押しながらクリックします。

⑦《書式》タブ→《フォント》グループの の ![] →《テーマの色》の《ブルーグレー、テキスト2、白+基本色80%》（左から4番目、上から2番目）をクリックします。

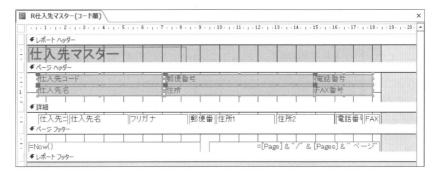

▶▶▶3 詳細の書式設定

《詳細》セクションのコントロールのサイズと配置を調整し、区切り線を追加しましょう。

①《詳細》セクションと《ページフッター》セクションの境界をポイントし、マウスポインターの形が╈に変わったら、下方向にドラッグします。
（目安：垂直ルーラー2cm）

②図のように、各コントロールのサイズと配置を調整します。

③《デザイン》タブ→《コントロール》グループの (コントロール) をクリックします。
※表示されていない場合は、《コントロール》グループの (その他) をクリックします。

④ (線) をクリックします。

⑤図のように、直線を作成します。
※Shiftを先に押してからドラッグします。
※Shiftを押しながらドラッグすると、水平線または垂直線を引くことができます。

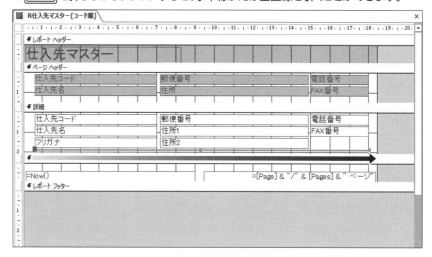

⑥《書式》タブ→《コントロールの書式設定》グループの 図形の枠線 ▾ （図形の枠線）→《テーマの色》の《ブルーグレー、テキスト2》（左から4番目、上から1番目）をクリックします。

⑦《ホーム》タブ→《表示》グループの (表示) の 表示 ▾ →《印刷プレビュー》をクリックして、印刷プレビューに切り替えます。

※レポート「R仕入先マスター（コード順）」を上書き保存し、閉じておきましょう。

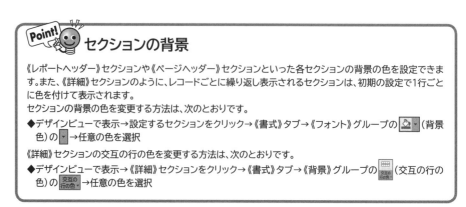

Point! セクションの背景

《レポートヘッダー》セクションや《ページヘッダー》セクションといった各セクションの背景の色を設定できます。また、《詳細》セクションのように、レコードごとに繰り返し表示されるセクションは、初期の設定で1行ごとに色を付けて表示されます。
セクションの背景の色を変更する方法は、次のとおりです。

◆デザインビューで表示→設定するセクションをクリック→《書式》タブ→《フォント》グループの ▾ （背景色）の ▾ →任意の色を選択

《詳細》セクションの交互の行の色を変更する方法は、次のとおりです。

◆デザインビューで表示→《詳細》セクションをクリック→《書式》タブ→《背景》グループの （交互の行の色）の 交互の 行の色 ▾ →任意の色を選択

1 作成するレポートの確認

レポート「R分類別商品マスター」を作成しましょう。
クエリ「Q商品マスター」をもとに、「商品分類」ごとにまとめたレポートを作成します。「商品分類」をグループレベルに指定すると、レコードをグループごとにまとめて表示したり、グループごとの件数などを表示したりできます。

商品分類ごとにグループ化する

商品分類ごとの商品数を表示する

2 レポートウィザードを使ったレポートの作成

レポートウィザードを使って、レポート「R分類別商品マスター」を作成しましょう。
レポートウィザードの中で、レコードのグループレベルを指定します。

①《作成》タブ→《レポート》グループの ℝ (レポートウィザード) をクリックします。

②《レポートウィザード》が表示されます。

③《テーブル/クエリ》の ∨ をクリックし、一覧から「クエリ:Q商品マスター」を選択します。

④《選択可能なフィールド》の一覧から「商品コード」を選択します。

⑤ > をクリックします。

※《選択したフィールド》に「商品コード」が移動します。

⑥ 同様に、「商品名」「商品分類コード」「商品分類名」「販売価格」「終息」を《選択したフィールド》に移動します。

⑦《次へ》をクリックします。

⑧ 一覧から「by T商品マスター」を選択します。

⑨《次へ》をクリックします。

⑩ 一覧から「商品分類コード」を選択します。

⑪ > をクリックします。

※「商品分類コード」ごとにレコードがグループ化されます。

⑫《次へ》をクリックします。

⑬《1》の ∨ をクリックし、一覧から「商品コード」を選択します。

⑭《昇順》になっていることを確認します。

⑮《次へ》をクリックします。

⑯《レイアウト》の《アウトライン》を ◉ にします。

⑰《印刷の向き》の《縦》を ◉ にします。

⑱《すべてのフィールドを1ページ内に収める》を ✓ にします。

⑲《次へ》をクリックします。

⑳《レポート名を指定してください。》に「R分類別商品マスター」と入力します。

㉑《レポートをプレビューする》を ◉ にします。

㉒《完了》をクリックします。

㉓「商品分類コード」ごとにレコードがグループ化されていることを確認します。

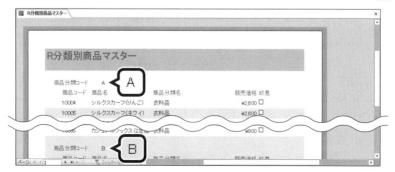

_3_ 演算テキストボックスの作成

グループ化されたレコードを対象に計算するには、グループヘッダーやグループ
フッターに演算テキストボックスを作成します。
《商品分類コードフッター》セクションを表示し、「商品分類コード」ごとの商品数を求
める演算テキストボックスを作成しましょう。

▶▶1 グループフッターの表示

《商品分類コードフッター》セクションを表示しましょう。

① ステータスバーの （デザインビュー）をクリックして、デザインビューに切り
替えます。

②《デザイン》タブ→《グループ化と集計》グループの グループ化と並べ替え （グループ
化と並べ替え）をクリックします。

③《グループ化》ダイアログボックスが表示されます。

④《グループ化：商品分類コード　昇順,その他》と表示されていることを確認します。

⑤ その他 ▶ （その他のオプション）をクリックします。

⑥ フッター セクションなし ▼ の ▼ をクリックし、一覧から《フッターセクション付き》を選
択します。

⑦ ✕ （グループ化ダイアログボックスを閉じる）をクリックして、《グループ化》ダイ
アログボックスを閉じます。

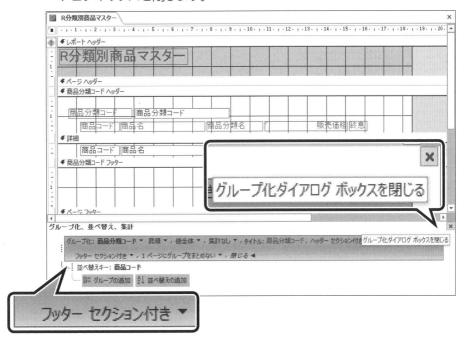

⑧《商品分類コードフッター》セクションが表示されていることを確認します。

⑨《商品分類コードフッター》セクションの領域サイズを調整します。
（目安：垂直ルーラー1.5cm）

▶▶2 演算テキストボックスの作成

《商品分類コードフッター》セクションにテキストボックスを作成し、「商品分類コード」
ごとの商品数を求めましょう。

①《デザイン》タブ→《コントロール》グループの [コントロール] (コントロール) をクリックします。
※表示されていない場合は、《コントロール》グループの ▼ (その他) をクリックします。

② [abl] (テキストボックス) をクリックします。

③《商品分類コードフッター》セクション内の図の位置でクリックします。

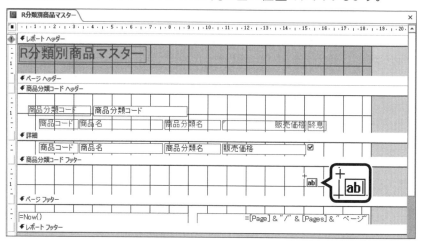

④「テキストn」のラベルと「非連結」のテキストボックスが作成されます。
※「n」には自動的に連番が入ります。

⑤「非連結」のテキストボックスが選択されていることを確認します。

⑥《デザイン》タブ→《ツール》グループの [プロパティシート] (プロパティシート) をクリックします。

⑦《プロパティシート》が表示されます。

⑧《すべて》タブを選択します。

⑨《名前》プロパティに「商品数」と入力します。

⑩《コントロールソース》プロパティに「=Count ([商品コード])」と入力します。
※《プロパティシート》のサイズを調整するには、左側の境界線をポイントして、マウスポインター
　の形が ⟺ に変わったらドラッグします。
※英字、記号は半角で入力します。入力の際、[ ] は省略できます。
※「Count」は、指定したフィールドのレコード件数を返す関数です。

名前	商品数
ラベル名	ラベル16
コントロールソース	=Count([商品コード])

⑪「テキストn」のラベルを選択します。

※「テキストn」のラベルが表示されていない場合は、スクロールして調整します。

⑫《名前》プロパティに「商品数ラベル」と入力します。

⑬《標題》プロパティに「商品数」と入力します。

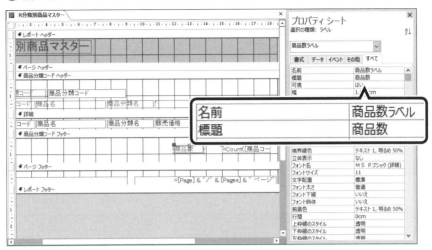

名前	商品数ラベル
標題	商品数

※《プロパティシート》の幅を戻しておきましょう。

⑭《プロパティシート》の ✖ (閉じる)をクリックして、《プロパティシート》を閉じます。

⑮《デザイン》タブ→《表示》グループの ▣ (表示)の 表示 →《印刷プレビュー》をクリックして、印刷プレビューに切り替えます。

⑯「商品分類コード」ごとに商品数が表示されていることを確認します。

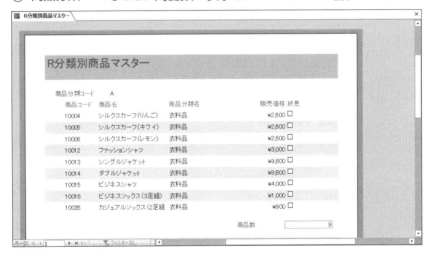

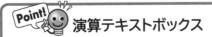

演算テキストボックス

「演算テキストボックス」とは、式を設定し、式の結果を表示するテキストボックスのことです。非連結テキストボックス（もとになるテーブル/クエリのフィールドと結び付けられていないテキストボックス）に式を設定します。

ためしてみよう【5】

●レポート「R分類別商品マスター」

① デザインビューに切り替えて、《レポートヘッダー》セクションの「R分類別商品マスター」のラベルを「分類別商品マスター」に変更しましょう。

② 《商品分類コードヘッダー》セクションの「商品分類コード」のラベルを次のように設定しましょう。

プロパティ	設定値
名前	商品分類ラベル
標題	商品分類

③ 《商品分類コードヘッダー》セクションの「商品分類名」のラベルを削除しましょう。

④ 《詳細》セクションの「商品分類名」のテキストボックスを《商品分類コードヘッダー》セクションに移動しましょう。

次に、完成図を参考に、各コントロールのサイズと配置を調整しましょう。

> **Hint** 別のセクションにテキストボックスを移動する場合は、テキストボックスの枠線をポイントし、マウスポインターの形が の状態でドラッグします。

> **Hint** ラベルとテキストボックスが連動している場合は、移動ハンドルをドラッグすると別々に移動できます。

⑤ 《商品分類コードフッター》セクションに区切り線を追加し、線の色を《テーマの色》の《青、アクセント5》に設定しましょう。

⑥ 《商品分類コードフッター》セクションの「商品数」のラベルと「商品数」のテキストボックスに太字を設定しましょう。

⑦ 《商品分類コードヘッダー》セクションの「商品分類」「商品コード」「商品名」「販売価格」「終息」の各ラベルを太字に設定し、背景色を《テーマの色》の《ブルーグレー、テキスト2、白+基本色80%》に設定しましょう。

※ 印刷プレビューに切り替えて、結果を確認しましょう。
※ レポート「R分類別商品マスター」を上書き保存し、閉じておきましょう。

Step14 レポート「R仕入先別商品マスター」を作成しよう

1 作成するレポートの確認

レポート「R仕入先別商品マスター」を作成しましょう。

仕入先ごとに
グループ化する

2 既存レポートを使った新規レポートの作成

レポートウィザードを使ってレポートを作成すると、レイアウトや書式の調整が必要
ですが、既存のレポートを流用すると効率的に作成できます。
レポート「R分類別商品マスター」をコピーして、レポート「R仕入先別商品マスター」を
作成しましょう。

① ナビゲーションウィンドウのレポート「R分類別商品マスター」を選択します。

②《ホーム》タブ→《クリップボード》グループの [　コピー] (コピー) をクリックします。

③《ホーム》タブ→《クリップボード》グループの [　] (貼り付け) をクリックします。

④《貼り付け》ダイアログボックスが表示されます。

⑤《レポート名》に「R仕入先別商品マスター」と入力します。

⑥《OK》をクリックします。

データベース編

3 デザインビューを使ったレコードのグループ化

「商品分類コード」から「仕入先コード」に、グループ化の指定を変更しましょう。
グループ化は、レポートウィザード以外に、デザインビューで指定することもできます。

① ナビゲーションウィンドウのレポート「R仕入先別商品マスター」を右クリックします。

② 《デザインビュー》をクリックします。

③ 《デザイン》タブ→《グループ化と集計》グループの 「≡ グループ化と並べ替え 」（グループ化と並べ替え）をクリックします。

④ 《グループ化》ダイアログボックスが表示されます。

⑤ 《グループ化：商品分類コード　昇順, その他》と表示されていることを確認します。

⑥ 商品分類コード ▼ の ▼ をクリックし、一覧から「仕入先コード」を選択します。

⑦ 《グループ化：仕入先コード　昇順, 値全体, その他》と表示されます。

⑧ 《商品分類コードヘッダー》が《仕入先コードヘッダー》に、《商品分類コードフッター》が《仕入先コードフッター》に変更されていることを確認します。

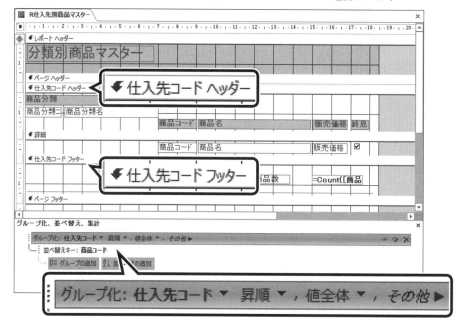

⑨ × （グループ化ダイアログボックスを閉じる）をクリックして、《グループ化》ダイアログボックスを閉じます。

4 コントロールの追加

「商品分類コード」と「商品分類名」の各テキストボックスを削除し、「仕入先コード」と「仕入先名」の各コントロールを追加しましょう。
レポート上にないフィールドのコントロールを追加するには、「フィールドリスト」を使います。

①《仕入先コードヘッダー》セクションの「商品分類」のラベルと、「商品分類コード」「商品分類名」のテキストボックスを削除します。

②《デザイン》タブ→《ツール》グループの 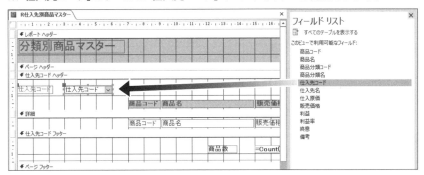（既存のフィールドの追加）をクリックします。

③《フィールドリスト》が表示されます。

※《このビューで利用可能なフィールド：》に、テーブル「T仕入先マスター」「T商品マスター」「T商品分類マスター」の各フィールドが表示された場合は、《現在のレコードソースのフィールドのみを表示する》をクリックします。

④《フィールドリスト》の「仕入先コード」を選択し、《仕入先コードヘッダー》セクションにドラッグします。

※「仕入先コード」のラベルと「仕入先コード」のコンボボックスが追加されます。

⑤《フィールドリスト》の「仕入先名」を選択し、《仕入先コードヘッダー》セクションにドラッグします。

※「仕入先名」のラベルと「仕入先名」のテキストボックスが追加されます。

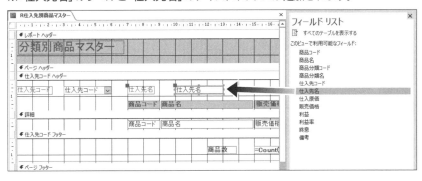

⑥《フィールドリスト》の ✕（閉じる）をクリックして、《フィールドリスト》を閉じます。

⑦「仕入先名」のラベルを削除します。

⑧「仕入先コード」のラベルを選択します。

⑨《書式》タブ→《フォント》グループの B （太字）をクリックします。

⑩《書式》タブ→《フォント》グループの 🎨（背景色）の →《テーマの色》の《ブルーグレー、テキスト2、白+基本色80%》（左から4番目、上から2番目）をクリックします。

⑪「仕入先コード」のコンボボックスと「仕入先名」のテキストボックスを選択します。

※2つ目以降のコントロールは、Shift を押しながらクリックします。

⑫《書式》タブ→《コントロールの書式設定》グループの 図形の枠線 （図形の枠線）→《透明》をクリックします。

⑬図のように、「仕入先コード」のラベル、「仕入先コード」のコンボボックス、「仕入先名」のテキストボックスのサイズと配置を調整します。

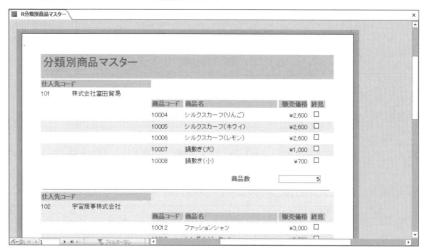

⑭《デザイン》タブ→《表示》グループの ▨ (表示) の 表示 →《印刷プレビュー》をクリックして、印刷プレビューに切り替えます。

⑮「仕入先コード」ごとにレコードがグループ化され、「仕入先コード」ごとの商品数が表示されていることを確認します。

ためしてみよう【6】

① デザインビューに切り替えて、《レポートヘッダー》セクションの「分類別商品マスター」のラベルを「仕入先別商品マスター」に変更しましょう。

② レポートの《標題》プロパティを「R仕入先別商品マスター」に設定しましょう。

Hint レポートセレクターを選択して設定します。

③ 《仕入先コードヘッダー》セクションの「仕入先コード」のラベルを次のように設定しましょう。

プロパティ	設定値
名前	仕入先ラベル
標題	仕入先

※印刷プレビューに切り替えて、結果を確認しましょう。②のレポートの《標題》プロパティの設定は、印刷プレビューのオブジェクトのタブに反映されます。
※レポート「R仕入先別商品マスター」を上書き保存し、データベースを閉じておきましょう。

1　データベースの設計

データベースを作成する前に、どのような用途で利用するのか目的を明確にしておきます。目的に合わせた印刷結果や、その結果を得るために必要となる入力項目などを決定し、合理的にテーブルを設計します。

2　設計手順

データベースを設計する手順は、次のとおりです。

1　目的を明確にする

業務の流れを分析し、売上管理、社員管理など、データベースの目的を明確にします。データベースの使用方法や誰がそのデータベースを使用するのかなどを考えてみます。

2　印刷結果や入力項目を考える

主キーの一部によって決まる項目を別のテーブルに分割します。

●印刷結果

資格取得情報

2020年7月31日現在

社員コード　：　200012　　　　　　　　部署コード　：　100

社員名　　　：　中村　雄一　　　　　　　部署名　　　：　総務部

取得資格一覧（全3件）

No.	資格コード	資格名	取得年月日
1	K020	簿記検定	2020/06/15
2	G030	Webデザイン検定	2019/09/28
3	L010	英語検定	2019/04/05

●入力項目

取得資格入力

社員コード　200012　　　　取得資格コード　K020
社員名　　　中村　雄一　　　取得資格名　　　簿記検定
部署コード　100　　　　　　資格取得日　2020 ▼ 年　06 ▼ 月　15 ▼ 日
部署名　　　総務部

3　データを正規化する

決定した入力項目をもとに、テーブルを設計します。テーブル間は共通の項目で関連付け、必要に応じてデータを参照できます。各入力項目を分類してテーブルを分けることで、重複するデータの入力を避け、ディスク容量の無駄や入力ミスなどが起こりにくいデータベースを構築できます。テーブルを設計するには、データの正規化を考えます。
テーブル設計のポイント
・繰り返し入力するデータをなくす
・情報は1回だけ登録されるようにする
・基本的に計算で得られる情報はテーブルに保存しない

データベース編

1 データの正規化

「データの正規化」とは、データの重複がないようにテーブルを適切に分割することです。データを正規化すると、データベースを効果的に管理できます。一般的に正規化には3つの段階があります。社員取得資格を例に、第1正規化から第3正規化までの手順を考えます。

▶▶1 第1正規化

繰り返す項目を別のテーブルに分割して、繰り返し項目をなくします。

●社員取得資格

社員コード	社員名	部署コード	部署名	資格コード	資格名	取得年月日
200012	中村　雄一	100	総務部	L010	英語検定	2019/04/05
				G030	Webデザイン検定	2019/09/28
				K020	簿記検定	2020/06/15
200028	広川　さとみ	200	営業部	L010	英語検定	2019/10/12
200030	遠藤　義文	300	情報システム部	G010	情報処理技術者	2019/11/20
				G030	Webデザイン検定	2020/07/10

第1正規化

①テーブル「社員取得資格」の繰り返し項目を、テーブル「社員」とテーブル「取得資格」に分割する

③「社員コード」と「資格コード」はテーブル「取得資格」の主キーとなる

●社員

社員コード	社員名	部署コード	部署名
200012	中村　雄一	100	総務部
200028	広川　さとみ	200	営業部
200030	遠藤　義文	300	情報システム部

②「社員コード」はテーブル「社員」の主キーとなる

●取得資格

社員コード	資格コード	資格名	取得年月日
200012	L010	英語検定	2019/04/05
200012	G030	Webデザイン検定	2019/09/28
200012	K020	簿記検定	2020/06/15
200028	L010	英語検定	2019/10/12
200030	G010	情報処理技術者	2019/11/20
200030	G030	Webデザイン検定	2020/07/10

④「社員コード」はテーブル「社員」に対する外部キーとなる

リレーショナル・データベースでは、複数のテーブルを「主キー」と「外部キー」によって関連付けます。

主キーはレコードを特定するための項目のことで、項目内の値は必ず一意になります。なお、主キーは複数の項目を組み合わせて設定することもできます。

外部キーは、項目の値が、別の表の主キーに存在する値であるようにする項目のことです。

例えば、2つのテーブル「社員」「取得資格」の場合、2つのテーブルを「社員コード」で関連付けることにより、テーブル「取得資格」の「社員コード」の値をもとに、テーブル「社員」から該当する「社員名」を参照できます。このとき、テーブル「社員」の「社員コード」が主キー、テーブル「取得資格」の「社員コード」が外部キーになります。

▶▶2 第2正規化

主キーの一部によって決まる項目を別のテーブルに分割します。

●社員

社員コード	社員名	部署コード	部署名
200012	中村　雄一	100	総務部
200028	広川　さとみ	200	営業部
200030	遠藤　義文	300	情報システム部

①テーブル「社員」は、主キーの一部によって決まる項目がないので、別のテーブルに分割しない

●取得資格

社員コード	資格コード	資格名	取得年月日
200012	L010	英語検定	2019/04/05
200012	G030	Webデザイン検定	2019/09/28
200012	K020	簿記検定	2020/06/15
200028	L010	英語検定	2019/10/12
200030	G010	情報処理技術者	2019/11/20
200030	G030	Webデザイン検定	2020/07/10

②「社員コード」と「資格コード」によって「取得年月日」が決まり、主キーの一部である「資格コード」によって「資格名」が決まるので、テーブル「資格」に分割する

第2正規化

●社員

社員コード	社員名	部署コード	部署名
200012	中村　雄一	100	総務部
200028	広川　さとみ	200	営業部
200030	遠藤　義文	300	情報システム部

●取得資格

社員コード	資格コード	取得年月日
200012	L010	2019/04/05
200012	G030	2019/09/28
200012	K020	2020/06/15
200028	L010	2019/10/12
200030	G010	2019/11/20
200030	G030	2020/07/10

④「資格コード」はテーブル「資格」に対する外部キーとなる

●資格

資格コード	資格名
L010	英語検定
K020	簿記検定
G010	情報処理技術者
G030	Webデザイン検定

③「資格コード」はテーブル「資格」の主キーとなる

データベース編

▶▶3 第3正規化

主キー以外の項目によって決まる項目を別のテーブルに分割します。

●社員

社員コード	社員名		部署コード	部署名
200012	中村	雄一	100	総務部
200028	広川	さとみ	200	営業部
200030	遠藤	義文	300	情報システム部

①「社員コード」によって「社員名」と「部署コード」が決まり、「部署コード」によって「部署名」が決まるので、テーブル「部署」に分割する

●取得資格

社員コード	資格コード	取得年月日
190012	L010	2019/04/05
190012	G030	2019/09/28
190012	K020	2020/06/15
190028	L010	2019/10/12
190030	G010	2019/11/20
190030	G030	2020/07/10

②テーブル「取得資格」は、主キー以外の項目によって決まる項目がないので、分割しない

●資格

資格コード	資格名
L010	英語検定
K020	簿記検定
G010	情報処理技術者
G030	Webデザイン検定

③テーブル「資格」は、主キー以外の項目によって決まる項目がないので、分割しない

第3正規化

●社員

社員コード	社員名		部署コード
200012	中村	雄一	100
200028	広川	さとみ	200
200030	遠藤	義文	300

⑤「部署コード」はテーブル「部署」に対する外部キーとなる

●取得資格

社員コード	資格コード	取得年月日
200012	L010	2019/04/05
200012	G030	2019/09/28
200012	K020	2020/06/15
200028	L010	2019/10/12
200030	G010	2019/11/20
200030	G030	2020/07/10

●資格

資格コード	資格名
L010	英語検定
K020	簿記検定
G010	情報処理技術者
G030	Webデザイン検定

●部署

部署コード	部署名
100	総務部
200	営業部
300	情報システム部

④「部署コード」はテーブル「部署」の主キーとなる

練習問題

Accessを起動し、フォルダー「データベース編」のフォルダー「練習問題」のデータベース「練習問題」を開いておきましょう。《セキュリティの警告》メッセージバーの《コンテンツの有効化》をクリックしておきましょう。

※設定する項目名が一覧にない場合は、任意の項目を選択してください。

●テーブル「T受講生」

受講番号	氏名	フリガナ	クラス	郵便番号	住所1	住所2	電話番号
1001	榎並 悟	エナミ サトル	B	168-0072	東京都杉並区高井戸東X-X-X	グリーンハイム高井戸203	03-3332-XXXX
1002	谷山 信孝	タニヤマ ノブタカ	B	166-0003	東京都杉並区高円寺南X-X-X	高円寺エクセレントハイツ1405	03-3306-XXXX
1003	藤森 美里	フジモリ ミサト	C	166-0012	東京都杉並区和田X-X-X		03-3340-XXXX
1004	金山 輝久	カナヤマ テルヒサ	C	168-0073	東京都杉並区下高井戸X-X-X	サンライズマンション高井戸302	03-3303-XXXX
1005	沢登 孝治	サワノボリ コウジ	B	167-0035	東京都杉並区今川X-X-X	荻窪ハイツ105	03-3399-XXXX
1006	川上 恵美子	カワカミ エミコ	B	168-0065	東京都杉並区浜田山X-X-X	ひまわり荘302	03-3311-XXXX
1007	遠藤 義文	エンドウ ヨシフミ	A	166-0001	東京都杉並区阿佐谷北X-X-X		03-3339-XXXX
1008	三上 義男	ミカミ ヨシオ	B	166-0004	東京都杉並区阿佐谷南X-X-X	ヒルズマンション池上202	03-3312-XXXX
1009	近山 直之	チカヤマ ナオユキ	A	167-0043	東京都杉並区上荻X-X-X	上荻パークマンション503	03-3390-XXXX
1010	山村 美津子	ヤマムラ ミツコ	A	166-0003	東京都杉並区高円寺南X-X-X		03-3318-XXXX
1011	広川 さとみ	ヒロカワ サトミ	A	167-0053	東京都杉並区西荻南X-X-X		03-3396-XXXX
1012	瀬山 融	セヤマ トオル	C	166-0002	東京都杉並区高円寺北X-X-X		03-3319-XXXX
1013	相川 雄一	アイカワ ユウイチ	A	167-0032	東京都杉並区天沼X-X-X	竹中ビル202	03-3218-XXXX
1014	伊藤 まき子	イトウ マキコ	C	168-0072	東京都杉並区高井戸東X-X-X		03-3320-XXXX

① フォルダー「練習問題」のブック「受講生」のシート「受講生」を次の設定でインポートしましょう。

> ・先頭行をフィールド名として使う
> ・「受講番号」フィールドを主キーとする
> ・インポート先のテーブル名を「T受講生」とする

※テーブルをデータシートビューで開いて結果を確認しましょう。列幅を適宜調整し、上書き保存して閉じておきましょう。

② テーブル「T受講生」のフィールドを次のように設定しましょう。

フィールド名	データ型	フィールドサイズ
受講番号	短いテキスト	4
氏名	短いテキスト	30
フリガナ	短いテキスト	50
クラス	短いテキスト	1
郵便番号	短いテキスト	8
住所1	短いテキスト	50
住所2	短いテキスト	50
電話番号	短いテキスト	13

③ 「氏名」フィールドに名前を入力すると、「フリガナ」フィールドにふりがなが全角カタカナで自動的に入力されるように設定しましょう。

④ 「郵便番号」フィールドに郵便番号を入力すると、対応する住所が「住所1」フィールドに入力されるように設定しましょう。

⑤「郵便番号」フィールドに郵便番号を入力する際、「＿＿＿-＿＿＿＿」という形式を表示して入力でき、区切り文字「-」(ハイフン)が保存されるように設定しましょう。

※データシートビューに切り替えて結果を確認しましょう。
※列幅を調整して、フィールドを確認しましょう。
※テーブルを上書き保存し、閉じておきましょう。

●テーブル「T貸出明細」

貸出番号	受講番号	書籍コード	貸出日	返却済
1	1009	B0013	2020/04/01	☑
2	1014	B0012	2020/04/01	☑
3	1013	B0001	2020/04/02	☑
4	1012	B0002	2020/04/02	☑
5	1011	B0005	2020/04/03	☑
6	1011	B0006	2020/04/03	☑
7	1003	B0009	2020/04/06	☑
8	1008	B0003	2020/04/06	☑
9	1002	B0010	2020/04/07	☑
10	1001	B0011	2020/04/07	☑
11	1012	B0004	2020/04/08	☑
12	1001	B0006	2020/04/08	☑
13	1012	B0007	2020/04/08	☑
14	1008	B0008	2020/04/09	☑
15	1011	B0003	2020/04/09	☑
16	1008	B0005	2020/04/10	☑
17	1009	B0006	2020/04/13	☑
18	1002	B0002	2020/04/13	☑
19	1011	B0001	2020/04/14	☑
20	1005	B0010	2020/04/15	☑
21	1012	B0012	2020/04/15	☑
22	1006	B0013	2020/04/16	☑
23	1011	B0009	2020/04/16	☑
24	1005	B0004	2020/04/17	☑
25	1013	B0006	2020/04/17	☐
26	1014	B0007	2020/04/17	☑
27	1004	B0008	2020/04/20	☑
28	1006	B0005	2020/04/20	☑
29	1012	B0009	2020/04/21	☑

レコード: ◄ ◄ 1 / 41 ► ►► フィルターなし 検索

⑥テーブル「T貸出明細」の「貸出番号」「受講番号」「書籍コード」「貸出日」の各フィールドにインデックスを設定しましょう。

⑦「返却済」フィールドのチェックボックスの既定値を☐に設定しましょう。

⑧「受講番号」フィールドを次の設定でルックアップフィールドにしましょう。

プロパティ	設定値
表示コントロール	コンボボックス
値集合タイプ	テーブル/クエリ
値集合ソース	T受講生
連結列	1
列数	2
列見出し	いいえ
列幅	1cm；3cm
リスト行数	8
リスト幅	4cm
入力チェック	はい

⑨「書籍コード」フィールドを次の設定でルックアップフィールドにしましょう。

プロパティ	設定値
表示コントロール	コンボボックス
値集合タイプ	テーブル/クエリ
値集合ソース	T貸出用書籍
連結列	1
列数	2
列見出し	いいえ
列幅	1cm;6cm
リスト行数	8
リスト幅	7cm
入力チェック	はい

※テーブルを上書き保存し、データシートビューに切り替えて結果を確認しましょう。
※テーブルを閉じておきましょう。

●リレーションシップ

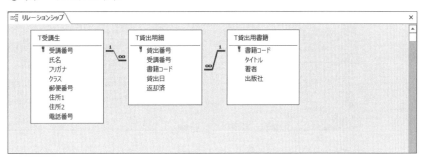

⑩完成図を参考に、テーブル「T受講生」「T貸出明細」「T貸出用書籍」の間にリレーションシップを作成し、参照整合性を設定しましょう。

●クエリ「Q貸出データ」

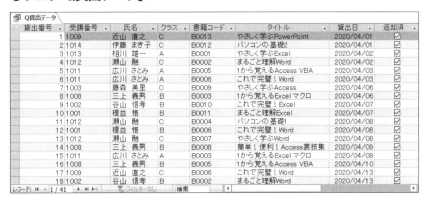

⑪ テーブル「T受講生」「T貸出明細」「T貸出用書籍」をもとに、クエリ「Q貸出データ」を作成しましょう。「貸出番号」が昇順で表示されるように設定します。

テーブル	フィールド
T貸出明細	貸出番号
〃	受講番号
T受講生	氏名
〃	クラス
T貸出明細	書籍コード
T貸出用書籍	タイトル
T貸出明細	貸出日
〃	返却済

※データシートビューに切り替えて、結果を確認しましょう。

⑫ 作成したクエリに「Q貸出データ」と名前を付けて保存しましょう。
　 ※クエリを閉じておきましょう。

●クエリ「Q貸出データ（クラス別）」

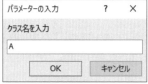

⑬ クエリ「Q貸出データ」を編集して、クエリを実行するたびに次のメッセージを表示させ、指定したクラスのレコードを抽出するように設定しましょう。

クラス名を入力

※データシートビューに切り替えて、結果を確認しましょう。

⑭ 編集したクエリに「Q貸出データ（クラス別）」と名前を付けて保存しましょう。
　 ※クエリを閉じておきましょう。

●クエリ「Q貸出データ（期間指定）」

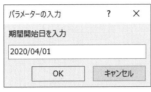

⑮ クエリ「Q貸出データ」を編集して、クエリを実行するたびに次のメッセージを表示させ、指定した貸出期間のレコードを抽出するように設定しましょう。

> **期間開始日を入力**
> **期間終了日を入力**

※データシートビューに切り替えて、結果を確認しましょう。

⑯ 編集したクエリに「Q貸出データ（期間指定）」と名前を付けて保存しましょう。
※クエリを閉じておきましょう。

●クエリ「Q貸出データ（書籍別）」

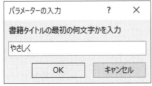

⑰ クエリ「Q貸出データ」を編集して、クエリを実行するたびに次のメッセージを表示させ、指定した文字列で始まる書籍のレコードを抽出するように設定しましょう。

> **書籍タイトルの最初の何文字かを入力**

※データシートビューに切り替えて、結果を確認しましょう。

⑱ 編集したクエリに「Q貸出データ（書籍別）」と名前を付けて保存しましょう。
※クエリを閉じておきましょう。

●フォーム「F貸出データ」

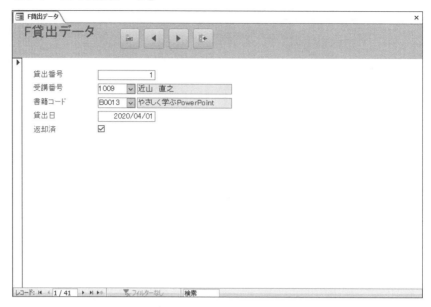

⑲ フォームウィザードを使って、フォームを作成しましょう。次のように設定し、それ以外は既定のままとします。

もとになるクエリ	：Q貸出データ
選択するフィールド	：「クラス」以外のフィールド
レイアウト	：単票形式
フォーム名	：F貸出データ

⑳ 完成図を参考に、不要なラベルを削除して、コントロールのサイズと配置を調整しましょう。

㉑ 「氏名」「タイトル」のテキストボックスに、カーソルが移動せず、編集できないように設定しましょう。また、背景色を《テーマの色》の《白、背景1、黒+基本色5%》に設定しましょう。

㉒ 完成図を参考に、次のようなコマンドボタンを配置しましょう。

種類	ボタンの動作	表示するピクチャ	ボタン名
レコードの操作	新しいレコードの追加	新規へ	新規入力
レコードの移動	前のレコードに移動	前へ	前へ
レコードの移動	次のレコードに移動	次へ	次へ
フォームの操作	フォームを閉じる	出口	閉じる

※フォームビューに切り替えて、コマンドボタンの動作を確認しましょう。
※フォームを上書保存し、閉じておきましょう。

●レポート「R貸出データ（受講生別）」

貸出データ(受講生別)

受講生

1001　榎並　悟

書籍コード	タイトル	貸出日	返却済
B0001	やさしく学ぶExcel	2020/04/22	✔
B0006	これで完璧！Word	2020/04/08	✔
B0009	やさしく学ぶAccess	2020/04/27	☐
B0011	まるごと理解Excel	2020/04/07	✔

貸出冊数　　4

受講生

1002　谷山　信孝

書籍コード	タイトル	貸出日	返却済
B0002	まるごと理解Word	2020/04/13	✔
B0005	1から覚えるAccess VBA	2020/04/23	✔
B0010	これで完璧！Excel	2020/04/07	✔
B0012	パソコンの基礎2	2020/04/24	✔

貸出冊数　　4

受講生

1003　藤森　美里

書籍コード	タイトル	貸出日	返却済
B0002	まるごと理解Word	2020/04/22	✔
B0009	やさしく学ぶAccess	2020/04/06	✔

貸出冊数　　2

受講生

1004　金山　輝久

書籍コード	タイトル	貸出日	返却済
B0008	簡単！便利！Access裏技集	2020/04/20	✔
B0012	パソコンの基礎2	2020/04/30	☐

貸出冊数　　2

受講生

1005　沢登　孝治

書籍コード	タイトル	貸出日	返却済
B0004	パソコンの基礎1	2020/04/17	✔

2020年5月15日

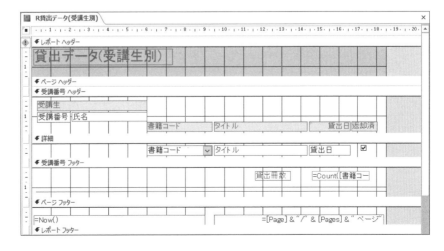

㉓レポートウィザードを使って、レポートを作成しましょう。次のように設定し、それ以外は既定のままとします。

もとになるクエリ	：Q貸出データ
選択するフィールド	：「受講番号」「書籍コード」「タイトル」「貸出日」「返却済」
グループレベル	：受講番号
並べ替え	：書籍コードの昇順
レイアウト	：アウトライン
印刷の向き	：縦
レポート名	：R貸出データ（受講生別）

㉔《レポートヘッダー》セクションのタイトルを「貸出データ（受講生別）」に変更しましょう。

㉕《受講番号ヘッダー》セクションに「氏名」のテキストボックスを追加しましょう。

㉖《受講番号ヘッダー》セクションの「氏名」のラベルを削除しましょう。

㉗《受講番号ヘッダー》セクションの「氏名」のテキストボックスと《詳細》セクションの「書籍コード」のコンボボックスの境界線スタイルを透明にしましょう。

㉘《受講番号ヘッダー》セクションの「受講番号」のラベルを「受講生」に変更しましょう。

㉙《受講番号ヘッダー》セクションの「受講生」「書籍コード」「タイトル」「貸出日」「返却済」のラベルの背景色を《テーマの色》の《緑、アクセント6、白+基本色80％》に設定しましょう。

㉚《受講番号フッター》セクションを表示し、《受講番号フッター》セクションの領域サイズを調整しましょう。（目安：垂直ルーラー1.5cm）
次に、「受講番号」ごとの貸出冊数を求めるテキストボックスを作成し、テキストボックスとラベルを次のように設定しましょう。

コントロール	プロパティ	設定値
テキストボックス	名前	貸出冊数
ラベル	名前	貸出冊数ラベル
	標題	貸出冊数

㉛《受講番号フッター》セクションに区切り線を追加し、線の色を《テーマの色》の《緑、アクセント6、黒+基本色25％》に設定しましょう。

㉜《受講番号ヘッダー》セクションと《受講番号フッター》セクションの交互の行の色をなしに設定しましょう。

㉝完成図を参考に、コントロールのサイズと配置を調整しましょう。

※印刷プレビューに切り替えて、結果を確認しましょう。
※レポート「R貸出データ（受講生別）」を上書き保存し、データベースを閉じておきましょう。

HTML/CSS

■Webページ作成編■

Webページを
作成しよう

HTML5/CSS3

HTMLの基本を確認しよう

1 HTML

「HTML」(HyperText Markup Language)は、文書構造を定義するための言語です。インターネット上のWebページはHTMLを使って作成されています。HTMLを使って作成したファイルを「HTMLファイル」といいます。HTMLでは、「タグ」という決められたマークを付けることで、文書内の文字列を段落や見出し、表などに定義できます。

HTMLはすべて文字列で記述するため、メモ帳などのテキストエディタで作成できます。HTMLファイルをブラウザで表示すると、Webページとして見ることができます。

●メモ帳でHTMLファイルを記述

●ブラウザで表示

文字を入力したり編集したりして、テキストファイルとして保存するためのアプリです。

HTMLの仕様は、「W3C」(World Wide Web Consortium)というWebページの標準規格化を推進する団体により定められています。

HTMLは、W3Cにより「2.0」「3.0」「3.2」「4.0」「4.01」「5」「5.1」とバージョンアップを重ねてきており、最新の標準規格は2017年12月に勧告された「5.2」です。

Webページは、文書構造を記述したHTMLファイルや書式を設定したCSSファイル、画像ファイルなど複数のファイルから構成されています。

※CSSファイルについては、「Step6 CSSの基本を確認しよう」で学習します。

●HTMLファイル　　　　　　　　　●CSSファイル

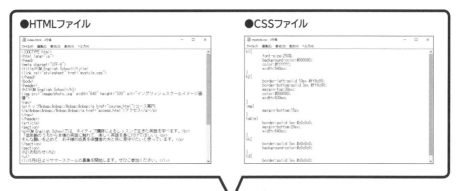

●Webページ

トップ / コース案内 / アクセス

FOM English Schoolでは、ネイティブ講師によるレッスンで生きた英語を学べます。

●photo.jpg

2 要素とタグ

段落や箇条書き、表、画像などWebページを構成する単位を「**要素**」といいます。
要素は、「タグ」と「内容」で構成されています。タグには、「**開始タグ**」と「**終了タグ**」が
あり、その間に内容を記述します。開始タグは、「<」と「>」の間に「**要素名**」を記述し
ます。終了タグは、「<」と「>」の間に「/」(スラッシュ)を付けて要素名を記述します。

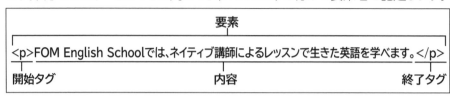

※pは段落を表す要素です。

 **空要素**

要素の中には、「空要素」という内容が存在しない要素があります。空要素の場合は、終了タグは記述しません。

3 属性

要素に追加できる詳細な設定を「**属性**」といいます。属性は開始タグの要素名の後
ろに半角空白で区切って記述します。属性には「**値**」を記述します。「属性="値"」と
なるように値を「"」(ダブルクォーテーション)で囲みます。
ひとつの要素に対して複数の属性を記述することもできます。複数の属性を設定
する場合は、その順番に決まりはありません。

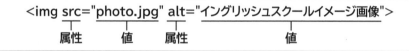

※imgは画像を表す要素です。
※srcは画像ファイルを設定する属性です。
※altは代替テキスト(画像が表示できない場合に代わりに表示する文字列)を設定する属性です。

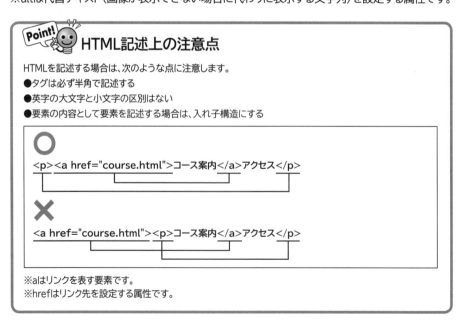

Point! HTML記述上の注意点

HTMLを記述する場合は、次のような点に注意します。
● タグは必ず半角で記述する
● 英字の大文字と小文字の区別はない
● 要素の内容として要素を記述する場合は、入れ子構造にする

○
`<p><a href="course.html">コース案内</a>アクセス</p>`

✕
`<a href="course.html"><p>コース案内</a>アクセス</p>`

※aはリンクを表す要素です。
※hrefはリンク先を設定する属性です。

Step2 トップページを作成しよう

1 HTMLファイルの作成

HTMLを記述してHTMLファイルを作成しましょう。

メモ帳を起動しておきましょう。

▶▶1 HTMLファイル

HTMLファイルは、次のような構造になっています。

●文書型宣言

HTMLのバージョンを記述します。

●HTML記述部分

HTMLを記述します。HTML記述部分は「Webページ全体に関する情報」と「Webページの本文」の2つから構成されます。

Webページ全体に関する情報は<head>から</head>に記述し、Webページの本文は<body>から</body>に記述します。

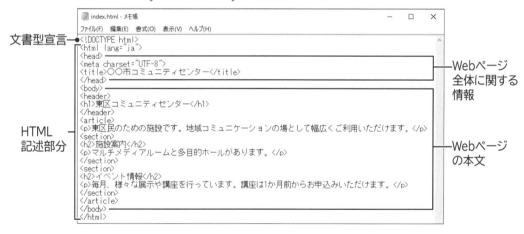

▶▶2 文書型宣言

「文書型宣言」とは、HTMLがどのバージョンで記述しているかを宣言するもので、HTMLファイルの1行目に記述します。
HTML5の文書型宣言を記述しましょう。

①次のように入力します。

```
<!DOCTYPE html>
```

 文字列の折り返しの設定

メモ帳の初期の設定で文字列は、ウィンドウの幅で折り返されずに表示されます。文字列をウィンドウの幅で自動的に折り返して表示する方法は、次のとおりです。

◆《書式》→《右端で折り返す》

▶▶3 基本要素

HTMLの最も基本的な要素は、「html要素」「head要素」「body要素」の3つです。

---

html要素

HTMLファイルであることを表します。htmlファイル内にひとつだけ記述します。

\<html\>内容\</html\>

内容には、head要素とbody要素を記述します。

---

head要素

Webページ全体に関する情報を表します。Webページのタイトルや文字コードなどを記述します。
※head要素の内容は、基本的にブラウザには表示されません。

\<head\>内容\</head\>

内容には、title要素（ページタイトル）などを記述します。

---

body要素

Webページの本文を表します。ブラウザのウィンドウ内に表示する本文を記述します。

\<body\>内容\</body\>

内容には、p要素（段落）やh1～h6要素（見出し1～6）などを記述します。

---

html要素、head要素、body要素を記述しましょう。

①次のように入力します。

```
<!DOCTYPE html>
<html>
<head>
</head>
<body>
</body>
</html>
```

▶▶4 言語と文字コードの設定

Webページは、世界中の様々な国で表示できます。正しく表示されるように、言語
と文字コードを設定しておく必要があります。
言語は「html要素」に、文字コードは「meta要素」に記述します。

---

html要素

HTMLファイル全体の言語を設定する場合は、「lang属性」に記述します。

\<html lang="言語"\>

●lang属性
言語を設定します。言語には「ja」（日本語）、「en」（英語）、「fr」（フランス語）、「zh」（中国語）などを
指定します。
例：言語を日本語に設定
　　\<html lang="ja"\>～\</html\>

Webページの言語を日本語に、文字コードを「UTF-8」に設定しましょう。

①次のように入力します。

```
<!DOCTYPE html>
<html lang="ja">
<head>
<meta charset="UTF-8">
</head>
<body>
</body>
</html>
```

▶▶5　タイトルの設定

Webページのタイトルを設定するには、「title要素」を記述します。title要素の内容は、ブラウザのタブに表示されます。

Webページのタイトルを「FOM English School」に設定しましょう。

①次のように入力します。

```
<!DOCTYPE html>
<html lang="ja">
<head>
<meta charset="UTF-8">
<title>FOM English School</title>
</head>
<body>
</body>
</html>
```

Webページ作成編

2　HTMLファイルの保存

HTMLファイルを保存する方法は、次のとおりです。

●名前を付けて保存

新規作成したHTMLファイルを保存したり、既存のHTMLファイルを編集して別の
HTMLファイルとして保存したりする場合の方法です。

●上書き保存

既存のHTMLファイルを編集して、同じフォルダーに同じ名前で保存する場合の方法です。

作成したHTMLファイルを保存しましょう。

①《ファイル》をクリックします。

②《名前を付けて保存》をクリックします。

③《名前を付けて保存》ダイアログボックスが表示されます。

④保存する場所をフォルダー「school」にします。

⑤《ファイル名》に「index.html」と入力します。

⑥《文字コード》の ▽ をクリックし、一覧から《UTF-8》を選択します。

⑦《保存》をクリックします。

※保存ができたら、 ― (最小化)をクリックして、メモ帳を最小化しておきましょう。

3 ブラウザでの確認

HTMLファイル「index.html」をブラウザで確認しましょう。

① フォルダー「school」を開きます。

②「index.html」をダブルクリックします。

③ ブラウザが起動し、Webページ「index.html」が表示されます。

④ タブにWebページのタイトルが表示されていることを確認します。

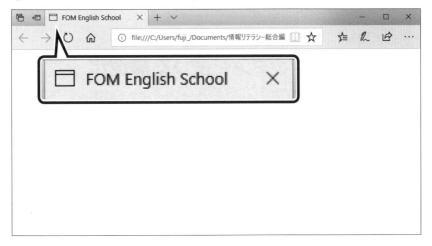

More HTMLファイルをメモ帳で開く

保存したHTMLファイルをメモ帳で開く方法は、次のとおりです。
◆HTMLファイルを右クリック→《プログラムから開く》→《メモ帳》
※一覧にメモ帳がない場合は、《別のプログラムを選択》→《その他のアプリ》→一覧からメモ帳を選択します。

Step3　トップページを編集しよう

1　作成するWebページの確認

次のようなWebページを作成しましょう。

見出し1 → **FOM English School**

画像 →

ナビゲーション
メニュー → トップ / コース案内 / アクセス

段落 → FOM English Schoolでは、ネイティブ講師によるレッスンで生きた英語を学べます。
「低年齢のうちから本場の英語に触れて、楽しく英語を身に付けてほしい」
そんな願いを込めて、お子様の成長を保護者の方と共に見守りたいと思っています。

見出し2 → **お知らせ**

リスト →
・5月6日よりサマースクールの募集を開始します。ぜひご参加ください。
・5月1日〜5日までのレッスンはお休みです。

連絡先 →
お問い合わせは、*FOM English School*まで
電話：*03-5888-XXXX*
メール：*info@fom-english.xx.xx*

2　セクションを使った構造化

HTML5の特長でもある「セクション」を使って、Webページの構造を定義します。セクションを利用してWebページを作成すると、文書の構造がわかりやすく、検索エンジンが情報を収集する際に正しく収集してくれるというメリットがあります。

> **Point! 検索エンジン**
>
> 「検索エンジン」とは、ユーザーが入力したキーワードをもとにインターネット上からWebページを見つけ出すサービスを提供しているWebサイトのことで、「ロボット型検索サイト」が主流です。ロボットといわれるプログラムがインターネット上の情報を自動収集してデータベースに登録します。
> Webページの構造がわかりやすくなっていると、ロボットは情報を正確に拾ってデータベースに登録することができます。

セクションに関する要素には、次のようなものがあります。

```
<!DOCTYPE html>
<html lang="ja">
<head>
<meta charset="UTF-8">
<title>FOM English School</title>
</head>
<body>
<header>
<h1>FOM English School</h1>
<img src="image/photo.jpg" width="640" height="330" alt="イングリッシュスクールイメー
ジ画像">
<nav>
<p>トップ  /  コース案内  /  アクセス</p>
</nav>
</header>
<article>
<section>
<p>FOM English Schoolでは、ネイティブ講師によるレッスンで生きた英語を学べます。<br>
「低年齢のうちから本場の英語に触れて、楽しく英語を身に付けてほしい」<br>
そんな願いを込めて、お子様の成長を保護者の方と共に見守りたいと思っています。</p>
</section>
<section>
<h2>お知らせ</h2>
<ul>
<li>5月6日よりサマースクールの募集を開始します。ぜひご参加ください。</li>
<li>5月1日～5日までのレッスンはお休みです。</li>
</ul>
</section>
</article>
<footer>
<address>
お問い合わせは、FOM English Schoolまで<br>
電話：03-5888-XXXX<br>
メール：info@fom-english.xx.xx
</address>
</footer>
</body>
</html>
```

❶ **header要素**

Webページの上部の領域（ヘッダー）です。一般的には、Webページの名前やイメージ写真、キャッチコピーなどを記述します。

❷ **article要素**

Webページのメインとなる記事です。一般的にシンプルなWebページの場合は、ヘッダーとフッターを除く範囲をメイン記事とします。

❸ **section要素**

メインとなる記事の中に含まれるサブ的な記事です。一般的には、複数のsection要素を配置することが多いです。

❹ **footer要素**

Webページの下部の領域（フッター）です。一般的には、連絡先や補足情報、著作の表示などを記述します。

3 ヘッダーの入力

Webページのヘッダーを、次のように作成しましょう。

ヘッダー
（header要素）

FOM English School ← 見出し（h1要素）

イメージ写真（img要素）

トップ / コース案内 / アクセス ← ナビゲーションメニュー（nav要素）

▶▶1 ヘッダーの作成

Webページの上部にヘッダーの領域を作成します。
ヘッダーには、Webページの名前やイメージ写真、キャッチコピーなどを記述するのが一般的です。
ヘッダーであることを示す「header要素」を記述し、その中にWebページの名前やイメージ写真などを配置します。

header要素
ヘッダーを表します。
\<header\>内容\</header\>
内容には、p要素（段落）やimg要素（画像）、h1～h6要素（見出し1～見出し6）などを記述します。

ヘッダーを作成しましょう。

① メモ帳で開いている「index.html」を表示します。

② 次のように入力します。

```
<!DOCTYPE html>
<html lang="ja">
<head>
<meta charset="UTF-8">
<title>FOM English School</title>
</head>
<body>
<header>
</header>
</body>
</html>
```

③《ファイル》→《上書き保存》をクリックします。
※領域を作成しただけなので、ブラウザで表示しても変更ありません。

More その他の方法（上書き保存）
◆ Ctrl + S

▶▶2 見出し

HTMLでは、レベル1からレベル6までの6段階の見出しが用意されています。見出しは、Webページの内容や構造を表す重要な要素なので、適切な見出しを設定する必要があります。
一般的なブラウザでは、上のレベルほどフォントサイズが大きく表示されます。
見出しを設定する場合は、「h1要素」から「h6要素」を記述します。

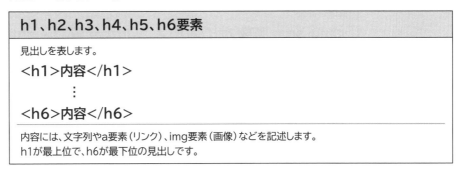

h1、h2、h3、h4、h5、h6要素

見出しを表します。

<h1>内容</h1>

⋮

<h6>内容</h6>

内容には、文字列やa要素（リンク）、img要素（画像）などを記述します。
h1が最上位で、h6が最下位の見出しです。

「index.html」のヘッダーの領域に、見出し1として「FOM English School」という文字列を表示しましょう。

① メモ帳で開いている「index.html」を表示します。

② 次のように入力します。

```
<!DOCTYPE html>
<html lang="ja">
<head>
<meta charset="UTF-8">
<title>FOM English School</title>
</head>
<body>
<header>
<h1>FOM English School</h1>
</header>
</body>
</html>
```

③《ファイル》→《上書き保存》をクリックします。

④ ブラウザで開いている「index.html」を表示します。

⑤ ↻ （最新の情報に更新）をクリックします。

⑥ 編集内容が表示されます。

More その他の方法（最新の情報に更新）

◆ F5

画像ファイルを配置する場合は、「img要素」を記述します。

img要素には属性を記述します。属性には、画像ファイルの保存場所や代替テキスト、表示する大きさなどを記述します。

---

img要素

画像を表します。

<img src="画像ファイルのパス" width="幅" height="高さ" alt="代替テキスト">

空要素のため、終了タグは記述しません。

●src属性

画像ファイルの保存場所を設定します。

●width属性

画像ファイルの幅を設定します。

●height属性

画像ファイルの高さを設定します。

●alt属性

画像ファイルの代替テキストを設定します。

例：フォルダー「image」にある画像ファイル「photo.jpg」を、幅600ピクセル、高さ300ピクセルで表示し、代替テキストとして「イメージ写真」という文字列を設定

　　<img src="image/photo.jpg" width="600" height="300" alt="イメージ写真">

「index.html」のヘッダーの領域に、次のように画像を設定しましょう。

表示する画像ファイル	：フォルダー「image」にある「photo.jpg」
表示するサイズ	：幅「640ピクセル」、高さ「330ピクセル」
代替テキスト	：イングリッシュスクールイメージ画像

---

①メモ帳で開いている「index.html」を表示します。

②次のように入力します。

```
<!DOCTYPE html>
<html lang="ja">
<head>
<meta charset="UTF-8">
<title>FOM English School</title>
</head>
<body>
<header>
<h1>FOM English School</h1>
<img src="image/photo.jpg" width="640" height="330" alt="イングリッシュスクールイメージ画像">
</header>
</body>
</html>
```

③《ファイル》→《上書き保存》をクリックします。

④ブラウザで開いている「index.html」を表示します。

⑤ ⟳ （最新の情報に更新）をクリックします。

⑥編集内容が表示されます。

Point! 代替テキスト

「代替テキスト」とは、画像が表示されない場合に表示されたり、音声ブラウザが画像の代わりに読み上げたりする文字列のことです。

Point! ファイルのパス指定

「パス」とは、ファイルが保存されている場所のことです。Webページに画像ファイルを表示させたい場合は、その画像ファイルが保存されている場所をパスで指定します。一般的には、「相対パス」でファイルの場所を記述します。相対パスでは、ファイルの位置を現在の位置（パスを記述しているHTMLファイルが保存されている場所）から相対的に記述します。
例えば、htmlファイル「index.html」から、画像ファイル「photo.jpg」を参照するためのパスの指定は、次のようになります。

●「index.html」と同じフォルダーに「photo.jpg」がある場合

●「index.html」と同じ階層のフォルダー「image」に「photo.jpg」がある場合

image/photo.jpg

```
school
├── index.html
└── image
    └── photo.jpg
```

●「index.html」のひとつ上の階層のフォルダー「image」に「photo.jpg」がある場合

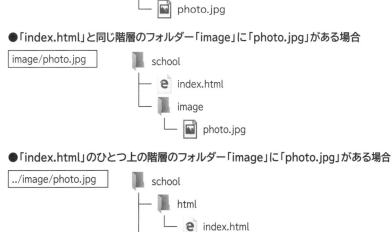

別のWebページへのリンクの一覧を記述した部分を「ナビゲーション」といいます。Webサイトの目次のようなもので、どんなWebページを用意しているのかがひと目でわかります。

ナビゲーションメニューを配置する場合は、「nav要素」を記述します。

---

nav要素

ナビゲーションを表します。

\<nav\>内容\</nav\>

内容には、p要素（段落）やa要素（リンク）、img要素（画像）などを記述します。

「index.html」のヘッダーの領域に、次のようにナビゲーションメニューを表示しましょう。

トップ␣␣/␣␣コース案内␣␣/␣␣アクセス

※␣では、文字参照「 」を記述します。

①メモ帳で開いている「index.html」を表示します。

②次のように入力します。
※リンクの設定は「Step5　リンクを設定しよう」で学習します。

```
<!DOCTYPE html>
<html lang="ja">
<head>
<meta charset="UTF-8">
<title>FOM English School</title>
</head>
<body>
<header>
<h1>FOM English School</h1>
<img src="image/photo.jpg" width="640" height="330" alt="イングリッシュスクールイメージ画像">
<nav>
<p>トップ  /  コース案内  /  アクセス</p>
</nav>
</header>
```

③《ファイル》→《上書き保存》をクリックします。

④ブラウザで開いている「index.html」を表示します。

⑤ ⟳ （最新の情報に更新）をクリックします。

⑥編集内容が表示されます。

FOM English School

トップ / コース案内 / アクセス

HTMLファイル上に半角空白を連続して入力していても、ブラウザではひとつの半角空白しか表示されません。半角空白を連続して表示したい場合は、「文字参照」を使って記述します。

また、「>」や「<」といった記号なども、HTMLファイルに直接入力するとタグと認識されてしまい、正しく表示されません。

このようなことを防ぐために、特殊な記号や文字などは文字参照を使って記述します。

特殊な記号・文字	文字参照
半角空白	
<	&lt;
>	&gt;
&	&amp;
"	&quot;
©	&copy;
®	&reg;

4 メイン記事とサブ記事の作成

Webページのメイン記事とサブ記事を、次のように作成しましょう。

トップ / コース案内 / アクセス

FOM English Schoolでは、ネイティブ講師によるレッスンで生きた英語を学べます。
「低年齢のうちから本場の英語に触れて、楽しく英語を身に付けてほしい」
そんな願いを込めて、お子様の成長を保護者の方と共に見守りたいと思っています。 ──── サブ記事（section要素）

メイン記事（article要素）

お知らせ ●──────── 見出し2（h2要素） ──── サブ記事（section要素）

・5月6日よりサマースクールの募集を開始します。ぜひご参加ください。
・5月1日〜5日までのレッスンはお休みです。 ──── 箇条書き（ul要素・li要素）

▶▶1 セクションの作成

メイン記事の領域とサブ記事の領域を作成します。

メイン記事であることを示す「article要素」を記述し、その中にサブ記事であることを示す「section要素」を記述します。

---

article要素

メイン記事を表します。

<article>内容</article>

内容には、p要素（段落）やimg要素（画像）、h1〜h6要素（見出し1〜見出し6）などを記述します。

---

section要素

サブ記事を表します。一般的にメイン記事の中に含みます。

<section>内容</section>

内容には、p要素（段落）やimg要素（画像）、h1〜h6要素（見出し1〜見出し6）などを記述します。

メイン記事とその中にサブ記事を2つ作成しましょう。

①メモ帳で開いている「index.html」を表示します。

②次のように入力します。

```
<!DOCTYPE html>
<html lang="ja">
<head>
<meta charset="UTF-8">
<title>FOM English School</title>
</head>
<body>
<header>
<h1>FOM English School</h1>
<img src="image/photo.jpg" width="640" height="330" alt="イングリッシュスクールイメー
ジ画像">
<nav>
<p>トップ  /  コース案内  /  アクセス</p>
</nav>
</header>
<article>
<section>
</section>
<section>
</section>
</article>
</body>
</html>
```

③《ファイル》→《上書き保存》をクリックします。
※領域を作成しただけなので、ブラウザで表示しても変更ありません。

More section要素の使い方

一般的に、article要素の中に複数のsection要素を配置して使います。

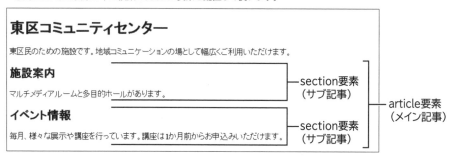

▶▶2 段落と改行

Webページ内に段落（文章）を配置する場合は、「p要素」を記述します。また、段落の途中で改行する場合は、「br要素」を記述します。

p要素
段落を表します。 **<p>内容</p>** 内容には、文章やa要素（リンク）、img要素（画像）などを記述します。

br要素
改行を表します。 ** ** 空要素のため、終了タグは記述しません。段落内で強制的に改行する位置に記述します。

ひとつ目のサブ記事として、段落（文章）を入力しましょう。

①メモ帳で開いている「index.html」を表示します。

②次のように入力します。

```
<!DOCTYPE html>
<html lang="ja">
<head>
<meta charset="UTF-8">
<title>FOM English School</title>
</head>
<body>
<header>
<h1>FOM English School</h1>
<img src="image/photo.jpg" width="640" height="330" alt="イングリッシュスクールイメー
ジ画像">
<nav>
<p>トップ  /  コース案内  /  アクセス</p>
</nav>
</header>
<article>
<section>
<p>FOM English Schoolでは、ネイティブ講師によるレッスンで生きた英語を学べます。<br>
「低年齢のうちから本場の英語に触れて、楽しく英語を身に付けてほしい」<br>
そんな願いを込めて、お子様の成長を保護者の方と共に見守りたいと思っています。</p>
</section>
<section>
</section>
</article>
</body>
</html>
```

③《ファイル》→《上書き保存》をクリックします。

④ブラウザで開いている「index.html」を表示します。

⑤ ⟳ （最新の情報に更新）をクリックします。

⑥編集内容が表示されます。

トップ / コース案内 / アクセス

FOM English Schoolでは、ネイティブ講師によるレッスンで生きた英語を学べます。
「低年齢のうちから本場の英語に触れて、楽しく英語を身に付けてほしい」
そんな願いを込めて、お子様の成長を保護者の方と共に見守りたいと思っています。

ためしてみよう【1】

①2つ目のサブ記事に、見出し2として「お知らせ」という文字列を表示しましょう。

トップ / コース案内 / アクセス

FOM English Schoolでは、ネイティブ講師によるレッスンで生きた英語を学べます。
「低年齢のうちから本場の英語に触れて、楽しく英語を身に付けてほしい」
そんな願いを込めて、お子様の成長を保護者の方と共に見守りたいと思っています。

お知らせ

▶▶3 リスト

項目や文章などを箇条書きで表示する場合は、リストを設定します。リストには次の2種類があります。

●番号なしリスト

行頭に「●」を表示するリストです。「ul要素」を記述します。

●番号付きリスト

行頭に「1.2.3.」などの番号を表示するリストです。「ol要素」を記述します。

リストであることを「ul要素」または「ol要素」で記述したあと、リストとして表示する内容を「li要素」で記述します。

ul要素
番号なしリストを表します。
\<ul\>内容\</ul\>
内容には、ひとつ以上のli要素を記述します。

ol要素
番号付きリストを表します。
\<ol\>内容\</ol\>
内容には、ひとつ以上のli要素を記述します。

li要素
リストの項目を表します。
\<li\>内容\</li\>
内容には、リストとして表示する文字列を記述します。 ul要素、またはol要素の内容以外には記述できません。

2つ目のサブ記事内にある見出し2「お知らせ」の下に、番号なしリストを作成しましょう。

① メモ帳で開いている「index.html」を表示します。

② 次のように入力します。

```
<title>FOM English School</title>
</head>
<body>
<header>
<h1>FOM English School</h1>
<img src="image/photo.jpg" width="640" height="330" alt="イングリッシュスクールイメージ画像">
<nav>
<p>トップ  /  コース案内  /  アクセス</p>
</nav>
</header>
<article>
<section>
<p>FOM English Schoolでは、ネイティブ講師によるレッスンで生きた英語を学べます。<br>
「低年齢のうちから本場の英語に触れて、楽しく英語を身に付けてほしい」<br>
そんな願いを込めて、お子様の成長を保護者の方と共に見守りたいと思っています。</p>
</section>
<section>
<h2>お知らせ</h2>
<ul>
<li>5月6日よりサマースクールの募集を開始します。ぜひご参加ください。</li>
<li>5月1日～5日までのレッスンはお休みです。</li>
</ul>
</section>
</article>
</body>
</html>
```

③《ファイル》→《上書き保存》をクリックします。

④ ブラウザで開いている「index.html」を表示します。

⑤ ○ (最新の情報に更新) をクリックします。

⑥ 編集内容が表示されます。

トップ / コース案内 / アクセス

FOM English Schoolでは、ネイティブ講師によるレッスンで生きた英語を学べます。
「低年齢のうちから本場の英語に触れて、楽しく英語を身に付けてほしい」
そんな願いを込めて、お子様の成長を保護者の方と共に見守りたいと思っています。

お知らせ

- 5月6日よりサマースクールの募集を開始します。ぜひご参加ください。
- 5月1日～5日までのレッスンはお休みです。

5 フッターの入力

Webページのフッターを、次のように作成しましょう。

トップ / コース案内 / アクセス

FOM English Schoolでは、ネイティブ講師によるレッスンで生きた英語を学べます。
「低年齢のうちから本場の英語に触れて、楽しく英語を身に付けてほしい」
そんな願いを込めて、お子様の成長を保護者の方と共に見守りたいと思っています。

お知らせ

・5月6日よりサマースクールの募集を開始します。ぜひご参加ください。
・5月1日〜5日までのレッスンはお休みです。

お問い合わせは、*FOM English School*まで ―――― 連絡先（Address要素）　┐フッター
電話：03-5888-XXXX　　　　　　　　　　　　　　　　　　　　　　　　　┘（footer要素）
メール：*info@fom-english.xx.xx*

▶▶1 フッターの作成

Webページの下部にフッターの領域を作成します。
フッターには、Webページの著作権や免責事項などの表示、連絡先などの補足情報を記述するのが一般的です。
フッターであることを示す「footer要素」を記述し、その中に必要な情報を配置します。

---

footer要素

フッターを表します。

<footer>内容</footer>

内容には、p要素（段落）やimg要素（画像）、address要素（連絡先）などを記述します。

フッターを作成しましょう。

① メモ帳で開いている「index.html」を表示します。

② 次のように入力します。

```
</section>
<section>
<h2>お知らせ</h2>
<ul>
<li>5月6日よりサマースクールの募集を開始します。ぜひご参加ください。</li>
<li>5月1日〜5日までのレッスンはお休みです。</li>
</ul>
</section>
</article>
<footer>
</footer>
</body>
</html>
```

③《ファイル》→《上書き保存》をクリックします。
※領域を作成しただけなので、ブラウザで表示しても変更ありません。

▶▶2 連絡先

Webページに関する連絡先を表示する場合は、「address要素」を記述します。address要素内の半角の英数字や記号は、一般的なブラウザでは斜体で表示されます。

---

address要素

連絡先を表します。

\<address\>内容\</address\>

内容には、連絡先として表示する文字列を記述します。

連絡先として、電話番号とメールアドレスを表示しましょう。

① メモ帳で開いている「index.html」を表示します。

② 次のように入力します。

```
<footer>
<address>
お問い合わせは、FOM English Schoolまで<br>
電話：03-5888-XXXX<br>
メール：info@fom-english.xx.xx
</address>
</footer>
</body>
</html>
```

③《ファイル》→《上書き保存》をクリックします。

④ ブラウザで開いている「index.html」を表示します。

⑤ （最新の情報に更新）をクリックします。

⑥ 編集内容が表示されます。

※メモ帳で開いている「index.html」と、ブラウザで開いている「index.html」を閉じておきましょう。

Webページ作成編

Step4 サブページを作成しよう

1 作成するWebページの確認

次のようなWebページを作成しましょう。

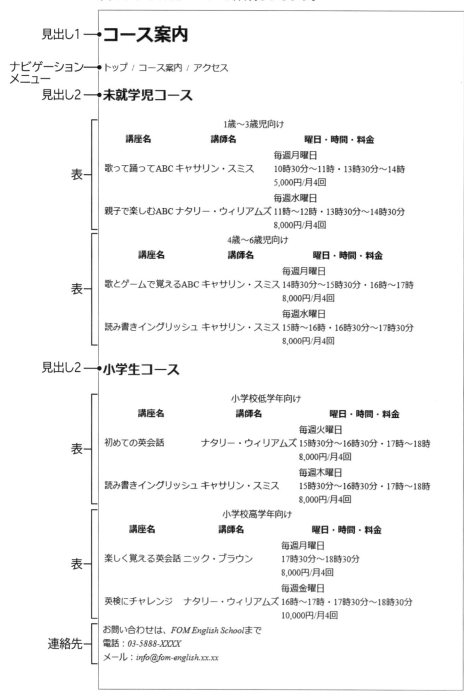

見出し1 → **コース案内**

ナビゲーション
メニュー → トップ / コース案内 / アクセス

見出し2 → **未就学児コース**

表 →

1歳～3歳児向け

講座名	講師名	曜日・時間・料金
歌って踊ってABC	キャサリン・スミス	毎週月曜日 10時30分～11時・13時30分～14時 5,000円/月4回
親子で楽しむABC	ナタリー・ウィリアムズ	毎週水曜日 11時～12時・13時30分～14時30分 8,000円/月4回

表 →

4歳～6歳児向け

講座名	講師名	曜日・時間・料金
歌とゲームで覚えるABC	キャサリン・スミス	毎週月曜日 14時30分～15時30分・16時～17時 8,000円/月4回
読み書きイングリッシュ	キャサリン・スミス	毎週水曜日 15時～16時・16時30分～17時30分 8,000円/月4回

見出し2 → **小学生コース**

表 →

小学校低学年向け

講座名	講師名	曜日・時間・料金
初めての英会話	ナタリー・ウィリアムズ	毎週火曜日 15時30分～16時30分・17時～18時 8,000円/月4回
読み書きイングリッシュ	キャサリン・スミス	毎週木曜日 15時30分～16時30分・17時～18時 8,000円/月4回

表 →

小学校高学年向け

講座名	講師名	曜日・時間・料金
楽しく覚える英会話	ニック・ブラウン	毎週月曜日 17時30分～18時30分 8,000円/月4回
英検にチャレンジ	ナタリー・ウィリアムズ	毎週金曜日 16時～17時・17時30分～18時30分 10,000円/月4回

連絡先 →

お問い合わせは、*FOM English School*まで
電話：*03-5888-XXXX*
メール：*info@fom-english.xx.xx*

2 HTMLファイル「course.html」の作成

HTMLを記述して、HTMLファイル「course.html」を作成します。

 メモ帳を起動しておきましょう。

HTML5の文書型宣言、html要素、head要素、body要素を記述し、htmlファイルとして保存しましょう。

① 次のように入力します。

```
<!DOCTYPE html>
<html>
<head>
</head>
<body>
</body>
</html>
```

② 《ファイル》をクリックします。

③ 《名前を付けて保存》をクリックします。

④ 《名前を付けて保存》ダイアログボックスが表示されます。

⑤ 保存する場所をフォルダー「school」にします。

⑥ 《ファイル名》に「course.html」と入力します。

⑦ 《文字コード》の ∨ をクリックし、一覧から《UTF-8》を選択します。

⑧ 《保存》をクリックします。

Let's Try ためしてみよう【2】

HTMLファイル「course.html」を次のように編集しましょう。
※設定する内容は、「index.html」を参考にします。

①言語を日本語に設定しましょう。

②文字コードを「UTF-8」に設定しましょう。

③Webページのタイトルを、「FOM English School-コース案内」に設定しましょう。

④HTMLファイル「course.html」を上書き保存しましょう。

⑤HTMLファイル「course.html」をブラウザで確認しましょう。

3 セクションを使った構造化

Webページの構造を定義し、次のように作成しましょう。

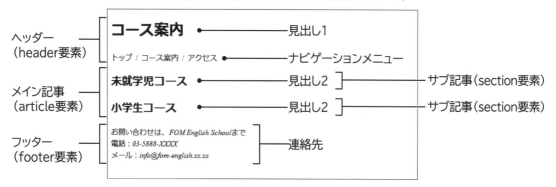

▶▶1 ヘッダーの作成

ヘッダーを作成しましょう。見出し1として「コース案内」という文字列と、次のような
ナビゲーションメニューを表示します。

> **トップ␣␣/␣␣コース案内␣␣/␣␣アクセス**

※␣では、文字参照「 」を記述します。

①メモ帳で開いている「course.html」を表示します。

②次のように入力します。
※リンクの設定は「Step5　リンクを設定しよう」で学習します。

```
<!DOCTYPE html>
<html lang="ja">
<head>
<meta charset="UTF-8">
<title>FOM English School-コース案内</title>
</head>
<body>
<header>
<h1>コース案内</h1>
<nav>
<p>トップ  /  コース案内  /  アクセス</p>
</nav>
</header>
</body>
</html>
```

③《ファイル》→《上書き保存》をクリックします。

④ ブラウザで開いている「course.html」を表示します。

⑤ ○（最新の情報に更新）をクリックします。

⑥ 編集内容が表示されます。

▶▶2 メイン記事とサブ記事の作成

メイン記事とその中にサブ記事を2つ作成しましょう。サブ記事には、見出し2として「未就学児コース」と「小学生コース」という文字列をそれぞれ表示します。

① メモ帳で開いている「course.html」を表示します。

② 次のように入力します。

```
<!DOCTYPE html>
<html lang="ja">
<head>
<meta charset="UTF-8">
<title>FOM English School-コース案内</title>
</head>
<body>
<header>
<h1>コース案内</h1>
<nav>
<p>トップ  /  コース案内  /  アクセス</p>
</nav>
</header>
<article>
<section>
<h2>未就学児コース</h2>
</section>
<section>
<h2>小学生コース</h2>
</section>
</article>
</body>
</html>
```

③《ファイル》→《上書き保存》をクリックします。

④ ブラウザで開いている「course.html」を表示します。

⑤ ○（最新の情報に更新）をクリックします。

⑥ 編集内容が表示されます。

フッターを作成しましょう。連絡先として、電話番号とアドレスを表示します。

①メモ帳で開いている「course.html」を表示します。

②次のように入力します。

```
<head>
<meta charset="UTF-8">
<title>FOM English School-コース案内</title>
</head>
<body>
<header>
<h1>コース案内</h1>
<nav>
<p>トップ  /  コース案内  /  アクセス</p>
</nav>
</header>
<article>
<section>
<h2>未就学児コース</h2>
</section>
<section>
<h2>小学生コース</h2>
</section>
</article>
<footer>
<address>
お問い合わせは、FOM English Schoolまで<br>
電話：03-5888-XXXX<br>
メール：info@fom-english.xx.xx
</address>
</footer>
</body>
</html>
```

③《ファイル》→《上書き保存》をクリックします。

④ブラウザで開いている「course.html」を表示します。

⑤ ○ （最新の情報に更新）をクリックします。

⑥編集内容が表示されます。

4 表の作成

次のように表を作成しましょう。

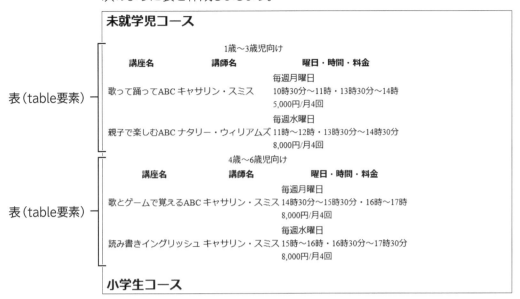

▶▶1 表の構成要素

HTMLで表を作成する場合は、次のような要素で構成します。

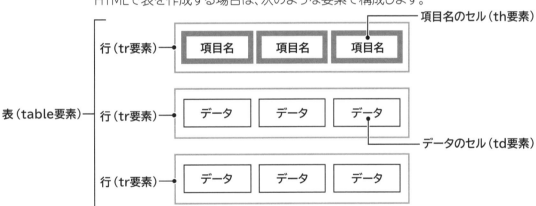

▶▶2 表の作成

表を作成する場合は、「table要素」を記述します。

table要素内には、行を表す「tr要素」を記述します。

tr要素内には、項目名のセルを表す「th要素」やデータのセルを表す「td要素」を記述します。

---

table要素

表を表します。

\<table\>内容\</table\>

内容には、表を構成する行数分のtr要素を記述します。

---

tr要素

表の行を表します。

\<tr\>内容\</tr\>

内容には、th要素（項目名のセル）やtd要素（データのセル）をひとつ以上記述します。

---

th要素

表の項目名のセルを表します。

\<th\>内容\</th\>

内容には、項目名を記述します。一般的なブラウザでは、太字・中央揃えで表示されます。

---

td要素

表のデータのセルを表します。

\<td\>内容\</td\>

内容には、データを記述します。内容を空にする場合は、半角空白（ ）を記述します。

見出し「未就学児コース」の下に、表を作成しましょう。

① メモ帳で開いている「course.html」を表示します。

② 次のように入力します。

```
<article>
<section>
<h2>未就学児コース</h2>
<table>
<tr>
<th>講座名</th>
<th>講師名</th>
<th>曜日・時間・料金</th>
</tr>
<tr>
<td>歌って踊ってABC</td>
<td>キャサリン・スミス</td>
<td>毎週月曜日<br>
10時30分〜11時・13時30分〜14時<br>
5,000円/月4回</td>
</tr>
<tr>
<td>親子で楽しむABC</td>
<td>ナタリー・ウィリアムズ</td>
<td>毎週水曜日<br>
11時〜12時・13時30分〜14時30分<br>
8,000円/月4回</td>
</tr>
</table>
</section>
<section>
<h2>小学生コース</h2>
```

③ 《ファイル》→《上書き保存》をクリックします。

④ ブラウザで開いている「course.html」を表示します。

⑤ ⟳（最新の情報に更新）をクリックします。

⑥ 編集内容が表示されます。

※表の枠線はCSSで設定します。CSSの設定は「Step7　CSSファイルを作成しよう」で学習します。

ためしてみよう【3】

①未就学児コースの表の下に、次のような表を作成しましょう。

講座名	講師名	曜日・時間・料金
歌とゲームで覚えるABC	キャサリン・スミス	毎週月曜日 14時30分〜15時30分・16時〜17時 8,000円/月4回
読み書きイングリッシュ	キャサリン・スミス	毎週水曜日 15時〜16時・16時30分〜17時30分 8,000円/月4回

▶▶3 表のタイトル

表のタイトルを作成する場合は、「caption要素」を記述します。
音声ブラウザを利用するユーザーを考慮して、何についての表かわかるようにタイトルを付けておくとよいでしょう。

---

caption要素

表のタイトルを表します。

<caption>内容</caption>

内容には、表のタイトルを記述します。table要素の開始タグの直後にひとつだけ記述します。

1つ目の表に「1歳〜3歳児向け」、2つ目の表に「4歳〜6歳児向け」というタイトルを表示しましょう。

①メモ帳で開いている「course.html」を表示します。

②次のように入力します。

```
<h2>未就学児コース</h2>
<table>
<caption>1歳〜3歳児向け</caption>
<tr>
<th>講座名</th>
<th>講師名</th>
<th>曜日・時間・料金</th>
</tr>
<tr>
<td>歌って踊ってABC</td>
<td>キャサリン・スミス</td>
<td>毎週月曜日<br>
10時30分〜11時・13時30分〜14時<br>
5,000円/月4回</td>
</tr>
<tr>
<td>親子で楽しむABC</td>
<td>ナタリー・ウィリアムズ</td>
<td>毎週水曜日<br>
11時〜12時・13時30分〜14時30分<br>
8,000円/月4回</td>
</tr>
</table>
<table>
<caption>4歳〜6歳児向け</caption>
<tr>
<th>講座名</th>
```

③《ファイル》→《上書き保存》をクリックします。

④ ブラウザで開いている「course.html」を表示します。

⑤ （最新の情報に更新）をクリックします。

⑥ 編集内容が表示されます。

More 表の要約

表には、タイトルのほかに「要約」を付けることができます。要約を使うと、タイトルだけでは書ききれない補足的な情報まで提供できます。ブラウザには表示されませんが、音声ブラウザを利用するユーザーにとっては有益な情報です。表の要約を設定する場合は、table要素の「summary属性」で設定します。

例：表の要約として「1歳から3歳までの講座や担当講師、日程などを記載した表」と設定
　　<table summary="1歳から3歳までの講座や担当講師、日程などを記載した表">

Let's Try

ためしてみよう【4】

① 見出し「小学生コース」の下に、次のような表を作成しましょう。

講座名	講師名	曜日・時間・料金
初めての英会話	ナタリー・ウィリアムズ	毎週火曜日 15時30分〜16時30分・17時〜18時 8,000円/月4回
読み書きイングリッシュ	キャサリン・スミス	毎週木曜日 15時30分〜16時30分・17時〜18時 8,000円/月4回

講座名	講師名	曜日・時間・料金
楽しく覚える英会話	ニック・ブラウン	毎週月曜日 17時30分〜18時30分 8,000円/月4回
英検にチャレンジ	ナタリー・ウィリアムズ	毎週金曜日 16時〜17時・17時30分〜18時30分 10,000円/月4回

② 1つ目の表に「小学校低学年向け」、2つ目の表に「小学校高学年向け」という表のタイトルを付けましょう。

※メモ帳で開いている「course.html」と、ブラウザで開いている「course.html」を閉じておきましょう。

5 HTMLファイル「access.html」の確認

HTMLファイル「access.html」を確認しましょう。

OPEN フォルダー「school」にあるHTMLファイル「access.html」をブラウザとメモ帳で開いておきましょう。

●ブラウザで表示

●メモ帳で表示

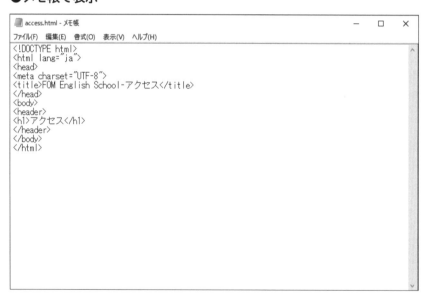

ためしてみよう【5】

完成図を参考に、HTMLファイル「access.html」を次のように編集しましょう。
※設定する内容は、「index.html」や「course.html」を参考にします。

●access.html

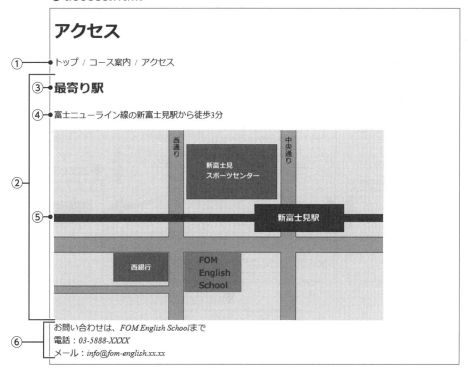

① ナビゲーションメニューを作成しましょう。

② メイン記事を作成し、その中にサブ記事をひとつ作成しましょう。

③ サブ記事に、見出し2として「最寄り駅」という文字列を表示しましょう。

④ 見出し2「最寄り駅」の下に、「富士ニューライン線の新富士見駅から徒歩3分」という段落を表示しましょう。

⑤ 段落の下に、次のような画像ファイルを表示しましょう。

表示する画像ファイル	：フォルダー「image」にある「map.png」
表示するサイズ	：幅「640ピクセル」、高さ「360ピクセル」
代替テキスト	：周辺地図

⑥ フッターを作成し、連絡先を表示しましょう。

※メモ帳で開いている「access.html」と、ブラウザで開いている「access.html」を閉じておきましょう。

Webページ作成編

Step5 リンクを設定しよう

1 設定するリンクの確認

「リンク」とは、文字列や画像などをクリックすると、別のWebページやファイルなどにジャンプする仕組みのことです。
次のようなリンクを設定しましょう。

OPEN フォルダー「school」にあるHTMLファイル「index.html」をブラウザとメモ帳で開いておきましょう。

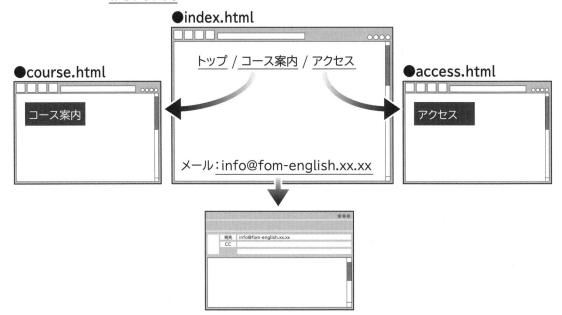

2 リンクの設定

リンクを設定する場合は、「a要素」を記述します。リンク先は「href属性」で設定します。

a要素
リンクを表します。 ### \<a href="リンク先"\>内容\</a\> 内容には、文字列や画像ファイルなどを記述します。 **●href属性** リンク先を設定します。リンク先には、ファイルのパスやURLなどを設定します。 例：「FOM出版」という文字列に、URL「https://www.fom.fujitsu.com/goods/」を設定 　　\<a href="https://www.fom.fujitsu.com/goods/"\>FOM出版\</a\> 例：「メール」という文字列に、メールアドレス「info@fom.fujitsu.xx.xx」を設定 　　\<a href="mailto: info@fom.fujitsu.xx.xx"\> 　　※「mailto:」を付けると、その後ろの文字列を宛先に指定したメールの作成画面が表示されます。 例：「アクセス」という文字列に、同じフォルダーにあるhtmlファイル「access.html」を設定 　　\<a href="access.html"\>アクセス\</a\> 　　※ファイルの指定は、相対パスで記述します。

次のように、リンクを設定しましょう。

文字列「コース案内」	：フォルダー「school」にある「course.html」
文字列「アクセス」	：フォルダー「school」にある「access.html」
文字列「info@fom-english.xx.xx」	：「info@fom-english.xx.xx」を宛先に指定したメールの作成画面

① メモ帳で開いている「index.html」を表示します。

② 次のように入力します。

※文字列「トップ」にリンクは設定しません。

```
<nav>
<p>トップ  /  <a href="course.html">コース案内
</a>  /  <a href="access.html">アクセス</a></p>
</nav>
</header>
<article>
<section>
<p>FOM English Schoolでは、ネイティブ講師によるレッスンで生きた英語を学べます。<br>
「低年齢のうちから本場の英語に触れて、楽しく英語を身に付けてほしい」<br>
そんな願いを込めて、お子様の成長を保護者の方と共に見守りたいと思っています。</p>
</section>
<section>
<h2>お知らせ</h2>
<ul>
<li>5月6日よりサマースクールの募集を開始します。ぜひご参加ください。</li>
<li>5月1日～5日までのレッスンはお休みです。</li>
</ul>
</section>
</article>
<footer>
<address>
お問い合わせは、FOM English Schoolまで<br>
電話：03-5888-XXXX<br>
メール：<a href="mailto:info@fom-english.xx.xx">info@fom-english.xx.xx</a>
```

③《ファイル》→《上書き保存》をクリックします。

④ ブラウザで開いている「index.html」を表示します。

⑤ ○ （最新の情報に更新）をクリックします。

⑥ 編集内容が表示されます。

トップ / コース案内 / アクセス

FOM English Schoolでは、ネイティブ講師によるレッスンで生きた英語を学べます。
「低年齢のうちから本場の英語に触れて、楽しく英語を身に付けてほしい」
そんな願いを込めて、お子様の成長を保護者の方と共に見守りたいと思っています。

お知らせ

- 5月6日よりサマースクールの募集を開始します。ぜひご参加ください。
- 5月1日～5日までのレッスンはお休みです。

お問い合わせは、FOM English Schoolまで
電話：03-5888-XXXX
メール：info@fom-english.xx.xx

※リンクの設定を確認しておきましょう。

※メモ帳で開いている「index.html」と、ブラウザで開いている「index.html」を閉じておきましょう。

 **Let's Try** ためしてみよう【6】

完成図を参考に、HTMLファイル「course.html」と「access.html」を次のように編集しましょう。

※設定する内容は、「index.html」を参考にします。

 フォルダー「school」にあるHTMLファイル「course.html」と「access.html」をメモ帳で開いておきましょう。

●course.html

コース案内

<u>トップ</u> / コース案内 / <u>アクセス</u>

未就学児コース

1歳～3歳児向け

講座名	講師名	
		毎週月
歌って踊ってABC	キャサリン・スミス	10時30
		00円

小学校高学年向け

講座名	講師名	
		毎週
楽しく覚える英会話	ニック・ブラウン	17時
		8,00
		毎週
英検にチャレンジ	ナタリー・ウィリアムズ	16時
		10,0

お問い合わせは、*FOM English School*まで
電話：*03-5888-XXXX*
メール：<u>*info@fom-english.xx.xx*</u>

●access.html

アクセス

<u>トップ</u> / <u>コース案内</u> / アクセス

最寄り駅

富士ニューライン線の新富士見駅から徒歩3分

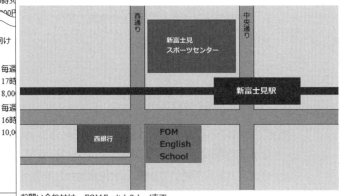

お問い合わせは、*FOM English School*まで
電話：*03-5888-XXXX*
メール：<u>*info@fom-english.xx.xx*</u>

①HTMLファイル「course.html」に、次のようなリンクを設定しましょう。
※文字列「コース案内」にはリンクを設定しません。

文字列「トップ」	：フォルダー「school」にある「index.html」
文字列「アクセス」	：フォルダー「school」にある「access.html」
文字列「info@fom-english.xx.xx」	：「info@fom-english.xx.xx」を宛先に指定したメールの作成画面

②HTMLファイル「access.html」に、次のようなリンクを設定しましょう。
※文字列「アクセス」にはリンクを設定しません。

文字列「トップ」	：フォルダー「school」にある「index.html」
文字列「コース案内」	：フォルダー「school」にある「course.html」
文字列「info@fom-english.xx.xx」	：「info@fom-english.xx.xx」を宛先に指定したメールの作成画面

※メモ帳で開いている「course.html」「access.html」と、ブラウザで開いている「course.html」「access.html」を閉じておきましょう。

Step6 CSSの基本を確認しよう

_1_ CSS

「CSS」(Cascading Style Sheets)は、フォントの色や背景の色などWebページのスタイル（見栄え）を設定するスタイルシート言語です。Webページを作成する場合、文書構造はHTMLで記述し、スタイルはCSSで記述する方法が一般的です。
例えば、見出し1のフォントの色を赤色にしたい場合に、見出し1であるという設定や見出し1として表示する文字列はHTMLファイルに記述し、赤色にするというスタイルはCSSファイルに記述します。

More CSSの仕様とレベル

CSSの仕様はHTMLと同様、W3Cによって標準規格が定められています。CSSは「2.0」「2.1」とレベルアップを重ねてきており、2019年12月現在、「CSS3」が最も新しい仕様とされています。
※CSS3は、プロパティごとに順次勧告されています。

_2_ CSSの記述方法

CSSでは、「セレクタ」と「宣言」を使ってスタイルを設定します。
セレクタは、スタイルを設定する対象を表します。宣言は、設定するスタイルの内容を表し、スタイルの属性を表す「プロパティ」と対応する「値」を「{」と「}」で囲んで記述します。プロパティと値は「:」(コロン)で区切って記述します。

例：p要素のフォントの色を紺色（#000080）に設定

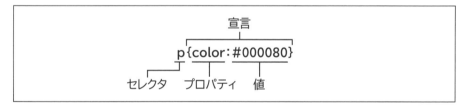

※colorはフォントの色を設定するプロパティです。

ひとつのセレクタに対して、複数の宣言を記述することができます。複数の宣言を記述する場合は、宣言を「;」(セミコロン)で区切って記述します。

例：p要素のフォントの色を白色（#ffffff）、背景の色を紺色（#000080）に設定

```
p{color:#ffffff;background-color:#000080}
```

※background-colorは背景の色を設定するプロパティです。

また、複数のセレクタに対して、同じ宣言を記述することもできます。複数のセレクタを指定する場合は、セレクタを「,」（カンマ）で区切って記述します。

例：p要素とh1要素のフォントの色を紺色（#000080）に設定

```
p,h1{color:#000080}
```

複数の宣言をわかりやすく記述する

ひとつのセレクタに対して、複数の宣言を記述する場合、宣言を「;」で区切って横に並べていくと、どこが区切りなのかわかりづらく、修正したり追加したりするときに必要なプロパティや値が見つけにくくなってしまう場合があります。
修正や追加がしやすいように、宣言ごとに改行して記述しておくとよいでしょう。

```
h1{
    font-size:250%;
    background-color:#000080;
    color:#ffffff;
    width:640px;
}
```

※CSSに記述された空白や改行は無視されます。
※font-sizeはフォントサイズを設定するプロパティです。
※widthは幅を設定するプロパティです。

CSS記述上の注意点

CSSを記述する場合は、次のような点に注意します。
● セレクタやプロパティは必ず半角で記述する
● 大文字・小文字の区別はない
※フォント名やURLなどは大文字・小文字などを正しく入力する必要があります。
● 値は基本的に「"」（ダブルクォーテーション）で囲まない
● 同じセレクタの同じプロパティに異なる値を設定した場合は、あとから記述した方が優先される

3 CSSの記述場所

CSSを記述する場所には、次の2つがあります。

▶▶1 CSSファイルにスタイルを記述

HTMLファイルとは別に「CSSファイル」を作成し、そこにCSSを記述します。このCSSファイルをHTMLファイルに関連付けることでWebページのスタイルを整えます。ひとつのCSSファイルを複数のHTMLファイルに関連付けると、複数のWebページのデザインを統一できます。
※本書では、CSSファイルを作成し、スタイルを記述します。

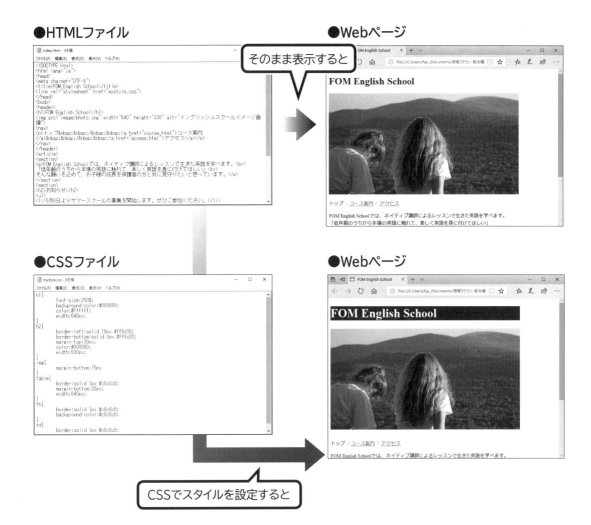

●HTMLファイル　　　　　　　　　　●Webページ

そのまま表示すると

●CSSファイル　　　　　　　　　　●Webページ

CSSでスタイルを設定すると

▶▶2 HTMLファイル内にスタイルを記述

HTMLファイルのhead要素内にCSSを記述します。CSSを記述したHTMLファイルだけにスタイルが設定されます。ひとつのWebページだけ特定のデザインにする場合に便利な方法です。

●HTMLファイル

```
<!DOCTYPE html>
<html lang="ja">
<head>
<meta charset="UTF-8">
<title>FOM English School</title>
<style>
h1{
        color:#ffffff;
        background-color:#000080;
}
</style>
</head>
```

h1要素のフォントの色を白に、背景の色を紺色にする

1 作成するWebページの確認

次のようなWebページを作成しましょう。
ここではCSSを記述して、すでに作成済みのHTMLファイルのスタイルを設定します。

● index.html

フォントサイズ →
背景の色
フォントの色
横幅

FOM English School

余白 ⌐

トップ / コース案内 / アクセス

FOM English Schoolでは、ネイティブ講師によるレッスンで生きた英語を学べます。
「低年齢のうちから本場の英語に触れて、楽しく英語を身に付けてほしい」
そんな願いを込めて、お子様の成長を保護者の方と共に見守りたいと思っています。

枠線 ⌐
余白
フォントの色
横幅

▌お知らせ

- 5月6日よりサマースクールの募集を開始します。ぜひご参加ください。
- 5月1日〜5日までのレッスンはお休みです。

お問い合わせは、*FOM English School*まで
電話：*03-5888-XXXX*
メール：*info@fom-english.xx.xx*

●course.html

コース案内

トップ / コース案内 / アクセス

未就学児コース

1歳～3歳児向け

講座名	講師名	曜日・時間・料金
歌って踊ってABC	キャサリン・スミス	毎週月曜日 10時30分～11時・13時30分～14時 5,000円/月4回
親子で楽しむABC	ナタリー・ウィリアムズ	毎週水曜日 11時～12時・13時30分～14時30分 8,000円/月4回

──── 背景の色

──── 枠線 横幅

──── 余白

4歳～6歳児向け

講座名	講師名	曜日・時間・料金
歌とゲームで覚えるABC	キャサリン・スミス	毎週月曜日 14時30分～15時30分・16時～17時 8,000円/月4回
読み書きイングリッシュ	キャサリン・スミス	毎週水曜日 15時～16時・16時30分～17時30分 8,000円/月4回

小学生コース

小学校低学年向け

講座名	講師名	曜日・時間・料金
初めての英会話	ナタリー・ウィリアムズ	毎週火曜日 15時30分～16時30分・17時～18時 8,000円/月4回
読み書きイングリッシュ	キャサリン・スミス	毎週木曜日 15時30分～16時30分・17時～18時 8,000円/月4回

小学校高学年

講座名	講師名
楽しく覚える英会話	ニック・ブラウン
英検にチャレンジ	ナタリー・ウィリアムズ

お問い合わせは、*FOM English School*まで
電話：*03-5888-XXXX*
メール：*info@fom-english.xx.xx*

●access.html

アクセス

トップ / コース案内 / アクセス

最寄り駅

富士ニューライン線の新富士見駅から徒歩3分

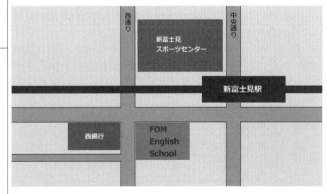

お問い合わせは、*FOM English School*まで
電話：*03-5888-XXXX*
メール：*info@fom-english.xx.xx*

2 CSSファイルの作成

CSSファイルもHTMLファイルと同様に、メモ帳を使って作成できます。
メモ帳を起動し、「mystyle.css」という名前を付けてCSSファイルを作成しましょう。

① メモ帳を起動します。

②《ファイル》→《名前を付けて保存》をクリックします。

③《名前を付けて保存》ダイアログボックスが表示されます。

④ 保存する場所を「school」にします。

⑤《ファイル名》に「mystyle.css」と入力します。

⑥《文字コード》の ∨ をクリックし、一覧から《UTF-8》を選択します。

⑦《保存》をクリックします。

3 CSSファイルとHTMLファイルの関連付け

HTMLファイルにCSSファイルに記述したスタイルを設定するには、CSSファイルと
HTMLファイルを関連付ける必要があります。
CSSファイルを関連付ける場合は、HTMLファイルに「link要素」を記述します。
link要素には属性を記述します。属性には、関連付けるファイルがCSSであること
や、そのCSSファイルの保存場所などを記述します。

---

link要素

文書を関連付けます。

<link rel="ファイルの種類" href="ファイルのパス" >

空要素のため、終了タグは記述しません。head要素内に記述します。

●rel属性
関連付けるファイルの種類を設定します。CSSファイルを関連付ける場合は、「stylesheet」を設定します。

●href属性
関連付けるファイルの保存場所を設定します。

例：CSSファイル「mystyle.css」を関連付ける

　　<link rel="stylesheet" href=" mystyle.css" >

HTMLファイル「index.html」「course.html」「access.html」に、CSSファイル
「mystyle.css」を関連付けましょう。

① フォルダー「school」にある「index.html」をメモ帳で開きます。

② 次のように入力します。

```
<!DOCTYPE html>
<html lang="ja">
<head>
<meta charset="UTF-8">
<title>FOM English School</title>
<link rel="stylesheet" href="mystyle.css">
</head>
```

③《ファイル》→《上書き保存》をクリックします。

※関連付けただけなので、ブラウザで表示しても変更ありません。

④同様に、「course.html」「access.html」にも「mystyle.css」を関連付けます。

※関連付けができたら、「index.html」「course.html」「access.html」を閉じておきましょう。

4 見出し1のスタイル

見出し1のスタイルを次のように設定しましょう。

フォントサイズ
背景の色
フォントの色
横幅

▶▶1 フォントサイズ

フォントサイズを設定する場合は、「font-sizeプロパティ」を使います。

---

font-sizeプロパティ

フォントサイズを設定します。

font-size：サイズ

サイズは次のように設定します。

●数値と単位

「px」（ピクセル）や「pt」（ポイント）など単位を使って設定します。

●パーセンテージ

親要素のサイズを基準としてパーセンテージで設定します。

●キーワード

「medium」「small」「large」などキーワードで設定します。「medium」が標準サイズで初期値です。

例：見出し1のフォントサイズを150%に設定

    h1{font-size:150%}

CSSファイル「mystyle.css」を編集して、見出し1のフォントサイズを250%に設定しましょう。

①メモ帳で開いている「mystyle.css」を表示します。

②次のように入力します。

```
h1{
        font-size:250%;
}
```

③《ファイル》→《上書き保存》をクリックします。

④フォルダー「school」にある「index.html」をブラウザで表示します。

⑤設定したスタイルが適用されます。

▶▶2 背景の色

背景の色を設定する場合は、「background-colorプロパティ」を使います。

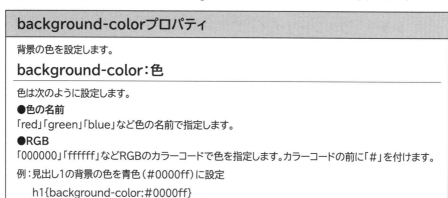

background-colorプロパティ
背景の色を設定します。 **background-color：色** 色は次のように設定します。 ●色の名前 「red」「green」「blue」など色の名前で指定します。 ●RGB 「000000」「ffffff」などRGBのカラーコードで色を指定します。カラーコードの前に「#」を付けます。 例：見出し1の背景の色を青色（#0000ff）に設定   h1{background-color:#0000ff}

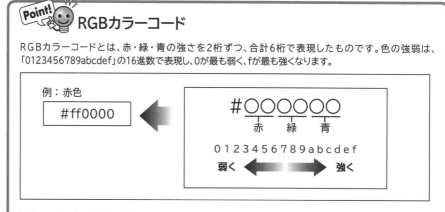

RGBカラーコード

ＲＧＢカラーコードとは、赤・緑・青の強さを2桁ずつ、合計6桁で表現したものです。色の強弱は、「0123456789abcdef」の16進数で表現し、0が最も弱く、fが最も強くなります。

例：赤色

#ff0000

#○○○○○○
赤　緑　青

0123456789abcdef
弱く ◀━━━▶ 強く

Webページでよく使われる基本の16色のカラーコードと色の名前は、次のとおりです。

色	カラーコード	色の名前	色	カラーコード	色の名前
黒色	#000000	black	青色	#0000ff	blue
銀色	#c0c0c0	silver	ピンク色	#ff00ff	fuchsia
灰色	#808080	gray	茶色	#800000	maroon
白色	#ffffff	white	オリーブ色	#808000	olive
赤色	#ff0000	red	緑色	#008000	green
黄色	#ffff00	yellow	青緑色	#008080	teal
黄緑色	#00ff00	lime	紺色	#000080	navy
水色	#00ffff	aqua	紫色	#800080	purple

CSSファイル「mystyle.css」を編集して、見出し1の背景の色を紺色（#000080）に設定しましょう。

① メモ帳で開いている「mystyle.css」を表示します。

② 次のように入力します。

```
h1{
        font-size:250%;
        background-color:#000080;
}
```

③ 《ファイル》→《上書き保存》をクリックします。

④ ブラウザで開いている「index.html」を表示します。

⑤ ○（最新の情報に更新）をクリックします。

⑥ 設定したスタイルが適用されます。

More　背景に画像を表示する

背景に画像を表示する場合は、「background-imageプロパティ」を使います。

background-imageプロパティ
背景の色を設定します。 **background-image：ファイルのパス**
ファイルのパスには、「url（"ファイルのパス"）」または「none」（画像なし）を設定します。 例：見出し1の背景に「back.gif」を設定 　　h1{background-image:url("back.gif")}

フォントの色を設定する場合は、「colorプロパティ」を使います。

---

colorプロパティ

フォントの色を設定します。

color：色

色の指定方法は、background-colorプロパティと共通です。
例：見出し1のフォントの色を赤色（#ff0000）に設定
　　h1{color:#ff0000}

CSSファイル「mystyle.css」を編集して、見出し1のフォントの色を白色（#ffffff）に設定しましょう。

①メモ帳で開いている「mystyle.css」を表示します。

②次のように入力します。

```
h1{
      font-size:250%;
      background-color:#000080;
      color:#ffffff;
}
```

③《ファイル》→《上書き保存》をクリックします。

④ブラウザで開いている「index.html」を表示します。

⑤ ⟳ （最新の情報に更新）をクリックします。

⑥設定したスタイルが適用されます。

▶▶4 要素の幅の設定

要素の幅を設定する場合は、「widthプロパティ」を使います。

---

widthプロパティ

要素の幅を設定します。

width：幅

幅は、数値と単位で設定します。「auto」（自動）を設定することもできます。
例：見出し1の幅を600pxに設定
　　h1{width:600px}

CSSファイル「mystyle.css」を編集して、見出し1の幅を640pxに設定しましょう。

① メモ帳で開いている「mystyle.css」を表示します。

② 次のように入力します。

```
h1{
        font-size:250%;
        background-color:#000080;
        color:#ffffff;
        width:640px;
}
```

③《ファイル》→《上書き保存》をクリックします。

④ ブラウザで開いている「index.html」を表示します。

⑤ ⟳ （最新の情報に更新）をクリックします。

⑥ 設定したスタイルが適用されます。

※「course.html」「access.html」をブラウザで表示して、見出し1にスタイルが適用されていることを確認しておきましょう。

More 　要素の高さ

要素の高さを設定する場合は、「heightプロパティ」を使います。

---

heightプロパティ

要素の高さを設定します。

height：幅

幅は、数値と単位で設定します。「auto」（自動）を設定することもできます。
例：画像の高さを300pxに設定
　　img{height:300px}

---

5 見出し2のスタイル

見出し2のスタイルを、次のように設定しましょう。

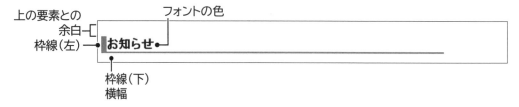

▶▶▶1 枠線

見出しや段落などを枠線で囲んだり、上下左右の一部だけ線を付けたりしてアクセントを付けることができます。要素に枠線を表示する場合は、「borderプロパティ」を使います。

---

borderプロパティ

枠線を設定します。

border：種類 太さ 色

borderプロパティは、上下左右の4辺が共通の設定になります。個別に設定する場合は、次のプロパティを使います。

border-top:種類 太さ 色 　　（上）
border-bottom:種類 太さ 色 　（下）
border-left:種類 太さ 色 　　（左）
border-right:種類 太さ 色 　　（右）

線の種類、太さ、色は半角空白で区切ります。設定する順番はどの項目からでもかまいません。

●線の種類
「solid」（実線）、「double」（二重線）、「dotted」（点線）、「dashed」（波線）などを指定します。

●線の太さ
「px」（ピクセル）などの単位や、「medium」（標準）、「thin」（細い）などのキーワードで指定します。

●線の色
RGBのカラーコードや色の名前で指定します。

例：見出し1の上下に、実線、5px、緑色（#008000）の線を設定
```
h1{
   border-top:solid 5px #008000;
   border-bottom: solid 5px #008000;
}
```

Point!  ボックスの概念

各要素は「ボックス」と呼ばれる四角い領域で構成されています。ボックス内には、表示されている文字列や画像のほかに「マージン」「ボーダー」「パディング」という領域があります。
これらの領域を使って、内容に枠線を付けたり、要素と要素の間隔を広げたりします。

❶マージン
ボーダーの外側の余白です。

❷ボーダー
文字列や画像などの内容を囲む枠線です。通常、ボーダーは表示されません。

❸パディング
文字列や画像などの内容とボーダーとの間隔です。

CSSファイル「mystyle.css」を編集して、見出し2に次のような枠線を設定しましょう。

> 左側：実線、10px、ダークオレンジ（#ff8c00）
> 下側：実線、3px、ダークオレンジ（#ff8c00）

①メモ帳で開いている「mystyle.css」を表示します。

②次のように入力します。

```
h1{
        font-size:250%;
        background-color:#000080;
        color:#ffffff;
        width:640px;
}
h2{

        border-left:solid 10px #ff8c00;
        border-bottom:solid 3px #ff8c00;

}
```

③《ファイル》→《上書き保存》をクリックします。

④ブラウザで開いている「index.html」を表示します。

⑤ ○ （最新の情報に更新）をクリックします。

⑥設定したスタイルが適用されます。

※「course.html」「access.html」をブラウザで表示して、見出し2にスタイルが適用されていることを確認しておきましょう。

▶▶2 余白

要素と要素の間隔を調整する場合は、「marginプロパティ」を使います。marginプロパティを使うと、ボーダーの外側の余白を調整できます。

---

marginプロパティ

余白を設定します。

margin：幅

marginプロパティは、上下左右の4辺が共通の設定になります。個別に設定する場合は、次のプロパティを使います。

margin-top:幅	（上）
margin-bottom:幅	（下）
margin-left:幅	（左）
margin-right:幅	（右）

幅は、数値と単位で設定します。「auto」（自動）を設定することもできます。

例：見出し1のマージンを20pxに設定
　　h1{margin:20px}

CSSファイル「mystyle.css」を編集して、見出し2の上側の余白を30pxに設定しましょう。

①メモ帳で開いている「mystyle.css」を表示します。

②次のように入力します。

```
}
h2{
        border-left:solid 10px #ff8c00;
        border-bottom:solid 3px #ff8c00;
        margin-top:30px;
}
```

③《ファイル》→《上書き保存》をクリックします。

④ブラウザで開いている「index.html」を表示します。

⑤ ↻ （最新の情報に更新）をクリックします。

⑥設定したスタイルが適用されます。

トップ / コース案内 / アクセス

FOM English Schoolでは、ネイティブ講師によるレッスンで生きた英語を学べます。
「低年齢のうちから本場の英語に触れて、楽しく英語を身に付けてほしい」
そんな願いを込めて、お子様の成長を保護者の方と共に見守りたいと思っています。

お知らせ

- 5月6日よりサマースクールの募集を開始します。ぜひご参加ください。
- 5月1日～5日までのレッスンはお休みです。

お問い合わせは、*FOM English School*まで
電話：*03-5888-XXXX*
メール：*info@fom-english.xx.xx*

※「course.html」「access.html」をブラウザで表示して、見出し2にスタイルが適用されていることを確認しておきましょう。

ためしてみよう【7】

完成図を参考に、HTMLファイル「index.html」を次のように編集しましょう。

●index.html

③ **トップ** / コース案内 / アクセス

FOM English Schoolでは、ネイティブ講師によるレッスンで生きた英語を学べます。
「低年齢のうちから本場の英語に触れて、楽しく英語を身に付けてほしい」
そんな願いを込めて、お子様の成長を保護者の方と共に見守りたいと思っています。

① ② **お知らせ**

・ 5月6日よりサマースクールの募集を開始します。ぜひご参加ください。
・ 5月1日〜5日までのレッスンはお休みです。

お問い合わせは、*FOM English School*まで
電話：*03-5888-XXXX*
メール：*info@fom-english.xx.xx*

① 見出し2のフォントの色を紺色（#000080）に設定しましょう。

② 見出し2の横幅を630pxに設定しましょう。

③ 画像の下側の余白を15pxに設定しましょう。

※ブラウザで開いている「index.html」「course.html」「access.html」を閉じておきましょう。

6　表のスタイル

HTMLファイル「course.html」の表のスタイルを、次のように設定しましょう。

フォルダー「school」にあるHTMLファイル「course.html」をブラウザで開いておきましょう。

背景の色

枠線
横幅

下の要素との
余白

▶▶1　表のスタイルの確認

次のような表にするには、表全体のスタイル、項目名のセルのスタイル、データのセルのスタイルをそれぞれ設定します。

項目名のセルのスタイル

表全体の
スタイル

データのセルのスタイル

●表全体のスタイル

表全体のフォントに関することや表の配置、サイズなどを調整します。
表全体のスタイルは「table要素」に設定します。

●項目名のセルのスタイル、データのセルのスタイル

背景の色やボーダー、セル内の余白などを調整します。
項目名のセルのスタイルは「th要素」、データのセルのスタイルは「td要素」に設定します。

▶▶2 表全体のスタイル

CSSファイル「mystyle.css」を編集して、表全体に次のようなスタイルを設定しましょう。

```
枠線（4辺）      ：実線、1px、銀色（#c0c0c0）
マージン（下側）：20px
横幅            ：640px
```

① メモ帳で開いている「mystyle.css」を表示します。

② 次のように入力します。

```
h1{
        font-size:250%;
        background-color:#000080;
        color:#ffffff;
        width:640px;
}
h2{
        border-left:solid 10px #ff8c00;
        border-bottom:solid 3px #ff8c00;
        margin-top:30px;
        color:#000080;
        width:630px;
}
img{
        margin-bottom:15px
}
table{
        border:solid 1px #c0c0c0;
        margin-bottom:20px;
        width:640px;
}
```

③《ファイル》→《上書き保存》をクリックします。

④ ブラウザで開いている「course.html」を表示します。

⑤ ○ （最新の情報に更新）をクリックします。

⑥ 設定したスタイルが適用されます。

▶▶3 項目名のセルのスタイル

CSSファイル「mystyle.css」を編集して、項目名のセルに次のようなスタイルを設定しましょう。

枠線（4辺）：実線、1px、銀色（#c0c0c0）
背景の色　：銀色（#c0c0c0）

---

① メモ帳で開いている「mystyle.css」を表示します。

② 次のように入力します。

```
h1{
        font-size:250%;
        background-color:#000080;
        color:#ffffff;
        width:640px;
}
h2{
        border-left:solid 10px #ff8c00;
        border-bottom:solid 3px #ff8c00;
        margin-top:30px;
        color:#000080;
        width:630px;
}
img{
        margin-bottom:15px
}
table{
        border:solid 1px #c0c0c0;
        margin-bottom:20px;
        width:640px;
}
th{
        border:solid 1px #c0c0c0;
        background-color:#c0c0c0;
}
```

③《ファイル》→《上書き保存》をクリックします。

④ ブラウザで開いている「course.html」を表示します。

⑤ ○（最新の情報に更新）をクリックします。

⑥ 設定したスタイルが適用されます。

▶▶4 データのセルのスタイル

CSSファイル「mystyle.css」を編集して、データのセルに次のようなスタイルを設定しましょう。

枠線（4辺）：実線、1px、銀色（#c0c0c0）

① メモ帳で開いている「mystyle.css」を表示します。

② 次のように入力します。

```
        font-size:250%;
        background-color:#000080;
        color:#ffffff;
        width:640px;
}
h2{

        border-left:solid 10px #ff8c00;
        border-bottom:solid 3px #ff8c00;
        margin-top:30px;
        color:#000080;
        width:630px;
}
img{

        margin-bottom:15px
}
table{

        border:solid 1px #c0c0c0;
        margin-bottom:20px;
        width:640px;
}
th{

        border:solid 1px #c0c0c0;
        background-color:#c0c0c0;
}
td{

        border:solid 1px #c0c0c0
}
```

③《ファイル》→《上書き保存》をクリックします。

④ ブラウザで開いている「course.html」を表示します。

⑤ ○（最新の情報に更新）をクリックします。

⑥ 設定したスタイルが適用されます。

※すべてのウィンドウを閉じておきましょう。

More 表の枠線の設定

表に枠線を設定すると、ひとつひとつのセルに対して枠線が表示されるため、二重線のように見えてセルとセルの間に隙間ができてしまいます。「border-collapseプロパティ」を使うと、隣接するセルの枠線を1本にまとめることができます。

---

border-collapseプロパティ

表やセルの枠線を設定します。

border-collapse：表示形式

---

table要素に設定できます。

表示形式には「collapse」（表や隣接するセルの枠線を1本にまとめて表示）または「separate」（表やセルごとに枠線を表示）などを指定します。

例：表や隣接するセルの枠線を1本にまとめて表示

　　table{border-collapse:collapse}

More クラスの利用

スタイルは基本的には要素単位で設定しますが、部分的にスタイルを設定する場合は、「クラス」を使います。

例えば、HTMLファイルに含まれる複数のp要素のうち、あるp要素だけフォントの色を変更したいというような場合にクラスを利用してスタイルを設定します。

クラスを使って、部分的にスタイルを設定する場合は、次のように設定します。

例：複数のp要素のうち、あるp要素だけフォントの色を赤色（#ff0000）に設定

●CSSファイル

CSSでクラスを定義します。

クラスは半角で入力し、クラス名の前に「.」（ピリオド）を記述します。

.today{color:#ff0000}

●HTMLファイル

クラスで定義したスタイルを適用する要素内に「class属性」を記述します。

クラス名の前後は「"」（ダブルクォーテーション）で囲みます。

```
<body>
<h1>天気</h1>
<p>昨日は雨でした。</p>
<p class="today">今日は曇りです。</p>
<p>明日は晴れるでしょうか。</p>
```

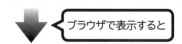

ブラウザで表示すると

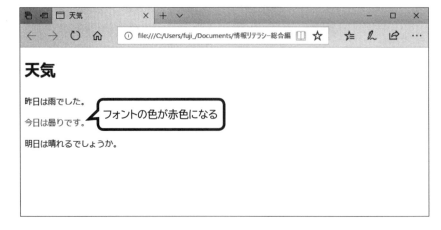

練習問題

次のようなWebページを作成しましょう。

●index.html

Top | <u>Photography</u> | <u>Profile</u>

Ken Iwayama / Photographer

山岳写真家 岩山 堅のオフィシャルサイトです。
山の写真を主とした活動をしています。
「山を撮る」（山岳出版）にてコラムを連載中。

┃お知らせ

- 「Photographic Award 2020」にノミネートされました。
- 7月1日より夏山写真スクールの募集を開始します。ぜひご参加ください。

お問い合わせ
電話：*03-3497-XXXX*
メール：<u>*info@atelierken.xx.xx*</u>

●photography.html

Top | Photography | Profile

Photography

2020年

東池に映る白瀬岳

子待峠から三角連峰を望む

2019年

北原湿地から仏山を望む

お問い合わせ
電話：03-3497-XXXX
メール：info@atelierken.xx.xx

●profile.html

Top | Photography | Profile

Profile

岩山 堅（いわやま けん）

西暦	主なできごと
1990年	長野県長野市に生まれる
2010年	写真家 村井幸彦氏のアシスタントになる
2012年	東西芸術大学デザイン学部 卒業
2014年	「Photographic Award 2014新人賞」受賞
2020年	「atelier Ken」を設立し、山の写真を中心に活動中

お問い合わせ
電話：03-3497-XXXX
メール：info@atelierken.xx.xx

1 トップページの作成

① フォルダー「練習問題」にHTMLファイル「index.html」を作成し、HTML5の文書型宣言を記述しましょう。

② html要素、head要素、body要素を記述しましょう。

③ 言語を日本語に、文字コードを「UTF-8」に設定しましょう。

④ Webページのタイトルを、「写真家 岩山 堅 / Ken Iwayama」に設定しましょう。

⑤ ヘッダーの領域を作成し、次のようにナビゲーションメニューを表示しましょう。

> Top␣␣|␣␣Photography␣␣|␣␣Profile

※␣では、文字参照「 」を記述します。
※「|」は、「たてぼう」と入力して変換します。

⑥ ヘッダーの領域に、次のように画像を表示しましょう。

画像ファイルのパス	image/topimage.jpg
幅	640ピクセル
高さ	170ピクセル
代替テキスト	イメージ画像

⑦ ヘッダーの領域に、見出し1として「Ken Iwayama / Photographer」という文字列を表示しましょう。

⑧ メイン記事を作成し、その中にサブ記事を2つ作成しましょう。

⑨ 1つ目のサブ記事の中に、次のように段落（文章）を表示しましょう。1行ごとに改行して表示されるようにします。

> 山岳写真家 岩山 堅のオフィシャルサイトです。
> 山の写真を主とした活動をしています。
> 「山を撮る」（山岳出版）にてコラムを連載中。

⑩ 2つ目のサブ記事の中に、見出し2として「お知らせ」という文字列を表示しましょう。

⑪ 見出し2「お知らせ」の下に、次のように番号なしリストを作成しましょう。

> ・「Photographic Award 2020」にノミネートされました。
> ・7月1日より夏山写真スクールの募集を開始します。ぜひご参加ください。

⑫ フッターの領域を作成し、次のように連絡先を表示しましょう。1行ごとに改行して表示されるようにします。

> お問い合わせ
> 電話：03-3497-XXXX
> メール：info@atelierken.xx.xx

⑬ 次のように、リンクを設定しましょう。
●ナビゲーションメニュー

リンク元	リンク先
Photography	photography.html
Profile	profile.html

●フッター

リンク元	リンク先
info@atelierken.xx.xx	「info@atelierken.xx.xx」を宛先に指定したメールの作成画面

※「index.html」を上書き保存し、閉じておきましょう。
※「index.html」をブラウザで表示して、確認しておきましょう。

⑭HTMLファイル「photography.html」を編集して、次のように画像を表示しましょう。

●段落「東池に映る白瀬岳」の下

画像ファイルのパス	image/photo1.jpg
幅	480ピクセル
高さ	360ピクセル
代替テキスト	白瀬岳の写真

●段落「子待峠から三角連峰を望む」の下

画像ファイルのパス	image/photo2.jpg
幅	480ピクセル
高さ	360ピクセル
代替テキスト	三角連峰の写真

●段落「北原湿地から仏山を望む」の下

画像ファイルのパス	image/photo3.jpg
幅	480ピクセル
高さ	360ピクセル
代替テキスト	仏山の写真

※「photography.html」を上書き保存し、閉じておきましょう。
※「photography.html」をブラウザで表示して、確認しておきましょう。

⑮HTMLファイル「profile.html」を編集して、段落「岩山 堅（いわやま けん）」の下に、次のように表を表示しましょう。1行目は項目名のセル、2行目以降はデータのセルとして設定します。

西暦	主なできごと
1990年	長野県長野市に生まれる
2010年	写真家 村井幸彦氏のアシスタントになる
2012年	東西芸術大学デザイン学部 卒業
2014年	「Photographic Award 2014 新人賞」受賞
2020年	「atelier Ken」を設立し、山の写真を中心に活動中

※「profile.html」を上書き保存し、閉じておきましょう。
※「profile.html」をブラウザで表示して、確認しておきましょう。

_3_ CSSファイルの作成

⑯ フォルダー「練習問題」にCSSファイル「style.css」を作成しましょう。

⑰ ⑯で作成したCSSファイル「style.css」を、HTMLファイル「index.html」に関連付けましょう。
　※「index.html」を上書き保存し、閉じておきましょう。

⑱ h2要素のスタイルを、次のように設定しましょう。

幅	630ピクセル
枠線（左）	実線（solid）　10ピクセル　茶色（#800000）
枠線（下）	点線（dotted）　2ピクセル　茶色（#800000）
余白（上）	30ピクセル

⑲ footer要素のスタイルを、次のように設定しましょう。

幅	640ピクセル
文字サイズ	90%
枠線（上）	実線（solid）　1ピクセル　黒色（#000000）
余白（上）	30ピクセル

⑳ 表のスタイルを、次のように設定しましょう。

●table要素

幅	640ピクセル

●th要素

文字の色	白色（#ffffff）
背景の色	茶色（#800000）

●td要素

枠線	実線（solid）　1ピクセル　茶色（#800000）

※「style.css」を上書き保存し、閉じておきましょう。
※「index.html」「photography.html」「profile.html」をブラウザで表示して、スタイルが適用されていることを確認しておきましょう。確認できたら、ブラウザを終了しておきましょう。

Skill Up

■総合スキルアップ問題■

問題1　研究レポートの校正チェック

大学で「地域活性化システム論」を受講している学生が、講師から「食がもたらす町おこしの経済効果について考察し、A4用紙2枚程度のレポートにまとめなさい。」という課題を出され、次のようなレポートを作成しました。

しかし、作成したレポートを講師に提出したところ、「レポートとしての形式を整えてから提出するように。」と改善の指示を受けました。このレポートのどこに問題があるのかを考えてみましょう。

地域活性化システム論レポート

社会学部地域社会学科

F01M123　中野　佳奈子

「食」がもたらす町おこしの経済効果について

　昨今、「食」は大ブームである。テレビでもグルメの番組特集が多く取り上げられ、紹介されない日はないほど人々の「食」への関心は高い。この食に関する関心の高さから「食」をテーマとした町おこしをしている地域は全国各地に数多い。今も昔も食が大きな観光資源にもなっているのです。

　このことを象徴するイベントが、「ふるさとフードフェスタ」である。ふるさとフードフェスタは、安価で庶民的でありながら、おいしい料理を紹介するイベントである。町おこしを目的に、地元の食材を使って開発された創作料理を提供するイベントで、キャッチフレーズは「おいしい地元を食べよう！」。ローカルフーズ研究所（※2012年11月に旗揚げした市民団体）とグルメまちテック（※グルメで町おこし団体連絡協議会の通称）の共同開催で、今年で7回目を迎える。

　近年のふるさとフードフェスタの盛り上がりは、来場者数が第1回（2013年）の1万9千人から第5回（2017年）には60万人に増えたことを見ても明らかだと思う。その経済効果については、過去に出品した長宮串焼きが180億円、宮嶋たかが牛丼が25億円、横山お好み焼きが24億円、開催地の青手市が13億円、石木市が32億円など、いずれも注目に値する一定の成果を上げている。上記の経済効果の内訳には、主に「商品や関連素材の売上、消費量の増大」「来場者の交通費、宿泊費、買い物代」「観光客の増大」といった項目が含まれる。ふるさとフードフェスタをきっかけに全国的な情報発信が可能となることで、「食」のイベントそのものに限らず地域への注目度が高まり、多くの人を呼び込むことに成功していると言えるだろう。

　成功事例が示すように、ふるさとフードフェスタの果たす役割は大きく、その効果に期待する多くの市民団体が、地元の食を町おこしの起爆剤にしようと取り組んでいる。今後のふるさとフードフェスタの展開および参加団体の町おこし活動に引き続き注目していきたい。

1

（参考文献）

●大西豊（2017年）『食と地域に係る取り組みの経済効果』音文社

2

問題2　研究レポートの作成

問題1で考えた問題点を踏まえ、以下の条件に従ってWordでレポートを作り直しましょう。

Wordを起動し、新しい文書を作成しておきましょう。

条件

① 指定されたページ数から±1/2ページの範囲を目安にまとめること。

② 表題はレポート内容を端的に表現したものにすること。

③ 序論、本論、結論で構成し、それぞれに次の見出しを立て、見出しの前には番号を振ること。

> 序論：1. はじめに
> 本論：2. 食とふるさとフードフェスタ
> 　　　3. ふるさとフードフェスタが地域にもたらす経済効果
> 結論：4. おわりに

④ 序論には、次の内容を入れること。

> ・昨今、「食」が大ブームになり、日本全国各地で、食を町おこしに積極的に活用していこうという動きが見られること。
> ・本レポートでは、2013年から年に一度開催されている「ふるさとフードフェスタ」に着目し、食による町おこしが地域経済にどのような貢献を果たすのかについて述べていくこと。

⑤ 経済効果のデータは、主要な地域と経済効果の試算（調査期間）を示した次の情報をもとに、1つの表にまとめること。表のタイトルは「図表1　ふるさとフードフェスタの経済効果（試算）」とすること。

> 長宮市180億円（2013〜2015年度）　　　長宮串焼き（第1回・第2回出品）
> 宮嶋市　25億円（イベント終了後の3か月間）　宮嶋たかが牛丼（第3回出品）
> 横山市　24億円（イベント終了後の8か月間）　横山お好み焼き（第4回出品）
> 青手市　13億円（2016年度）　　　　　　第4回ふるさとフードフェスタ開催地
> 石木市　32億円（2017年度）　　　　　　第5回ふるさとフードフェスタ開催地

⑥ 経済効果の内訳は、SmartArtや図形などのグラフィック機能を効果的に使って、人目を引く見栄えにすること。図のタイトルは「図表2　経済効果の主な内訳」とすること。

⑦ レポート全体を通じて、である調で統一すること。

⑧ 曖昧な表現は避け、客観的事実については断定的な表現を使うこと。

⑨ 脚注は各ページの最後に記載すること。

※作成した文書に「問題2」と名前を付けて保存しておきましょう。

問題3　行動指針の改定を通知するレポートの作成

あなたは、広田メディカルシステムズ株式会社の総務部に所属しています。
この度、従来の行動指針が見直され、改定されることになりました。上司から「従業員に新しい行動指針を知らせるレポートを作成してください。」と指示されました。
また、改定された行動指針が書かれた次のメモを手渡されました。

●行動指針
より品質の高いサービスをより多くのお客様に提供し、お客様の満足を獲得するため、最先端の技術を駆使して、従業員全員が共通の価値基準を持って行動します。

●行動目標
創造（Creation）・・・・・　独創性を大切にします。
挑戦（Challenge）・・・　どんな困難にも挑戦し続けます。
努力（Effort）・・・・・　高い目標に向けて努力します。
情熱（Passion）・・・・　感謝・感激・感動を忘れません。
速度（Speed）・・・・・　迅速に対応します。

以上の内容を踏まえ、以下の条件に従ってWordで新規に文書を作成してください。

Wordを起動し、新しい文書を作成しておきましょう。

条件

① 発信番号は「社達200004」とすること。
② 発信日付は「2020年4月1日」とすること。
③ 適切な受信者名を入れること。
④ 発信者名は「代表取締役社長」とすること。
⑤ レポート内容を端的に表す適切な表題を入れること。
⑥ レポートの主文には、次の内容を入れること。

・従来の行動指針を"より身近でよりわかりやすく"という観点から見直したこと。
・4月1日付で改定したこと。
・従業員一人一人がこの行動指針に基づき、自然に行動できるように心がけること。

---

⑦ 記書きには「行動指針」と「行動目標」を転記すること。
⑧ レポートが見やすくなるように、書式を適宜設定し、見栄えを整えること。
⑨ A4縦1ページにバランスよくレイアウトすること。

※作成した文書に「問題3」と名前を付けて保存しておきましょう。

問題4 行動指針を掲げたポスターの作成

行動指針の改定を通知するレポートを発信しましたが、十分に行動指針が浸透していないようです。

そこで、日頃より行動指針が従業員の目に触れるようにポスターを作成することになりました。

上司から「従業員の目を引くような見栄えのするポスターを作成してください。」と指示されました。

以上の内容を踏まえ、以下の条件に従ってWordで新規に文書を作成してください。

 Wordを起動し、新しい文書を作成しておきましょう。

①SmartArtや図形などのグラフィック機能を効果的に使って、人目を引く見栄えにすること。

> **Hint** ●《挿入》タブ→《図》グループの《図形の作成》を使うと、様々な図形を作成できます。

②問題3で作成したレポートから、行動指針や行動目標を適宜コピーして、効率的に作成すること。

③会社名を入れること。

④A3縦1ページにバランスよくレイアウトすること。

※A3が印刷できないプリンターの場合は、任意の用紙サイズで作成してください。

※作成した文書に「問題4」と名前を付けて保存しておきましょう。

問題5　成績の全体集計

あなたは、FOM証券株式会社の人材教育部に所属し、新入社員研修や中堅社員教育などを管理し、全従業員のスキル向上を図っています。上司から「全従業員に実施したITスキル研修の試験結果を報告してください。」と指示されました。
以上の内容を踏まえ、以下の条件に従ってExcelで新規にブックを作成してください。

Excelを起動し、新しいブックを作成しておきましょう。

条件

①表題は「ITスキル研修試験結果」とすること。

②3名の担当講師から提出された次の「科目別試験結果」データをもとにすること。

■講師 A

従業員番号	氏名	文章構成力	文章表現力
1621	境　龍一	95	80
1741	寺島　美代	87	94
1787	三坂　真奈	100	98
1797	松江　賢	92	90
1812	長井　莉緒	98	88
1845	相田　まり	85	85
1945	藤谷　真美	86	94

■講師 B

従業員番号	氏名	計算応用力	データ分析力
1621	境　龍一	83	89
1741	寺島　美代	77	60
1787	三坂　真奈	86	78
1797	松江　賢	58	54
1812	長井　莉緒	62	61
1845	相田　まり	80	67
1945	藤谷　真美	78	70

■講師 C

従業員番号	氏名	プレゼン表現力
1621	境　龍一	59
1741	寺島　美代	60
1787	三坂　真奈	79
1797	松江　賢	80
1812	長井　莉緒	63
1845	相田　まり	69
1945	藤谷　真美	81

③データベース機能が利用できるように、1従業員1レコードにすること。

④作成した表をテーブルに変換して、任意のテーブルスタイルを適用すること。

⑤従業員ごとの合計点を求めること。

⑥科目ごとの平均点を求めること。

⑦シートの名前を「成績集計」とすること。

※作成したブックに「問題5」と名前を付けて保存しておきましょう。

問題6　成績の個人分析

上司から「従業員ごとに成績を分析したい。グラフを使うなどしてわかりやすい資料を作成してください。」と指示され、次のような資料を作成しました。

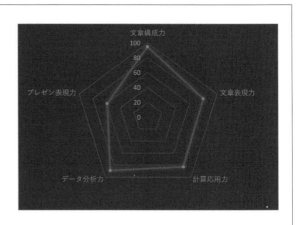

これを上司に見せたところ、「全体の平均点を入れて、自分のスキルと比較できるように修正してください。」と改善の指示を受けました。

以上の内容を踏まえ、以下の条件に従ってExcelでブックを編集してください。

 ブック「問題5」を開いておきましょう。

条件

① ブックに新しいシートを追加し、資料と同じような表とグラフを作成すること。

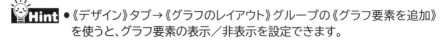 ●《デザイン》タブ→《グラフのレイアウト》グループの《グラフ要素を追加》を使うと、グラフ要素の表示／非表示を設定できます。

② 追加したシートに「個人分析」という名前を付けること。

③「従業員番号」を入力すると、対応する「氏名」「文章構成力」「文章表現力」「計算応用力」「データ分析力」「プレゼン表現力」「合計点」の各データが参照されるようにすること。

④ 表とグラフに「平均点」のデータをそれぞれ追加すること。

※作成したブックに「問題6」と名前を付けて保存しておきましょう。

問題7　店舗別・商品カテゴリ別の売上集計表の作成

あなたは、FOM電機株式会社の本社・企画部に所属し、各店舗のイベント活動の推進および売上拡販の支援を担当しています。上司から「各店舗で春商戦として実施した"新生活応援キャンペーン"の売上実績を集計してください。」と指示されました。以上の内容を踏まえ、以下の条件に従ってExcelで新規にブックを作成してください。

Excelを起動し、新しいブックを作成しておきましょう。

条件

① 表題は「新生活応援キャンペーン売上集計表」とすること。

② 次のデータをもとに、表を作成すること。

■新宿店
売上実績　　　　　　内訳
　　　　　　　　　　家電　　　：3,325,980円
　　　　　　　　　　AV 機器　：3,985,300円
　　　　　　　　　　通信機器　：3,689,000円
　　　　　　　　　　パソコン　：3,221,500円
　　　　　　　　　　その他　　：2,761,400円

■秋葉原店
売上実績　　　　　　内訳
　　　　　　　　　　家電　　　：3,125,620円
　　　　　　　　　　AV 機器　：2,630,280円
　　　　　　　　　　通信機器　：2,849,080円
　　　　　　　　　　パソコン　：2,249,840円
　　　　　　　　　　その他　　：1,923,100円

■横浜店
売上実績　　　　　　内訳
　　　　　　　　　　家電　　　：4,968,510円
　　　　　　　　　　AV 機器　：3,524,900円
　　　　　　　　　　通信機器　：3,336,600円
　　　　　　　　　　パソコン　：3,619,870円
　　　　　　　　　　その他　　：3,004,200円

■大宮店
売上実績　　　　　　内訳
　　　　　　　　　　家電　　　：2,686,500円
　　　　　　　　　　AV 機器　：2,763,110円
　　　　　　　　　　通信機器　：2,050,000円
　　　　　　　　　　パソコン　：2,101,700円
　　　　　　　　　　その他　　：1,648,460円

```
■千葉店
売上実績       内訳
             家電    ：4,124,700円
             AV 機器 ：2,751,200円
             通信機器 ：2,989,100円
             パソコン ：2,850,300円
             その他   ：2,185,250円
```

③店舗別の合計、商品カテゴリ別の合計、全合計がわかるようにすること。

④表の数値は「単位：千円」とすること。

⑤表が見やすくなるように、書式を適宜設定し、見栄えを整えること。

※作成したブックに「問題7」と名前を付けて保存しておきましょう。

問題8　目標達成率の算出

あなたが作成した「新生活応援キャンペーン売上集計表」を上司に見せたところ、「店舗ごとに設定した売上目標を追加して、目標達成率を確認したい。また、目標を達成した店舗は表彰するので、ひと目でわかるようにしてください。」と指示されました。
以上の内容を踏まえ、以下の条件に従ってExcelでブックを編集してください。

OPEN ブック「問題7」を開いておきましょう。

条件

①次のデータをもとに、表を編集すること。

```
■新宿店
売上目標       17,000,000円
```

```
■秋葉原店
売上目標       14,000,000円
```

```
■横浜店
売上目標       16,000,000円
```

```
■大宮店
売上目標       12,000,000円
```

```
■千葉店
売上目標       10,000,000円
```

②目標達成率がわかるように、項目名を追加すること。

③条件付き書式を使って、目標を達成した店舗の名前に色を塗ること。

※作成したブックに「問題8」と名前を付けて保存しておきましょう。

問題9　商品カテゴリ別の売上構成比の比較

あなたが編集した「新生活応援キャンペーン売上集計表」を上司に見せたところ、「今回のキャンペーンで、どのカテゴリの商品がよく売れたかを知りたいので、グラフを作成してください。」と指示されました。
以上の内容を踏まえ、以下の条件に従ってExcelでブックを編集してください。

 ブック「問題8」を開いておきましょう。

条件

① グラフシートに適切な種類のグラフを作成すること。

 ● 《デザイン》タブ→《場所》グループの《グラフの移動》を使うと、グラフの場所を変更できます。

② グラフタイトルは「商品カテゴリ別売上構成比」とすること。

③ グラフには、売上構成比を表示すること。

④ グラフが見やすくなるように、書式を適宜設定し、見栄えを整えること。

※作成したブックに「問題9」と名前を付けて保存しておきましょう。

問題10　店舗別の売上実績と売上目標の比較

あなたが編集した「新生活応援キャンペーン売上集計表」を上司に見せたところ、「今回のキャンペーンにおける、各店舗の売上実績と目標達成率の関係を1つのグラフにまとめて表現してください。」と指示されました。
以上の内容を踏まえ、以下の条件に従ってExcelでブックを編集してください。

 ブック「問題9」を開いておきましょう。

条件

① 売上実績を縦棒グラフ、目標達成率を折れ線グラフで表現する複合グラフを作成すること。

② 表の下に適切なサイズでグラフを作成すること。

③ グラフタイトルは「店舗別売上状況」とすること。

④ グラフが見やすくなるように、書式を適宜設定し、見栄えを整えること。

⑤ 表とグラフをA4用紙の横1ページにバランスよく配置し、印刷すること。

※作成したブックに「問題10」と名前を付けて保存しておきましょう。

自分のセールスポイントを伝えるレポートの作成

自分のセールスポイントを表現するドキュメントを作成しましょう。
「 」に自分の「キャッチフレーズ＋名前」を入れて、次の手順で作業しましょう。

> 私は、「〇〇〇〇〇〇〇〇〇〇」です。

例）私は、歩くアイデアの泉　大野大輔です。

例）私は、常に新しいものを追い求める未来キャッチャー　森田美咲です。

①自分の長所と短所を整理してみましょう。

Hint ● すぐに思いつかない場合は、次の特性の中から当てはまるものを〇印で
囲みましょう。

明朗	自発的	行動的
自立心が強い	温和	堅実
道徳的	積極的	ねばり強い
正義感が強い	責任感が強い	好奇心旺盛
自己主張が強い	我慢強い	客観的
慎重	礼儀正しい	のみ込みが早い
完全主義	勝負強い	探究心が強い
律儀	意欲的	短気
合理的	勉強家	論理的
直観的	冷静	したたか
理屈っぽい	努力家	協調性がある
負けず嫌い	献身的	楽観的
謙虚	凝り性	計算高い
理性的	面倒見がよい	淡泊
注意力がある	情熱的	せっかち
頑固	優柔不断	内気
神経質	プライドが高い	心配性
直情的	几帳面	保守的
消極的	依頼心が強い	悲観的
無口	飽きっぽい	

● 長所を3つ挙げ、長所と判断した理由を考えてみましょう。

● 長所が挙がらない場合は、短所を挙げ、短所を長所に言い換えてみましょう。

● 家族や友人にヒアリングして、客観的な評価をもらいましょう。

②過去の体験には、自分を形成するきっかけとなった重要な体験が含まれています。過去の体験を掘り起して、自分らしさを整理してみましょう。

 ●次のような観点で、過去に成し遂げたことや自分の自信につながった出来事を書き出してみましょう。

> ・ある目標に向かって努力し、何かを成し遂げたことはないか
> ・努力する過程の中で、自分が成長したと思えたことはないか
> ・苦しかったり辛かったりした逆境を乗り越えたことはないか
> ・継続して取り組んだ結果、獲得したり習得したりしたものはないか
> ・何かの体験を通して、新しく発見したことや興味をそそられたことはないか
> 　もしあれば、なぜ発見できたか、なぜ興味を持ったかを考える
> ・他人よりも自信を持っていることはないか
> 　もしあれば、その自信の源になった出来事は何かを考える

③①～②をもとに、クラス全員に贈るメッセージとして、自分のセールスポイントを表現してみましょう。

条件

①自分のセールスポイントを3つ以上挙げる。

②クラス紹介冊子に掲載することを前提に作成する。

③A4用紙1枚にまとめる。

ゼミ研究旅行の行動計画表を作成しましょう。
日時・行動範囲・行動単位を入れて、次の手順で作業しましょう。

> 日　　時：○○年○○月○○日（○）○時～○時
> 行動範囲：○○市内
> 行動単位：○～○○名のグループ単位

①訪問地の情報を収集しましょう。

- インターネットやガイドブックを使って、観光名所・博物館・美術館などの情報を集めましょう。
- 目的地の入館料・開館時間・休館日などを調べて、書き出しましょう。
- 目的地までの交通機関・交通費・所要時間などを調べて、書き出しましょう。

②収集した情報の中から行き先を決めましょう。

- 開館時間・休館日・所要時間などを考慮に入れて、行き先を選びましょう。
- 限られた時間を有効に使えるように、行く順番を考えましょう。

③①～②をもとに、行動計画表を作成しましょう。

- 行動計画表には、「時間」「行き先」「交通機関」の欄を必ず入れましょう。
- 「交通費」「入館料」などの費用がわかるように、行動予定表の体裁を工夫しましょう。

条 件

①ゼミ研究旅行に参加するメンバー全員に配布することを前提に作成する。
②A4用紙1枚にまとめる。

所属するサークルやクラブについて、クラスで発表しましょう。
「　」に所属するクラブ名を入れて、次の手順で作業しましょう。

> **私の所属する「○○○○○○○○○○」を紹介します。**

① サークルやクラブの歴史をまとめましょう。

 ●創部から現在までの活動内容や大会での成績などを年代順に箇条書きにしてみましょう。

② 現在の部員数を学年別の表とグラフにしましょう。

 ●学年別の構成比がわかるような表とグラフにしましょう。

③ 現在の活動内容を伝える素材を集めましょう。

 ●日頃どのような練習をしているかを箇条書きにしてみましょう。
　●自分だけでなく、ほかの部員にもヒアリングしてみましょう。
　●活動風景をデジタルカメラで撮影してみましょう。

④ サークルやクラブのおもしろさを伝える素材を集めましょう。

 ●どのようなときに楽しいと感じるか、辛いと感じるかなどを具体的に書き出してみましょう。
　●失敗や成功などの体験談を具体的に書き出してみましょう。
　●部員同士のつながり、過去の逸話、有名なOBの話などを盛り込んでみましょう。
　●スポーツ活動の場合は、試合のルールや勝敗などを解説し、スポーツの楽しさを伝えましょう。
　●芸術活動の場合は、作品を仕上げるまでの過程や作品の評価ポイントなどを解説し、芸術の楽しさを伝えましょう。
　●自分だけでなく、ほかの部員にもヒアリングしてみましょう。

⑤ ①〜④をもとに、PowerPointで発表資料を作成し、サークルやクラブについて発表しましょう。

 ●どのような順番で伝えるとわかりやすいかを考えて、シナリオを構成しましょう。
　●写真やイラストを挿入し、視覚的に効果のある発表資料にしましょう。
　●部員を勧誘するようなつもりで、情熱をもって発表しましょう。

条件

① プレゼンテーションの持ち時間は、質疑応答を含めて10分とする。

過去に読んで感動した本について、クラスで発表しましょう。
「 」に本の題名を入れて、次の手順で作業しましょう。

> 私の感動の一冊は、「○○○○○○○○○○」です。

① 作品の概要をまとめましょう。

 ● 登場人物ごとに性格や作品中での行動・体験を書き出してみましょう。
　　　● 作品を場面ごとに分け、あらすじを書き出してみましょう。

② 作品のテーマを考えましょう。

 ● 登場人物の心情をたどり、作品中でどのように変化するかを書き出してみましょう。
　　　● 作者が言いたかったことを考えて、書き出してみましょう。

③ 作者やその時代について調べ、作品が生まれた背景を考えましょう。

 ● インターネットを使って、作者の情報を検索してみましょう。
　　　● 作者の生い立ちやその他の作品について調べてみましょう。
　　　● 作者が生きた時代や作品ができた時代がどのような時代だったかを調べてみましょう。
　　　● 作者やその時代が作品に与えた影響を自分なりに考えて、書き出してみましょう。

④ 作品に対する感想や考えをまとめ、自分自身を振り返りましょう。

 ● 作品を読む前後で、自分の考えがどのように変化したかを書き出してみましょう。
　　　● 登場人物と自分を比較して、共通点や相違点から、自分の性格・環境・時代などを見つめ直してみましょう。

⑤ ①〜④をもとに、PowerPointで発表資料を作成し、感動した本について発表しましょう。

 ● 作品の概要、テーマ、作品が生まれた背景、作品に対する感想や考えを箇条書きで整理してみましょう。
　　　● SmartArtグラフィックや図形などの機能を使って、整理した箇条書きを図解化してみましょう。
　　　● 写真やイラストを挿入し、視覚的に効果のある発表資料にしましょう。

条件

① プレゼンテーションの持ち時間は、質疑応答を含めて10分とする。

■索引■

Index

索引　文書作成編

16

【れ】

索引 Webページ作成編

情報リテラシー　総合編
Windows® 10
Office 2019 対応
（FPT1919）

2020年 2 月24日　初版発行

著作／制作：富士通エフ・オー・エム株式会社

発行者：大森　康文

発行所：FOM出版（富士通エフ・オー・エム株式会社）
エフオーエム
〒105-6891　東京都港区海岸1-16-1 ニューピア竹芝サウスタワー
https://www.fujitsu.com/jp/fom/

印刷／製本：株式会社廣済堂

Check スキル診断シート

提出日: ＿＿＿＿＿＿＿＿　　学籍番号: ＿＿＿＿＿＿＿＿＿　　氏名: ＿＿＿＿＿＿

カテゴリ	チェック項目	学習前の理解度	学習後の理解度
情報モラル＆情報セキュリティ編	個人情報が何かを理解し、正しく取り扱うことができる。	1 2 3 4 5	1 2 3 4 5
	著作権を遵守し、法律で保護されている著作物を正しく取り扱うことができる。	1 2 3 4 5	1 2 3 4 5
	ウイルスの危険性を理解し、適切な防御策を講じることができる。	1 2 3 4 5	1 2 3 4 5
	メールで守るべきマナーを理解し、正しくやり取りすることができる。	1 2 3 4 5	1 2 3 4 5
	SNSの有効性や危険性を理解し、節度を持った使い方ができる。	1 2 3 4 5	1 2 3 4 5
	モバイル機器の活用方法を理解し、安全に管理することができる。	1 2 3 4 5	1 2 3 4 5
ウィンドウズ編	パソコンを起動したり、終了したりできる。	1 2 3 4 5	1 2 3 4 5
	スタートメニューからアプリを起動できる。	1 2 3 4 5	1 2 3 4 5
	ウィンドウを操作できる。	1 2 3 4 5	1 2 3 4 5
	エクスプローラーを使って、ファイルのコピーや削除、名前の変更ができる。	1 2 3 4 5	1 2 3 4 5
	デスクトップの背景を変更できる。	1 2 3 4 5	1 2 3 4 5
	ホームページを閲覧したり、検索したりできる。	1 2 3 4 5	1 2 3 4 5
文書作成編	ページ設定や配置の設定、フォント書式を設定できる。	1 2 3 4 5	1 2 3 4 5
	画像や表、SmartArtグラフィックなどを文書に挿入できる。	1 2 3 4 5	1 2 3 4 5
	文書を印刷できる。	1 2 3 4 5	1 2 3 4 5
	ページ罫線やワードアート、段組みを挿入できる。	1 2 3 4 5	1 2 3 4 5
	作成した文書をPDFファイルとして保存できる。	1 2 3 4 5	1 2 3 4 5
	ページ番号や改ページなどを挿入できる。	1 2 3 4 5	1 2 3 4 5
	コメント機能や変更履歴機能を使って、文章を校閲できる。	1 2 3 4 5	1 2 3 4 5
表計算編	文字列と数値の違いを理解し、セルに入力できる。	1 2 3 4 5	1 2 3 4 5
	罫線やフォント書式、配置、表示形式を設定した表を作成できる。	1 2 3 4 5	1 2 3 4 5
	相対参照と絶対参照を理解し、数式を入力・コピーすることができる。	1 2 3 4 5	1 2 3 4 5

※裏面に続く

カテゴリ	チェック項目	学習前の理解度	学習後の理解度
表計算編	表を印刷できる。	1 2 3 4 5	1 2 3 4 5
	グラフを作成できる。	1 2 3 4 5	1 2 3 4 5
	データベース機能を使って、データの並べ替えや抽出、データの集計ができる。	1 2 3 4 5	1 2 3 4 5
	PHONETIC関数、COUNTA関数、IF関数などの関数を使いこなすことができる。	1 2 3 4 5	1 2 3 4 5
	ピボットテーブルを作成し、大量のデータを集計したり、分析したりできる。	1 2 3 4 5	1 2 3 4 5
	マクロ機能を使って、一連の操作を自動化できる。	1 2 3 4 5	1 2 3 4 5
プレゼンテーション編	効果的なプレゼンテーションについて説明できる。	1 2 3 4 5	1 2 3 4 5
	スライドを作成し、スライドショーを実行できる。	1 2 3 4 5	1 2 3 4 5
	図形、画像、表、SmartArtグラフィックをスライドに挿入できる。	1 2 3 4 5	1 2 3 4 5
	画面切り替え効果やアニメーションを使って、プレゼンテーションに動きを付けることができる。	1 2 3 4 5	1 2 3 4 5
	スライドを印刷できる。	1 2 3 4 5	1 2 3 4 5
	スライドマスターや、ヘッダーとフッターなど、スライド共通のデザインを設定できる。	1 2 3 4 5	1 2 3 4 5
	ペンや発表者ビューを使って、効果的なスライドショーを実行できる。	1 2 3 4 5	1 2 3 4 5
データベース編	リレーショナル・データベースについて説明できる。	1 2 3 4 5	1 2 3 4 5
	テーブルを作成し、リレーションシップを作成できる。	1 2 3 4 5	1 2 3 4 5
	Excelのデータをインポートし、テーブルを作成できる。	1 2 3 4 5	1 2 3 4 5
	クエリを作成し、指定した条件でレコードを抽出できる。	1 2 3 4 5	1 2 3 4 5
	フォームを作成し、コントロールの配置調整や書式設定ができる。	1 2 3 4 5	1 2 3 4 5
	レポートを作成し、演算テキストボックスの追加やグループ化ができる。	1 2 3 4 5	1 2 3 4 5
Webページ作成編	HTMLを記述し、HTMLファイルとして保存できる。	1 2 3 4 5	1 2 3 4 5
	セクションを使ってWebページの構造を定義できる。	1 2 3 4 5	1 2 3 4 5
	表を作成できる。	1 2 3 4 5	1 2 3 4 5
	リンクを設定できる。	1 2 3 4 5	1 2 3 4 5
	CSSファイルを作成し、スタイルを記述できる。	1 2 3 4 5	1 2 3 4 5
	CSSファイルとHTMLファイルを関連付けることができる。	1 2 3 4 5	1 2 3 4 5

Check タイピング管理シート

提出日: ＿＿＿＿＿＿＿＿＿　　学籍番号: ＿＿＿＿＿＿＿＿＿　　氏名: ＿＿＿＿＿＿＿＿＿

回数	実施日				入力文字数	
1	月	日	(	)		文字
2	月	日	(	)		文字
3	月	日	(	)		文字
4	月	日	(	)		文字
5	月	日	(	)		文字
6	月	日	(	)		文字
7	月	日	(	)		文字
8	月	日	(	)		文字
9	月	日	(	)		文字
10	月	日	(	)		文字
11	月	日	(	)		文字
12	月	日	(	)		文字
13	月	日	(	)		文字
14	月	日	(	)		文字
15	月	日	(	)		文字
16	月	日	(	)		文字
17	月	日	(	)		文字
18	月	日	(	)		文字
19	月	日	(	)		文字
20	月	日	(	)		文字